大数据创新人才培养系列

# OpenStack 云计算实战

OPENSTACK CLOUD COMPUTING PRACTICE

钟小平 许宁◎编著

人民邮电出版社
北京

图书在版编目（CIP）数据

OpenStack云计算实战 / 钟小平，许宁编著. -- 北京 : 人民邮电出版社，2019.8
（大数据创新人才培养系列）
ISBN 978-7-115-50669-6

Ⅰ. ①O… Ⅱ. ①钟… ②许… Ⅲ. ①云计算 Ⅳ. ①TP393.027

中国版本图书馆CIP数据核字(2019)第019527号

## 内容提要

本书基于云计算应用实际需求，讲解主流开源云计算平台 OpenStack，帮助读者掌握云平台 OpenStack 的安装、配置、管理和运维的方法和技能。全书共 12 章，内容包括 OpenStack 云计算基础、单节点的 OpenStack 一体化部署、OpenStack 基础环境、OpenStack API 与客户端、OpenStack 身份服务、OpenStack 镜像服务、OpenStack 计算服务、OpenStack 网络服务、OpenStack 存储服务、OpenStack 计量与监控、OpenStack 编排服务以及多节点 OpenStack 云平台。

本书内容丰富，注重系统性、实践性和可操作性，对于每个知识点都有相应的操作示范，便于读者快速掌握。

本书可作为云计算相关专业的教材，也可作为云平台管理人员、运维人员及开发人员的参考书，还可作为各类培训班的教材。

◆ 编　　著　钟小平　许　宁
责任编辑　张　斌
责任印制　陈　犇
◆ 人民邮电出版社出版发行　北京市丰台区成寿寺路 11 号
邮编　100164　电子邮件　315@ptpress.com.cn
网址　http://www.ptpress.com.cn
北京七彩京通数码快印有限公司印刷
◆ 开本：787×1092　1/16
印张：21.5　2019 年 8 月第 1 版
字数：621 千字　2025 年 1 月北京第 10 次印刷

定价：69.80 元

读者服务热线：(010)81055256　印装质量热线：(010)81055316
反盗版热线：(010)81055315
广告经营许可证：京东市监广登字20170147号

# 前言 FOREWORD

云计算将计算、服务和应用作为一种公共设施提供给公众，使人们能够像使用水、电、煤气和电话那样使用计算机资源。目前有许多云平台面向公众提供云计算服务，相关行业迫切需要云计算技术人才，特别是需要熟练掌握云平台规划、部署和运维管理的高级应用型人才。

开源云计算平台并不单单是商用云软件的替代品，许多新的云计算概念和技术往往是在开源软件中率先实现的。开源云计算平台进一步拓展了云计算领域，推动了云计算技术的发展。OpenStack 是 Rackspace（全球三大云计算中心之一）和美国国家航空航天局（National Aeronautics and Space Administration，NASA）共同发起的开源项目，是一系列开源软件项目的组合，目前已经成为开源云架构的事实标准。OpenStack 正成为许多机构和服务提供商的战略选择，一些大型企业通过 OpenStack 支持核心生产业务，一些 IT 厂商基于 OpenStack 开发自己的云计算产品。

OpenStack 特别适合用来开展云计算的教学和实验工作。我国很多高等院校的 IT 相关专业都将"云计算技术与应用"作为一门重要的专业课程。我们编写本书的目的是帮助高等院校教师全面、系统地讲授这门课程，使学生能够熟悉云计算的原理，掌握云平台的安装、配置、管理和运维的方法和技能。考虑到国内用户偏好 CentOS 和 Red Hat 系列的 Linux 操作系统，本书将以 CentOS 7 为例讲解 OpenStack，OpenStack 的发行版本选择较新的 Queens。

全书共分 12 章，按照从基础到应用的逻辑进行组织。第 1 章首先介绍云计算和 Linux 虚拟化的基础知识，然后对 OpenStack 做了一个总体说明。第 2 章示范了单节点一体化 OpenStack 云平台的部署和基本使用方法，搭建了一个实验环境。第 3 章讲解基础环境配置，第 4 章讲解 API 与客户端。从第 5 章到第 11 章讲解主要的 OpenStack 服务，涉及 Keystone 身份服务、Glance 镜像服务、Nova 计算服务、Neutron 网络服务、Cinder 块存储服务、Swift 对象存储服务、Temetry 计量与监控服务和 Heat 编排服务等。第 12 章讲解多节点 OpenStack 云平台，示范了计算节点的添加和虚拟机实例的迁移。

本书有两大特色。一个特色是通过 RDO 的 Packstack 安装器部署了一体化 OpenStack 云平台，用于 OpenStack 的各个服务和组件的验证、配置、管理和使用操作。考虑到实际应用中大多需要手动部署 OpenStack，本书相关章节中介绍了各个 OpenStack 服务和组件的手动安装及配置的详细步骤。本书的另一个特色是注重云架构解析，对 OpenStack 的整体架构、OpenStack 的主要服务和组件的架构进行详细讲解，为读者今后进一步学习和实践打下坚实的基础。

本书的参考学时为60学时，其中实践环节为30学时左右。

由于时间仓促，加之编者水平有限，书中难免存在不足之处，请广大读者批评指正。

编者

2019年6月

# 目录 CONTENTS

## 第 6 章　OpenStack 镜像服务



## 第 7 章　OpenStack 计算服务



## 第 8 章　OpenStack 网络服务

# 1 第1章　OpenStack云计算基础

云计算提供的计算机资源服务是与水、电、煤气和电话类似的公共资源服务。亚马逊 AWS 平台是目前较为著名的商用云计算服务平台，已成为公有云的事实标准，而 OpenStack 是开源云计算平台的一面旗帜，已成为开源云架构的事实标准。OpenStack 旨在简化云的部署过程，实现类似 AWS EC2 和 S3 的 IaaS（基础设施即服务）。企业可以使用 OpenStack 来运行核心生产业务，也可以基于 OpenStack 开发自己的云计算产品。本章首先介绍云计算和 Linux 虚拟化基础知识，然后讲解 OpenStack 的项目与版本、架构与运行机制，最后简要说明 OpenStack 的部署。

## 1.1　云计算概述

OpenStack 是云操作系统，用于部署云计算平台。学习 OpenStack 首先需要了解云计算的基本知识，理解相关概念。

### 1.1.1　云计算的概念

在传统模式下，企业建立一套 IT 系统不仅要采购硬件等基础设施，而且要购买软件的许可证，还需要专门的人员维护。当企业的规模扩大时，企业就要继续升级各种软硬件设施以满足需要。这些硬件和软件本身并非用户真正需要的，它们仅仅是完成任务的工具，软硬件资源租用服务能满足用户的真正需求。而云计算（Cloud Computing）就是这样的服务，其最终目标是将计算、服务和应用作为一种公共设施提供给公众。

云（Cloud）是计算机网络、互联网的一种比喻说法。云计算是提供虚拟化资源的一种模式，将以前的信息孤岛转化为灵活高效的资源池和具备自我管理能力的虚拟基础架构，从而以更低的成本和更好的服务形式提供给用户。云计算意味着，IT 的作用正在从提供 IT 服务逐步过渡到根据业务需求优化服务的交付和使用。

云计算是 IT 系统架构不断发展的产物。早期的 IT 系统架构是面向物理设备的物理机架构，所有应用都部署和运行在物理机上，资源使用率低，部署和运维成本高。随着物理服务器的计算能力不断提高，为解决这些问题，出现了基于虚拟机的 IT 系统架构，它面向资源，将应用系统直接部署到虚拟机上。服务器虚拟化是一种可以为不同规模的企业降低 IT 开销、提高效率和敏捷性的有效方式。虚拟化提高了单台物理机的资源使用率，但并不提供基础设施服务。最新的云计算架构面向服务，将计算、存储和网络类 IT 系统资源以服务的形式提供给用户，用户只需向云平台请求所需的虚拟机来运行自己的应用系统，无须关心虚拟机在哪里运行，从何处获取存储空间，如何分配 IP 地址等。所有的一切都由云平台来实现。

云计算可以说是虚拟化技术的升级，通过在数据中心部署云计算系统，可以完成多数据中心之间的业务无感知迁移，并可同时为公众提供服务，此时数据中心就成为云数据中心。云计算旨在通过 Internet 按需交付共享资源，利用虚拟化实现云计算的所有功能。云计算系统的平台管理技术能够使大量的服务器协同工作，方便进行业务部署和开通，快速发现和恢复系统故障，通过自动化、智能化的手段实现大规模系统的可靠运营。服务器虚拟化不是云，而是基础架构自动化或者数据中心自动化，它并不需要提供基础设施服务。虚拟化是构建云基础架构不可或缺的关键技术之一，服务器虚拟化技术可用于云计算，其常见的应用是通过虚拟化服务器将虚拟化的数据中心搬到私有云。当然，一些主流的公共云也都使用这种虚拟化技术。

### 1.1.2 云计算架构

云计算架构是一个面向服务的架构，云计算包括 3 个层次的服务：基础设施即服务（Infrastructure-as-a-Service，IaaS）、平台即服务（Platform-as-a-Service，PaaS）和软件即服务（Software-as-a-Service，SaaS）。这 3 种服务代表了不同的云服务模式，分别在基础设施层、平台层和应用层实现，共同构成云计算的整体架构，如图 1-1 所示。从图中可以看出，云计算架构还包括用户接口（针对每个层次的云计算服务提供相应的访问接口）和云计算管理（对所有层次云计算服务提供管理功能）这两个模块。

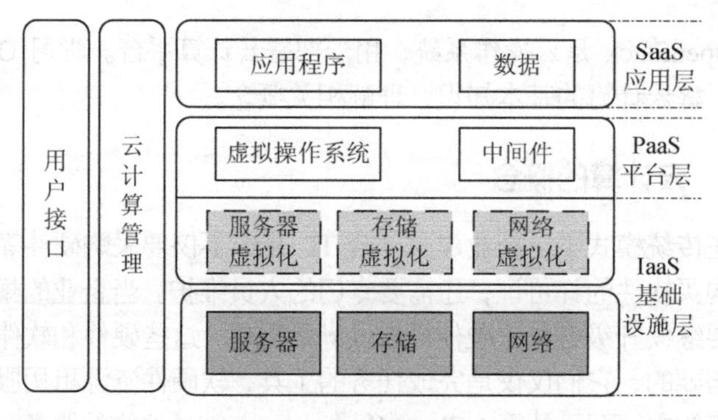


图 1-1 云计算架构

1. IaaS（基础设施即服务）

IaaS 服务模式将数据中心、基础设施等硬件资源通过 Internet 分配给用户，提供的服务是虚拟机。IaaS 负责管理虚拟机的生命周期，包括创建、修改、备份、启停、销毁等，用户从云平台获得一个已经安装好镜像（包含操作系统等软件）的虚拟机。企业或个人可以远程访问云计算资源，包括计算、存储以及应用虚拟化技术所提供的相关功能。无论是最终用户、SaaS 提供商，还是 PaaS 提供商都可以从 IaaS 中获得应用所需的计算能力。目前具有代表性的 IaaS 服务产品有亚马逊（Amazon）的 EC2 云主机和 S3 云存储，以及 Rackspace Cloud 等，国内主要有阿里云和百度云服务等。

2. PaaS（平台即服务）

PaaS 将一个完整的计算机平台，包括应用设计、应用开发、应用测试和应用托管，都作为一种服务提供给用户。也就是说，PaaS 提供的服务是应用的运行环境和一系列中间件服务（如数据库、消息队列等）。PaaS 负责保证这些服务的可用性和性能。在这种服务模式中，用户不需要购买硬件和软件，只需要利用 PaaS 平台，就能够创建、测试、部署应用和服务，与基于数据中心的平台进行软件开发和部署相比，费用要低得多，这是 PaaS 的最大价值所在。目前 PaaS 的典型实例有微软的 Windows Azure 平台、Facebook 的开发平台、Google App Engine、IBM BlueMix，以及国内的新浪 SAE 等。

3. SaaS（软件即服务）

SaaS 是一种通过 Internet 提供软件服务的云服务模式，用户无须购买或安装软件，而是直接通过网络向专门的提供商获取自己所需要的、带有相应软件功能的服务。SaaS 直接提供应用服务，主要面向软件的最终用户，用户无须关注后台服务器和运行环境，只需关注软件的使用。

SaaS 的应用范围很广，如在线邮件服务、网络会议、网络传真、在线杀毒等各种工具型服务，在线 CRM、在线 HR、在线进销存、在线项目管理等各种管理型服务，以及网络搜索、网络游戏、在线视频等娱乐性应用。微软、Salesforce 等各大软件公司都推出了自己的 SaaS 应用，用友、金蝶等国内软件公司也推出了自己的 SaaS 应用。

采用的服务模式不同，云计算平台提供的资源不同，用户的参与度也不同，不同云服务模式的资源部署如图 1-2 所示，其中，虚线框中的资源由云计算平台提供，实线框中的资源由用户部署和管理。IaaS 的使用者通常是数据中心的系统管理员，需要关心虚拟机的类型（OS）和配置（CPU、内存、磁盘存储），并且负责部署上层的中间件和应用软件。PaaS 的使用者通常是应用的开发人员，只需专注应用的开发，并将自己的应用和数据部署到 PaaS 云环境中。SaaS 的使用者通常是应用的最终用户，只需登录并使用应用，无须关心应用使用什么技术实现，也不需要关心应用部署在哪里。有人将 IaaS、PaaS 和 SaaS 分别称为系统云、开发云和用户云。

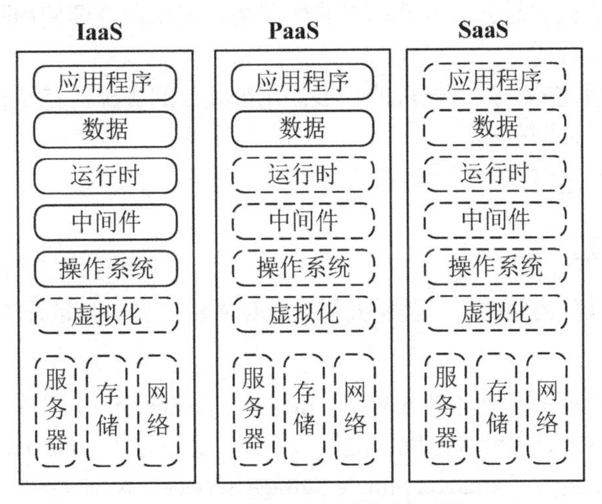


图 1-2　不同云服务模式的资源部署

OpenStack 用于对数据中心的计算、存储和网络资源进行统一管理。它提供的 IT 基础设施服务，是 IaaS 层次的云操作系统。

### 1.1.3　云计算部署模式

对云提供者而言，云计算主要有 3 种部署模式，即公共云、私有云和混合云。

1. 公共云

公共云（Public Cloud）面向公众提供应用和存储等资源，是为外部用户提供服务的云，它所有的服务都是供公众使用的，而不是供企业自己使用。

对用户而言，公共云的最大优点是其所应用的程序、服务及相关数据都存放在公共云端，用户自己无须做相应的投资和建设。目前最大的问题是，由于数据不是存储在用户自己的数据中心里，其安全性存在一定风险，同时公共云的可用性不受用户控制，存在一定的不确定性。

目前主流的公共云服务有微软 Azure、亚马逊 AWS 和谷歌公共云，以及国内的阿里云。

2. 私有云

私有云（Private Cloud）又称专用云，是为一个组织机构单独使用而构建的，是企业自己专用的云，它所有的服务不是供公众使用的，而是供企业内部人员或分支机构使用的。私有云可部署在企业数据中心的防火墙内，也可以将它们部署在一个安全的主机托管场所，私有云的核心属性是私有资源。

私有云部署在企业自身内部，因此其数据安全性、系统可用性、服务质量都可由自己控制。但其缺点是投资较大，尤其是一次性的建设投资较大。

私有云的部署比较适合于有众多分支机构的大型企业或政府部门。随着这些大型企业数据中心的集中化，私有云将会成为部署 IT 系统的主流模式。

私有云可以进一步细分为自有私有云（On-Premise Private Cloud）和托管私有云（Hosted Private Cloud）两种类型。前者又称内部云（Internal Cloud），完全由组织内部或数据中心自有并管理，为云计算需求提供内部解决方案；后者则由第三方提供商所有和运维，为企业用户提供一整套私有云服务。

3. 混合云

混合云（Hybrid Cloud）是公共云和私有云的混合。混合云既面向公共空间又面向私有空间提供服务，可以发挥出所混合的多种云计算模型各自的优势。当用户需要使用既是公共云又是私有云的服务时，选择混合云比较合适。

混合云有助于提供所需的、外部供应的扩展。用公共云的资源扩充私有云的能力，可用来在发生工作负荷快速波动时维持服务水平。

混合云的部署方式对提供商的要求较高。

### 1.1.4 云计算解决方案

云计算解决方案可以分为两类，一类是商用云计算平台，另一类是开源云计算平台。

1. 商用云计算平台

目前著名的商用云计算平台亚马逊 AWS（Amazon Web Services）已成为公共云的事实标准，为全世界范围内的用户提供云计算解决方案，提供包括弹性计算云（Amazon Elastic Compute Cloud，Amazon EC2）、简单存储服务（Amazon Simple Storage Service，Amazon S3）、简单数据库（Amazon Simple DB）、简单队列服务（Amazon Simple Queue Service）等在内的一整套云计算服务，帮助企业降低 IT 投入成本和维护成本。其中 EC2 用于提供虚拟机服务，并建立了云计算服务基于虚拟化技术实现资源动态共享、弹性扩展的标准。S3 用于提供云存储服务，已经成为全球范围内应用广泛的云存储接口。

另一知名的云计算平台是 Microsoft Azure。它是一个综合性的云服务平台，开发人员和 IT 专业人士可使用该平台来生成、部署和管理应用程序。作为一个开放而灵活的企业级云计算平台，它提供 IaaS 和 PaaS 两种模式的云计算服务。

国内比较有影响的商用云计算平台是阿里巴巴集团旗下的云计算品牌阿里云（AliCloud）。阿里云面向全球提供云计算服务，目前在我国公共云市场上占据绝对主导地位。它为用户提供类似 AWS 的一整套云计算解决方案，包括弹性计算、云存储、云安全等。

2. 开源云计算平台

除了可用于构建云基础设施的商用软件，还有大量的开源云计算解决方案。开源云计算平台并不单单是商用云软件的替代品，许多新的云计算概念和技术往往是在开源软件中率先实现的。开源云计算平台进一步拓展了云计算领域，推动了云计算技术的发展。

（1）OpenStack 是一个 IaaS 开源云计算解决方案。这个全球性项目由 Rackspace 和 NASA 共同创办，采用了 Apache 2.0 许可证，可随意使用。OpenStack 并不要求使用专有的硬件或软件，可以在虚拟系统和裸机系统中运行。它支持多种虚拟机管理程序（如 KVM、XenServer 等）和容器技术。OpenStack 应用广泛，它既可与 Hadoop 协同运行以满足大数据要求，又可向纵向和横向扩展以满足不同的计算要求，还可提供高性能计算以处理密集的工作负载。

（2）OpenNebula 是一款为云计算而打造的开源工具箱，也采用 Apache 2.0 许可证。从研究的角度来看，该项目力求开发先进的、自适应的虚拟化数据中心和企业云，注重云计算软件的稳定性和质量。

（3）Eucalyptus 提供完整的 IaaS 解决方案，包括云控制器、持续性数据存储、集群控制器、存储控制器、节点控制器和可选的 VMware 代理，每个组件都是一种独立的 Web 服务，旨在为每种服务提供 API。这种基于 Linux 的系统让用户可以使用一种基于行业标准的模块化框架，在现有的基础设施里部署私有云和混合云。其社区版采用的是 GPL v3 授权协议，无须许可证；而企业版需要授权，在云控制器上安装许可证。

（4）CloudStack 的核心是用 Java 编写的云计算解决方案，可以与 XenServer/XCP、KVM、Hyper-V 和 VMware 上的主机协同运行，被许多提供商用于为客户部署私有云、公共云和混合云等云计算解决方案。其授权与 Eucalyptus 类似。

### 1.1.5 裸金属云

在公共云服务推出之前，一些互联网服务提供商（Internet Service Provider，ISP）或互联网数据中心（Internet Data Center，IDC）均提供服务器托管服务，用户可以按需选择服务器硬件和操作系统等，这比使用 Web 虚拟主机要灵活得多。进入云计算时代，一部分托管服务商也变身为云服务商，如 Softlayer 早在 2010 年就推出所谓的裸金属云（Bare Metal Cloud）或裸机云服务，为用户提供不含 Hypervisor（虚拟机管理程序）、支持自定义硬件基础架构的产品。Bare Metal Cloud 是一种提供物理服务器服务的云产品。与通用的云主机相比，它没有 Hypervisor，没有虚拟机，也不存在多租户共享。

紧接着 Rackspace 推出名为“OnMetal”的裸金属云服务。作为全球影响力最大的开源硬件组织的开放计算项目（Open Compute Project，OCP）和开源云计算软件组织 OpenStack 的创始公司，Rackspace 于 2016 年上线的 OnMetal v2 开始采用 OCP 服务器和 OpenStack 的 Ironic 进行管理，使其更加名正言顺地称为云服务。目前主要的云服务商都推出了此类云产品，如 IBM 的云平台推出基于 Intel 新一代至强可扩展处理器的裸金属服务器，亚马逊推出 i3 裸金属服务器，阿里云发布神龙云服务器（X-dragon Cloud Server）。

与虚拟化云主机几乎都基于 x86 架构不同，裸金属服务器在平台架构方面要丰富得多，除了 Intel 处理器，还可以选择 POWER 处理器、ARM 处理器，以及 GPU、FPGA 等服务器产品。

随着容器技术的兴起，物理服务器成为其顺理成章的选择，因为对于用容器运行应用的用户，虚拟机在某些情况下是没有必要的。一些企业用户仍然希望使用可靠、安全的环境，也会选择裸金属云。

# 1.2 Linux 虚拟化技术

虚拟化是云计算的基础。虚拟化使得在一台物理服务器上可以运行多台虚拟机，虚拟机共享物理机的 CPU、内存、I/O 硬件资源，但逻辑上虚拟机之间是相互隔离的。OpenStack 作为 IaaS 云操作系统，最主要的服务就是为用户提供虚拟机。在目前 OpenStack 的实际应用中，主要使用 KVM 和 Xen 这两种 Linux 虚拟化技术。这里主要讨论 Linux 虚拟化技术。

## 1.2.1 计算机虚拟化基础

### 1. 虚拟化体系结构与 Hypervisor

虚拟化主要是指通过软件实现的方案，常见的体系结构如图 1-3 所示。这是一个直接在物理主机上运行虚拟机管理程序的虚拟化系统。在 x86 平台虚拟化技术中，这个虚拟机管理程序通常被称为虚拟机监控器（Virtual Machine Monitor，VMM），又称为 Hypervisor。它是运行在物理机和虚拟机之间的一个软件层，物理机被称为主机（Host），虚拟机被称为客户机（Guest），中间软件层即 Hypervisor。

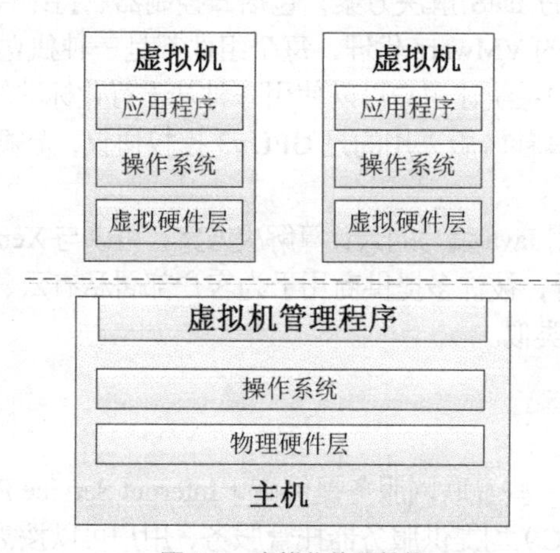


图 1-3 虚拟化体系结构

这里解释两个基本概念。

（1）主机——指物理存在的计算机，又称宿主计算机（简称宿主机）。当虚拟机嵌套时，运行虚拟机的虚拟机也是宿主机，但不是物理机。主机操作系统是指宿主计算机上的操作系统，在主机操作系统上安装的虚拟机软件可以在计算机上模拟一台或多台虚拟机。

（2）虚拟机——指在物理计算机上运行的操作系统中模拟出来的计算机，又称客户机，理论上完全等同于实体的物理计算机。每个虚拟机都可安装自己的操作系统或应用程序，并连接网络。运行在虚拟机上的操作系统称为客户操作系统。

Hypervisor 基于主机的硬件资源给虚拟机提供了一个虚拟的操作平台并管理每个虚拟机的运行，所有虚拟机独立运行并共享主机的所有硬件资源。Hypervisor 就是提供虚拟机硬件模拟的专门软件，可分为两类：原生型和宿主型。

（1）原生型（Native）

原生型又称裸机型（Bare-metal），Hypervisor 作为一个精简的操作系统（操作系统也是软件，只不过它是一个比较特殊的软件）直接运行在硬件之上以控制硬件资源并管理虚拟机。比较常见的有 VMware ESXi、Microsoft Hyper-V 等。

（2）宿主型（Hosted）

宿主型又称托管型，Hypervisor运行在传统的操作系统上，同样可模拟出一整套虚拟硬件平台。比较著名的有VMware Workstation、Oracle Virtual Box等。

从性能角度来看，不论原生型还是宿主型都会有性能损耗，但宿主型比原生型的损耗更大，所以企业生产环境中基本使用的是原生型Hypervisor，宿主型的Hypervisor一般用于实验或测试环境中。

**2. 全虚拟化和半虚拟化**

根据虚拟化实现技术的不同，虚拟化可分为全虚拟化和半虚拟化两种，其中，全虚拟化产品将是未来虚拟化的主流。

（1）全虚拟化（Full Virtualization）

用全虚拟化模拟出来的虚拟机中的操作系统是与底层的硬件完全隔离的，虚拟机中所有的硬件资源都通过虚拟化软件来模拟。这为虚拟机提供了完整的虚拟硬件平台，包括处理器、内存和外设，支持运行任何理论上可在真实物理平台上运行的操作系统，为虚拟机的配置提供了较大程度的灵活性。每台虚拟机都有一个完全独立和安全的运行环境，虚拟机中的操作系统也不需要做任何修改，并且易于迁移。在操作全虚拟化的虚拟机的时候，用户感觉不到它是一台虚拟机。全虚拟化的代表产品有VMware ESXi和KVM。

由于虚拟机的资源都需要通过虚拟化软件来模拟，虚拟机会损失一部分的性能。

（2）半虚拟化（Para Virtualization）

半虚拟化的架构与全虚拟化基本相同，需要修改虚拟机中的操作系统来集成一些虚拟化方面的代码，以减小虚拟化软件的负载。其代表产品有Microsoft Hyper-V和XEN。

半虚拟化模拟出来的虚拟机整体性能会更好些，因为修改后的虚拟机操作系统承载了部分虚拟化软件的工作。不足之处是，由于要修改虚拟机的操作系统，用户会感知使用的环境是虚拟化环境，而且兼容性比较差，用户使用时也比较麻烦，需要获得集成虚拟化代码的操作系统。

### 1.2.2 OpenStack所支持的虚拟化技术

在OpenStack环境中，计算服务通过API服务器来控制虚拟机管理程序，它具备一个抽象层，可以在部署时选择一种虚拟化技术来创建虚拟机，向用户提供云服务。OpenStack可用的虚拟化技术列举如下。

**1. KVM**

基于内核的虚拟机（Kernel-based Virtual Machine，KVM）是通用的开放虚拟化技术，也是OpenStack用户使用较多的虚拟化技术，它支持OpenStack的所有特性。

**2. Xen**

Xen是部署快速、安全、开源的虚拟化软件技术，可使多个同样的操作系统或不同操作系统的虚拟机运行在同一主机上。Xen技术主要包括XenServer（服务器虚拟化平台）、Xen Cloud Platform（XCP，云基础架构）、XenAPI（管理XenServer和XCP的API程序）、XAPI（XenServer和XCP的主守护进程，可与XenAPI直接通信）、基于Libvirt的Xen。OpenStack通过XenAPI支持XenServer和XCP两种虚拟化技术。不过，在RHEL等平台上，OpenStack使用的是基于Libvirt的Xen。

**3. 容器**

容器是在单一Linux主机上提供多个隔离的Linux环境的操作系统级虚拟化技术。不像基于虚拟化管理程序的传统虚拟化技术，容器并不需要运行专用的客户操作系统。目前的容器有以下两种技术。

（1）Linux 容器（Linux Container，LXC）：提供了在单一可控主机节点上支持多个相互隔离的服务器容器同时执行的机制。

（2）Docker：一个开源的应用容器引擎，让开发者可以把应用以及依赖包打包到一个可移植的容器中，然后发布到任何流行的 Linux 平台上。利用 Docker 也可以实现虚拟化，容器完全使用沙箱机制，相互之间不会有任何接口。

Docker 的目的是尽可能减少容器中运行的程序，减少到只运行单个程序，并且通过 Docker 来管理这个程序。LXC 可以快速兼容所有应用程序和工具，以及任意管理和编制层次，来替代虚拟机。

虚拟化管理程序提供更好的进程隔离，呈现一个完全的系统。LXC/Docker 除了一些基本隔离，并未提供足够的虚拟化管理功能，缺乏必要的安全机制。基于容器的方案无法运行与主机内核不同的其他内核，也无法运行一个完全不同的操作系统。目前 OpenStack 社区对容器的驱动支持还不如虚拟化管理程序。在 OpenStack 项目中，LXC 属于计算服务项目 Nova，通过调用 Libvirt 来实现；Docker 驱动是一种新加入的虚拟化管理程序的驱动，目前无法替代虚拟化管理程序。

4. Hyper-V

Hyper-V 是微软推出的企业级虚拟化解决方案。Hyper-V 的设计借鉴了 Xen，管理程序采用微内核的架构，兼顾了安全性和性能的要求。Hyper-V 作为一种免费的虚拟化方案，在 OpenStack 中得到了很多支持。

5. VMware ESXi

VMware 提供业界领先且可靠的服务器虚拟化平台和软件定义计算产品，其中 ESXi 虚拟化平台用于创建和运行虚拟机及虚拟设备。在 OpenStack 中它也得到了支持，但是如果没有 vCenter 和企业级许可，一些 API 的使用会受限。

6. Baremetal 与 Ironic

有些云平台除了提供虚拟化和虚拟机服务，还提供传统的主机服务。在 OpenStack 中可以将 Baremetal（裸金属）与其他部署有虚拟化管理程序的节点通过不同的计算池（可用区域，Availabity Zone）一起管理。

Baremetal 是计算服务的后端驱动，与 Libvirt 驱动、XenAPI 驱动、VMware 驱动一样，只不过它是用来管理没有虚拟化的硬件，主要通过 PXE 和 IPMI 进行控制管理。

现在 Baremetal 已由 Ironic 所替代，Nova 管理的是虚拟机的生命周期，而 Ironic 管理的是主机的生命周期。Ironic 提供了一系列管理主机的 API 接口，可以对“裸”操作系统的主机进行管理，从主机上架安装操作系统到主机下架维修，可以像管理虚拟机一样地管理主机，创建一个 Nova 计算物理节点，只需告诉 Ironic，然后自动地从镜像模板中加载操作系统到 nova-compute 安装完成即可。Ironic 解决主机的添加、删除、电源管理、操作系统部署等问题，目标是成为主机管理的成熟解决方案，让 OpenStack 不仅可以在软件层面解决云计算问题，而且供应商可以对应自己的服务器开发 Ironic 插件。

### 1.2.3 KVM——基于 Linux 内核的虚拟化解决方案

KVM 是一种基于 Linux x86 硬件平台的开源全虚拟化解决方案，也是主流的 Linux 虚拟化解决方案，支持广泛的客户机操作系统。KVM 需要 CPU 的虚拟化指令集的支持，如 Intel 的 Intel VT（vmx 指令集）或 AMD 的 AMD-V（svm 指令集）。

1. KVM 模块

KVM 模块是一个可加载的内核模块 kvm.ko。由于 KVM 对 x86 硬件架构的依赖，因此 KVM 还需要一个处理器规范模块。如果使用 Intel 架构，则加载 kvm-intel.ko 模块；使用 AMD 架构，则加载 kvm-amd.ko 模块。

KVM 模块负责对虚拟机的虚拟 CPU 和内存进行管理及调度，主要任务是初始化 CPU 硬件，打开虚拟化模式，然后将虚拟机运行在虚拟模式下，并对虚拟机的运行提供一定的支持。

至于虚拟机的外部设备交互，如果是真实的物理硬件设备，则利用 Linux 系统内核来管理；如果是虚拟的外部设备，则借助于 QEMU（Quick Emulator，快速仿真）来处理。

由此可见，KVM 本身只关注虚拟机的调度和内存管理，是一个轻量级的 Hypervisor，很多 Linux 发行版集成 KVM 作为虚拟化解决方案，CentOS 也不例外。

2. QEMU

KVM 模块本身无法作为一个 Hypervisor 模拟出一个完整的虚拟机，而且用户也不能直接对 Linux 内核进行操作，因此需要借助其他软件来进行，QEMU 就是 KVM 所需的这样一个软件。

QEMU 并非 KVM 的一部分，而是一个开源的虚拟机软件。与 KVM 不同，作为一个宿主型的 Hypervisor，没有 KVM，QEMU 也可以通过模拟来创建和管理虚拟机，只因为是纯软件实现，所以性能较低。QEMU 的优点是，在支持 QEMU 编译运行的平台上就可以实现虚拟机的功能，甚至虚拟机可以与主机不是同一个架构。KVM 在 QEMU 的基础上进行了修改。虚拟机运行期间，QEMU 会通过 KVM 模块提供的系统调用进入内核，由 KVM 模块负责将虚拟机置于处理器的特殊模式运行。遇到虚拟机进行输入/输出（I/O）操作（外设交互），KVM 模块转交给 QEMU 解析和模拟这些设备。

QEMU 使用 KVM 模块的虚拟化功能，为自己的虚拟机提供硬件虚拟化的加速，从而极大地提高了虚拟机的性能。除此之外，虚拟机的配置和创建，虚拟机运行依赖的虚拟设备，虚拟机运行时的用户操作环境和交互，以及一些针对虚拟机的特殊技术（如动态迁移），都是由 QEMU 自己实现的。

KVM 虚拟机的创建和运行是一个用户空间的 QEMU 程序和内核空间的 KVM 模块相互配合的过程。KVM 模块作为整个虚拟化环境的核心工作在系统空间，负责 CPU 和内存的调度。QEMU 作为模拟器工作在用户空间，负责虚拟机 I/O 模拟。

3. KVM 架构

从上面的分析来看，KVM 作为 Hypervisor 主要包括两个重要的组成部分：一个是 Linux 内核的 KVM 模块，主要负责虚拟机的创建、虚拟内存的分配、VCPU 寄存器的读写以及 VCPU 的运行；另一个是提供硬件仿真的 QEMU，用于模拟虚拟机的用户空间组件、提供 I/O 设备模型和访问外设的途径。KVM 的基本架构如图 1-4 所示。

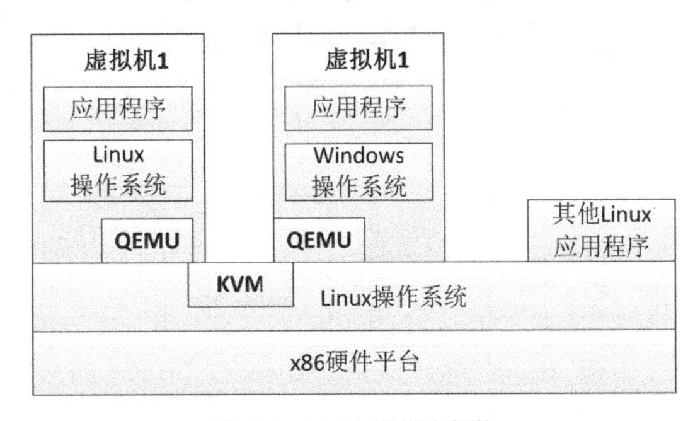


图 1-4　KVM 的基本架构

在 KVM 模型中，每一个虚拟机都是一个由 Linux 调度程序管理的标准进程，可以在用户空间启动客户机操作系统。一个普通的 Linux 进程有两种运行模式：内核和用户，而 KVM 增加了第三种模式——客户模式，客户模式又有自己的内核和用户模式。

当新的虚拟机在 KVM 上启动时（通过一个称为 kvm 的实用程序），它就成为主机操作系统的一个进程，因此就可以像其他进程一样调度它。但与传统的 Linux 进程不一样，客户端被 Hypervisor 标识为处于 Guest 模式（独立于内核和用户模式）。每个虚拟机都是通过/dev/kvm 设备映射的，它们拥有自己的虚拟地址空间，该空间映射到主机内核的物理地址空间。如前所述，KVM 使用底层硬件的虚拟化支持来提供完整的（原生）虚拟化。I/O 请求通过主机内核映射到在主机上（Hypervisor）执行的 QEMU 进程。

4. KVM 虚拟磁盘（镜像）文件格式

在 KVM 中往往使用 Image（镜像）这个术语来表示虚拟磁盘，主要有以下 3 种文件格式。

（1）raw：原始的格式，它直接将文件系统的存储单元分配给虚拟机使用，采取直读直写的策略。该格式实现简单，不支持诸如压缩、快照、加密和 CoW 等特性。

（2）qcow2：QEMU 引入的镜像文件格式，也是目前 KVM 默认的格式。qcow2 文件存储数据的基本单元是簇（cluster），每一簇由若干个数据扇区组成，每个数据扇区的大小是 512 字节。在 qcow2 中，要定位镜像文件的簇，需要经过两次地址查询操作，qcow2 根据实际需要来决定占用空间的大小，而且支持更多的主机文件系统格式。

（3）qed：qcow2 的一种改进，qed 的存储、定位、查询方式，以及数据块大小与 qcow2 一样，它的目的是为了克服 qcow2 格式的一些缺点，提高性能，不过目前还不够成熟。

如果需要使用虚拟机快照，需要选择 qcow2 格式。对于大规模数据的存储，可以选择 raw 格式。qcow2 格式只能增加容量，不能减少容量，而 raw 格式可以实现增加或者减少容量。

### 1.2.4 Libvirt 套件

仅有 KVM 模块和 QEMU 组件是不够的，为了使 KVM 整个虚拟化环境易于管理，还需要 Libvirt 服务和基于 Libvirt 开发出来的管理工具。

Libvirt 是一个软件集合，是一套为方便管理平台虚拟化技术而设计的开源代码的应用程序接口、守护进程和管理工具。它不仅提供了对虚拟机的管理，而且提供了对虚拟网络和存储的管理。Libvirt 最初是为 Xen 虚拟化平台设计的一套 API，目前还支持其他多种虚拟化平台，如 KVM、ESX 和 QEMU 等。在 KVM 解决方案中，Qemu 用来进行平台模拟，面向上层管理和操作；而 Libvirt 用来管理 KVM，面向下层管理和操作。整个 Libvirt 架构如图 1-5 所示。

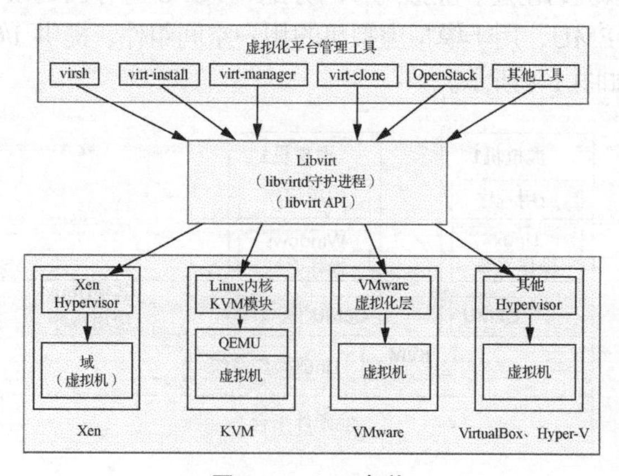


图 1-5 Libvirt 架构

Libvirt 是目前使用广泛的虚拟机管理应用程序接口，一些常用的虚拟机管理工具（如 virsh）和云计算框架平台（如 OpenStack）都是在底层使用 Libvirt 的应用程序接口。

Libvirt 包括两部分，一部分是服务（守护进程名为 libvirtd），另一部分是 API。作为一个运行在主机上的服务端守护进程，libvirtd 为虚拟化平台及其虚拟机提供本地和远程的管理功能，基于 Libvirt 开发出来的管理工具可通过 libvirtd 服务来管理整个虚拟化环境。也就是说，libvirtd 在管理工具和虚拟化平台之间起到一个桥梁的作用。Libvirt API 是一系列标准的库文件，给多种虚拟化平台提供一个统一的编程接口，相当于管理工具需要基于 Libvirt 的标准接口来进行开发，开发完成后的工具可支持多种虚拟化平台。

# 1.3 了解 OpenStack

2010 年 7 月，Rackspace 和 NASA 合作，分别贡献出 Rackspace 云文件平台代码和 NASA Nebula 平台代码，并以 Apache 许可证开源发布了 OpenStack，OpenStack 由此诞生。经过几年的发展，OpenStack 现已发展成为一个广泛使用的业内领先的开源项目，提供部署私有云及公共云的操作平台和工具集，并且在许多大型企业支撑核心生产业务。

## 1.3.1 什么是 OpenStack

OpenStack 示意图如图 1-6 所示。OpenStack 是一个云操作系统，通过数据中心控制大型的计算、存储、网络资源池，并可以使用 Web 界面和 API 进行管理。

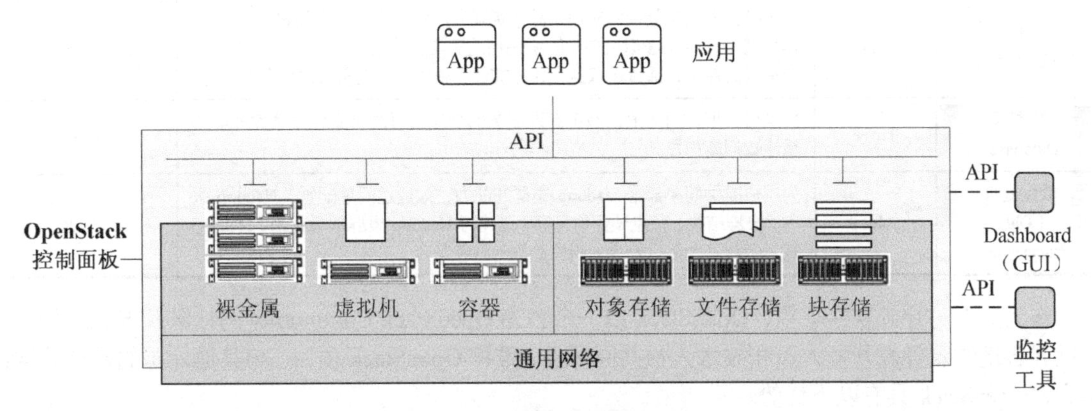


图 1-6 OpenStack 示意图

OpenStack 项目旨在提供开源的云计算解决方案以简化云的部署过程，实现类似 AWS EC2 和 S3 的 IaaS 服务。其主要应用场合包括 Web 应用、大数据、电子商务、视频处理与内容分发、大吞吐量计算、容器优化、主机托管、公共云、计算启动工具包（Compute Starter Kit）和 DBaaS（数据库即服务，DateBase-as-a-Service）等。

Open 意为开放，Stack 意为堆栈或堆叠，OpenStack 是一系列开源软件的组合，包括若干项目。每个项目都有自己的代号（名称），包括不同的组件，每个组件又包括若干服务，一个服务意味着运行的一个进程。这些组件部署灵活，支持水平扩展，具有伸缩性，支持不同规模的云平台。

OpenStack 最初仅包括 Nova 和 Swift 两个项目，现在已经有数十个项目，其中主要的项目如表 1-1 所示。这些项目之间相互关联，协同管理各类计算、存储和网络资源，提供云计算服务。

表 1-1　　　　OpenStack 的主要项目

| 服务 | 项目名称 | 功能 | 对应的 AWS 服务 |
| --- | --- | --- | --- |
| 仪表板（Dashboard） | Horizon | 提供一个与 OpenStack 服务交互的基于 Web 的自服务门户，让最终用户和运维人员都可以完成大多数的操作，比如启动虚拟机、分配 IP 地址、动态迁移等 | Console |
| 计算（Compute） | Nova | 部署与管理虚拟机并为用户提供虚拟机服务。管理 OpenStack 环境中计算实例的生命周期，按需响应包括生成、调度、回收虚拟机等操作 | EC2 |
| 网络（Network） | Neutron | 为其他 OpenStack 服务提供网络连接服务，为用户提供 API 定义网络和接入网络，允许用户创建自己的虚拟网络并连接各种网络设备接口。它提供基于插件的架构，支持众多的网络提供商和技术 | VPC |
| 对象存储（Object Storage） | Swift | 允许通过 RESTful 存储或检索对象（文件），能以低成本的方式管理大量非结构化数据。它具有数据复制和横向扩展的架构，能够实现高度容错 | S3 |
| 块存储（Block Storage） | Cinder | 提供块存储服务，为运行实例提供持久性块存储。它的可插拔驱动架构的功能有助于创建和管理块存储设备 | EBS |
| 身份（Identity） | Keystone | 为所有 OpenStack 服务提供身份认证和授权，跟踪用户及他们的权限，提供一个可用服务及 API 列表（端点目录） | 无 |
| 镜像（Image） | Glance | 提供虚拟机镜像的存储、查询和检索服务，通过提供一个虚拟磁盘镜像的目录和存储库，为 Nova 虚拟机提供镜像服务 | VM Import/Export |
| 计量（Telemetry） | Ceilometer | 为 OpenStack 云的计费、基准测试、扩展及统计等目的提供监测和计量 | CloudWatch |
| 编排（Orchestration） | Heat | 基于模板来编排复合云应用，旨在实现应用系统的自动化部署。Heat 的作用就是预定义虚拟机创建时所使用的资源，将这些资源信息汇集到一个模板文件中，通过读取这个模板文件，根据指定的资源来创建虚拟机 | CloudFormation |
| 数据库（Database） | Trove | 提供可扩展和可靠的云数据库即服务的功能，可同时支持关系性和非关系性数据库引擎 | RDS |
| 数据处理（Data Processing） | Sahara | 为用户提供简单部署 Hadoop 集群的能力，如通过简单配置（Hadoop 版本、集群结构、节点硬件信息等）迅速将 Hadoop 集群部署起来。Hadoop 是一个开发和运行处理大规模数据的软件平台 | EMR |

作为免费的开源软件项目，OpenStack 由一个名为 OpenStack Community 的社区开发和维护，来自世界各地的云计算开发人员和技术人员共同开发、维护 OpenStack 项目。与其他开源的云计算软件相比，OpenStack 具有以下优势。

（1）模块松耦合。OpenStack 模块分明，容易添加独立功能的组件。往往无须通读 OpenStack 整个源代码，只需了解其接口规范及 API 使用，就能添加一个新的模块。

（2）组件配置灵活。OpenStack 的组件安装非常灵活，可以全部集中装在一台主机上，也可以分散安装到多台主机中，甚至可以把所有的节点都部署在虚拟机中。

（3）二次开发容易。OpenStack 发布的 OpenStack API 是 RESTful API，所有组件采用这种统一的规范，加上模块松耦合设计，二次开发较为简单。

## 1.3.2 OpenStack 项目的组成

OpenStack 是由众多项目组成的，每个项目均由一系列进程、命令行脚本、数据库和其他脚本组成。这些进程是分布式的，通过数据库和中间件耦合到一起。这些项目包括 OpenStack 服务和库等类型，而服务是最主要的 OpenStack 项目。OpenStack 的 Queens 版本的项目如表 1-2 所示。

表 1-2　　OpenStack 的 Queens 版本的项目组成

| 类型 | 项目名称 | 项目代号 | 说明 |
|---|---|---|---|
| Web 前端（Web Frontend） | Dashboard | Horizon | 仪表板（Web UI）服务 |
| 工作负载置备（Workload Provisioning） | Big Data Processing Framework Provisioning | Sahara | 大数据处理框架置备 |
|  | Container Orchestration Engine Provisioning | Magnum | 容器编排引擎置备 |
|  | Database as a Service | Trove | 数据库即服务 |
| 应用程序生命周期（Application Lifecycle） | Application Catalog | Murano | 应用注册 |
|  | Backup，Restore and Disaster Recovery | Freezer | 备份、恢复和灾难恢复 |
|  | Software Development Lifecycle Automation | Solum | 软件开发生命周期自动化 |
| 编排（Orchestration） | Alarming Service | Aodh | 报警服务 |
|  | Clustering Service | Senlin | 集群服务 |
|  | Messaging Service | Zaqar | 消息服务 |
|  | Orchestration | Heat | 编排 |
|  | Workflow service | Mistral | 工作流服务 |
| 计算（Compute） | Bare Metal Provisioning Service | Ironic | 裸金属置备服务 |
|  | Compute Service | Nova | 计算服务 |
|  | Containers Service | Zun | 容器服务 |
| 网络（Network） | DNS Service | Designate | DNS 服务 |
|  | Load Balancer | Octavia | 负载平衡 |
|  | Network | Neutron | 网络 |
| 存储（Storage） | Block Storage | Cinder | 块存储 |
|  | Object Storage | Swift | 对象存储 |
|  | Shared File Systems | Manila | 共享文件系统 |
| 共享服务（Shared Services） | Application Data Protection as a Service | Karbor | 数据保护编排即服务 |
|  | Identity Service | Keystone | 身份服务 |
|  | Image Service | Glance | 镜像服务 |
|  | Indexing and Search | Searchlight | 索引和搜索 |
|  | Key Manager | Barbican | 密钥管理 |
| 监控工具（Monitoring Tools） | Event，Metadata Indexing Service | Panko | 事件，元数据索引服务 |
|  | Metering & Data Collection Service | Ceilometer | 计量和数据收集服务 |
|  | Monitoring | Monasca | 监控 |
| 优化与策略工具（Optimization/Policy Tools） | Benchmark Service | Rally | 基准测试服务 |
|  | Governance | Congress | 治理服务（基于异构云环境的策略声明、监控、实施、审计的框架） |
|  | Optimization Service | Watcher | （基础架构）优化服务 |
|  | RCA (Root Cause Analysis) Service | Vitrage | 根本原因分析服务 |
| 计费和商业逻辑（Billing/Business Logic） | Billing and Chargebacks | CloudKitty | 计费和退款 |

续表

| 类型 | 项目名称 | 项目代号 | 说明 |
| --- | --- | --- | --- |
| 多层工具（Multi-Region Tools） | Networking Automation for Multi-Region Deployments | Tricircle | 跨 Neutron 的网络自动化服务 |
| 部署和生命周期工具（Deployment/Lifecycle Tools） | Ansible Playbooks for OpenStack | OpenStack-Ansible | 用于 OpenStack 的 Ansible Playbooks |
| | Container Deployment | Kolla | 容器部署 |
| | Deployment Service | Trioleo | 部署服务 |
| 容器基础架构（Container Infrastructure） | Container Plugin | Kuryr | 容器插件 |
| 网络功能虚拟化（NFV） | NFV Orchestration | Tacker | 网络功能虚拟化编排 |

## 1.3.3 OpenStack 基金会与社区

2012 年 7 月，RackSpace 公司将 OpenStack 转交给 OpenStack 基金会进行管理。OpenStack 基金会是一家非营利性组织，旨在推动 OpenStack 云操作系统在全球的发展、传播和使用。它在全球范围内服务开发者、用户及整个生态系统，提供共享资源，以扩大 OpenStack 公共云与私有云的发展，帮助技术厂商选择平台，助力开发者开发出行业最佳的云软件。

OpenStack 基金会分为个人会员和企业会员两大类。OpenStack 基金会个人会员是免费无门槛的，可凭借技术贡献或社区建设工作等参与到 OpenStack 社区中。而企业会员则根据赞助会费的情况，分成白金会员、黄金会员、企业赞助会员及支持组织者，其中，白金会员和黄金会员的话语权较大。

OpenStack 社区是世界上较大、较完善的开源社区之一，拥有来自全球近 200 个国家及地区的数万名成员。技术委员会负责总体管理全部 OpenStack 项目，而项目技术负责人（Project Technical Lead）则管理项目内事务，对项目本身的发展进行决策。OpenStack 社区由技术专家负责技术，提供专门资源创建社区和整个生态系统，对各种贡献进行鼓励和奖励。

社区对于个人会员而言是非常开放的。个人只有加入基金会，才能享有会员权益，可对 OpenStack 的诸多事项进行投票表决，获取更多的技术和市场信息。

## 1.3.4 OpenStack 版本演变

2010 年 10 月，OpenStack 的第 1 个正式版本发布了，其代号为 Austin，RackSpace 公司计划每隔几个月发布一个全新的版本，并且以 26 个英文字母为首字母，从 A～Z 顺序命名后续版本。到 2011 年 9 月第 4 个版本 Diablo 发布时，又改为每半年发布一个版本，分别是当年的春秋两季发布新版本。每个版本都在不断改进，吸收新技术，实现新概念，具体的版本演变过程如表 1-3 所示。

表 1-3　OpenStack 版本演变

| 时间 | 版本代号 | 说明 |
| --- | --- | --- |
| 2010 年 10 月 | Austin | 仅有 Swift（对象存储）和 Nova（计算）两个项目 |
| 2011 年 2 月 | Bexar | 新增的 Glance 项目可提供镜像服务 |
| 2011 年 4 月 | Cactus | 没有新增项目，仅是比 Bexar 更加稳定 |
| 2011 年 9 月 | Diablo | Nova 整合了 Keystone（认证） |
| 2012 年 4 月 | Essex | 新增了两个核心项目，即 Keystone（认证）和 Horizon（用户操作界面） |
| 2012 年 9 月 | Folsom | 增加了两个核心项目，即 Cinder（块存储）和 Quantum（网络管理） |

续表

| 时间 | 版本代号 | 说明 |
|---|---|---|
| 2013 年 10 月 | Havana | 增加 Ceilometer 项目进行数据统计和监控报警，正式发布 Heat 项目；让应用开发者通过模板定义基础架构并自动部署；将网络服务 Quantum 更名为 Neutron，并增加防火墙和 VPN 插件；支持 Docker 管理的容器 |
| 2014 年 4 月 | IceHouse | 关注集成项目，加强每个项目的稳定性与成熟度；新增项目 Trove（DB as a Service）管理关系数据库服务 |
| 2014 年 10 月 | Juno | 通过 StackForge 增加多个重要的驱动，如支持 Ironic 和 Docker; Cinder 块存储添加多种新的存储后端；Neutron 支持 IPv6 和第三方驱动；Keystone 联合认证使用户可以通过同一套认证体系访问私有和共有 OpenStack 服务；Sahara 应用 Hadoop 和 Spark 实现大数据集群快速搭建与管理 |
| 2015 年 4 月 | Kilo | 增强对新增模块的支持，发布裸机服务项目 Ironic，增加互操作性 |
| 2015 年 10 月 | Liberty | 增加通用库应用和更有效的配置管理功能；为 Heat 编排和 Neutron 网络项目增加了基于角色的访问控制（RBAC）；支持系列产品进行滚动升级 |
| 2016 年 4 月 | Mitaka | 简化 Nova 和 Keynote 的使用以增强用户体验；使用一致的 API 调用创建资源；可以处理更大的负载和更为复杂的横向扩展 |
| 2016 年 10 月 | Newton | Ironic 裸机开通服务；显著提升 OpenStack 作为单一云平台对虚拟化、裸机及容器的管理 |
| 2017 年 2 月 | Ocata | Telemetry 各项目性能与 CPU 使用量改进；Congress 治理框架改进；可对 OpenStack 各服务进行容器化 |
| 2017 年 8 月 | Pike | 专注于改进基础设施，使 OpenStack 部署和更新更容易，同时提供对边缘计算（Edge Computing）和网络功能虚拟化（NFV）方面的支持 |
| 2018 年 2 月 | Queens | 主要针对机器学习、人工智能和容器等新工作负载进行升级。虚拟 GPU（vGPU）支持和容器集成的改进；Cinder 增加 Multi-Attach 功能使运维者能够将相同的 Cinder 卷加载到多个虚拟机中；新增 Helm 项目作为 Kubernetes 容器编排系统的包管理器；新增 Cyborg 项目用于管理硬件和软件加速资源 |
| 2018 年 8 月 | Rocky | 裸金属云、快速升级和硬件加速 |

# 1.4　OpenStack 的架构

在学习 OpenStack 的部署和运维之前，我们应当熟悉其架构和运行机制。OpenStack 作为一个开源、可扩展、富有弹性的云操作系统，其架构设计主要参考了亚马逊的 AWS 云计算产品，通过模块的划分和模块间的功能协作，设计的基本原则如下。

（1）按照不同的功能和通用性划分不同的项目，拆分子系统。

（2）按照逻辑计划、规范子系统之间的通信。

（3）通过分层设计整个系统架构。

（4）不同功能子系统间提供统一的 API 接口。

## 1.4.1　OpenStack 的概念架构

OpenStack 的概念架构（Concept Architecture）如图 1-7 所示。此图展示了 OpenStack 云平台各模块（仅给出主要服务）协同工作的机制和流程。

OpenStack 通过一组相关的服务提供一个基础设施即服务（IaaS）的解决方案。这些服务以虚拟机为中心。虚拟机主要是由 Nova、Glance、Cinder 和 Neutron 4 个核心模块进行交互的结果。Nova 为虚拟机提供计算资源，包括 vCPU、内存等。Glance 为虚拟机提供镜像服务，安装操作传统的运行环境。Cinder 提供存储资源，类似传统计算机的磁盘或卷。Neutron 为虚拟机提供网络配置，以及访问云平台的网络通道。

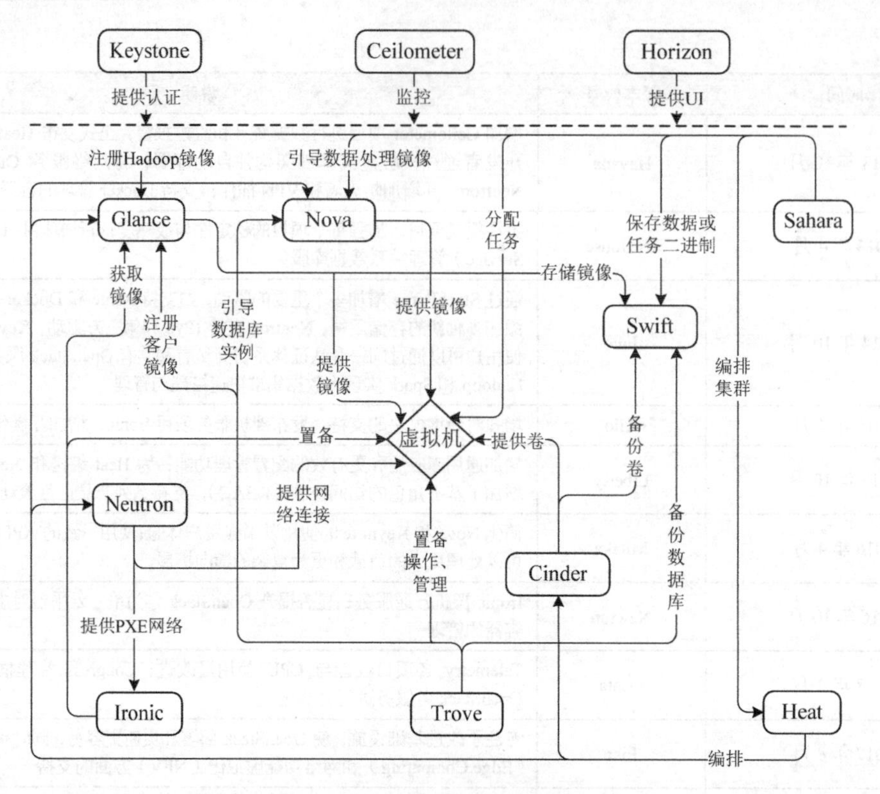

图 1-7　OpenStack 的概念架构

云平台用户（开发者与运维人员，甚至包括其他 OpenStack 组件）在经 Keystone 服务认证授权后，通过 Horizon 或 REST API 模式创建虚拟机服务。创建过程包括利用 Nova 服务创建虚拟机实例，虚拟机实例采用 Glance 提供的镜像服务，然后使用 Neutron 为新建的虚拟机分配 IP 地址，并将其纳入虚拟网络中，之后再通过 Cinder 创建的卷为虚拟机挂载存储块。整个过程都在 Ceilometer 模块的资源监控下，Cinder 产生的卷（Volume）和 Glance 提供的镜像（Image）可以通过 Swift 的对象存储机制进行保存。

Horizon、Ceilometer、Keystone 提供访问、监控、身份认证（权限）功能，Swift 提供对象存储功能，Heat 实现应用系统的自动化部署，Trove 用于部署和管理各种数据库，Sahara 提供大数据处理框架，而 Ironic 提供裸金属云服务。

云平台用户通过 nova-api 等来与其他 OpenStack 服务交互，而这些 OpenStack 服务守护进程通过消息总线（动作）和数据库（信息）来执行 API 请求。

消息队列为所有守护进程提供一个中心的消息机制，消息的发送者和接收者相互交换任务或数据进行通信，协同完成各种云平台功能。消息队列将各个服务进程解耦，所有进程可以任意分布式部署，协同工作在一起。目前 RabbitMQ 是默认的消息队列实现技术。

SQL 数据库保存了云平台大多数创建和运行时的状态，包括可用的虚拟机实例类型，正在使用的实例、可用的网络和项目等。理论上，OpenStack 可以使用任一支持 SQL-Alchemy 的数据库。

## 1.4.2　OpenStack 的逻辑架构

要设计、部署和配置 OpenStack，管理员必须理解其逻辑架构（Logical Architecture）。图 1-8 所示的逻辑架构描述的是 OpenStack 服务各个组成部分以及各组件之间的逻辑关系（仅列出最通用的服务和组件）。

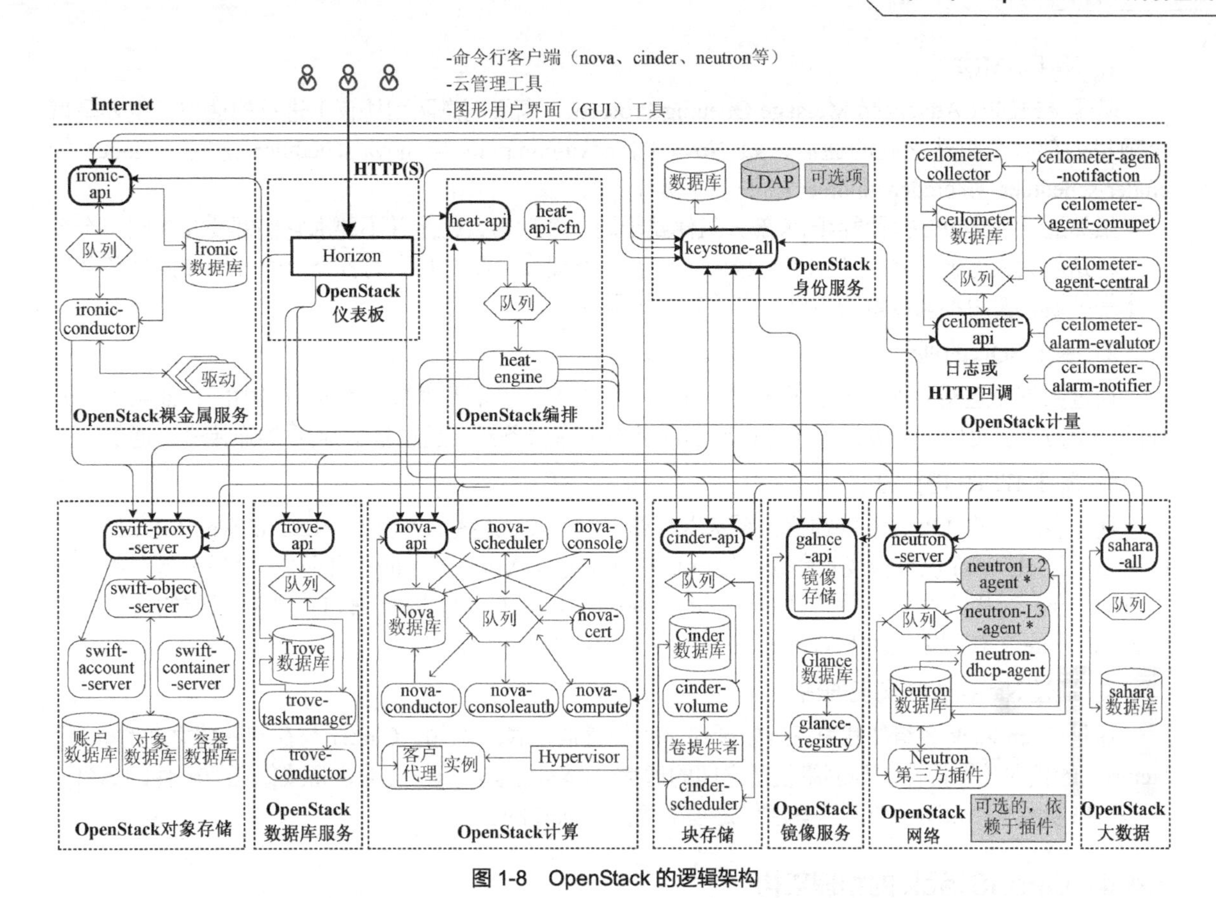


图 1-8　OpenStack 的逻辑架构

OpenStack 包括若干称为 OpenStack 服务的独立组件。所有服务均可通过一个公共的身份服务进行身份验证。除了那些需要管理权限的命令，每个服务之间均可通过公共 API 进行交互。

每个 OpenStack 服务又由若干组件组成，包含多个进程。所有的服务至少有一个 API 进程，用于侦听 API 请求，对这些请求进行预处理，并将它们传送到该服务的其他组件。除了认证服务，实际工作是由具体的进程完成的。

至于一个服务的进程之间的通信，则使用 AMQP 消息代理。服务的状态存储在数据库中。部署和配置 OpenStack 云时，可以从几种消息代理和数据库解决方案中进行选择，如 RabbitMQ、MySQL、MariaDB 和 SQLite。

用户访问 OpenStack 有多种方法，可以通过由 Horizon 仪表板服务实现的基于 Web 的用户界面，也可以通过命令行客户端，或者通过浏览器插件或 curl 发送 API 请求。对于应用程序来说，可以使用多种软件开发工具包（Software Development Kit，SDK）。所有这些访问方法最终都要将 REST API 调用发送给各种不同的 OpenStack 服务。

在实际的部署方案中，各个组件可以部署到不同的物理节点上。OpenStack 本身是一个分布式系统，不仅各个服务可以分布部署，服务中的组件也可以分布部署。这种分布式特性让 OpenStack 具备极大的灵活性、伸缩性和高可用性。当然，从另一个角度来看，这一特性也使 OpenStack 比一般系统复杂，学习难度也更大。

## 1.4.3 OpenStack 组件之间的通信关系

OpenStack 组件之间的通信关系，可分为以下 4 种类型。

1. 基于 AMQP

基于 AMQP（Advanced Message Queuing Protocol，高级消息队列协议）进行的通信，主要是每个项目内部各个组件之间的通信，如 Nova 的 nova-compute 与 nova-scheduler 之间，Cinder 的 cinder-scheduler 和 cinder-volume 之间。

虽然通过 AMQP 进行通信的大部分组件属于同一个项目，但是并不要求它们都安装在同一个节点上，这就大大方便了系统的水平（横向）扩展。管理员可以对其中的各个组件分别按照其负载进行水平扩展，使用不同数量的主机节点承载这些服务。

2. 基于 SQL 的通信

通过数据库连接实现的通信大多用于各个项目内部，也不要求数据库和项目中的其他组件安装在同一节点上，可以分开安装，也可以专门部署数据库服务器，通过基于 SQL 的连接进行通信。

3. 基于 HTTP 进行通信

通过各项目的 API 建立的通信关系基本都属于这一类，这些 API 都是 RESTful Web API。最常见的就是通过 Horizon 仪表板或者命令行接口对各组件进行操作时产生的这种通信，然后就是各组件通过 Keystone 对用户身份进行认证时使用的这种通信。还有一些基于 HTTP 进行通信的情形，如 nova-compute 在获取镜像时对 Glance API 的调用、Swift 数据的读写等。

4. 通过 Native API 实现通信

这是 OpenStack 各组件和第三方软硬件之间的通信方式。例如，Cinder 与存储后端之间的通信，Neutron 的代理（即插件）与网络设备之间的通信，都需要调用第三方的设备或第三方软件的 API，这些 API 被称为 Native API，这些通信是基于第三方 API 的。

## 1.4.4 OpenStack 的物理架构

OpenStack 是分布式系统，必须从逻辑架构映射到具体的物理架构，将各个项目和组件以一定的方式安装到实际的服务器节点，部署到实际的存储设备上，并通过网络将它们连接起来，这就是 OpenStack 的物理部署架构。

OpenStack 的部署分为单节点部署和多节点部署两种类型。单节点部署就是将所有的服务和组件都放在一个物理节点上，通常是用于学习、验证、测试或者开发。多节点部署就是将服务和组件分别部署在不同的物理节点上。一个典型的多节点部署如图 1-9 所示。常见的节点类型有控制节点（Control Node）、计算节点（Compute Node）、存储节点（Storage Node）和网络节点（Network Node），下面分别介绍这些节点类型。

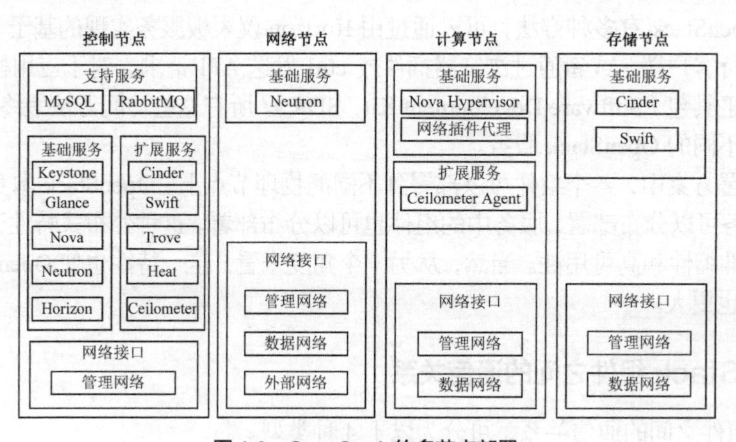


图 1-9 OpenStack 的多节点部署

#### 1. 控制节点

控制节点又称管理节点，安装并运行各种OpenStack控制服务，负责管理、节制其余节点，执行虚拟机建立、迁移、网络分配、存储分配等任务。OpenStack的大部分服务都是运行在控制节点上，通常包括以下服务。

（1）支持服务（Supporting Service）

- 数据库服务器，如SQL数据库。
- 消息队列服务，如RabbitMQ。
- 网络时间协议（Network Time Protocol，NTP）服务。

（2）基础服务

运行Keystone认证服务、Glance镜像服务、Nova计算服务的管理组件、Neutron网络服务的管理组件、多种网络代理（Networking agent）和Horizon仪表板。

（3）扩展服务

运行Cinder块存储服务、Swift对象存储服务、Trove数据库服务、Heat编排服务和Ceilometer计量服务的部分组件。这对于控制节点来说是可选的。

控制节点一般只需要一个网络端口用于通信和管理各个节点。

#### 2. 计算节点

计算节点是实际运行虚拟机的节点，主要负责虚拟机的运行，为用户创建并运行虚拟机，为虚拟机分配网络。通常包括以下服务。

（1）基础服务

- Nova计算服务的Hypervisor（虚拟机管理器）组件，提供虚拟机的创建、运行、迁移、快照等各种围绕虚拟机的服务，并提供API与控制节点对接，由控制节点下发任务。默认计算服务使用的Hypervisor是KVM。
- 网络插件代理，用于将虚拟机实例连接到虚拟网络中，通过安全组为虚拟机提供防火墙服务。

（2）扩展服务

Ceilometer计量服务代理，提供计算节点的监控代理，将虚拟机的情况反馈给控制节点。

虚拟机可以部署多个计算节点，一个计算节点至少需要两个网络端口，一个与控制节点进行通信，受控制节点统一调配；另一个与网络节点及存储节点进行通信。

#### 3. 存储节点

存储节点负责对虚拟机的外部存储进行管理等，即为计算节点的虚拟机提供持久化卷服务。这种节点存储需要的数据，包括磁盘镜像、虚拟机持久性卷。存储节点包含Cinder和Swift等服务，可根据需要安装共享文件服务。

块存储和对象存储可以部署在同一个存储节点上，也可以分别部署块存储节点和对象存储节点。不论采用哪种方式，都可以部署多个存储节点。

最简单的网络连接存储节点只需要一个网络接口，直接使用管理网络在计算节点和存储节点之间进行通信。而在生产环境中，存储节点最少需要两个网络接口，一个连接管理网络，与控制节点进行通信，接受控制节点下发的任务，受控制节点统一调配；另一个专门的存储网络（数据网络），与计算节点和网络节点进行通信，完成控制节点下发的各类数据传输任务。

#### 4. 网络节点

网络节点可实现网关和路由的功能，它主要负责外部网络与内部网络之间的通信，并将虚拟机连接到外部网络。网络节点仅包含Neutron服务，Neutron负责管理私有网段与公有网段的通信，以及管理虚拟机网络之间的通信拓扑，管理虚拟机上的防火墙等。

网络节点通常需要 3 个网络端口，分别用来与控制节点进行通信、与除控制节点外的计算节点和存储节点之间的通信、外部的虚拟机与相应网络之间的通信。

网络节点根据虚拟网络选项来决定要部署的服务和组件，它有两种选择，一种是提供者网络（Provider Networks，又译为供应商网络），另一种是自服务网络（Self-service Networks），这两种网络所需的组件如图 1-10 所示。

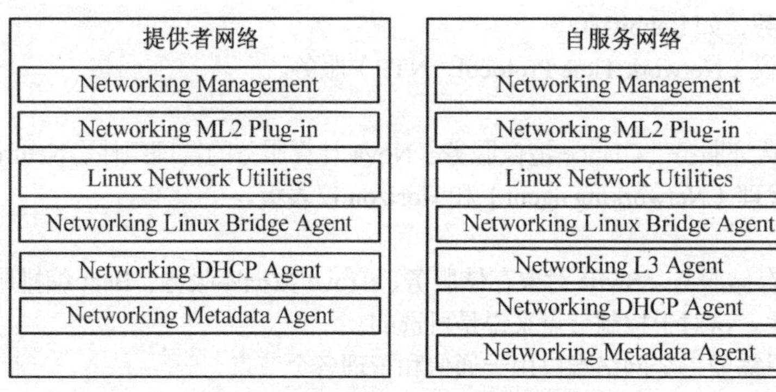


**图 1-10　提供者网络与自服务网络的组件**

（1）提供者网络

选择提供者网络选项，将以最简单的方式部署 OpenStack 网络服务，它使用基本的二层（网桥/交换机）服务和虚拟局域网（Virtual Local Area Network，VLAN）分段。它实质上是将虚拟网络桥接到物理网络，并依靠物理网络基础设施提供的三层（路由）服务。另外，还需一个动态主机配置协议（Dynamic Host Configuration Protocal，DHCP）服务为虚拟机实例提供 IP 地址信息。

OpenStack 用户需要了解底层网络基础设施的更多信息来创建虚拟网络，以精确匹配基础设施。

**提示**　提供者网络不支持自服务（私有）网络、三层路由服务，以及像 LBaaS（负载平衡服务）和 FWaaS（防火墙服务）这样的高级服务。如果要使用这些特性，应选择自服务网络选项。

（2）自服务网络

选择自服务网络选项，会在提供者网络的基础上增加三层（路由）服务，这样才能够使用像 VXLAN 这样的覆盖分段方法。它实质上是通过 NAT 将虚拟网络路由到物理网络。另外，该选项将提供像 LBaaS 和 FWaaS 这样的高级服务。

OpenStack 无须了解数据网络的底层基础设施即可创建虚拟网络。如果配置相应的二层插件，这也会包括 VLAN。

在提供者网络架构中，所有实例均可直接连接到提供者网络。在自服务（私有）网络架构中，实例可以连接到自服务或提供者网络。自服务网络可以完全在 OpenStack 环境中或者通过外部网络使用 NAT 方式提供某种级别的外部网络访问。

5. 节点的组合

OpenStack 是一个松散耦合系统，具有弹性的设计和部署，上述节点可以根据需要进行整合。

可以从控制节点中分出一个专门的 API 节点，API 节点去除 Neutron 服务之外的管理控制服务（如 Nova、Glance、KeyStone 等）。API 节点又可以与网络节点合二为一。

数据库服务器和消息队列协议可以部署在控制节点（或 API 节点）上，也可以运行于网络节点上。Glance、Keystone、Cinder 服务可以在 API 节点上运行，也可以在网络节点上运行，还可以在控制节点上运行。既可以创建单独的认证节点来运行 Keystone 服务，还可以创建单独的镜像节点来运行 Glance 服务。

> **提示** cinder-api 与 cinder-scheduler 需要在同一节点上运行，共用同一配置文件；nova-api、nova-scheduler、nova-novncproxy 服务应在同一节点上运行，共用相同的配置文件。

存储节点可以合并到某个计算节点上。

nova-compute 与 Neutron（openswitch、neutron-openvswitch-agent）服务必须在一个节点上运行，否则虚拟机实例无法获得网络分配。

### 1.4.5 OpenStack 的物理网络类型

OpenStack 的物理部署就是将承载不同服务的物理节点通过物理网络进行连接，从而使各个服务在云平台上协同工作。这里所讲的是主机节点之间的物理网络连接，而不是 OpenStack 网络服务中的虚拟网络。OpenStack 环境中的物理网络配置往往包括以下类型。

**1. 公共网络（Pulic Network）**

公共网络通常使用由电信运营商提供的公共 IP 地址。

**2. 外部网络（External Network）**

数据中心 Intranet 用于为虚拟机分配浮动的 IP 地址，让 Internet 用户能够访问该网络上的 IP 地址。

**3. 管理网络（Management Network）**

管理网络提供 OpenStack 各个组件之间的内部通信，以及 API 访问端点（Endpoint）。为安全考虑，该网络必须限制在数据中心内，也就是说，IP 地址通常只能在数据中心内部访问。这是一个单独的网络，确保系统管理和监控访问域虚拟机网络分离，以防止来自用户虚拟机网络的监听和攻击，保证云平台的安全性。

**4. API 网络**

API 网络用于为用户提供 OpenStack API。实际上这不是一个单独的网络，而是包含在外部和内部网络中。API 的端点（Endpoint）包括公共 URL（Uniform Resource Locator，统一资源定位符）和内部 URL，前者包含的是外部网络的 IP 地址，后者包含的是管理网络的 IP 地址。为简单起见，提供给内外网络访问的 API 的公共 URL 和内部 URL 相同，而只给内部网络访问的 API 使用内部 URL。

**5. 数据网络（Data Network）**

数据网络可以细分为以下网络类型。

（1）项目（租户）网络（Tenant Network）：又称虚拟机（Virtual Machine，VM）网络，提供虚拟机在计算节点之间，以及计算节点和网络节点之间的通信。同样这也是数据中心的内部网络。

（2）存储访问网络（Storage Access Network）：访问存储的网络。

（3）存储后端网络（Storage Backend Network）：如 Ceph 和 Swift 集群用于后端数据复制的网络。

它们可以合为一种，也可以从性能方面考虑分离出一种或几种作为单独的网络。

**6. 硬件管理网络**

除了以上网络类型，往往还有各种功能网络，包括 IPMI 网络、PXE 网络、监控网络等，这些可以称为硬件管理网络。大型数据中心通常会建立单独的硬件管理网络。

上述网络，除公共网络和外部网络之外，都可以统称为 OpenStack 内部网络。这些网络类型可以根据需要灵活组配。管理网络与硬件管理网络可以合并为一个管理网络；API 网络与外部网络也可以合二为一，通常这两个网络都是为外部用户提供服务的；管理网络与存储网络也可以合并到一起，因为管理网络流量很少；外部网络、API 网络和数据网络也可以合并，以减少路由器物理设备，降低网络的复杂度；当然也可以将所有网络类型合并成一个网络，用于 OpenStack 的原型验证或开发测试。

# 1.5 部署 OpenStack

OpenStack 云的开发、运维和使用的前提是安装和部署 OpenStack。本节对部署 OpenStack 做总体介绍，各组件与服务的具体部署将在后续章节中介绍。

## 1.5.1 选择操作系统平台

OpenStack 作为一个云操作系统，可以安装在 Linux 服务器上。目前 OpenStack 可以安装在以下操作系统上。

- openSUSE 和 SUSE Linux Enterprise Server。
- Red Hat Enterprise Linux 和 CentOS。
- Ubuntu。

全球的 OpenStack 开发者大部分都使用 Ubuntu，不过国内用户更倾向于使用 CentOS 平台，本书就是以 CentOS 7 平台为例讲解 OpenStack。

## 1.5.2 部署拓扑

OpenStack 是一个分布式系统，由若干不同功能的节点（Node）组成。不同类型的节点是从功能上进行逻辑划分的，在实际部署时可以根据需求灵活配置。

在大规模 OpenStack 生产环境中，每类节点都分别部署在若干台物理服务器上，各司其职并互相协作。这样的部署具备很好的性能、伸缩性和高可用性。

在最小的实验环境中，可以将各类节点部署到一台物理服务器甚至是虚拟服务器上，这就是所谓的 All-in-One 部署，又称一体化部署。

## 1.5.3 OpenStack 部署工具

对于有经验的云系统工程师来说，通常会选择手动部署 OpenStack。手动部署 OpenStack 的优点是按需定制，非常灵活，部署的云平台运行效率高。不过由于组件众多，手动部署 OpenStack 非常烦琐，对于刚刚接触到 OpenStack 的初学者而言，难度可想而知。好在有许多 OpenStack 快捷部署工具可供选择，这在很大程度上降低了学习 OpenStack 云计算的技术门槛，而且有些工具完全可用于生产环境的自动化部署。下面简单介绍一下主要的 OpenStack 部署工具。

1. DevStack

DevStack 是一系列可扩展的脚本，用于根据 git master 分支上的最新版本快速建立一个完整的 OpenStack 环境。使用它部署的云系统既可以用作 OpenStack 开发环境，又可以作为许多 OpenStack 项目的功能测试的基础。DevStack 支持以下 3 种部署方式。

（1）在虚拟机上运行 OpenStack。

（2）在物理机（PC 或服务器）上以 All-in-One（一体化）方式在单一节点上部署 OpenStack。

（3）在物理机（PC 或服务器）上以分布式方式部署 OpenStack。这需要搭建一个多节点的集群。

DevStack 采用自动化源码安装，用户只需要下载相应的 OpenStack 版本脚本，修改相关的配置文件就可以实现自动化安装，自动化解决依赖关系，非常方便。它还提供了相应的文档、配置文件样例和练习脚本，特别适合初学者使用，初学者可以访问 OpenStack 官方网站来进一步了解 DevStack 及其安装方法，其源代码可以从 OpenStack 官方网站获得。

DevStack 适合部署 OpenStack 开发或教学环境，并不适合生产环境。实际的生产环境需要满足各种硬件、网络和存储的要求，对性能、可靠性和安全性都有严格的要求。

2. Fuel

与 DevStack 侧重于开发和测试环境不同，Fuel 是一种 OpenStack 工业级的自动化部署方案。作为一款开源的 OpenStack 部署和管理工具，它由 OpenStack 社区开发，为 OpenStack 的部署和管理提供直观的图形化界面体验，还提供相关的社区项目和插件。

Fuel 可以简化和加速 OpenStack 各种配置模板的规模部署、测试和维护，解决耗时、复杂、易错的问题。与其他特色平台的部署或管理工具不同，Fuel 是一个上游的 OpenStack 项目，专注于自动化部署和测试，支持一定范围的第三方选项，这样就不会被捆绑销售或被厂商锁定。

Fuel 面向普通用户提供了多种不同需求的简化的 OpenStack 部署方式，支持 CentOS 和 Ubuntu 操作系统，通过扩展也可支持其他发行版本，支持多个 OpenStack 版本。Mirantis 公司将 Fuel 作为 OpenStack 相关方案的一部分。要想获取更多的信息可以访问 Mirantis 官方网站。

Fuel 的系统框架如图 1-11 所示。Fuel 并非一个整体，而是由多个独立的组件组成。其中一些是 Fuel 专有的组件，另外一些是第三方服务，如 Cobbler、Puppet、MCollective 等。一些组件可以单独使用而无须任何修改，另外一些则需要稍做调整。

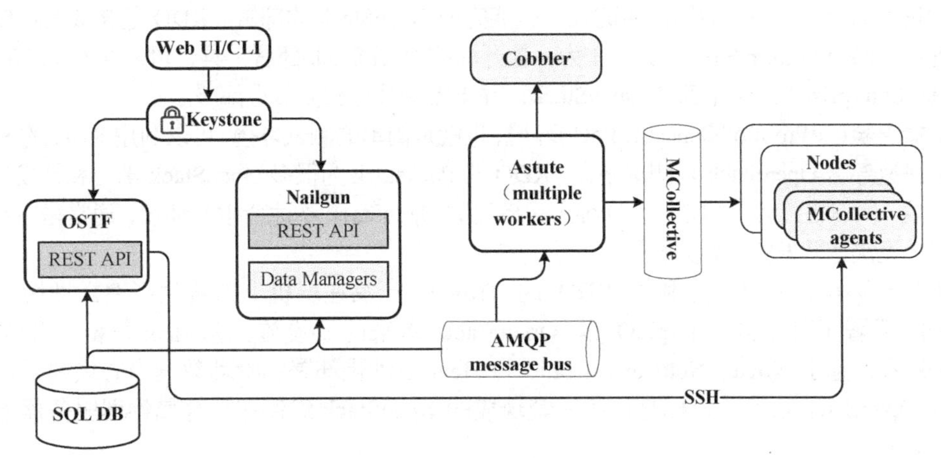


图 1-11 Fuel 的系统框架

UI 是使用 JavaScript 编写的网页应用程序，其底层使用了 Bootstrap 和 Backbone 框架。Nailgun 是整个 Fuel 项目的核心，实现了 REST API 和部署数据管理，用来管理磁盘卷、配置数据、网络配置数据，以及其他环境特定的数据。Nailgun 使用 SQL 数据库存储数据，使用 AMQP 服务来与 Worker 进程进行交互。用户通过 Web UI 或 Fuel CLI（命令行界面）与其进行交互。Fuel 的 CLI 比 UI 提供了更多的操作功能。

Astute 是另一个重要的组件，充当 Nailgun 的 Worker 进程，具体功能是根据 Nailgun 提供的指令来执行某些操作。事实上，Astute 只是用来封装各种服务（如 Cobbler、Puppet、Shell 脚本等）交互的所有细节的一个层，并且为这些服务提供通用的异步接口。Astute 通过 AMQP 与 Nailgun

交换数据。

Cobbler 目前用作置备服务（Provisioning Service），即基于网络的操作系统部署服务。

Puppet 目前仅是一个部署服务。它负责创建 MCollective 代理（Agents）来管理其他的配置管理框架，比如 Chef 和 SaltStack 等。

MCollective agents 用于执行像硬盘清理和网络连接探查这样的特定任务。

OSTF（OpenStack Testing Framework，OpenStack 测试框架）又称为 Health Check（健康检查），它是一个独立的组件，主要用来执行 OpenStack 安装后的检验工作，主要目标是在尽可能短的时间内进行尽可能多的功能测试。

Fuel 部署 OpenStack 的过程中会有 Master Node（主节点）、Discovered Node（发现节点）和 Managed Node（托管节点）3 种角色的节点出现。主节点是 Fuel 的主要部分，几乎全部的服务都在这个节点上运行，整个部署正是从这个节点上发起的，它实际上是一个部署控制器。主节点上成功启动的 Bootstrap 系统中有一个 Nailgun 代理（包含 MCollective），该代理负责收集新节点上的硬件信息，通过 Nailgun 的 REST API 传回给主节点，这样此新节点就变成了一个发现节点。托管节点是 Fuel 已经分配了角色并安装了系统的节点，发现节点安装系统完成之后就成为托管节点。

3. RDO

RDO 是由 Red Hat 开发的一款部署 OpenStack 的工具，同 DevStack 一样，支持单节点和多节点部署。但 RDO 只支持 Red Hat/CentOS 系列的操作系统。需要注意的是，该项目并不属于 OpenStack 官方社区项目。

RDO 项目的原理是整合上游的 OpenStack 版本，然后根据 Red Hat 的操作系统进行裁剪和定制，帮助用户进行选择，让用户只需简单的几步就能完成 OpenStack 的部署。RDO 是 Red Hat Enterprise Linux OpenStack Platform 的社区版，作为一款开源的 OpenStack 部署工具，可以在 CentOS、Fedora 和 Red Hat Enterprise Linux 上部署 OpenStack，并支持单节点和多节点部署。

对于概念验证（Proof of Concept，PoC）环境，也就是简单的测试环境，可以利用 RDO 的 Packstack 安装工具快速部署 OpenStack 云测试平台。RDO 的 Packstack 为很多 OpenStack 学习和开发用户提供了一种高效、快速搭建环境的方式。这种方式搭建的 OpenStack 不适合生产环境，通常是在小型环境（比如 PC）上快速开发验证相关特性。

对于生产环境，可以考虑利用 RDO 的 TripleO 产品在裸机上部署生产性云环境。与其他 OpenStack 部署工具不同，TripleO 以 OpenStack 本来的云设施为基础来安装、升级和运行 OpenStack 云，基于 Nova、Neutron、Ironic 和 Heat 自动化部署和管理数据中心级的云。它是一个官方的 OpenStack 项目，目标是使用一套现成的 OpenStack 组件在裸金属物理服务器上部署和管理生产环境的云。

TripleO 全称为“OpenStack On OpenStack”，意思即为“云上云”，可以简单理解为利用 OpenStack 来部署 OpenStack，即首先基于 V2P（将虚拟机的镜像迁移到物理机上）的理念事先准备好一些 OpenStack 节点（计算、存储、控制节点）的镜像，然后利用已有 OpenStack 环境的裸金属服务 Ironic 项目和软件安装部分的 diskimage-builder 去部署裸机，最后通过 Heat 项目和镜像内的 DevOps 工具（Puppet Or Chef）再在裸机上配置运行 OpenStack。

通过 TripleO，可以从创建一个底层云（Undercloud）开始，如图 1-12 所示。底层云是一个部署云（Deployment Cloud），包含用于部署和管理上层云（Overcloud）所需的 OpenStack 组件。上层云是一个工作负载云（Workload Cloud），作为一个部署解决方案，可以充当任何用途的云，如生产环境、模拟环境和测试环境等。

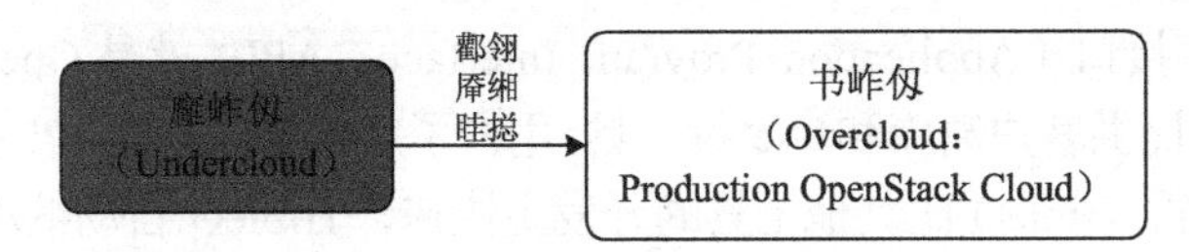


图 1-12 底层云与上层云

TripleO的架构如图1-13所示。TripleO利用OpenStack现成的核心组件Nova、Ironic、Neutron、Heat、Glance和Ceilometer在裸机上部署OpenStack。在底层云中使用Nova和Ironic管理基于裸金属的虚拟机实例，以包括上层云的基础设施。Neutron提供部署上层云的网络环境，Glance存储虚拟机镜像，Ceilometer收集关于上层云的计量数据。

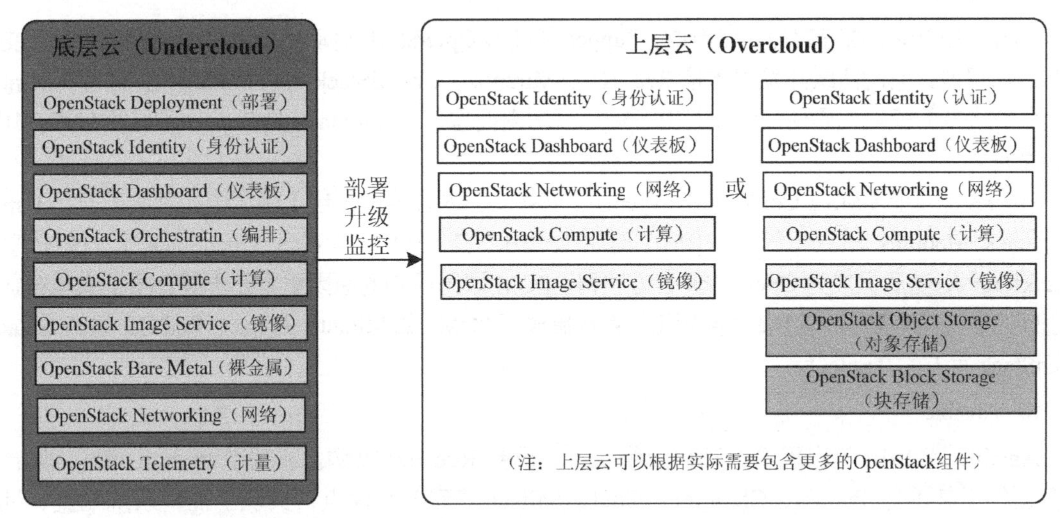


图 1-13 TripleO的架构

图1-14进一步展示了底层云部署在一台物理服务器上和上层云分布在多个物理服务器上的物理视图。

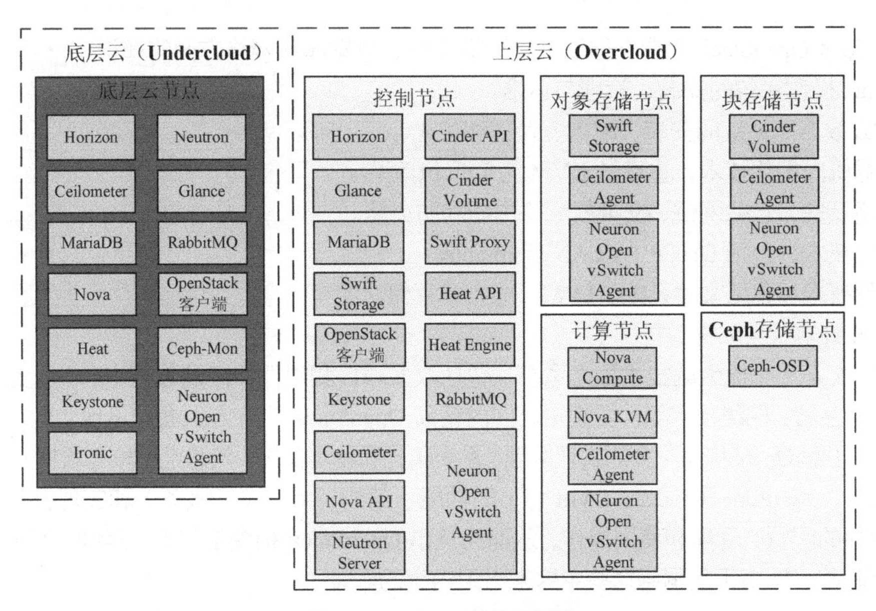


图 1-14 TripleO的物理视图

TripleO 的应用程序接口（Application Program Interface，API）就是 OpenStack 本身的 API。它们易于维护，文档完善，提供客户端库和命令行工具。用户了解 TripleO 的 API 也就了解了 OpenStack。使用 OpenStack 组件使得 TripleO 比其他工具的开发更快速，TripleO 自动继承 Glance、Heat 等的新增特性。TripleO 的漏洞修复和安全更新与 OpenStack 同步。

TripleO 的部署至少需 3 台裸机，分别用于底层云、上层云控制节点和上层云计算节点。考虑到使用 TripleO 的门槛较高，RDO 提供了一个基于 Ansible 的项目 TripleO Quickstart，为使用 TripleO 快速创建一个虚拟环境。这样，用户就可以在虚拟环境而不是实际的物理机中使用 TripleO，不过还是需要一台物理机作为虚拟机的主机。TripleO Quickstart 仅能用于开发和测试，不能用于实际的生产环境。

4. Puppet

Puppet 由 Ruby 语言编写。应当说，Puppet 是进入 OpenStack 自动化部署中的早期项目，历史比较悠久。目前，它的活跃开发群体是 Red Hat、Mirantis、UnitedStack 等。Mirantis 出品的 Fuel 部署工具中，大量的模块代码使用的便是 Puppet。就国内而言，UnitedStack 是 Puppet 社区贡献和使用的最大用户。

Puppet 是目前 CMS（Content Management System，内容管理系统）领域中的领头羊，而 Puppet Openstack Modules 项目（简称 POM）诞生于 2012 年，2013 年进入 OpenStack 官方孵化项目（Stackforge），随后又成为 OpenStack 官方项目。POM 取得成功的原因主要在于其获得了大量公司和工程师的参与，甚至有一些主流的部署工具直接集成了 POM，如 Mirantis 的 Fuel、Red Hat 的 Packstack、OpenStack 官方的 TripleO。

5. Ansible

Ansible 是 2012 年出现的自动化运维工具，已被 Red Hat 收购。它基于 Python 开发，集合了众多运维工具（如 Puppet、Cfengine、Chef、Saltstack 等）的优点，实现了批量系统配置、批量程序部署、批量运行命令等功能。Ansible 一方面总结了 Puppet 的设计上的得失，另一方面又改进了很多设计。

### 1.5.4 部署 OpenStack 的技术需求

学习和部署 OpenStack 需要掌握以下计算机系统、数据库和网络方面的知识。

- Linux 操作系统的安装、管理与运维。
- SQL 数据库系统的安装、配置、管理和优化。
- 计算机虚拟化技术，重点是 KVM 与 Libvirt 套件。
- 网络设备，包括网桥、交换机、路由器和防火墙。
- 组网技术，包括 DHCP、VLAN 和 iptables。
- 存储技术，包括文件系统、LVM、分布式存储。
- Shell 脚本及其编程。

OpenStack 是一个庞大的技术生态系统，包括众多项目和组件，涉及数据中心、运维、高可用、虚拟化技术、存储、网络技术等。要想短时间内精通 OpenStack 的方方面面是不现实的。对于初学者而言，应重点了解 OpenStack 平台的实现原理、系统架构和物理部署，熟悉几个核心项目（如 Keystone、Glance、Nova、Neutron、Cinder、Swift 等）的功能、架构、组件（子服务）和实现机制，掌握命令行和图形界面的配置、管理和使用操作，从而为从事 OpenStack 相关工作（如运维、开发、测试、市场等）打下基础。本书正是围绕这些主题来组织内容的。

## 1.6 习题

1. 什么是云计算?
2. 简单描述云计算架构。
3. 云计算有哪几种部署模式?
4. 什么是裸金属云?
5. OpenStack 支持哪几种虚拟化技术?
6. 简单描述 KVM 架构。
7. 什么是 OpenStack?
8. 简单描述 OpenStack 的概念架构。
9. 简述 OpenStack 的逻辑架构。
10. OpenStack 组件之间是如何通信的?
11. OpenStack 的节点类型有哪些?
12. OpenStack 的物理网络有哪些类型?

# 2 第2章 单节点的 OpenStack 一体化部署

OpenStack 的安装是一个难题，组件众多，非常烦琐。对于刚刚接触到 OpenStack 的初学者而言，安装一个云平台更是难上加难，这在很大程度上提高了学习 OpenStack 云计算的技术门槛。为此，可以利用 Red Hat 推出的 OpenStack 安装部署项目 RDO 的 Packstack 安装工具快速部署一个 OpenStack 云测试平台，为学习和测试 OpenStack 组件提供一个概念验证环境。本章讲解这种安装部署方式，并介绍 Dashboard 操作界面、虚拟机实例的创建和使用、虚拟网络配置，让读者尽快接触 OpenStack，对 OpenStack 有一个直观的、总体的认识。待熟悉 OpenStack 之后，可以手动部署 OpenStack 云平台，或者使用像 RDO 的 TripleO 那样的云部署工具建立生产性云环境。

本章的实验目标有 4 个，列举如下：

- 在安装 CentOS 7 的计算机中通过 RDO 的 Packstack 安装工具自动安装单节点的 OpenStack 测试平台（本书所有版本均是 Queens）；
- 熟悉 OpenStack 的 Web 访问接口 Dashboard 的操作界面；
- 创建两个典型的 OpenStack 虚拟机实例；
- 配置一个虚拟网络，包含 1 个子网，与外部网络通信，并能让虚拟网络上的实例通过外部网络访问 Internet。

## 2.1 使用 Packstack 安装单节点 OpenStack 云平台

RDO 的 Packstack 非常适合使用单一的 All-in-One（一体化）节点来验证 OpenStack 云部署。

### 2.1.1 准备安装环境

通常将运行 OpenStack 的计算机称为主机或主机节点。为方便实验，建议使用虚拟机。本章的实例是在一台真实的 Windows 计算机（作为宿主机）中通过 VMWare Workstation 创建一台运行 CentOS 7 操作系统的虚拟机，作为 OpenStack 主机。

### 1. 创建虚拟机

这里给出虚拟机的基本要求，创建虚拟机的具体过程不再详述。

- 建议采用 16GB 内存，使用 8GB 也能运行。
- CPU 双核且支持虚拟化。
- 硬盘不低于 200GB。
- 网卡（网络适配器）以桥接模式接入主机（物理机）网络。

笔者所举实例中虚拟机硬件配置如图 2-1 所示（仅供参考）。可见，创建一台这样的虚拟机对主机（物理机）的硬件配置要求不低。

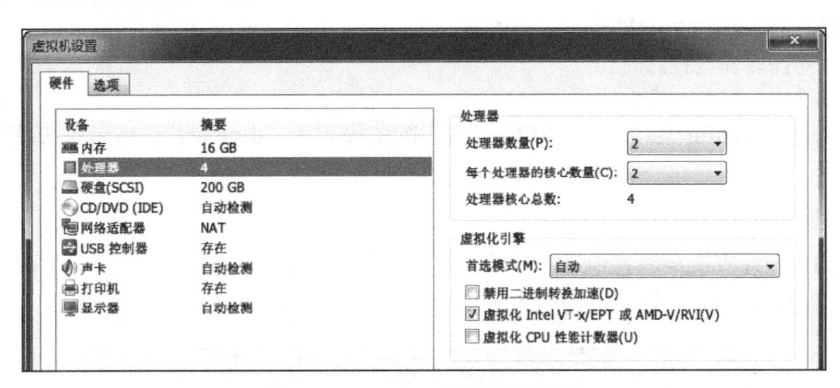


图 2-1　CentOS 7 虚拟机硬件配置

### 2. 在虚拟机中安装 CentOS 7 操作系统

在安装过程中语言选择默认的英语，如果对 Linux 命令行操作很熟悉，建议选择 CentOS 7 最小化操作系统以降低系统资源消耗，否则选择安装带 GUI 的服务器（Server with GUI）版本，如图 2-2 所示。这将有助于初学者查看和编辑配置文件，运行命令行（可打开多个终端界面）。为简化操作，可以考虑直接以 root 身份登录。如果以普通用户身份登录，执行系统配置和管理操作时需要使用 sudo 命令。例如关闭防火墙：

```
sudo systemctl stop firewalld
```

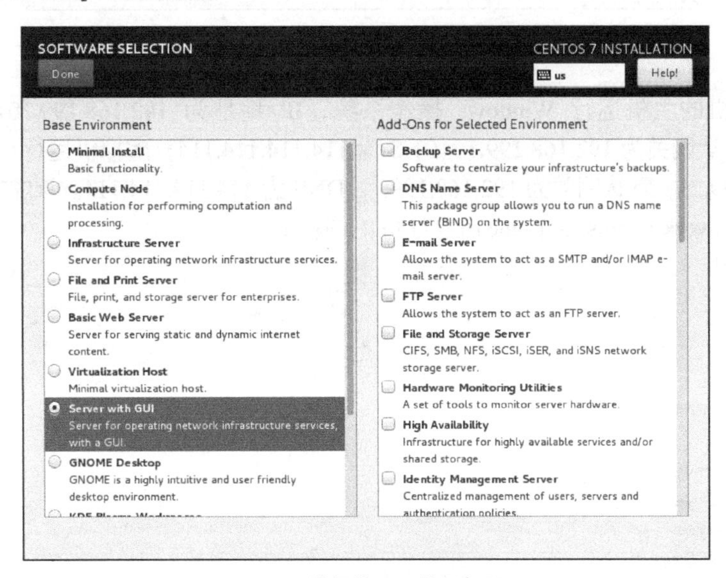


图 2-2　选择带 GUI 的服务器

3. NetworkManager 服务

CentOS 7 网络默认由 NetworkManager（网络管理器）负责管理，但是 NetworkManager 与 OpenStack 网络组件 Neutron 有冲突，应停用它，改用传统的网络服务 Network 来管理网络。执行以下命令实现这些目的：

```
systemctl disable NetworkManager
systemctl stop NetworkManager
systemctl enable network
systemctl start network
```

4. 禁用防火墙与 SELinux

为方便测试，应关闭防火墙。

```
systemctl disable firewalld
systemctl stop firewalld
```

编辑/etc/selinux/config 文件，将"SELINUX"的值设置为"disabled"，重启系统使禁用 SELinux 生效。

5. 设置网络

虚拟机的 IP 地址应选择静态地址，建议通过桥接模式直接访问外网，以便于测试内外网之间的双向通信。此实例中虚拟机的网络连接如图 2-3 所示，采用的是桥接模式。

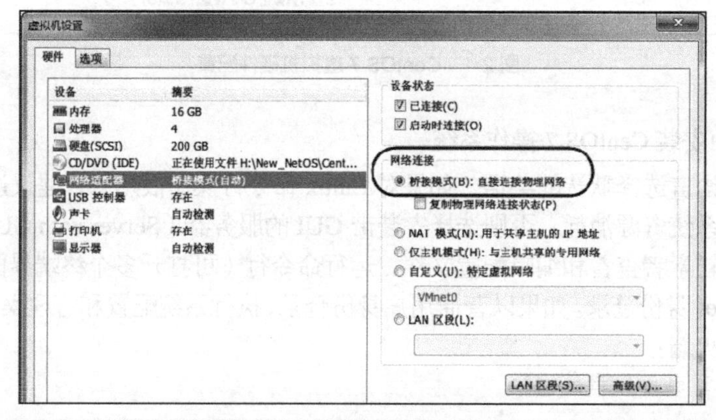


图 2-3　网络连接采用桥接模式

例如，虚拟机的主机运行 Windows 操作系统，IP 地址为 192.168.199.201，连接的网络是 192.168.199.0，默认网关为 192.168.199.1，DNS 为 114.114.114.114；虚拟机运行 CentOS 7，IP 地址配置为 192.168.199.21，默认网关为 192.168.199.1，DNS 为 114.114.114.114。该虚拟机的网卡配置文件/etc/sysconfig/network-scripts/ifcfg-eno16777736 的内容如下：

```
TYPE=Ethernet
BOOTPROTO=static
DEFROUTE=yes
PEERDNS=yes
PEERROUTES=yes
IPV4_FAILURE_FATAL=no
IPV6INIT=yes
IPV6_AUTOCONF=yes
IPV6_DEFROUTE=yes
IPV6_PEERDNS=yes
IPV6_PEERROUTES=yes
IPV6_FAILURE_FATAL=no
```

```
NAME=eno16777736
UUID=c84d0100-79f6-427b-8ced-0348b5df4ed7
DEVICE=eno16777736
ONBOOT=yes
IPADDR=192.168.199.21
NETNASK=255.255.255.0
GATEWAY=192.168.199.1
DNS1=114.114.114.114
```

设置完毕，执行以下命令重启 network 服务使网络接口设置更改生效。

```
systemctl restart network
```

**提示**

CentOS 7 的网卡设备命名方式有所变化，它采用一致性网络设备命名，可以基于固件、拓扑、位置信息来设置固定名称，由此带来的好处是命名自动化，名称完全可预测，硬件因故障更换也不会影响设备的命名，可以让硬件更换无缝过渡。但不足之处是比传统的命名格式更难读。这种命名格式为：网络类型+设备类型编码+编号。例如，eno16777736 表示一个以太网卡（en），使用的编号是板载设备索引号，类型编码是 o，索引号是 16777736。前两个字符为网络类型，如 en 表示以太网（Ethernet），wl 表示无线局域网（WLAN），ww 表示无线广域网（WWAN）。第 3 个字符代表设备类型，如 o 表示板载设备索引号，s 表示热插拔插槽索引号，x 表示 MAC 地址，p 表示 PCI 地理位置/USB 端口号；后面的编号来自设备。如果要恢复使用传统的网络接口命令方式，则可以编辑/etc/sysconfig/grub 文件，找到 GRUB_CMDLINE_LINUX，为它增加以下两个变量：

```
net.ifnames=0 biosdevname=0
```

再使用 grub2-mkconfig 重新生成 GRUB 配置并更新内核参数。

```
grub2-mkconfig -o /boot/grub2/grub.cfg
```

### 6. 设置主机名

安装好 CentOS 7 系统后，通常要更改主机名，例如，这里更改为 node-a：

```
hostnamectl set-hostname node-a
```

一旦更改主机名，就必须将新的主机名追加到/etc/hosts 配置文件中：

```
127.0.0.1 localhost localhost.localdomain localhost4 localhost4.localdomain4 node-a
::1 localhost localhost.localdomain localhost6 localhost6.localdomain6 node-a
192.168.199.21   node-a node-a.localdomain
```

否则，在使用 RDO 安装 OpenStack 的过程中启动 rabbitmq-server 服务后失败，从而导致安装不成功。RabbitMQ 是一个在 AMQP 基础上完成的，可复用的企业消息系统，为 OpenStack 的计算组件 Nova 各个服务之间提供一个中心的消息机制。rabbitmq-server 服务在启动前会解析主机名的地址是否可通。

### 7. 更改语言编码

如果 CentOS 7 安装的是非英语版本，那么在/etc/environment 文件中添加以下定义：

```
LANG=en_US.utf-8
LC_ALL=en_US.utf-8
```

### 8. 设置时间同步

整个 OpenStack 环境中所有节点的时间必须是同步的。在 CentOS 7 系统中一般使用时间同步软件 Chrony，如果没有安装，执行以下命令进行安装。

```
yum install chrony -y
```

通常选择一个控制节点作为其他节点的时间同步服务器（简称 NTP）。这里使用虚拟机作为

OpenStack 主机节点，选择其宿主机（一台物理机）作为所有节点的时间同步服务器比较好。

Windows 系统自带时间服务器。考虑到本书实验环境，为便于实验，这里直接在运行 OpenStack 的虚拟机的宿主机（物理机）上部署一个 NTP 服务器，统一所有 OpenStack 实验节点的系统时间。该物理机运行 Windows 7 操作系统，可以利用其内置的 W32Time 服务架设一台 NTP 服务器。默认情况下，Windows 计算机作为 NTP 客户端工作，必须通过修改注册表使其也作为 NTP 服务器运行。

（1）打开注册表编辑器，依次展开 HKEY_LOCAL_MACHINE\SYSTEM\CurrentControlSet\Services\W32Time\TimeProviders\NtpServer 节点，将 Eabled 键值由默认的 0 改为 1，表示启用 NTP 服务器。

（2）在注册表编辑器中继续将 HKEY_LOCAL_MACHINE\SYSTEM\CurrentControlSet\Services\W32Time\Config 节点下的 AnnounceFlags 键值改为 5，这样强制该主机将它自身宣布为可靠的时间源，从而使用内置的 CMOS 时钟。默认值 a（十六进制）表示采用外面的时间服务器。

（3）以管理员身份打开命令行，执行命令 net stop w32time&&net start w32time，先停止再启动 W32Time 服务。

（4）在命令行中执行 services.msc 命令打开服务管理单元（或者从计算机管理控制台中打开该管理单元），设置 W32Time 服务启动模式为自动。

（5）NTP 服务的端口是 123，使用的是 UDP。如果启用防火墙，则允许 UDP 123 端口访问。可以打开“高级安全 Windows 防火墙”对话框，设置相应的入站规则。也可以通过管理员身份打开命令行，执行以下命令来添加该规则：

```
netsh advfirewall firewall add rule name= NTPSERVER dir=in action=allow protocol=UDP
localport=123
```

至此，设置的 NTP 服务器可以提供时间服务。

然后在虚拟机（作为 All-in-One 节点）上配置 Chrony，使其与物理机的时间同步。编辑 /etc/chrony.conf，加入以下语句（192.168.199.201 为 NTP 服务器地址）。

```
server 192.168.199.201 iburst
```

然后重启时间同步服务使设置生效：

```
systemctl restart chronyd.service
```

### 2.1.2 准备所需的软件库

CentOS Extras 软件库已连同 CentOS 7 一并安装，并默认启用。该库能支持 OpenStack 库，只需执行以下命令即可设置 OpenStack 库：

```
yum install -y centos-release-openstack-queens
```

本例使用的 OpenStack 的版本为 Queens，RDO 基本与上游的 OpenStack 版本同步。如果要安装以前的旧版本，需要更改版本名，例如，Queens 的上一版本为 Pike，其中的软件包名改为 centos-release-openstack-pike。

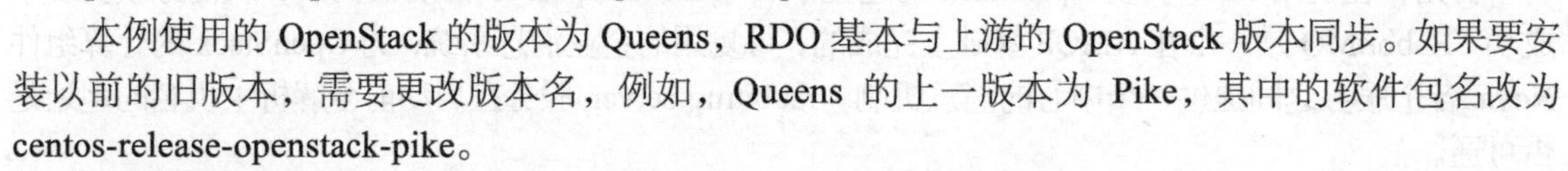

继续执行以下命令，以确保其中的 openstack-queens 软件库可用：

```
yum-config-manager --enable openstack-queens
```

该命令将解析依赖（Resolving Dependencies）并安装所需的依赖（Installing for Dependencies）。完成之后，需要执行以下命令更新当前软件包：

```
yum update -y
```

这将升级所有包，改变软件设置和系统设置，并升级系统版本内核。

不过，从 Pike 开始，核心组件 openstack-nova-compute 的安装所依赖的 qemu-kvm 版本不能低于 2.9.0，CentOS 7 现有的软件库不能提供 qemu-kvm 较新版本的安装。为此，需要相应的软件库来提供支持，RDO 就提供这样的库。具体操作步骤如下。

（1）执行以下命令切换到用于存放软件源定义文件的目录。

```
cd /etc/yum.repos.d/
```

（2）执行以下命令下载 RDO 官网针对 CentOS7 提供的软件源定义文件。

```
delorean-deps.repo。
curl -O https://trunk.rdoproject.org/centos7/delorean-deps.repo
```

（3）查看 delorean-deps.repo 文件的内容。

```
[delorean-master-testing]
name=dlrn-master-testing
baseurl=https://trunk.rdoproject.org/centos7-master/deps/latest/
enabled=1
gpgcheck=0
[delorean-master-build-deps]
name=dlrn-master-build-deps
baseurl=https://trunk.rdoproject.org/centos7-master/build-deps/latest/
enabled=1
gpgcheck=0
[rdo-qemu-ev]
name=RDO CentOS-$releasever - QEMU EV
baseurl=http://mirror.centos.org/$contentdir/7/virt/$basearch/kvm-common/
gpgcheck=0
enabled=1
skip_if_unavailable=1
```

按照此软件源定义，yum 将会安装最版本的 OpenStack。

（4）考虑到本书所用的是 Queens 版本，删除该文件中前两个软件源定义，只保留最后一个名为“rdo-qemu-ev”的软件源定义。

### 2.1.3　安装 Packstack 安装器

执行以下命令安装 openstack-packstack 及其依赖包：

```
yum install -y openstack-packstack
```

安装过程中需要安装许多依赖包，如 openstack-packstack-puppet 等。

Packstack 是 RDO 的 OpenStack 安装工具，用于取代手动设置 OpenStack。Packstack 基于 Puppet 工具，通过 Puppet 部署 OpenStack 各组件。Puppet 是一种 Linux、UNIX 和 Windows 平台的集中配置管理系统，使用自有的 Puppet 描述语言，可管理配置文件、用户、任务、软件包、系统服务等。Puppet 将这些系统实体称之为资源，其设计目标是简化对这些资源的管理，妥善处理资源间的依赖关系。

### 2.1.4　运行 Packstack 安装 OpenStack

1. Packstack 工具的基本用法

```
packstack [选项] [--help]
```

执行 packstack --help 命令列出选项清单，这里给出部分选项及其说明。

--gen-answer-file=GEN_ANSWER_FILE：产生应答文件模板。

--answer-file=ANSWER_FILE：依据应答文件的配置信息以非交互模式运行该工具。

--install-hosts=INSTALL_HOSTS：在一组主机上一次性安装，主机列表间以逗号分隔。第一台主机作为控制节点，其他主机作为计算节点。如果仅提供一台主机，将集中在单节点上以“All-in-One”方式安装。

--allinone：所有功能都集中安装在单一主机上。

还有许多具体定义安装内容的全局性选项，例如，--ssh-public-key=SSH_PUBLIC_KEY 设置安装在服务器上的公钥路径，--default-password=DEFAULT_PASSWORD 设置默认密码（会被具体服务或用户的密码所覆盖），--mariadb-install=MARIADB_INSTALL 设置是否安装 MARIADB 数据库。

2. Packstack 的安装过程

实际应用中多使用应答文件所提供的配置选项进行部署。首次测试，可以考虑直接使用“All-in-One”方式进行单节点部署。“All-in-One”方式是 RDO 官方网站上提供的向导模式，只需加上--allinone 选项。下面记录了例中的执行过程（#打头的是笔者增加的注释）。

```
    [root@node-a ~]# packstack --allinone
    Welcome to the Packstack setup utility
    # 提示安装日志文件
    The installation log file is available at: /var/tmp/packstack/20180606-112055-8r6isW/
openstack-setup.log
    Packstack changed given value  to required value /root/.ssh/id_rsa.pub
    Installing:
    Clean Up                                             [ DONE ]
    Discovering ip protocol version                          [ DONE ]
    # 设置 SSH 密钥
    Setting up ssh keys                                    [ DONE ]
    # 准备服务器
    Preparing servers                                      [ DONE ]
    # 安装 Puppet 和探测主机详情之前
    Pre installing Puppet and discovering hosts' details [ DONE ]
    # 准备预装的项目
    Preparing pre-install entries                            [ DONE ]
    # 设置证书
    Setting up CACERT                                      [ DONE ]
    # 准备 AMQP（高级消息队列）项目
    Preparing AMQP entries                                  [ DONE ]
    # 准备 MariaDB（现已代替 MySQL）数据库项目
    Preparing MariaDB entries                                [ DONE ]
    # 修正 Keystone LDAP 参数
    Fixing Keystone LDAP config parameters to be undef if empty[ DONE ]
    # 准备 Keystone（认证服务）项目
    Preparing Keystone entries                               [ DONE ]
    # 准备 Glance（镜像服务）项目
    Preparing Glance entries                                 [ DONE ]
    # 检查 Cinder（卷存储服务）是否有卷
    Checking if the Cinder server has a cinder-volumes vg[ DONE ]
    # 准备 Cinder（卷存储服务）项目
    Preparing Cinder entries                                 [ DONE ]
    # 准备 Nova API（Nova 对外接口）项目
    Preparing Nova API entries                               [ DONE ]
    # 为 Nova 迁移创建 SSH 密钥
    Creating ssh keys for Nova migration                       [ DONE ]
    Gathering ssh host keys for Nova migration                   [ DONE ]
    # 准备 Nova Compute（计算服务）项目
    Preparing Nova Compute entries                            [ DONE ]
    # 准备 Nova Scheduler（调度服务）项目
    Preparing Nova Scheduler entries                          [ DONE ]
    # 准备 Nova VNC（虚拟网络控制台）代理项目
    Preparing Nova VNC Proxy entries                          [ DONE ]
```

```
# 准备 OpenStack 与网络相关的 Nova 项目
Preparing OpenStack Network-related Nova entries     [ DONE ]
# 准备 Nova 通用项目
Preparing Nova Common entries                        [ DONE ]
# 以下准备 Neutron（网络组件）项目
Preparing Neutron LBaaS Agent entries                [ DONE ]
Preparing Neutron API entries                        [ DONE ]
Preparing Neutron L3 entries                         [ DONE ]
Preparing Neutron L2 Agent entries                   [ DONE ]
Preparing Neutron DHCP Agent entries                 [ DONE ]
Preparing Neutron Metering Agent entries             [ DONE ]
Checking if NetworkManager is enabled and running    [ DONE ]
# 准备 OpenStack 客户端项目
Preparing OpenStack Client entries                   [ DONE ]
# 准备 Horizon 仪表板项目
Preparing Horizon entries                            [ DONE ]
# 以下准备 Swift（对象存储）项目
Preparing Swift builder entries                      [ DONE ]
Preparing Swift proxy entries                        [ DONE ]
Preparing Swift storage entries                      [ DONE ]
# 准备 Gnocchi（用于计费的时间序列数据库作为服务）项目
Preparing Gnocchi entries                            [ DONE ]
# 准备 Redis（用于计费的数据结构服务器）项目
Preparing Redis entries                              [ DONE ]
# 准备 Ceilometer（计费服务）项目
Preparing Ceilometer entries                         [ DONE ]
# 准备 Aodh（警告）项目
Preparing Aodh entries                               [ DONE ]
# 准备 Puppet 模块和配置清单
Preparing Puppet manifests                           [ DONE ]
Copying Puppet modules and manifests                 [ DONE ]
# 应用控制节点（测试时可能需要较长时间）
Applying 192.168.199.21_controller.pp
192.168.199.21_controller.pp:                        [ DONE ]
# 应用网络节点（测试时可能需要较长时间）
Applying 192.168.199.21_network.pp
192.168.199.21_network.pp:                           [ DONE ]
# 应用计算节点（测试时可能需要较长时间）
Applying 192.168.199.21_compute.pp
192.168.199.21_compute.pp:                           [ DONE ]
# 应用 Puppet 配置清单
Applying Puppet manifests                            [ DONE ]
Finalizing                                           [ DONE ]
# 安装成功完成应用并给出其他提示信息
**** Installation completed successfully ******
Additional information:
# 执行命令产生的应答文件
 * A new answerfile was created in: /root/packstack-answers-20180606-112056.txt
# 未安装时间同步。需要确认 CentOS 7 当前的系统时间正确，如果不正确，则需要修改
 * Time synchronization installation was skipped. Please note that unsynchronized time
on server instances might be problem for some OpenStack components.
# 在用户主目录下产生 keystonerc_admin 文件，使用命令行工具需要用它作为授权凭据
```

```
    * File /root/keystonerc_admin has been created on OpenStack client host 192.168.199.21.
To use the command line tools you need to source the file.
    # 访问 OpenStack Dashboard（Web 访问接口），请使用 keystonerc_admin 中的登录凭据
    * To access the OpenStack Dashboard browse to http://192.168.199.21/dashboard .
    Please, find your login credentials stored in the keystonerc_admin in your home directory.
    # 安装日志文件名及其路径
    * The installation log file is available at: /var/tmp/packstack/20180606-112055-8r6isW/
openstack-setup.log
    # Puppet 配置清单路径
    * The generated manifests are available at: /var/tmp/packstack/20180606-112055-8r6isW/
manifests
```

3. Packstack 安装典型问题

安装过程中应用控制节点、网络节点和计算节点时都会测试 Puppet 应用是否完成，如例中 3 个节点测试的提示依次为：

```
Testing if puppet apply is finished: 192.168.199.21_controller.pp
Testing if puppet apply is finished: 192.168.199.21_network.pp
Testing if puppet apply is finished: 192.168.199.21_compute.pp
```

测试过程可能会花费较长时间。安装过程中出现的问题一般也集中在这个阶段。笔者遇到的典型问题有以下两个。

（1）应用控制节点失败。这个问题可以到 Puppet 配置清单路径中相应日志文件中查找原因，例中为/var/tmp/packstack/20180606-112055-8r6isW/manifests/192.168.199.21_controller.pp.log。最常见的原因是 rabbitmq-server 服务在启动前要解析主机名的地址，解决方案参见 2.1.1 节第 6 点的有关说明。

（2）应用计算节点失败。这个问题可以到 Puppet 配置清单路径中相应日志文件中查找原因，例中为/var/tmp/packstack/20180606-112055-8r6isW/manifests/192.168.199.21_compute.pp.log。最常见的原因是 openstack-nova-compute 的安装所依赖的 qemu-kvm 版本不能低于 2.9.0，openstack-queens 软件库现不能提供 qemu-kvm 较新版本的安装，其解决方案参见 2.1.2 节。当然也可以从其他渠道安装 qemu-kvm 2.9.0 以上版本，需要的软件包括 qemu-img-ev.x86_64、qemu-kvm-common-ev.x86_64 和 qemu-kvm-ev.x86_64，版本不能低于 2.9.0。

## 2.2 OpenStack Dashboard 操作界面

Dashboard 可译为仪表板，是 Horizon 项目为 OpenStack 云平台提供的 Web 访问接口，云管理员和普通用户可以通过 Web 界面管理、控制和使用 OpenStack 云资源和服务。当然，用户也可以直接使用 OpenStack 命令行客户端完成这些任务，这种方式将在后续章节介绍，这里主要讲解 Dashboard 界面的基本操作。

### 2.2.1 OpenStack Dashboard 主界面

在浏览器中访问 OpenStack Dashboard 的网址，打开图 2-4 所示的登录界面。

使用 RDO 的 Packstack 工具安装 OpenStack，默认会创建两个云用户账户，一个是云管理员 admin，另一个是用于测试的普通用户 demo，如果不在应答文件中为它们指定密码，则它们的初始登录密码会随机生成，存放于安装 OpenStack 时 Linux 用户的主目录中的 keystonerc_admin 和 keystonerc_demo 文件中。例中以 root 登录系统安装 OpenStack，/root/keystonerc_admin 的内容如下（OS_PASSWORD 值为密码）：

```
unset OS_SERVICE_TOKEN
export OS_USERNAME=admin
export OS_PASSWORD='0024e0533d4b4acb'
```

```
export OS_AUTH_URL=http://192.168.199.21:5000/v3
export PS1='[\u@\h \W(keystone_admin)]\$ '

export OS_PROJECT_NAME=admin
export OS_USER_DOMAIN_NAME=Default
export OS_PROJECT_DOMAIN_NAME=Default
export OS_IDENTITY_API_VERSION=3
```

图 2-4　OpenStack Dashboard 登录界面

这里使用云管理员账户 admin 登录，成功登录后的主界面如图 2-5 所示。左侧是导航窗格，列出了要访问的栏目，其中，“管理员”（Admin）是账户 admin 专用的，其他用户（非管理员）没有该栏目。右侧是详细窗格，用于显示和设置具体栏目的内容。

首次登录会显示“身份管理”（Identity）栏目下面的子栏目“项目”（Projects）的信息。对于 OpenStack 来说，此处显示的是项目列表。

打开右上角的“admin”（头像图标和用户名）的菜单，如图 2-6 所示，用户可以在“设置”（Settings）菜单项中进行常规参数的设置。

图 2-5　OpenStack Dashboard 主界面

图 2-6　用户菜单

单击“设置”菜单项，打开图 2-7 所示的用户设置界面，进行用户设置。默认时区为“UTC”（世界统一时间），这里将时区改为中国（上海）时间，单击“保存”按钮保存。

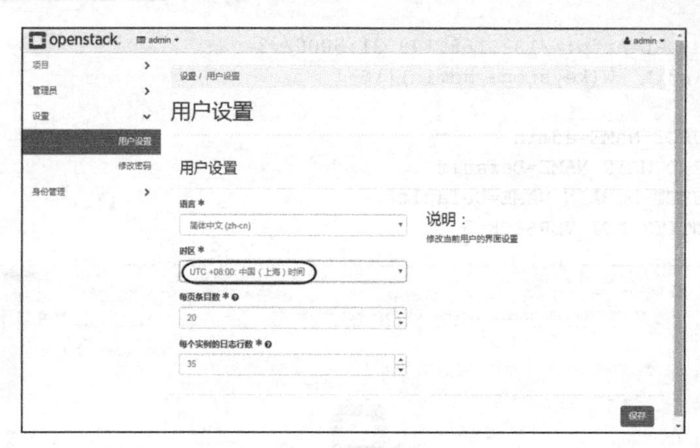


图 2-7 用户设置

通常需要更改由系统自动生成的初始密码。旧版本可以在设置菜单项中的“修改密码”里修改密码，新版本的密码修改设置在“身份管理”节点的“用户”界面。

在用户菜单（见图 2-6）中单击“退出”命令退出登录。接下来讲解主要栏目的界面。

## 2.2.2 项目管理界面

单击左侧导航窗格中的“项目”（Project）主节点，打开图 2-8 所示的项目管理界面。OpenStack 向用户提供计算（云主机）、网络和存储 3 大类服务。云用户在此处集中管理向 OpenStack 所请求的资源和服务。其中“计算”节点是最常用的，这里列出当前登录用户的计算资源概况。“实例”指的是虚拟机。

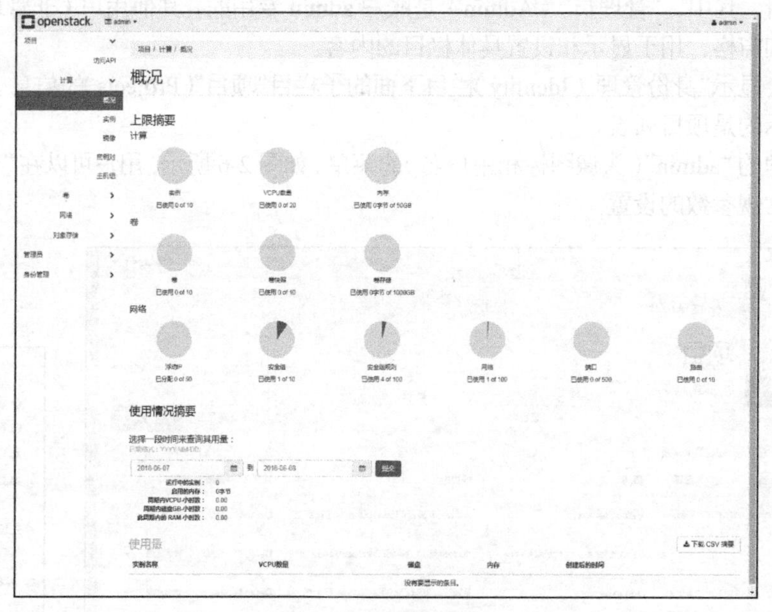


图 2-8 项目管理界面

## 2.2.3 管理员管理界面

只有以 admin 账户登录才能看到此界面。单击左侧导航窗格中的“管理员”（Admin）主节点，打开图 2-9 所示的管理员界面。这里执行系统级管理任务，对整个 OpenStack 系统的资源进行集中管控，只有云管理员才有此权限。

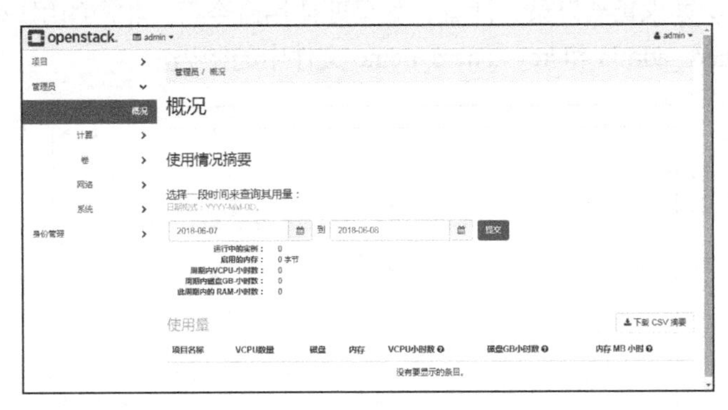


图 2-9　管理员界面

## 2.2.4　身份管理界面

单击左侧导航窗格中的“身份管理”（Identity）主节点，打开身份管理界面。默认显示项目（租户）列表，参见图 2-5，使用命令 packstack --allinone 安装 OpenStack，默认会提供 3 个项目（租户）：admin、service 和 demo。OpenStack 使用身份服务（Keystone），项目（Projects）也就是云计算的租户（Tenant），一个租户可以是一个项目、组织或用户群。向 OpenStack 的任何请求必须提供项目（租户）信息。云管理员能够管理整个系统的身份信息，而普通用户只能管理自己的项目（租户）的身份信息。

展开“用户”（Users）子栏目，会显示用户列表，如图 2-10 所示。这里的用户是指使用云的用户账户，包括用户名、密码、邮箱等。可以在这里修改用户密码，云管理员能够管理所有用户的密码，而普通用户默认情况下无权修改密码，为此需要修改 Keystone 的规则文件/etc/keystone/policy.json，添加以下定义：

```
"identity:update_user": [["rule:admin_or_owner"]]
```

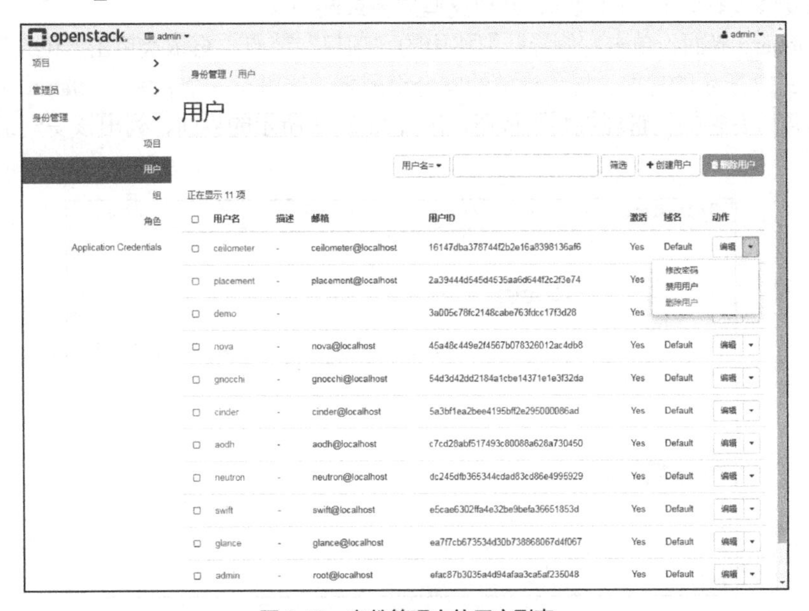


图 2-10　身份管理中的用户列表

如果之前是“identity:update_user”的定义，只需修改它即可。这样普通用户也就可以修改自己的密码了。从用户列表的操作菜单中选择“修改密码”命令，弹出的对话框如图 2-11 所示，直接修改密码，修改成功后会要求重新登录。注意，如果要使用命令行，相应的用户密码环境变量也要修改，最好修改 keystonerc_admin 和 keystonerc_demo 文件中的密码。

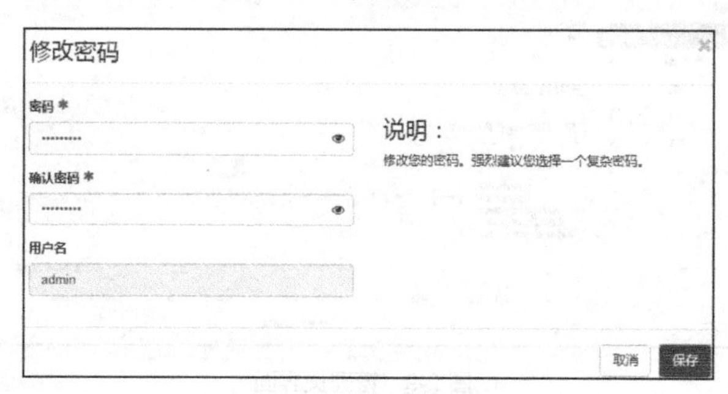


图 2-11　修改用户密码

## 2.3　创建虚拟机实例

OpenStack 提供的一个重要的服务是计算，为用户提供云主机。云主机就是虚拟机，在 OpenStack 中称为实例（Instance），下面示范通过 Dashboard 界面创建虚拟机实例的过程。首先登录 Dashboard 界面，这里以系统提供的普通用户 demo 身份登录，其初始密码需要到用户目录下面的 keystonerc_demo 文件中去查找，建议登录之后修改密码。创建实例需要提前准备好镜像、实例类型、安全组、密钥对、虚拟网络等要素。实例类型和虚拟网络可以使用通过 Packstack 安装 OpenStack 时系统提供的默认设置。

### 2.3.1　添加安全组访问规则

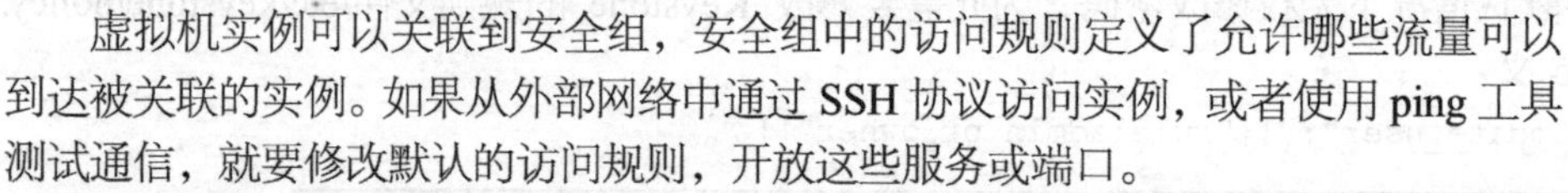

虚拟机实例可以关联到安全组，安全组中的访问规则定义了允许哪些流量可以到达被关联的实例。如果从外部网络中通过 SSH 协议访问实例，或者使用 ping 工具测试通信，就要修改默认的访问规则，开放这些服务或端口。

进入 Dashboard 界面，单击左侧导航窗格中的“项目”节点，再依次单击“网络”和“安全组”节点，出现图 2-12 所示的界面，显示当前的安全组列表。这里有一个名为“default”的默认安全组，单击该安全组条目右端的“管理规则”按钮，出现图 2-13 所示的界面，列出该安全组当前的管理安全组规则。

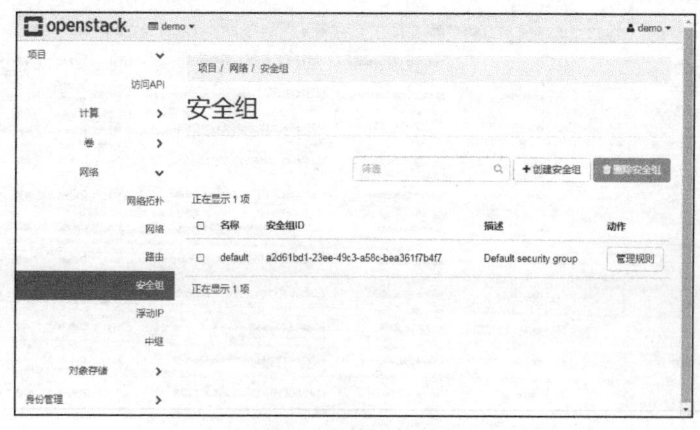


图 2-12　安全组列表

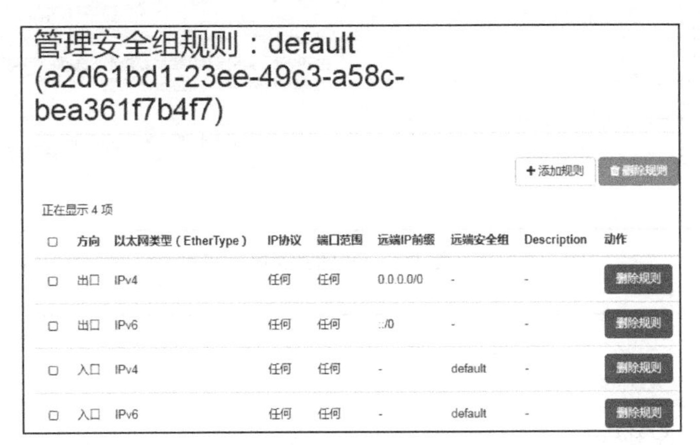


| ☐ | 方向 | 以太网类型（EtherType） | IP协议 | 端口范围 | 远端IP前缀 | 远端安全组 | Description | 动作 |
|---|---|---|---|---|---|---|---|---|
| ☐ | 出口 | IPv4 | 任何 | 任何 | 0.0.0.0/0 | - | - | 删除规则 |
| ☐ | 出口 | IPv6 | 任何 | 任何 | ::/0 | - | - | 删除规则 |
| ☐ | 入口 | IPv4 | 任何 | 任何 | - | default | - | 删除规则 |
| ☐ | 入口 | IPv6 | 任何 | 任何 | - | default | - | 删除规则 |

图 2-13　管理安全组规则列表

单击“添加规则”按钮弹出图 2-14 所示的窗口，在“端口”字段中输入“22”，然后单击“添加”按钮。这条规则将允许 SSH 访问虚拟机。

再次打开添加规则窗口，如图 2-15 所示，在“规则”字段中选择“All ICMP”，然后单击“添加”按钮。这条规则将允许使用 ping 工具访问虚拟机。

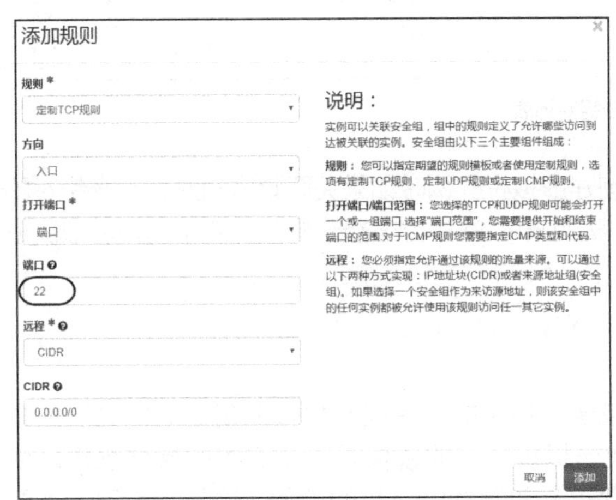


图 2-14　添加 SSH 访问规则

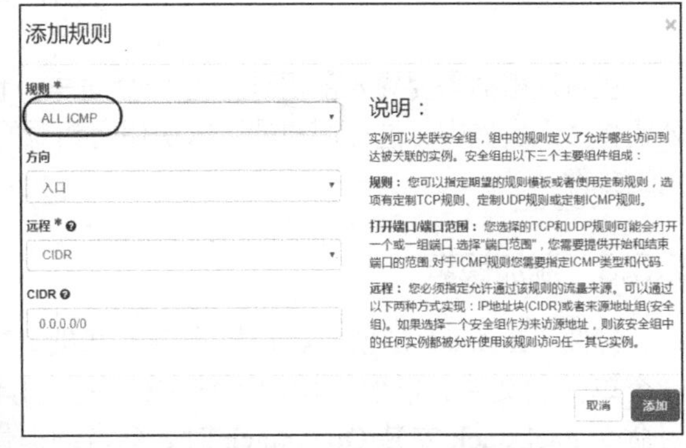


图 2-15　添加 ICMP 访问规则

## 2.3.2　创建或导入密钥对

通过 SSH 访问虚拟机实例，可以通过证书而不是密码登录，这就需要提供 SSH 凭据。而密钥对（Key Pair）就是虚拟机启动时被注入镜像中的 SSH 凭据。要采用 SSH 方式以证书凭据登录虚拟机实例，就需要创建或导入密钥对，并在创建虚拟机实例时关联该密钥对。

在 Dashboard 界面中单击左侧导航窗格中的“项目”节点，再依次单击“计算”和“密钥对”节点，显示当前的密钥对列表，默认没有任何密钥对。单击“创建密钥对”按钮，弹出图 2-16 所示的窗口，为密钥对命名（例中为“demo-key”，注意名称中只能包含字母、空格或者破折号），再单击“创建密钥对”按钮。创建新的密钥对会注册公钥并下载私钥（.pem 文件），私钥一般会自动下载到当前计算机中，注意保管 SSH 私钥。新创建的密钥对将出现在列表中，如图 2-17 所示。

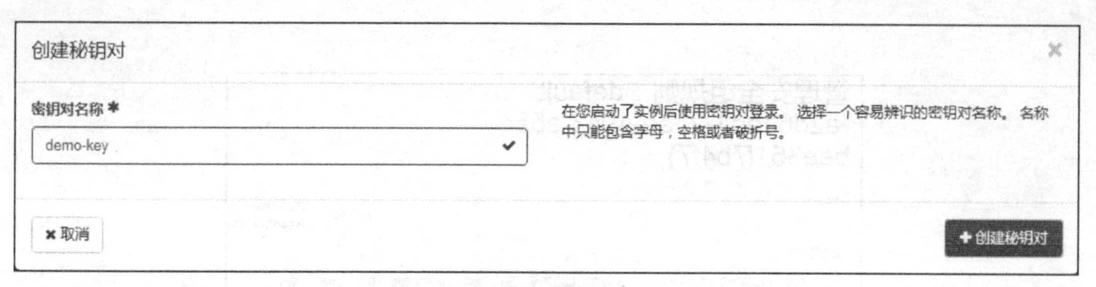


图 2-16　创建密钥对

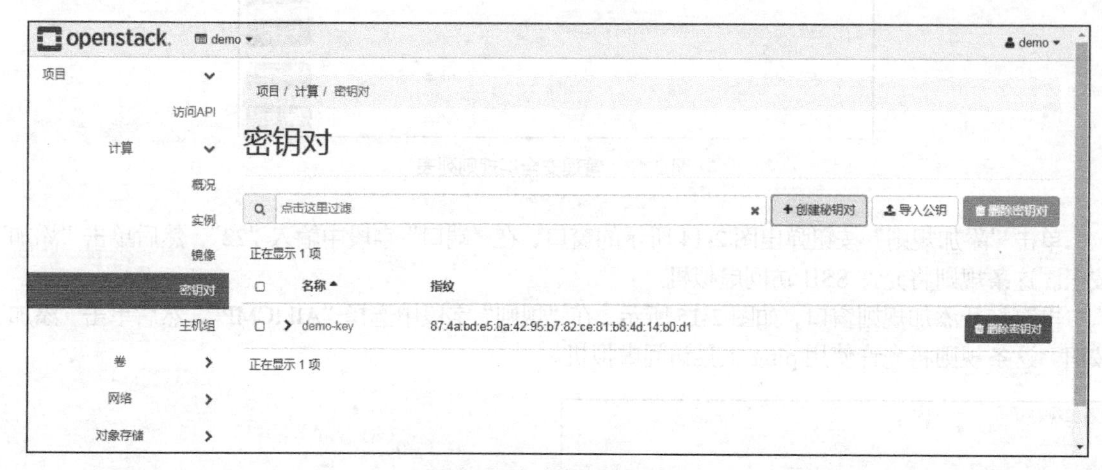


图 2-17　密钥对列表

也可以根据需要导入密钥对作为 SSH 证书。创建虚拟机实例时如果关联该密钥对，则密钥对的公钥将注入实例中，这样用户就可以使用密钥对的私钥来以 SSH 方式登录实例，登录用户名取决所用的镜像。

### 2.3.3　添加镜像

镜像（Image）是创建虚拟机实例的基础。镜像将特定的一系列文件按照规定的格式制作成一个单一的文件，以便于用户下载和使用。创建虚拟机所有的镜像是一个完整的操作系统。使用命令 Packstack 安装 OpenStack 时，会自动提供一个名为“cirros”的镜像，这是一个测试用的 Linux 系统镜像。

用户可以自行制作一个系统镜像上传到 OpenStack 云。为便于测试，建议从 RDO（Red Hat Enterprise Linux OpenStack Platform 的社区版）网站上下载几个专门为 OpenStack 预置的镜像文件。例中下载 Fedora 28 Cloud Base 镜像，它用于创建通用用途的虚拟机，笔者选择的是 Qcow2 格式的镜像。接下来通过添加镜像功能将其上传到云。

在 Dashboard 界面中单击左侧导航窗格中的“项目”节点，再依次单击“计算”和“镜像”节点，显示当前的镜像列表，默认有一个名为“cirros”的镜像。单击“创建镜像”按钮，弹出图 2-18 所示的窗口，为镜像命名（例中为“Fedora”），在“文件”字段中单击“浏览”按钮打开文件对话框，选择已下载的镜像文件，从“镜像格式”下拉列表中选择“QCOW 2-QEMU 模拟器”，然后单击“创建镜像”按钮。

新创建的镜像上传到云中，会出现在列表中，如图 2-19 所示。我们可以根据需要进一步管理这些镜像。

图 2-18　创建镜像

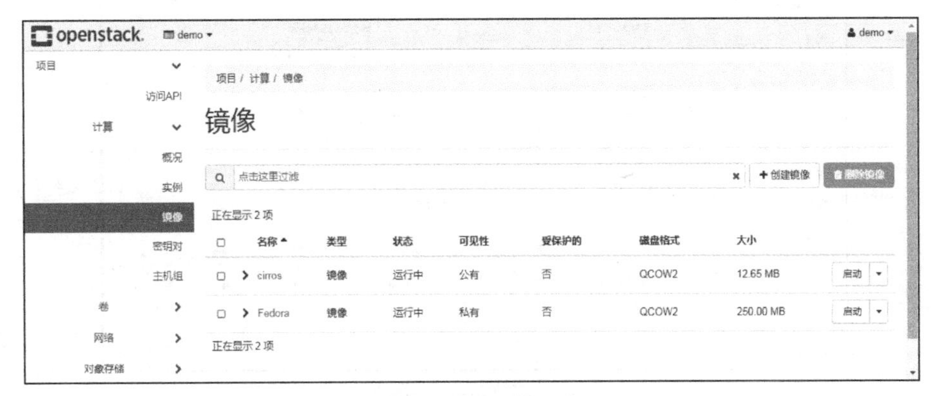


图 2-19　镜像列表

## 2.3.4　创建并运行虚拟机实例

在 Dashboard 界面中有两种方式可以创建实例：一种是从镜像列表中创建实例（Launch Instance）；另一种是在实例列表中直接创建实例。下面分别示范这两种方式。

### 1. 从镜像列表中创建实例

在 Dashboard 界面中打开镜像列表，这里以“cirros”镜像为例，单击该镜像右侧的“启动”按钮，弹出图 2-20 所示的界面，首先为它命名，并设置实例的数量（默认为 1）。

单击“源”，为实例设置源（用来创建实例的模板），如图 2-21 所示，这里保持默认设置，以镜像作为该实例的源，“创建新卷”栏处选择“是”，实例使用具有持久性的存储，如果选择“否”，该实例将使用临时性存储。

单击“实例类型”，由于这个镜像很小，这里选择系统资源最少的“m1.tiny”，如图 2-22 所示。

单击“网络”，选择实例所在的网络，这里选择已预置的私有网络，如图 2-23 所示。

其他选项保持默认设置，该实例会自动关联安全组和分配密钥对，最后单击“创建实例”按钮。

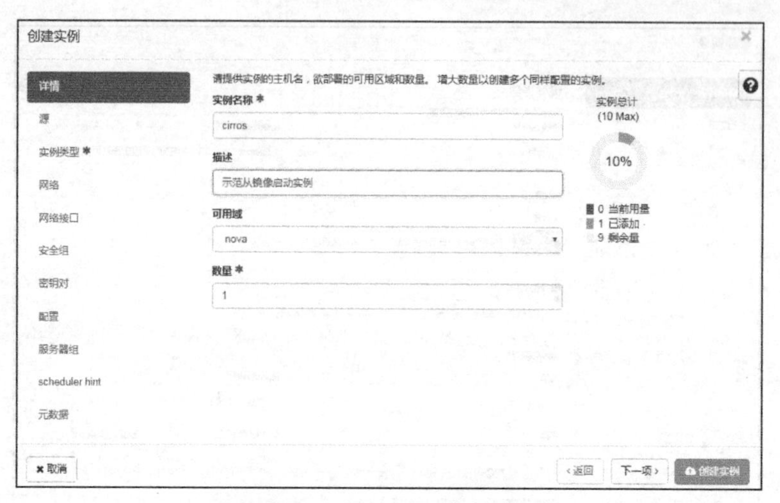


图 2-20　设置实例名称和数量

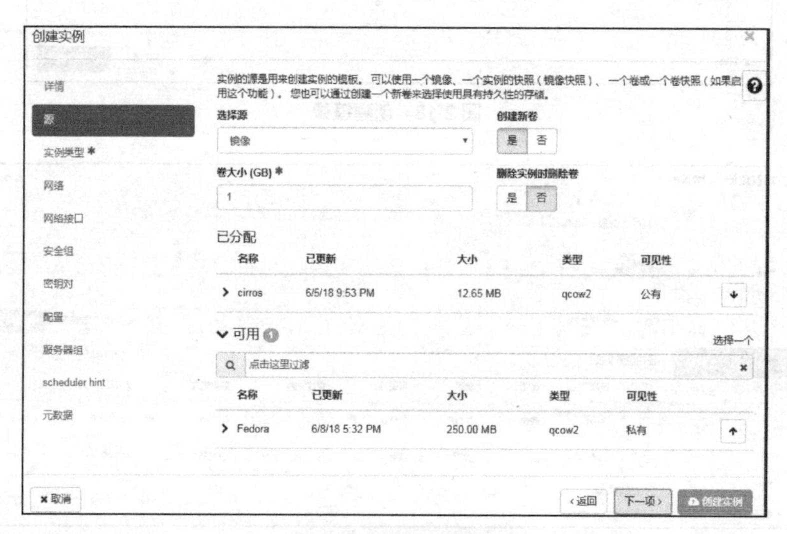


图 2-21　设置实例的源

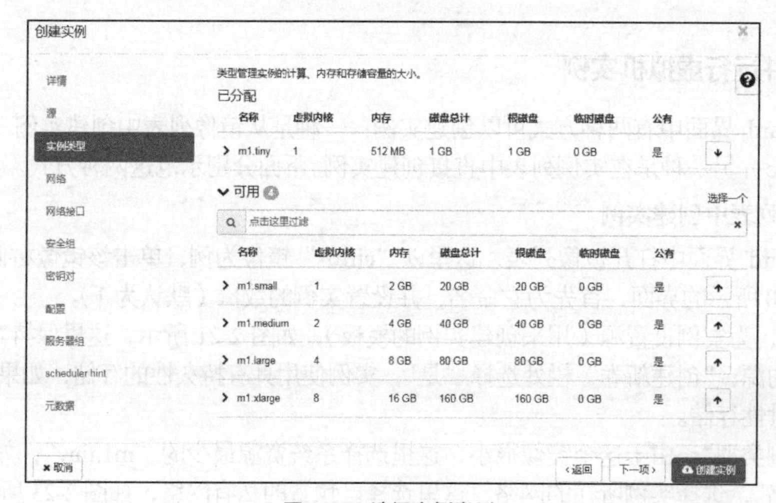


图 2-22　选择实例类型

图 2-23　为实例选择网络

新创建的实例加入实例列表中，如图 2-24 所示，显示每个实例的基本信息和状态。从“动作”菜单中可选择多种操作指令，如创建快照、关闭实例、删除实例、重启实例等。

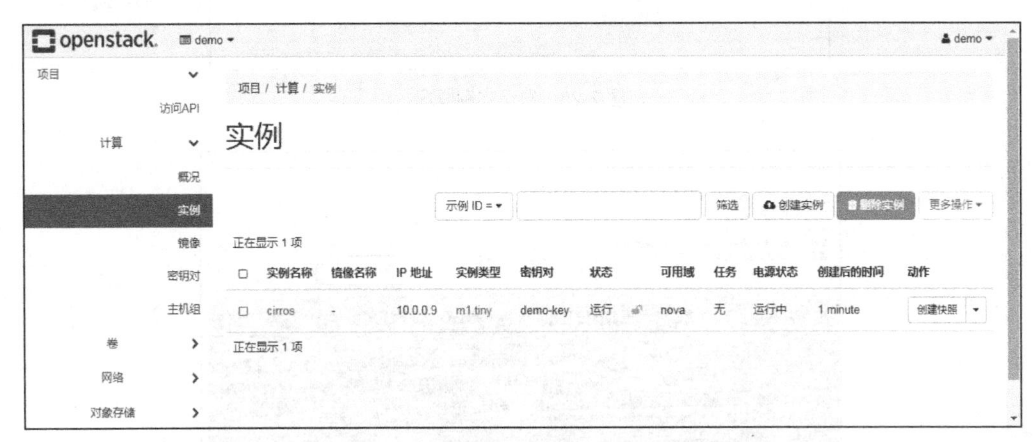


图 2-24　实例列表

可以通过单击实例的名称进入实例详情界面，如图 2-25 所示，“概况”标签页显示了实例概况，除名称等基本信息外，还包括规格、IP 地址、安全组、元数据及连接的卷。

切换到“控制台”标签页，可以对该实例进行交互操作。cirros 镜像的虚拟机实例可以通过用户名“cirros”和密码“cubswin:)”登录，如图 2-26 所示。如果控制台无响应，则单击图中的灰色状态栏。

另外，也可以在主机上使用命令行获取该实例的 VNC 控制台带令牌（token）的统一资源定位符（Uniform Resource Locator，URL）地址，然后在浏览器中使用该 URL 临时访问实例的控制台界面。例如，依次执行以下命令：

```
[root@node-a ~]# . keystonerc_demo                          # 通过 OpenStack 身份认证
[root@node-a ~(keystone_demo)]# nova get-vnc-console cirros novnc   #获取 VNC 控制台 URL
```

其中 cirros 是实例的名称，也可以直接用实例的 UUID。例中获取的 URL 为：

```
http://192.168.199.21:6080/vnc_auto.html?token=a90a62bb-8b19-4623-945d-cfdb2b007ebe
```

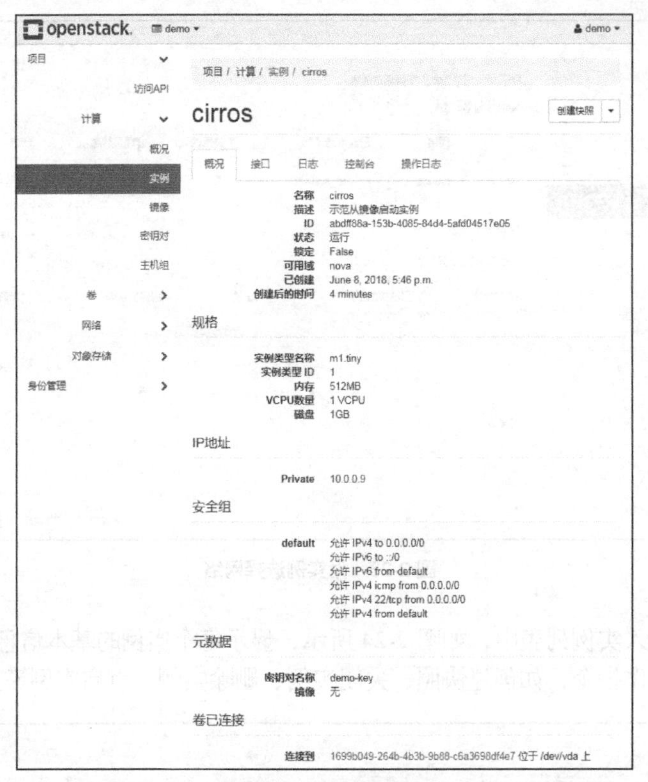


图 2-25 显示实例概况

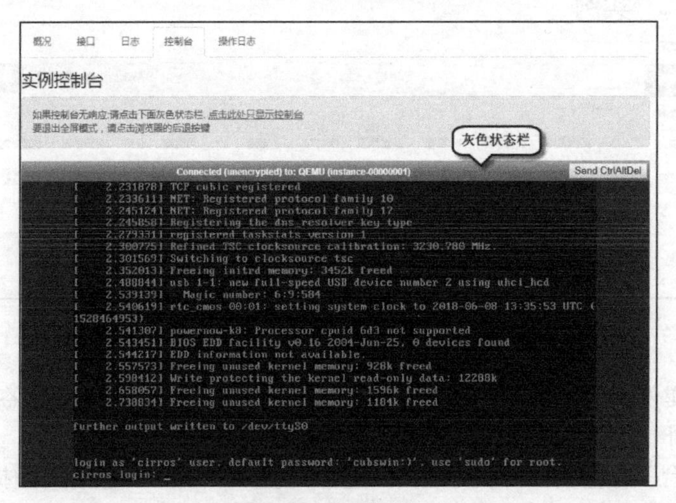


图 2-26 实例控制台

**提示** 访问实例控制台最常遇到的错误是“Failed to connect to server (code: 1006)”，原因一般是/etc/nova/nova.conf 配置文件中的 vnc 选项设置不当，vncserver_proxyclient_address 应设置为主机节点的域名或 IP 地址，novncproxy_base_url 中尽量使用 IP 地址以免在无 DNS 解析的情况下无法访问 vnc 服务。笔者遇到的问题是 vncserver_proxyclient_address 设置为 node-a.localdomain，该域名未做解析，解决的办法有两个，一是直接使用主机 IP 地址，二是在/etc/host 文件中加上一行语句“192.168.199.21 node-a node-a.localdomain”。

### 2. 在实例列表中直接创建实例

在 Dashboard 界面中单击左侧导航窗格中的“项目”节点，再依次单击“计算”和“实例”节点，显示当前的实例列表。单击“创建实例”按钮，弹出相应的“创建实例”窗口，与上例操作类似，首先为该实例命名（例中为“fedora”），然后设置实例的源，如图 2-27 所示，选择“镜像”作为实例的源，注意存储卷大小默认为 1GB，显然不能满足 Fedora 操作系统运行的需要，这里改为 10GB，从可用的镜像列表中选择之前上传的“Fedora”。

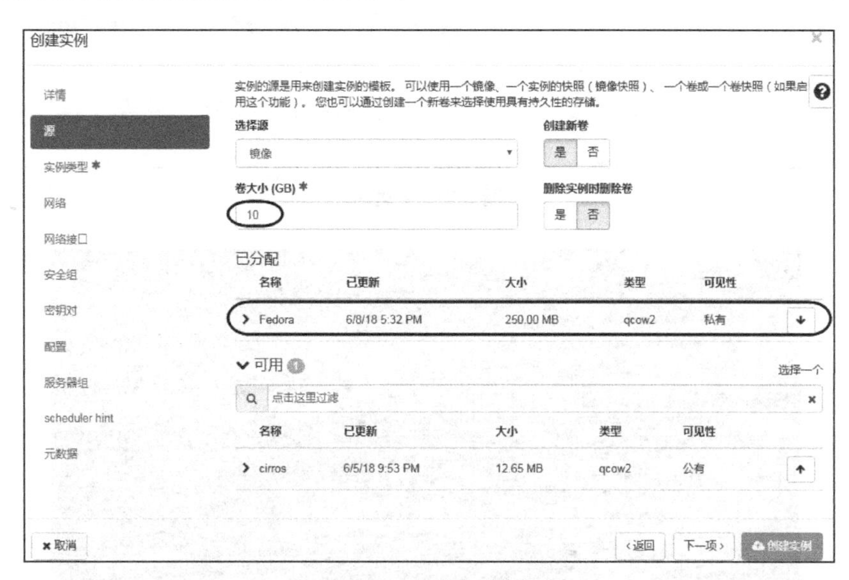


图 2-27　设置实例的源

单击“实例类型”，由于这是 Fedora 操作系统镜像，这里应至少选择“m1.small”。单击“网络”，选择实例所在的网络，这里选择内置的私有网络。其他选项保持默认设置，会自动关联安全组和密钥对，最后单击“创建实例”按钮。可以打开实例列表来查看新创建的实例的基本信息和状态，如图 2-28 所示。

正在显示 2 项

| ☐ | 实例名称 | 镜像名称 | IP 地址 | 实例类型 | 密钥对 | 状态 | 可用域 | 任务 | 电源状态 | 创建后的时间 | 动作 |
|---|---|---|---|---|---|---|---|---|---|---|---|
| ☐ | fedora | - | 10.0.0.10 | m1.small | demo-key | 运行 | nova | 无 | 运行中 | 7 minutes | 创建快照 |
| ☐ | cirros | - | 10.0.0.9 | m1.tiny | demo-key | 运行 | nova | 无 | 运行中 | 15 hours, 55 minutes | 创建快照 |

图 2-28　实例列表

也可以进入实例详情界面，进一步查看其信息，进入控制台操作。不过 Fedora 操作系统镜像并未提供登录用户名和密码，可以使用 SSH 通过证书登录，这将在下一节讲解。

由于源设置创建新的卷，在创建实例的过程中同时创建一个卷。可以打开卷列表查看（在“项目”节点下依次单击“卷”和“卷”节点），如图 2-29 所示，除了 fedora 实例的卷，还包括上一小节从镜像启动的 cirros 实例所创建的卷。

至此完成了两台虚拟机的创建，可以通过控制台登录 cirros 实例，使用 ping 工具分别测试路由器（例中地址为 10.0.0.1）和 fedora 实例（例中地址为 10.0.0.10）之间的连通性，如果成功，再进一步测试与外部网络（例如 192.168.199.1）的通信，如果失败，则需要进一步调整网络配置，以实现与外网的通信。例中测试过程如图 2-30 所示。

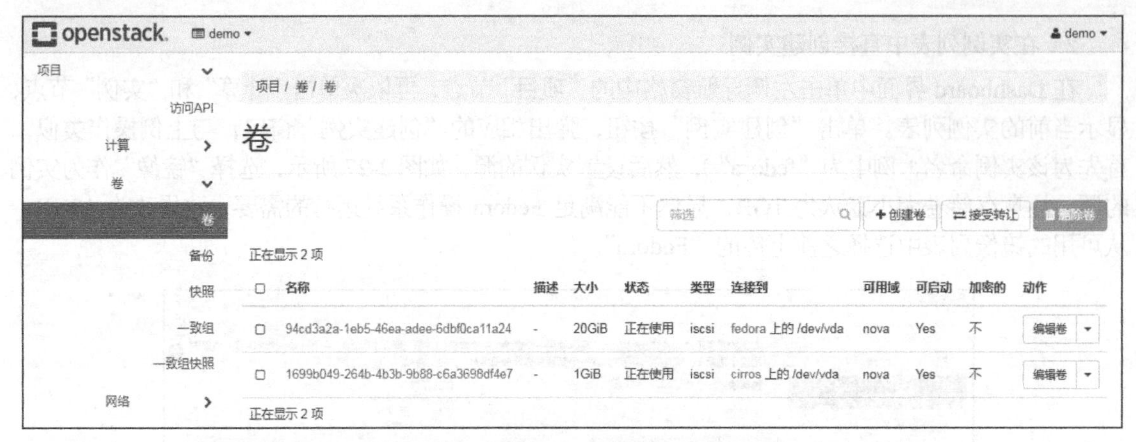


图 2-29　卷列表

```
26 packets transmitted, 0 packets received, 100% packet loss
$ ping 10.0.0.1
PING 10.0.0.1 (10.0.0.1): 56 data bytes
64 bytes from 10.0.0.1: seq=0 ttl=64 time=0.817 ms
64 bytes from 10.0.0.1: seq=1 ttl=64 time=1.651 ms
64 bytes from 10.0.0.1: seq=2 ttl=64 time=0.500 ms

--- 10.0.0.1 ping statistics ---
3 packets transmitted, 3 packets received, 0% packet loss
round-trip min/avg/max = 0.500/0.989/1.651 ms
$ ping 10.0.0.10
PING 10.0.0.10 (10.0.0.10): 56 data bytes
64 bytes from 10.0.0.10: seq=0 ttl=64 time=1.410 ms
64 bytes from 10.0.0.10: seq=1 ttl=64 time=0.846 ms
64 bytes from 10.0.0.10: seq=2 ttl=64 time=1.737 ms

--- 10.0.0.10 ping statistics ---
3 packets transmitted, 3 packets received, 0% packet loss
round-trip min/avg/max = 0.846/1.331/1.737 ms
$ ping 192.168.199.1
PING 192.168.199.1 (192.168.199.1): 56 data bytes

--- 192.168.199.1 ping statistics ---
33 packets transmitted, 0 packets received, 100% packet loss
$
```

图 2-30　在控制台中测试网络通信

## 2.4　定制虚拟网络实现虚拟机与外网通信

通过 RDO 的 Packstack 安装的 OpenStack 已经默认配置了虚拟网络，但是由于没有针对实际环境进行配置，即使分配浮动 IP 地址，创建的虚拟机实例也不能与外网通信，这里通过修改相关配置来定制虚拟网络，从而实现虚拟机与外网通信。这里仅介绍最基本的网络设置，关于 OpenStack 网络服务的详细讲解请参见第 8 章。

### 2.4.1　将网络接口与外部桥接口 br-ex 进行关联

在虚拟化环境中，多个虚拟机之间需要通信，除了可以使用传统的 Linux 网桥和 VLAN（虚拟局域网），还可以使用虚拟交换机 Open vSwitch。Open vSwitch 不仅支持二层交换，还支持标准的管理接口，如 NetFlow、SPAN、LACP、802.lag 等。通过 RDO 的 Packstack 安装的 OpenStack 默认使用 Neutron 组件提供虚拟网络服务，使用虚拟交换机 Open vSwitch 作为网络代理插件。网络代理插件配置文件/etc/neutron/plugins/ml2/ml2_conf.ini 的部分默认值如下：

```
[ml2]
type_drivers = vxlan,flat
```

```
tenant_network_types = vxlan
mechanism_drivers =openvswitch
```

由于采用的是虚拟交换机，而作为 OpenStack 节点的 CentOS 7 主机的 IP 地址配置在网络接口 eno16777736 上，而该接口并未与主机系统的外部桥接口 br-ex 产生关联，因而需要通过配置将网络接口与外部桥接口 br-ex 进行关联。

默认没有创建 br-ex，在/etc/sysconfig/network-scripts 目录下创建一个名为 ifcfg-br-ex 的配置文件，例中将其内容设置如下：

```
DEVICE=br-ex
DEVICETYPE=ovs
TYPE=OVSBridge
BOOTPROTO=static
IPADDR=192.168.199.21
NETMASK=255.255.255.0
GATEWAY=192.168.199.1
DNS1=114.114.114.114
ONBOOT=yes
```

这里将网络接口 eno16777736 的 IP 配置移到 ifcfg-br-ex 文件中，接着更改/etc/sysconfig/network-scripts/ifcfg-eno16777736 文件的内容如下：

```
DEVICE=eno16777736
TYPE=OVSPort
DEVICETYPE=ovs
OVS_BRIDGE=br-ex
ONBOOT=yes
HWADDR=00:0c:29:72:95:6e
```

这里的 HWADDR 要设置为网络接口 eno16777736 的 MAC 地址。

要使上述修改生效，需要重启 Network 服务，通常执行以下命令或者重启计算机。

```
systemctl restart network
```

## 2.4.2　配置虚拟网络

系统默认配置了一个内部网络、一个外部网络和一个路由。普通用户只能查看属于自己项目的网络，而且默认没有权限管理外部网络，而云管理员用户可以查看所有的网络配置。在 Dashboard 界面中退出 demo 登录，再通过 admin 登录，单击导航窗格中的“管理员”节点，再依次单击“网络”和“网络”节点，显示当前的网络列表，如图 2-31 所示，默认为 demo 项目定义了一个内部网络“private”，为 admin 项目定义了一个外部网络“public”，可根据需要进一步查看每个网络的详情。单击“路由”，显示当前的路由列表，如图 2-32 所示，默认为 demo 项目定义了一个名为“router1”的路由。



| 项目 | 网络名称 | 已连接的子网 | DHCP Agents | 共享的 | 外部 | 状态 | 管理状态 | 可用域 | 动作 |
|---|---|---|---|---|---|---|---|---|---|
| demo | private | private_subnet 10.0.0.0/24 | 1 | No | No | 运行中 | UP | nova | 编辑网络 |
| admin | public | public_subnet 172.24.4.0/24 | 0 | No | Yes | 运行中 | UP | - | 编辑网络 |

图 2-31　网络列表

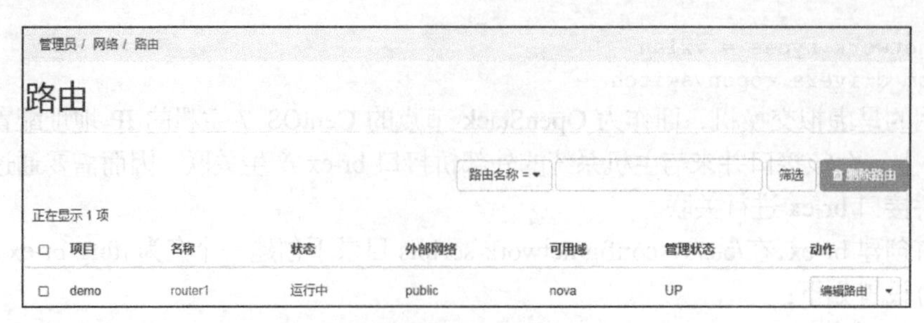


图 2-32　路由列表

这些网络配置往往并不符合实际需要，现在要对已有的虚拟网络进行重新配置。

### 1. 删除现有路由

因为默认配置的路由已经将外部网络设置为网关，需要先将网关清除或者直接删除该路由，才能删除外部网络。这里选择直接删除该路由，打开路由列表（见图 2-32），选中路由“router1”，单击“删除路由”按钮。

### 2. 配置外部网络

打开网络列表（见图 2-31），选中“public”网络，单击“删除网络”按钮删除它（当然也可以保留该外部网络，创建另一个不同名的外部网络），然后创建一个新的外部网络。

单击“创建网络”按钮，弹出图 2-33 所示的“创建网络”界面，设置网络的基本信息。“名称”字段设置为“public”，“项目”字段选择“admin”，“供应商网络类型”字段选择“Flat”，“物理网络”字段设置为“extnet”，并选中“共享的”和“外部网络”复选框。

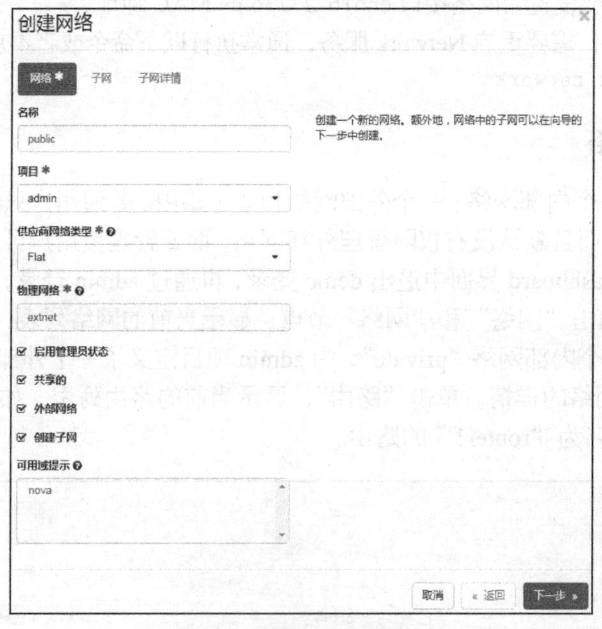


图 2-33　创建一个外部网络

在通过 RDO 的 Packstack 安装的 OpenStack 中，默认的虚拟交换机 Open vSwitch 代理配置/etc/neutron/plugins/ml2/openvswitch_agent.ini 文件中的网桥映射设置为：

```
bridge_mappings =extnet:br-ex
```

这表示将物理网络名 extnet 映射到代理的特定节点 Open vSwitch 的网桥名 br-ex。因此这里将供应商网络类型设置为“Flat”（这是一种最简单的网络拓扑类型），将物理网络设置为“extnet”。

这里的“启用管理员状态”复选框表示启用此网络，“共享的”复选框表示该网络可在项目之间共享。默认选中“创建子网”复选框，单击“下一步”按钮切换到“子网”标签页，如图 2-34 所示，设置子网名称、网络地址（这里为节点主机所在的外部网络的 IP 地址，需要使用斜线表示法，也就是 CIDR 记法）和网关 IP（外部网络使用的网关 IP 地址）。

创建网络

网络 * 　子网　子网详情

子网名称

public_subnet

网络地址

192.168.199.0/24

IP版本

IPv4

网关IP

192.168.199.1

禁用网关

创建关联到这个网络的子网。您必须输入有效的"网络地址"和"网关IP"。如果您不输入"网关IP"，将默认使用该网络的第一个IP地址。如果您不想使用网关，请勾选"禁用网关"复选框。点击"子网详情"标签可进行高级配置。

取消　« 返回　下一步 »

图 2-34　为外部网络设置子网

单击“下一步”按钮进入“编辑子网”界面，如图 2-35 所示。由于设置的子网与节点主机所在的外部子网重叠，这里可以在子网中设置一个专门供虚拟机实例使用的地址段，这个地址段在 OpenStack 中通过分配地址池进行设置。

编辑子网

子网 * 　子网详情

激活DHCP

分配地址池

192.168.199.51,192.168.199.80

DNS服务器

114.114.114.114

主机路由

为子网指定扩展属性

取消　« 返回　保存

图 2-35　设置子网详情

设置完毕，单击“已创建”按钮完成外部网络的创建。新创建的“public”网络加入网络列表中，可根据需要查看和修改其设置，管理其子网。

### 3. 调整内部网络

打开网络列表，单击其中的内部网络“private”进入网络详情界面，切换到“子网”标签页，单击“编辑子网”按钮弹出相应的界面，再单击“子网详情”，如图 2-36 所示，这里添加一个 DNS 服务器，目的是让虚拟机实例能够进行域名解析。

图 2-36 修改内部网络的子网设置

### 4. 配置路由

完成上述配置后，还要新建一个路由来连接内部网络和外部网络。路由的配置操作以各项目为主。以 demo 用户身份登录，在 Dashboard 界面中单击左侧导航窗格中的“项目”节点，再依次单击“网络”和“路由”节点，单击“新建路由”按钮弹出图 2-37 所示的窗口，为路由命名，并单击“新建路由”按钮。

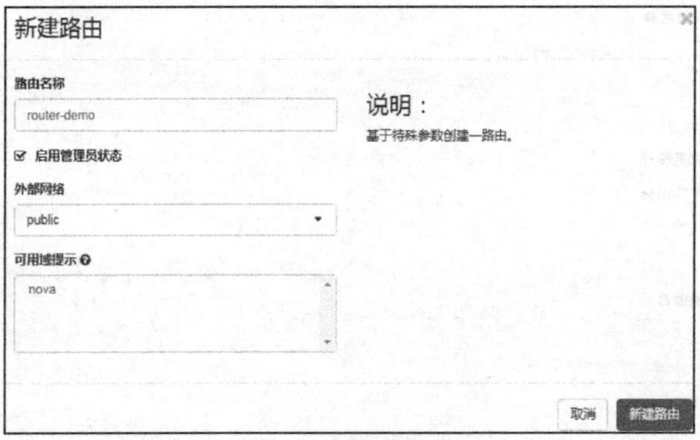

图 2-37 新建路由

在路由列表中单击“设置网关”按钮弹出图 2-38 所示的“设置网关”界面，外部网络选择“public”，单击“提交”按钮。在路由列表中单击该路由名称进入路由详情界面，切换到“接口”标签页，单击“增加接口”按钮弹出图 2-39 所示的“增加接口”界面，子网选择内部网络“private”，单击“提交”按钮。

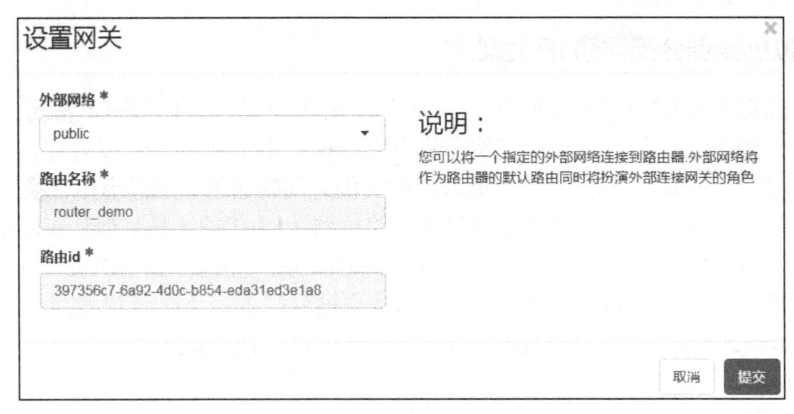


图 2-38　为路由设置网关

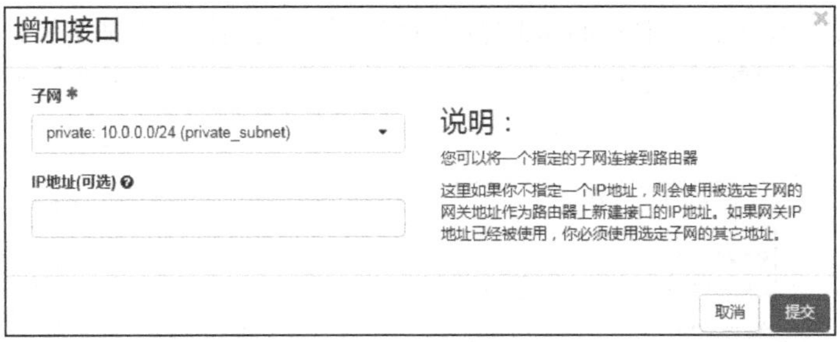

增加接口

子网 *

private: 10.0.0.0/24 (private_subnet)

IP地址(可选)

说明：

您可以将一个指定的子网连接到路由器

这里如果你不指定一个IP地址，则会使用被选定子网的网关地址作为路由器上新建接口的IP地址。如果网关IP地址已经被使用，你必须使用选定子网的其它地址。

取消　提交

图 2-39　为路由增加接口

5. 查看网络拓扑

网络拓扑只能在“项目”节点中查看。完成路由设置后，以 demo 用户身份登录，单击左侧导航窗格中的“项目”节点，再依次单击“网络”和“网络拓扑”节点，可以查看虚拟网络的拓扑结构，以“正常”模式显示，如图 2-40 所示，这里显示由路由器将内外网连接起来。将鼠标移动至路由图标可以进一步显示路由的配置信息，如图 2-41 所示。

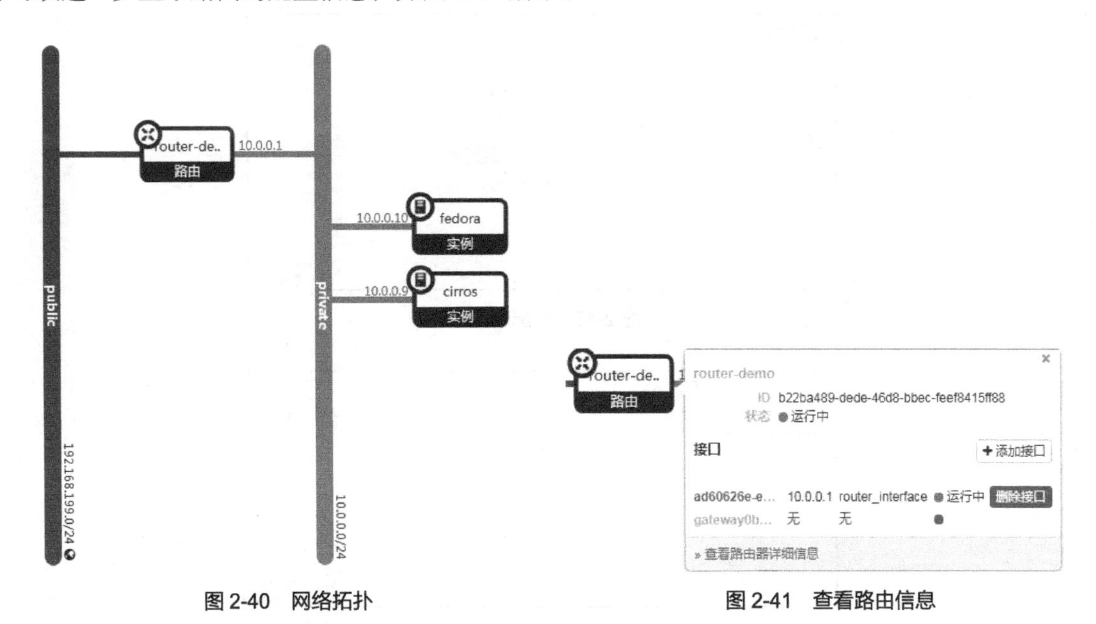


图 2-40　网络拓扑　　　　图 2-41　查看路由信息

## 2.4.3 为虚拟机实例分配浮动 IP 地址

OpenStack 虚拟机实例可以分配两类地址。一类是私有 IP 地址，由 DHCP 服务器分配给实例的网络接口。这个地址在实例中使用像“ip a”这样的命令可以看到。该地址是私有网络的一部分，用于同一广播域内的实例之间的通信，通过虚拟交换机（每个计算节点上的 L2 代理），也可以通过虚拟路由器（L3 代理）从其他私有网络得到。

另一类是浮动 IP 地址，这是由 Neutron 组件提供的服务。它不用任何 DHCP 服务，直接在客户端内静态设置即可。事实上，客户操作系统并不知道它被分配了一个浮动 IP 地址。将数据包发送到分配有浮动 IP 地址的网络接口，由 Neutron 的 L3 代理负责。分配有浮动 IP 地址的实例能够被提供浮动 IP 的公网访问。

浮动 IP 地址和私有 IP 地址能够同时用于一个单独的网络接口。网络中的其他计算机若要访问这些实例，就要为该实例分配浮动 IP。

以 demo 用户身份登录，在 Dashboard 界面中打开实例列表，要为某实例分配浮动 IP 地址，可单击右端“动作”菜单中的“绑定浮动 IP”命令，弹出“管理浮动 IP 的关联”界面，如图 2-42 所示，默认没有分配浮动 IP。

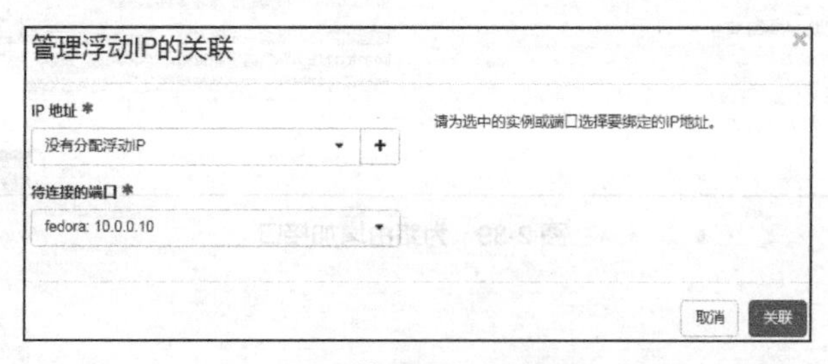


图 2-42 管理浮动 IP 的关联

单击“+”按钮弹出如图 2-43 所示的“分配浮动 IP”界面，资源池选择“public”，单击“分配 IP”按钮。回到“管理浮动 IP 的关联”界面，此时分配一个 IP 地址，如图 2-44 所示，单击“关联”按钮。

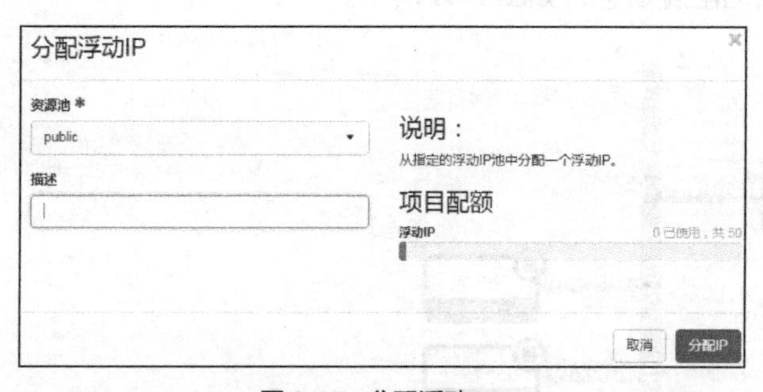


图 2-43 分配浮动 IP

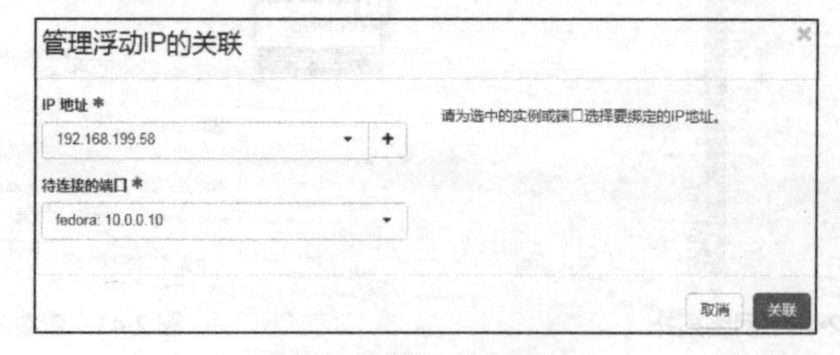


图 2-44 已分配一个浮动 IP

例中为两个实例都分配了浮动 IP，结果如图 2-45 所示。

| □ | 实例名称 | 镜像名称 | IP 地址 | 实例类型 | 密钥对 | 状态 | 可用域 | 任务 | 电源状态 | 创建后的时间 | 动作 |
|---|---|---|---|---|---|---|---|---|---|---|---|
| □ | fedora | - | 10.0.0.10 浮动IP: 192.168.199.58 | m1.small | demo-key | 运行 | nova | 无 | 运行中 | 9 hours, 23 minutes | 创建快照 |
| □ | cirros | - | 10.0.0.9 浮动IP: 192.168.199.54 | m1.tiny | demo-key | 运行 | nova | 无 | 运行中 | 1 day, 1 hour | 创建快照 |

图 2-45　分配浮动 IP 的虚拟机实例

至此，就可以进行虚拟机与外部网络的通信测试了。可以在虚拟机实例与节点主机、外部网关之间使用 ping 进行互通测试。

## 2.4.4　使用 SSH 访问虚拟机实例

OpenStack 虚拟机实例，除了可以在 Dashboard 界面中通过控制台访问，还可以使用 SSH 远程访问。SSH 是主流的远程访问工具，完成上述配置之后，即可在外部网络的计算机上使用 SSH 访问虚拟机实例。这需要使用 SSH 证书的私钥登录实例，无须登录密码，因为相应的公钥已经注入实例中。

### 1. 在 Linux 计算机上使用 SSH 访问虚拟机实例

使用私钥登录实例，登录用户名取决于所用的镜像，基本用法为：

```
ssh -i 密钥文件 <用户名>@<实例 IP 地址>
```

这里直接在节点主机（运行 CentOS 7）上测试 cirros 虚拟机（例中浮动 IP 地址为 192.168.1.54）的访问。

首先将前面下载的证书私钥文件（.pem）复制到用户主目录下的.ssh 子目录（该子目录默认隐藏）中。

然后修改该密钥文件的访问权限，例中执行以下命令：

```
[root@node-a ~]# cd ~/.ssh
[root@node-a .ssh]# chmod 700 demo-key.pem
```

最后执行以下命令访问虚拟机：

```
[root@node-a ~]# ssh -i ~/.ssh/demo-key.pem cirros@192.168.199.54
The authenticity of host '192.168.199.54 (192.168.199.63)' can't be established.
RSA key fingerprint is SHA256:RKi9Iwl1j/3lBOzxXJ72Hiyk+leZKYuqswK6nZ+gaTg.
RSA key fingerprint is MD5:54:0a:4a:0c:8e:8f:ef:9a:12:d1:ed:d8:29:7a:10:c7.
Are you sure you want to continue connecting (yes/no)? yes
Warning: Permanently added '192.168.199.54' (RSA) to the list of known hosts.
$
```

首次执行 SSH 命令建立连接，由于要访问的虚拟机不可信，会出现“Are you sure you want to continue connecting (yes/no)”提示，选择“yes”将该虚拟机加入~/.ssh/known_hosts 文件中，以后建立到该虚拟机的 SSH 连接就不再给出这个提示了。

由于公钥已经注入虚拟机实例中，使用 SSH 访问无须密码。

### 2. 在 Windows 计算机上使用 SSH 访问虚拟机实例

在 Windows 计算机上借助第三方 SSH 工具可以访问虚拟机实例，如 SecureCRT 和 PuTTY。这里以 SecureCRT 为例，在节点主机（VMware 虚拟机）所在的宿主机上安装该软件，执行以下操作步骤。

（1）添加 SSH 私钥。启动 SecureCrt 软件，选择菜单“Tools”→“Manage Agent Keys”，将弹出图 2-46 所示的对话框。单击“Add”按钮，会弹出文件选择对话框，选择之前创建密钥时所下载的

pem 格式文件，单击“Open”（打开）按钮，这样就将 SSH 私钥加入 SecureCRT，然后单击“Close”按钮关闭该对话框。

（2）创建 SSH 会话。选择菜单“File”→“Connect”启动会话管理器（Session Manager），单击“+”按钮启动新建会话向导，选择协议（SSH2），然后在对话框中设置远程主机的 IP 地址、端口和登录用户名，最后设置会话名称，如图 2-47 所示。

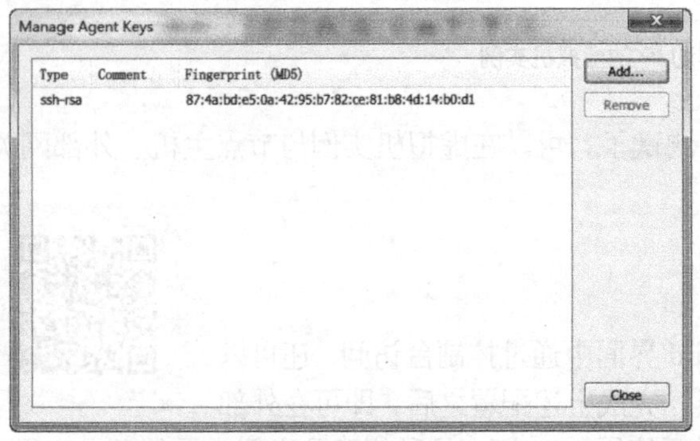

图 2-46　导入 SSH 私钥

图 2-47　设置远程主机登录信息

（3）启动会话连接。在会话管理器中，鼠标右键单击要连接的会话名，选择“Connect Terminal”命令，首次连接会弹出“New Host Key”对话框，要求验证远程主机，单击“Accept & Save”按钮即可。接着出现图 2-48 所示的对话框，要求输入登录密码，由于公钥已经注入实例中，SSH 连接无须密码，单击“Skip”按钮跳过。

（4）登录成功后进行测试。在终端窗口中进行命令行操作，如图 2-49 所示，这里执行命令 ping www.baidu.com 测试外部网络通信。

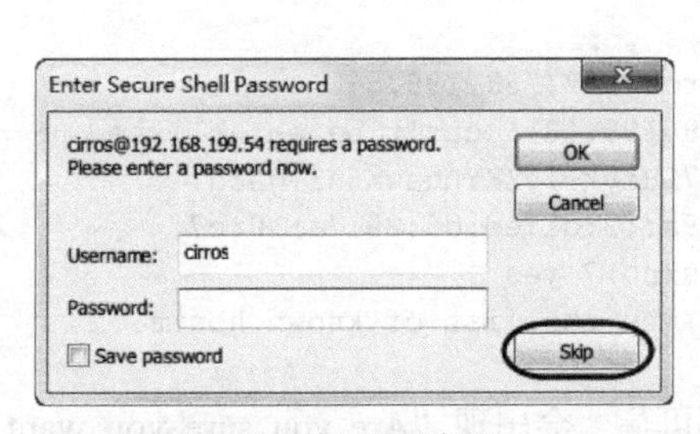


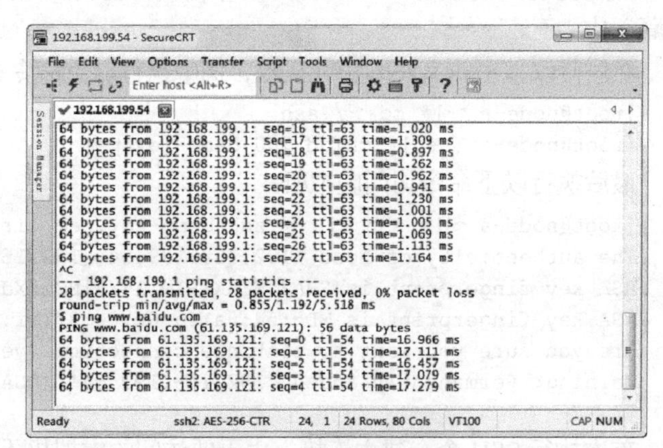


图 2-48　输入登录密码

图 2-49　终端窗口操作

3. 为虚拟机实例设置用户账户和密码

通过控制台访问虚拟机实例，需要提供用户名和密码才能登录。不像测试用的 Cirros 镜像，从网站下载的 OpenStack 预置镜像文件并不知道用户账户和密码，这可以通过 SSH 访问来解决。

这里在节点主机通过 SSH 访问基于 Fedora 镜像（登录用户名 fedora）的 fedora 虚拟机（例中浮动 IP 地址为 192.168.1.58），连接建立后可以修改 root 账户和密码，示范过程如下：

```
[root@node-a .ssh]# ssh -i ~/.ssh/demo-key.pem fedora@192.168.199.58
Last login: Sat Jun  9 06:29:19 2018 from 192.168.199.201
```

```
[fedora@fedora ~]$ sudo passwd root
Changing password for user root.
New password:
Retype new password:
passwd: all authentication tokens updated successfully.
```

接下来在控制台中以 root 账户和密码登录，如图 2-50 所示。

```
Connected (unencrypted) to: QEMU (instance-00000002)

Fedora 28 (Cloud Edition)
Kernel 4.16.3-301.fc28.x86_64 on an x86_64 (tty1)

fedora login:

root
Password:
Last login: Sat Jun  9 06:33:14 from 192.168.199.21
[root@fedora ~]# _
```

图 2-50　以 root 账户和密码登录

### 2.4.5　基于提供者网络的虚拟机实例

OpenStack 项目中的虚拟网络分为两种类型：提供者网络（Provider network，又译为供应商网络）和自服务网络（Self-service network）。

提供者网络由 OpenStack 管理员创建，并直接映射到现有的一个物理网络上，可以在多个项目（租户）之间共享。它可以为虚拟机实例提供基于二层桥接和交换网络的虚拟网络，虚拟网络中的 DHCP 为实例提供 IP 地址。每个物理网络最多只能实现一个虚拟网络。

自服务网络又称项目网络（Project network）或租户网络（Tenant network），由普通用户创建，用来在项目中提供连接功能，默认情况下被完全隔离，并且不会和其他项目进行共享。该虚拟网络通过三层路由和 NAT 功能连接到物理网络中，DHCP 服务为虚拟机实例提供 IP 地址。虚拟机实例可以访问外部网络（物理网络），但是从外部网络访问实例则需要分配浮动 IP 地址。

在网络创建过程中，项目可以共享这两种虚拟网络，可以分别基于这两种虚拟网络来创建虚拟机实例，如图 2-51 所示。前面的例子是基于项目（租户）网络创建虚拟机。下面简单示范基于提供者网络创建虚拟机。

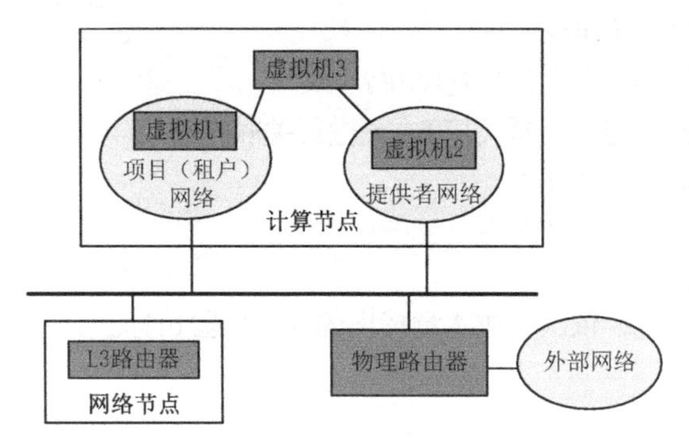


图 2-51　项目网络和提供者网络并存

（1）前面创建的外部网络就是一个提供者网络，检查确认该网络的子网的 DHCP 服务启用，如图 2-35 所示，要选中“激活 DHCP”复选框，这样才能为虚拟机实例分配 IP 地址。

（2）以 demo 用户身份登录，在 Dashboard 界面中依次展开“项目”→“计算”→“实例”节点，单击“创建实例”按钮弹出相应的界面，首先为该实例命名（例中为“test-provider-net”）。

（3）设置源，选择“cirros”镜像作为实例的源。

（4）选择实例类型，这里选择“m1.tiny”即可。

（5）单击“网络”，选择实例所在的网络，这里选择外部网络“public”，如图 2-52 所示。

（6）其他选项保持默认设置，单击“创建实例”按钮。

可以打开实例列表查看新创建的实例的基本信息和状态。这里查看网络拓扑，可以发现新创建的实例直接挂到“public”网络，并分配该网络的 IP 地址，如图 2-53 所示。

读者可以使用控制台或 SSH 访问该虚拟机，测试网络通信。

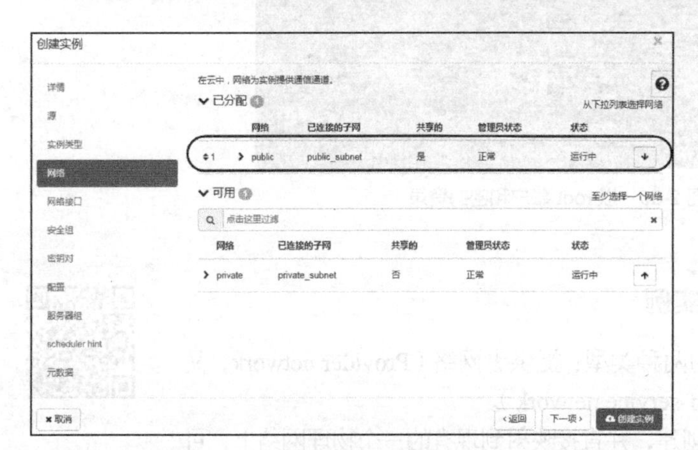


图 2-52　为实例选择提供者网络“public”

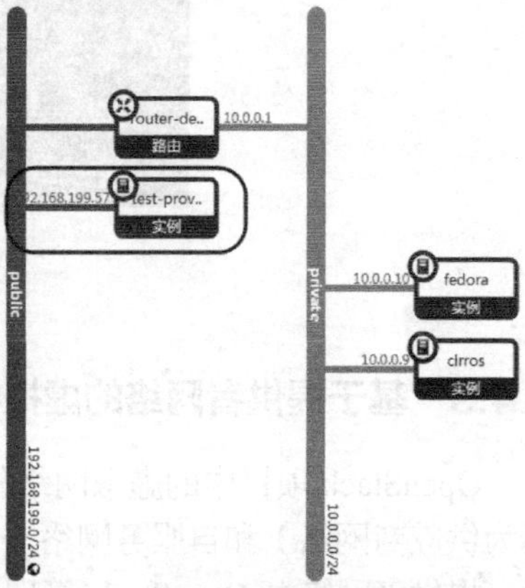

图 2-53　实例直接连接网络“public”

通过上述学习，相信读者对 OpenStack 已有了直观印象，能够通过 OpenStack 创建和使用虚拟机了。本章建立的 RDO 一体化 OpenStack 云平台，将作为本书的主要实验平台用于后续章节 OpenStack 的各个服务和组件的验证、配置、管理和使用操作示范。考虑到实际应用中大多需要手动部署 OpenStack，后续章节中还会以 CentOS 7 操作系统为例介绍各个 OpenStack 服务和组件的手动安装及配置的详细步骤，由于实验条件和篇幅限制，这一部分没有进行实际示范。

## 2.5　习题

1. Packstack 安装器有何作用?
2. 云管理员与普通用户的主要区别在哪里?
3. 为什么要将网络接口与外部桥接口 br-ex 进行关联?
4. 安全组访问规则有什么作用?
5. 虚拟机实例为什么需要密钥对?
6. 什么是浮动 IP 地址?
7. 按照本章的详细示范，依次完成本章提出的 4 个实验目标。

# 3 第 3 章 OpenStack 基础环境

OpenStack 的服务和组件需要基础环境支持，基础环境对后续的 OpenStack 安装配置至关重要。在安装配置 OpenStack 的服务和组件之前，需要做好主机节点的网络配置、SQL 数据库的安装和配置、消息队列服务的安装和配置。网络配置涉及网络连接、防火墙与 SELinux 和节点时钟同步。SQL 数据库是必需的，NoSQL 数据库只有部署 Ceilometer 计量服务时才是必需的。OpenStack 使用消息队列协调服务的运行和状态信息，通常使用 RabbitMQ 服务。本章主要围绕这些基础环境来讲解相关的基础知识和安装配置方法。考虑到部署 OpenStack 首先需要一个总的架构设计，本章一开始就将介绍这个主题。

## 3.1 OpenStack 云部署架构设计

OpenStack 通过若干相互协作的服务提供 IaaS 解决方案，每个服务提供一个 API 接口实现整合。在正式部署 OpenStack 之前，需要提前做好云部署的架构设计，主要工作是确定 OpenStack 的物理部署架构和 OpenStack 环境中的物理网络配置。

这里简单介绍 OpenStack 官方网站提供的示例架构，适合有足够 Linux 经验的 OpenStack 新用户手动分步部署 OpenStack 的主要服务。不过这种架构并不适合生产环境，只能算是一个小型的概念验证平台，可以用于学习、研究和测试 OpenStack。熟悉这些 OpenStack 服务基本的安装、配置、运行和排故之后，就可以考虑使用生产架构部署 OpenStack，此时需要完成以下工作。

- 决定并实现必要的核心服务和可选服务，以满足性能和冗余要求。
- 使用防火墙、加密和服务策略等以增进安全。
- 使用 Ansible、Chef、Puppet 或 Salt 等部署工具，以实现生产环境的自动部署和管理。

示例架构至少需要两个主机节点运行基本的虚拟机实例。像块存储和对象存储这样的可选服务会要求部署额外的节点。即使与最小的生产架构相比，该实例架构也存在以下差距。

- 网络代理部署在控制节点上，而不是一个或多个专用的网络节点。

- 自服务网络的 Overlay（隧道）流量流经管理网络而不是一个专用网络。

> **提示** 后续章节的手动部署 OpenStack 各服务将参考这个示例架构进行讲解。熟悉这个示例架构也有利于掌握 OpenStack 云部署的架构设计。

### 3.1.1 示例架构的物理部署

示例架构包括 2 个必需的主机节点（分别是控制节点和计算节点）及 3 个可选的主机节点（分别是 1 个块存储节点和 2 个对象存储节点）。

示例架构的硬件配置如图 3-1 所示。

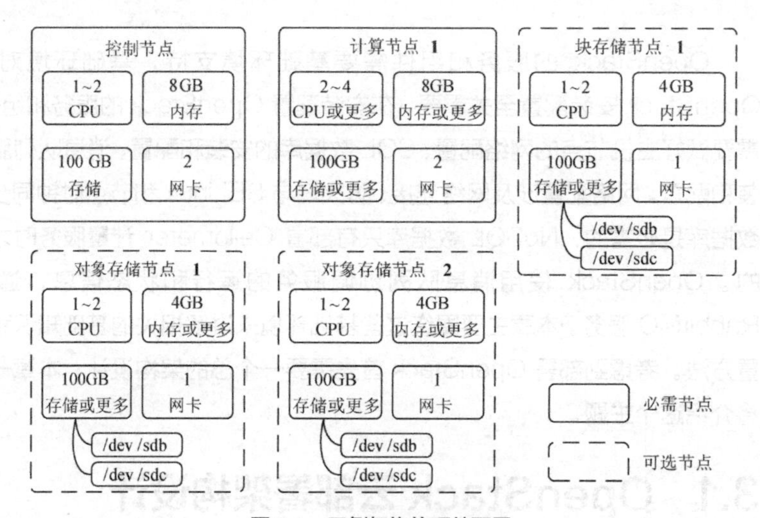


图 3-1 示例架构的硬件配置

各节点的部署设计介绍如下。

#### 1. 控制节点

控制节点运行 Keystone 身份服务、Glance 镜像服务、Nova 计算服务的管理部分、Neutron 网络服务的管理部分、各种网络代理和 Horizon 的 Dashboard 服务，以及 SQL 数据库、消息队列和 NTP（网络时间协议）这样的支持性服务。

控制节点可选的部署组件有 Cinder 块存储、Swift 对象存储和 Telemetry 计量监控等服务的管理部分。每个控制节点至少需要两个网络接口。

#### 2. 计算节点

计算节点部署 Nova 计算服务的虚拟机管理器以运行虚拟机实例。默认情况下，计算服务使用 KVM 虚拟机管理器。计算节点还要运行网络服务代理，以将虚拟机实例连接到虚拟网络，并通过安全组队对实例提供防火墙服务。可以部署不止一个计算节点。每个计算节点至少需要两个网络接口。

#### 3. 块存储节点

在这个示例方案中，块存储节点是可选的。它包括 Cinder 块存储和 Manila 共享文件系统为虚拟机实例提供的磁盘存储。

为简单起见，计算节点和块存储节点之间的服务流量直接使用管理用网络。生产环境中应当使用一个独立的数据网络来增强性能和安全。可以部署不止一个块存储节点。每个块存储节点至少需要一个网络接口。

#### 4. 对象存储节点

在这个示例方案中，对象存储节点也是可选的。它提供 Swift 对象存储服务，用于存储账户、容器和对象的磁盘。

为简单起见，计算节点和对象存储节点之间的服务流量直接使用管理用网络。生产环境中应当使用一个独立的数据网络来增强性能和安全。

对象存储服务要求至少两个节点，每个节点至少需要一个网络接口。OpenStack 架构可以部署两个以上的对象存储节点。

### 3.1.2　示例架构的虚拟网络方案

OpenStack 的网络服务最主要的功能就是为虚拟机实例提供网络连接，这是一种虚拟网络，没有它，虚拟机将被隔绝。OpenStack 项目中的虚拟网络分为提供者网络和自服务网络两种类型，示例架构提供相应的两种方案供选择。

**提示**　这里的示例所使用的二层网络代理是 Linux Bridge 代理。而 RDO 一体化 OpenStack 平台中使用的是 Open vSwitch 代理。

#### 1. 网络方案一：提供者网络

提供者网络以最简单的方式部署 OpenStack 网络服务，它使用基本的二层网络（桥接/交换）服务和网络的 VLAN（虚拟局域网）分段。它实质上是将虚拟网络桥接到物理网络，并依靠物理网络基础设施提供的三层（路由）服务，另外，有一个 DHCP 服务可以为虚拟机实例提供 IP 地址分配服务。提供者网络的服务布局如图 3-2 所示。

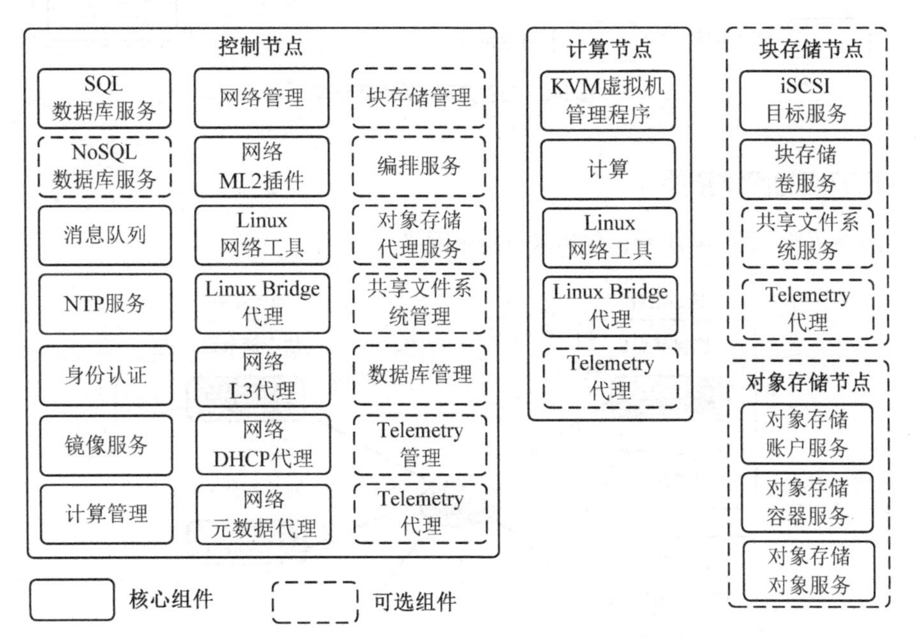


图 3-2　提供者网络的服务布局

要创建精确匹配网络基础设施的虚拟网络，OpenStack 用户需要获取底层网络设施的详细信息。

这种方案缺乏对自服务（私有）网络、三层（路由）服务、类似 LBaaS（负载均衡器）和 FWaaS（虚拟防火墙）这样的高级服务的支持。要解决这些问题，可以考虑网络方案二。

2. 网络方案二：自服务网络

自服务网络在提供者网络的基础上增加了三层（路由）服务，使得自服务网络能够使用像 VXLAN 这样的覆盖分段方法。它实质上是使用 NAT（网络地址转换）将虚拟网络路由到物理网络。另外，此方案为类似 LBaaS 和 FWaaS 这样的高级服务提供支持。

OpenStack 用户不需要了解数据网络的底层结构，就能创建虚拟网络。如果配置相应的二层插件，那么自服务网络也可以包括 VLAN 网络。

自服务网络的服务布局如图 3-3 所示。

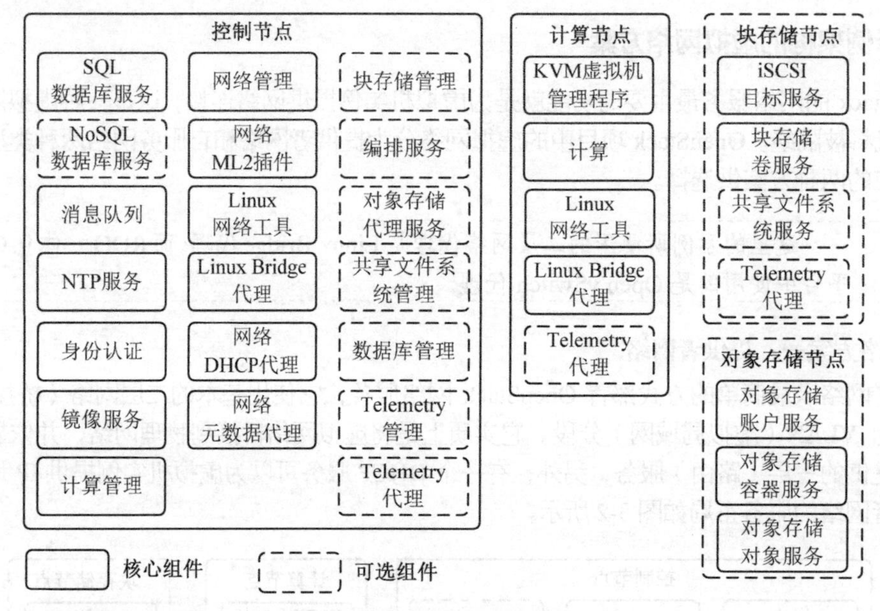


图 3-3　自服务网络的服务布局

### 3.1.3　主机节点的网络拓扑

示例的网络拓扑如图 3-4 所示，包括以下两个网络。

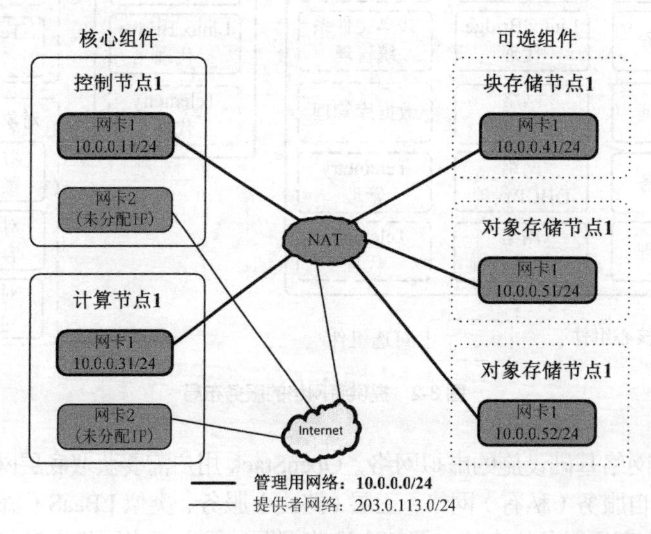


图 3-4　示例的网络架构

（1）管理用网络：地址为 10.0.0.0/24，网关为 10.0.0.1。此网络要求网关为所有主机节点提供 Internet 访问，用于软件包安装、安全更新、DNS 域名解析和 NTP 网络时间同步的管理目的。

（2）提供者网络：地址为 203.0.113.0/24，网关为 203.0.113.1。此网络要求网关为 OpenStack 环境中的虚拟机实例提供 Internet 访问。

可以根据实际情况修改 IP 地址范围和网关地址。

## 3.2 主机节点网络设置

在主机节点上安装操作系统之后，需要为每个主机节点配置网络。最好关闭有关的自动管理工具，手动配置网络设置。所有主机节点都需要安装或更新软件包，进行 DNS 解析和 NTP 同步，而且必须能够连接 Internet。

### 3.2.1 NetworkManager 服务

CentOS 7 网络默认由 NetworkManager（网络管理器）负责管理，但是 NetworkManager 与 OpenStack 网络组件 Neutron 有冲突时，应停用 Neutron，改用传统的网络服务 Network 来管理网络。执行以下命令可实现这些目的。

```
systemctl disable NetworkManager
systemctl stop NetworkManager
systemctl enable network
systemctl start network
```

### 3.2.2 网络连接配置

在做好网络规划的基础上，为各个主机节点配置网络连接。与普通计算机一样，需要为每个网卡配置 IP 地址、子网掩码、默认网关和 DNS 服务器。连接外部网络（公网）的网卡通常不用配置 IP 地址，最后需要关联网桥。

每个节点都应设置可识别的主机名，并通过/etc/hosts 文件来提供各节点主机的名称解析。例如：

```
127.0.0.1   localhost localhost.localdomain localhost4 localhost4.localdomain4 node-a
::1         localhost localhost.localdomain localhost6 localhost6.localdomain6 node-a
192.168.199.21 node-a  node-a.localdomain
192.168.199.22 node-b  node-b.localdomain
```

所有节点的主机名都要提供解析，各节点上 127.0.0.1 的名称解析也要保留。

总之，要保证各节点能够连接 Internet，且每个节点的 IP 地址和主机名能够相互解析。

### 3.2.3 禁用防火墙与 SELinux

执行以下命令可禁用防火墙。

```
systemctl disable firewalld
systemctl stop firewalld
```

编辑/etc/selinux/config 文件，将“SELinux”的值设置为“disabled”，重启系统使禁用 SELinux 生效。

### 3.2.4 配置主机节点时钟同步

时间同步服务是由网络时间协议（NTP）实现的。配置一台内网时间服务器，让其同步公网时间，并为其他内网服务器提供时间同步服务，可以减小误差，提高同步速度，从而在整个内网范围规范时间。整个 OpenStack 环境中所有节点的时间必须是同步的，通常选择一个控制节点作为其他节点的时间服务器。

目前 Linux 版本多使用 Chrony 替代经典的 NTP 软件。Chrony 既可作为时间服务器的服务端，也可作为客户端。与 NTP 相比，Chrony 具有以下优势。

- 同步更快，最大程度减小时间和频率的误差。
- 能够更好地响应时钟频率的快速变化。
- 初始同步后不会停止时钟，以防对需要系统时间保持单调的应用程序造成影响。
- 应对临时非对称延迟时提供更好的稳定性。
- 无须对服务器进行定期轮询，具备间歇性网络连接的系统仍然可以快速同步时钟。

Chrony 配置简单，管理方便。以 CentOS 系统为例，如果没有安装，可以执行以下命令进行安装。

```
yum install chrony -y
```

默认安装完成后会出现两个程序 chronyd 和 chronyc。chronyd 是一个在系统后台运行的守护进程，chronyc 是用来监控 chronyd 性能和配置其参数程序的进程。

确保启动 Chrony 服务并设定开机自动启动，命令如下。

```
systemctl enable chronyd.service
systemctl start chronyd.service
```

选择一台服务器（通常是控制节点）作为时间服务器。编辑 Chrony 主配置文件/etc/chrony.conf，其中关键的有两个参数设置，server 参数可指定时间服务器，以及添加多台时间服务器；allow 参数可指定连接此时间服务器的客户端计算机（范围可以是一台主机、子网或者网络）。例如：

```
#server 0.centos.pool.ntp.org iburst
#server 1.centos.pool.ntp.org iburst
#server 2.centos.pool.ntp.org iburst
#server 3.centos.pool.ntp.org iburst
server 192.168.199.201 iburst
allow 192.168.199.0/24
```

其中 iburst 选项的作用是如果在一个标准的轮询间隔内没有应答，客户端会发送一定数量的包（而不是通常的一个包）给 NTP 服务器。如果在短时间内呼叫 NTP 服务器多次，没有出现可辨识的应答，那么本地时间将不会变化。

如果本地有可用的时间服务器，就没有必要选择公网上的时间服务器。例中将 Internet 上的时间服务器注释掉，只保留本地的时间服务器。本书的 RDO 一体化 OpenStack 云平台使用物理主机的 NTP 服务器，该 NTP 服务器的配置见第 2 章。

更改配置后需要重启 Chrony 服务使之生效。

其他主机节点作为该时间服务器的客户端。编辑 Chrony 主配置文件/etc/chrony.conf，设置 server 参数即可，将其指向时间服务器。

执行以下命令检查源时间服务器状态：

```
[root@node-a ~]# chronyc sourcestats
210 Number of sources = 1
Name/IP Address            NP  NR  Span  Frequency  Freq Skew  Offset  Std Dev
==============================================================================
192.168.199.201             4   3     6     -0.194    301.893  +7274ms    40us
```

执行以下命令检查设置的源时间服务器：

```
[root@node-a ~]# chronyc sources
210 Number of sources = 1
MS Name/IP address         Stratum Poll Reach LastRx Last sample
===============================================================================
^? 192.168.199.201               1   6    17    31  +7274ms[+7274ms] +/-  10.2s
```

执行以下命令查看同步状态：

```
[root@node-a ~]# timedatectl status
      Local time: Thu 2018-06-14 15:01:53 CST
  Universal time: Thu 2018-06-14 07:01:53 UTC
        RTC time: Thu 2018-06-14 07:01:53
       Time zone: Asia/Shanghai (CST, +0800)
     NTP enabled: yes
NTP synchronized: no
 RTC in local TZ: no
      DST active: n/a
```

## 3.3　数据库服务器及其配置

OpenStack 的大部分组件都需要用到数据库，通常需要在控制节点上部署数据库服务器。安装 OpenStack 之后，系统将为每一个项目创建一个单独的数据库。这些数据库可以分为两类，一类是 SQL 数据库，另一类是 NoSQL 数据库。SQLAlchemy 是用 Python 编程语言开发的一款开源软件，提供 SQL 工具包及对象关系映射（ORM）工具，让开发人员可以像操作对象一样来操作后端数据库，OpenStack 选择它作为数据库开发的基础。

### 3.3.1　SQL 数据库

SQL 是 Structured Query Language（结构化查询语言）的缩写，它具有专门为数据库建立的操作命令集，是一种非过程化的、一致性的数据库语言，也是关系数据库的公共语言。现在几乎所有的数据库均支持 SQL，SQL 数据库也通常是指支持 SQL 的关系型数据库。

在 OpenStack 环境中，SQL 数据库用于保存云基础设施建立和运行时的状态，如可用的虚拟机实例类型、正在使用的虚拟机实例、可用的网络和项目等。OpenStack 内部各服务以及组件之间的交互也需要 SQL 数据库的支持。

1. MySQL、MariaDB 和 PostgreSQL

前面安装的 OpenStack 测试平台中使用的数据库是 MariaDB，当然也可以使用 MySQL 或 PostgreSQL，这需要根据云部署所用的操作系统平台来选择。

MySQL 可以说是最流行的开源数据库之一。在 LAMP 平台上的大多数应用都会使用 MySQL，如 WordPress、Zend 等。早期版本的 MySQL 的设计目标是成为快速的 Web 服务器后端，使用快速的索引顺序存取方法（Indexed Sequential Access Method，ISAM），并不支持 ACID 特性。ACID 是数据库事务正确执行的 4 个基本要素的英文缩写，分别是原子性（Atomicity）、一致性（Consistency）、隔离性（Isolation）和持久性（Durability）。后来版本的 MySQL 支持更多的存储引擎，并通过 InnoDB 引擎实现了 ACID。MySQL 还支持其他存储引擎，提供临时表功能（使用 MEMORY 存储引擎），通过 MyISAM 引擎实现高速读取，此外还支持其他核心存储引擎与第三方引擎。MySQL 不同存储引擎的行为有较大的差别，MyISAM 引擎最快，因为只执行很少的数据完整性检查，适合于后端读操作较多的应用场合；而对于敏感数据的读写来说，支持 ACID 特性的 InnoDB 则是更好的选择。现在 MySQL 属于 Oracle 公司，Oracle 拥有其名字和商标，但其核心代码仍然采用 GPL 许可。

MariaDB 是 MySQL 的一个分支，主要由开源社区维护，采用 GPL 授权许可，目的是完全兼容 MySQL，包括 API 和命令行，使之能轻松成为 MySQL 的替代品。在存储引擎方面，MariaDB 使用 XtraDB 来代替 MySQL 的 InnoDB。MariaDB 之于 MySQL，类似 CentOS 之于 Red Hat。为避免法律纠纷，CentOS 改用 MariaDB 来替代 MySQL。

PostgreSQL 是由美国加州大学伯克利分校计算机系开发的，支持大部分 SQL 标准，并提供了许多其他的高级特性，如复杂查询、外键、触发器、视图、事务完整性等，是一个只有单一存储引擎的完全集成的数据库。PostgreSQL 基于自由的 BSD/MIT 许可，号称是最先进的开源数据库之一。PostgreSQL 具有极高的可靠性，支持高事务、任务关键型应用。它完全支持 ACID 特性，为数据库访问提供了强大的安全性保证，充分利用企业安全工具，确保数据的一致性与完整性。

这几种数据库都是开源的，功能强大且丰富。MySQL 和 MariaDB 更适合作为网站与 Web 应用的快速数据库后端，能够进行快速读取和大量的查询操作，不过在复杂特性与数据完整性检查方面表现差一些。PostgreSQL 针对事务型企业应用，支持增强 ACID 特性和数据完整性检查。这些数据库都是可配置的，并且可以针对不同任务进行相应的优化，都支持通过扩展添加额外的功能。如果在 CentOS 操作系统上部署 OpenStack，建议选择 MariaDB。

2. 验证 SQL 数据库

RDO 一体化 OpenStack 云平台在 CentOS 7 中部署，采用的是 MariaDB，可以查看该数据库服务的当前状态，命令如下。

```
[root@node-a ~]# systemctl status mariadb
  mariadb.service - MariaDB 10.1 database server
  Loaded: loaded (/usr/lib/systemd/system/mariadb.service; enabled; vendor preset: disabled)
    Active: active (running) since Thu 2018-06-14 08:51:01 CST; 12h ago
```

在 CentOS 7 中，MariaDB 配置文件为/etc/my.cnf 以及/etc/my.cnf.d/*.cnf。可以用文本编辑器编辑这些配置文件。例中主要在/etc/my.cnf/server.cnf 文件中设置选项。

```
### MANAGED BY PUPPET ###
[client]
port = 3306
socket = /var/lib/mysql/mysql.sock
[isamchk]
key_buffer_size = 16M
[mysqld]
basedir = /usr
bind_address = 0.0.0.0      #这里设置绑定地址，任一地址，该节点能够通过网络通信
datadir = /var/lib/mysql   #数据库存放路径
default_storage_engine = InnoDB
expire_logs_days = 10
key_buffer_size = 16M
log-error = /var/log/mariadb/mariadb.log
max_allowed_packet = 16M
max_binlog_size = 100M
max_connections = 512
open_files_limit = -1
pid-file = /var/run/mariadb/mariadb.pid
port = 3306
query_cache_limit = 1M
query_cache_size = 16M
skip-external-locking
socket = /var/lib/mysql/mysql.sock
ssl = false
ssl-ca = /etc/mysql/cacert.pem
ssl-cert = /etc/mysql/server-cert.pem
ssl-key = /etc/mysql/server-key.pem
thread_cache_size = 8
thread_stack = 256K
```

```
tmpdir = /tmp
user = mysql
wsrep_cluster_name = galera_cluster
wsrep_provider = none
wsrep_sst_auth = root:a9be6998563c4e5c
wsrep_sst_method = rsync
[mysqld-5.0]
myisam-recover = BACKUP
[mysqld-5.1]
myisam-recover = BACKUP
[mysqld-5.5]
myisam-recover = BACKUP
[mysqld-5.6]
myisam-recover-options = BACKUP
[mysqld-5.7]
myisam-recover-options = BACKUP
[mysqld_safe]
log-error = /var/log/mariadb/mariadb.log  #将错误日志写入给定的文件
nice = 0
socket = /var/lib/mysql/mysql.sock
[mysqldump]
max_allowed_packet = 16M
quick
quote-names
```

例如，可以进一步配置 MariaDB 字符集，在配置文件中的[mysqld]节下添加以下定义：

```
init_connect='SET collation_connection = utf8_unicode_ci'
init_connect='SET NAMES utf8'
character-set-server=utf8
collation-server=utf8_unicode_ci
```

3. 手动安装和配置 SQL 数据库

如果手动安装 OpenStack，那么需要先在控制节点上安装和配置 SQL 数据库。这里以 CentOS 7 主机节点为例，用 root 身份登录之后再执行以下操作步骤。

（1）安装 SQL 数据库。通常安装 MariaDB。

```
yum install mariadb mariadb-server python2-PyMySQL
```

（2）创建并编辑/etc/my.cnf.d/openstack.cnf 文件（如有必要，备份/etc/my.cnf.d/目录下的现有配置文件），在该文件中建立一个[mysqld]节，并将 bind-address（绑定地址）设置为控制节点的管理 IP 地址，以便其他节点通过管理网络访问，根据需要设置其他选项和 UTF-8 字符编码。命令如下。

```
[mysqld]
bind-address = 10.0.0.11
default-storage-engine = innodb
innodb_file_per_table = on
max_connections = 4096
collation-server = utf8_general_ci
character-set-server = utf8
```

（3）启动数据库服务并将其配置为开机自动启动。

```
systemctl enable mariadb.service
systemctl start mariadb.service
```

（4）通过运行 mysql_secure_installation 脚本确保数据库服务的安全，尤其是要为数据库的 root 账户选择一个合适的密码。

```
mysql_secure_installation
```

### 3.3.2 NoSQL 数据库

NoSQL 是 Not Only SQL 的缩写，意为"不仅仅是 SQL"，泛指非关系型的数据库。它使用非关系型的数据存储，可以为大数据建立快速、可扩展的存储库，旨在应对大规模数据集和多重数据带来的挑战，解决大数据应用的难题。计量服务除非不用 Ceilometer，否则必须安装 NoSQL 数据库。RDO 一体化 OpenStack 云平台选择的是 Redis。

1. NoSQL 数据库简介

NoSQL 数据库可以分为以下 4 种类型。

- 键值（Key-Value）存储数据库。键值存储数据库使用哈希表，用一个特定的键和一个指针指向特定的数据。键值模型易于部署，如果只对部分值进行查询或更新，效率就比较低。典型的产品有 Redis、Voldemort、Oracle BDB。
- 列存储数据库。列存储数据库通常用来应对分布式存储的海量数据。键仍然存在，但是它们的特点是指向多个列。这些列是由列家族来安排的。典型的产品有 Cassandra、HBase 和 Riak。
- 文档型数据库。文档型数据库的数据模型是版本化的文档，这种半结构化的文档以特定的格式存储，如 JSON。文档型数据库可以看作键值数据库的升级版，允许嵌套键值，比键值数据库的查询效率高。典型的产品有 CouchDB 和 MongoDB，国内有个开源版本 SequoiaDB。
- 图形（Graph）数据库。图形数据库使用灵活的图形模型，能够扩展到多个服务器上。

NoSQL 数据库没有标准的查询语言（SQL），因此进行数据库查询需要制定数据模型。许多 NoSQL 数据库都提供 REST 接口或查询 API，如 Neo4J、InfoGrid 和 Infinite Graph。

NoSQL 数据库适用于以下情形。

- 数据模型比较简单。
- 需要灵活性更强的 IT 系统。
- 对数据库性能要求较高。
- 不需要高度的数据一致性。
- 对于给定键，比较容易映射复杂值的环境。

2. NoSQL 数据库产品

下面介绍几种与 OpenStack 有关的 NoSQL 数据库产品。

（1）MongoDB 是一个基于分布式文件存储的数据库产品，由 C++编写，旨在为 Web 应用提供可扩展的高性能数据存储解决方案。它是介于关系数据库和非关系数据库之间的产品，是非关系数据库中功能最丰富、最像关系数据库的产品。它支持的数据结构非常松散，类似 JSON 的 BSON 格式，因此可以存储比较复杂的数据类型。MongoDB 最大的特点是其支持的查询语言非常强大，其语法类似面向对象的查询语言，几乎可以实现类似关系数据库单表查询的绝大部分功能，而且还支持对数据建立索引。

（2）Memcached 是一个用 C 语言开发的高性能的分布式内存对象缓存系统，通过在内存中缓存数据和对象来减少读取数据库的次数，从而提高动态数据库驱动网站的速度。它的存储是基于键值对的哈希映射。

（3）Redis 是一个用 C 语言开发的高性能键值存储系统。与 Memcached 类似，Redis 支持存储的值类型相对较多，包括字符串、链表、集合、有序集合和哈希类型。这些数据类型都支持 push/pop、add/remove、取交集并集和差集以及更丰富的操作，而且这些操作都是原子性的。在此基础上，Redis 支持各种不同方式的排序。与 Memcached 一样，Redis 为保证效率，数据都是缓存在内存中，不同的是 Redis 会周期性地将更新的数据写入磁盘，或者将修改操作写入追加的记录文件。Redis 支持主从同步，即数据可以从主服务器向任意数量的从服务器上同步，从服务器可以是关联其他从服务器的主服务器。由于对持久化支持不够理想，Redis一般不作为数据的主数据库存储，而是配合传统的关系型数据库使用，主要用作缓存。

3. 验证NoSQL数据库

OpenStack以前版本使用的NoSQL数据库是MongoDB，现在的版本改用Redis。Redis作为OpenStack计量服务的组成员之间协作的后端数据库驱动，可以在/etc/ceilometer/ceilometer.conf配置文件中进一步查看。

可以查看Redis服务的当前状态，命令如下。

```
[root@node-a ~]# systemctl status redis
  redis.service - Redis persistent key-value database
  Loaded: loaded (/usr/lib/systemd/system/redis.service; enabled; vendor preset:
disabled)
 Drop-In: /etc/systemd/system/redis.service.d
          └─limit.conf
  Active: active (running) since Fri 2018-08-31 10:56:37 CST; 6h ago
```

在CentOS 7中，Redis配置文件为/etc/redis.conf以及/etc/redis/*.conf。可以用文本编辑器编辑这些配置文件。

另外，身份服务对各服务的认证机制使用Memcached来缓存令牌。可以在RDO一体化OpenStack云平台查看Memcached的当前状态，命令如下。

```
[root@node-a ~]# systemctl status memcached
  memcached.service - memcached daemon
  Loaded: loaded (/usr/lib/systemd/system/memcached.service; enabled; vendor preset:
disabled)
  Active: active (running) since Fri 2018-08-31 10:56:38 CST; 9h ago
```

4. 手动安装NoSQL数据库

如果手动安装OpenStack，需要在控制节点上安装和配置NoSQL数据库。这里以CentOS 7主机节点为例，以root身份登录，然后执行以下操作。

（1）安装Redis，操作非常简单，步骤如下。

① 安装相应的包。

```
yum install redis python-redis
```

② 保持默认配置。

③ 启动Redis服务并将其配置为开机自动启动。

```
systemctl enable redis.service
systemctl start redis.service
```

（2）Memcached服务一般也要部署在控制节点上，安装步骤如下。

① 安装相应的包。

```
yum install memcached python-memcached
```

② 编辑配置文件/etc/sysconfig/memcached，配置该服务使用控制节点的管理网络地址，也就是在默认的“OPTIONS”参数设置中添加控制节点地址（替换controller）。

```
OPTIONS="-l 127.0.0.1,::1,controller"
```

③ 启动Memcached服务并将其配置为开机自动启动。

```
systemctl enable memcached.service
systemctl start memcached.service
```

建议在生产环境中组合使用防火墙、验证和加密措施以保证Memcached的安全。

# 3.4 消息队列服务及其配置

OpenStack 项目内部各组件之间采用远程通信机制 RPC（Remote Procedure Call，远程过程调用），而 RPC 采用消息队列（Message Queue，MQ）来实现进程间的通信。这种机制借鉴了计算机硬件总线的思想，引入了消息总线，一些服务进程向总线上发送消息，另外一些服务进程从总线上获取消息。OpenStack 使用的消息队列协议是 AMQP（Advanced Message Queuing Protocol，高级消息队列），这是一个异步消息传递使用的应用层协议规范。OpenStack 平台组件之间的通信都是按照这种队列协议进行的，AMQP 队列是整个 OpenStack 各组件协作的调度中心和通信枢纽。

## 3.4.1 消息队列与消息总线

消息队列是一种应用程序对应用程序的通信方法。应用程序之间无须专用连接，通过读写出入队列的消息（针对应用程序的数据）即可进行相互通信。消息传递指的是程序之间通过在消息中发送数据进行通信，而不是通过直接调用彼此进行通信。直接调用通常用于诸如远程过程调用的技术等，排队指的是应用程序通过队列进行通信。队列的使用免去了接收和发送应用程序需同时执行的要求。

消息队列只提供了一种非常适合于消息通信的实现机制（消息排序、消息缓存等），而消息总线（Message Bus）在消息队列提供的技术上封装出适合消息交互的业务场景。

OpenStack 利用开源库 oslo.messaging 实现了内部服务进程之间的以下两种通信方式。

（1）事件通知（Event Notifaction）

某个服务进程可以把事件通知发送到消息总线上，该消息总线上所有对此类事件感兴趣的服务进程，都可以获得此事件通知并进行进一步的处理，但是处理的结果不会返回给事件发送者。这种方式不仅可以在同一项目内部各服务进程之间发送通知，而且可以在项目之间发送通知。Ceilometer 就是通过这种方式来获取其他 OpenSatck 服务的时间通知，从而实现云的计量和监控的。

（2）远程过程调用（RPC）

一个服务进程可以通过 RPC 调用其他远程服务进程，并且可细分为阻塞和非阻塞两种方式。阻塞方式是 call（调用）方式，远程过程会被同步执行，调用者发出请求后需要等待响应结果返回。非阻塞方式是 cast（广播）方式，远程过程会被异步执行，调用者发出请求后结果不会立即返回，也不会被阻塞，但可以通过其他方法查询远程调用的结果。RPC 方式正是通过这里要介绍的消息队列服务实现的。

OpenStack 支持以下消息队列服务。

- RabbitMQ：实现了 AMQP 的消息中间件服务，支持多种协议网关和编程语言。
- Qpid：Apache 基金会下的顶层项目，实现了 AMQP。
- ZeroMQ：开源的高性能异步消息库，可以在没有 Server/Broker 的情况下工作。

理论上，OpenStack 可以使用 Python 的 ampqlib 所支持的任何 AMQP 消息队列。

## 3.4.2 AMQP 模型与原理

作为应用层协议的一个开放标准，AMQP 是为面向消息的中间件设计的。基于此协议的客户端与消息中间件可传递消息，且不受客户端或中间件的不同产品、不同开发语言等条件的限制。AMQP 规范主要包括了消息的导向、队列、路由、可靠性和安全性。

### 1. AMQP 系统的组成

AMQP 系统采用典型的“生产-消费”模型，如图 3-5 所示，主要包括以下要素。

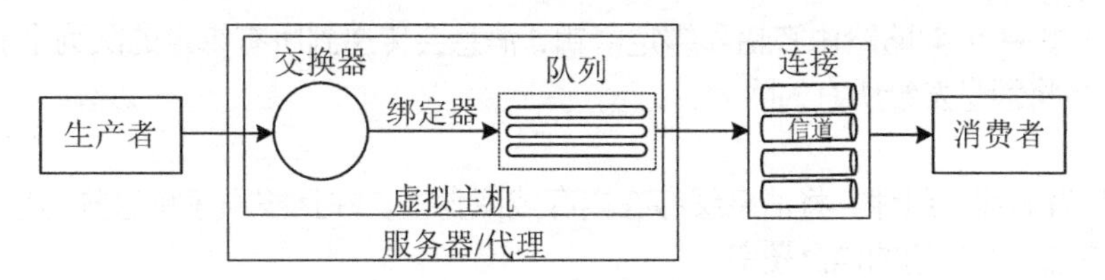


图 3-5　AMQP 系统的组成

- 生产者（Producer）：消息的产生者。
- 消费者（Comsumer）：消息的接收者。
- 交换器（Exchange）：交换部件，根据消息的条件选择不同的消息接收者。交换器是消息到达服务器/代理的第一站，根据分发规则，将消息分发到队列中。
- 队列（Queue）：消息队列，暂时缓存到达消费者的消息，等待消费者取走。一个消息可以复制到多个队列中。
- 服务器/代理（Server/Broker）：AMQP 的服务端，实现了 AMQP 的中间件服务，用来接收和分发消息。RabbitMQ Server 就是一个典型的服务器/代理。
- 绑定器（Binding）：交换器和队列之间建立的虚拟连接。绑定信息被保存在交换器的查询表中，作为分发消息的依据。
- 虚拟主机（Virtual Host）：基于多租户和安全因素的考虑，将 AMQP 的基本组件划分到一个虚拟组中，与网络中的名称空间（Namespace）概念类似。当多个不同的用户使用同一个 RabbitMQ Server 提供的服务时，可以划分多个虚拟主机，每个用户在自己的虚拟主机中创建交换器或队列。
- 连接（Connection）：生产者与代理之间的 TCP 连接。断开连接的操作只能在客户端进行，代理不会断开连接，除非出现网络故障或服务器问题。
- 信道（Channel）：信道是在连接内部建立的逻辑链接。每一次访问消息队列服务都建立一个连接会导致开销过大，效率低下。如果应用支持多线程，则每个线程均可创建一个单独的信道进行通信。

#### 2. 消息的传递过程

（1）消息的产生

生产者服务器进程产生消息，消息由消息头和消息体组成，其中，消息头指定了消息的接收条件，即哪些接收者可以接收这条消息。

（2）消息的交换（路由）

交换器类似网络中的路由器，负责将消息转发给合适的接收者。交换器中有一个类似路由表的查询表，其中存放了所有队列的绑定密钥（Binding Key），该密钥用于表示这个队列可以接收哪些类型的消息。同时，每一个消息头中都携带着一个路由密钥（Routing Key），表示这条消息可以被哪些队列接收。当一条消息到达交换器时，它会遍历查询表，如果一个队列的绑定密钥与消息的路由密钥相匹配，那么就将消息转发到这个队列。交换器与路由器一样，通过通配符可以支持多播（组播）和广播。

交换器可分为以下 3 种类型。

- Direct（点对点）：路由密钥和绑定密钥必须完全一致，不支持通配符。这是一种满足单一条件的路由，即交换器判断消息要发送给哪个队列时依据的是一个条件。
- Topic（发布-订阅）：与 Direct 相同，但是支持通配符，如“*”可匹配单个字符，“#”可匹配若干字符。这是一种满足多个条件的路由，即转发消息时需要依据多个条件。

- Fanout（多播）：忽略路由密钥和绑定密钥，消息会传递到所有绑定的队列上。这是一种多播路由，会将消息发给所有的队列。

（3）缓存

队列是接收者的缓存组件，将消息缓存在内存或磁盘上，并且按顺序将这些消息分发给消费者。队列可以防止消息被新到达的消息覆盖。

3. AMQP 的通信机制

（1）建立连接。由生产者和消费者创建连接，连接到服务器/代理的物理节点上。

（2）建立消息信道。信道建立在连接之上，一个连接可以建立多个信道。生产者连接虚拟主机建立信道，消费者连接到相应的队列上建立信道。

（3）发送消息。由生产者将消息发送到服务器/代理中的交换器。

（4）转发消息。交换器收到消息后，根据一定的路由策略将消息转发到相应的队列。

（5）接收消息。消费者监听相应的队列，一旦队列中有可以消费的消息，队列就将消息发送给消费者。

（6）确认消息。当消费者完成一条消息的处理之后，需要发送一条确认（ACK）消息给相应的队列。队列收到确认信息后认为消息处理成功，并将消息从队列中移除。如果对应的信道断开之后，队列仍然没有收到这条消息的确认信息，则该消息将被发送给另外的信道。消息的确认机制提高了通信的可靠性。

### 3.4.3 AMQP 与 OpenStack

OpenStack 云是使用 AMQP 的。OpenStack 各模块之间的调度依赖于每个模块的 API 接口，任何组件的调用都是通过 AMQP 进行消息传递的，进而传递到相关的模块。AMQP 在 OpenStack 的工作中是一个通信连接枢纽，负责任何模块的调度消息发送和分发。

这里以 OpenStack 计算服务 Nova 为例说明 AMQP 在 OpenStack 中的应用。Nova 中的每个组件都会连接消息服务器，一个组件可能是一个消息发送者（API、Scheduler），也可能是一个消息接收者（Compute、Volume、Network）。OpenStack 中默认使用 kombu（实现 AMQP 的 Python 函数库）连接 RabbitMQ 服务器。消息的发送者和接收者都需要一个连接对象来连接 RabbitMQ 服务器。

AMQP 代理（RabbitMQ 或 Qpid）位于两个 Nova 组件之间，允许它们以松散耦合的方式进行通信。更确切地说，Nova 组件使用 RPC 与其他组件通信，这是一种在发布/订阅模式之上构建的模式，具有以下优势。

- 在客户端与服务端之间解耦。客户端不需要知道有哪些服务端以及服务端的地址。
- 在客户端与服务端之间完全同步。客户端不需要服务端在远程调用时正好在运行。
- 远程调用随机均衡。如果有多个服务端在运行，那么单向调用被透明地分发给第一个可用的服务端。

Nova 使用 Direct、Fanout 和 Topic 共 3 种类型的交换器。

AMQP 在 Nova 中的实现架构如图 3-6 所示。

Nova 基于 AMQP 实现了下面两种类型的 RPC（发送消息的方式）。

- rpc.call：同步调用，是一种请求/响应类型的调用。一个请求发送出去以后，需要等待响应；调用需要指定目标服务节点。
- rpc.cast：一般调用，是一种单向 RPC。只将请求发送出去，不需要等待结果；不关心请求由哪个服务节点完成。

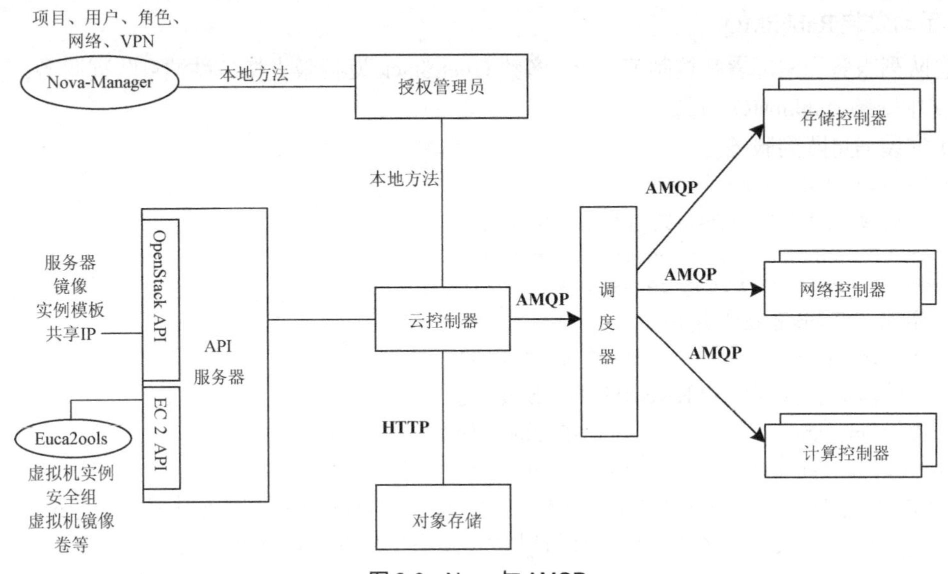


图 3-6　Nova 与 AMQP

每个 Nova 服务（如 Compute、Scheduler 等）在初始化时都会创建两个队列，一个接收带有格式为 NODE-TYPE.NODE-ID 的路由密钥（如 compute.hostname）的消息，另一个接收带有格式为 NODE-TYPE 的路由密钥（如 Compute）的消息。Nova-API 需要将像 euca-terminate instance 这样的命令重定向到一个指定节点，特别要用到第一个队列。在这种情形下，只有正在运行虚拟机的计算节点能够终止虚拟机。当 RPC 调用是发布-订阅类型时，API 为消费者；否则，它仅为发布者。

## 3.4.4　RabbitMQ 及其部署

OpenStack 多个组件需要相互协调运作和更新状态信息，因此需要一个消息队列来负责这些工作。OpenStack 支持多种消息队列软件，如 RabbitMQ、Qpid 和 ZeroMQ。OpenStack 的大部分版本都支持 RabbitMQ。如果使用其他消息队列软件，则需要确认 OpenStack 版本与它是否兼容。

1. RabbitMQ 简介

RabbitMQ 是一个用 Erlang 语言开发的 AMQP 的开源实现。RabbitMQ 提供了基于消息的通信服务和远程函数调用功能。与传统的远程函数调用不同，RabbitMQ 的远程函数调用也是基于消息传递的。开发者在编写远程函数调用时，无须编写服务器端和客户端代码，因而服务器端函数的修改有时并不影响客户端代码。

2. 验证 RabbitMQ

RDO 一体化 OpenStack 云平台使用的消息队列服务是 RabbitMQ，可以查看该服务的当前状态，命令如下。

```
[root@node-a ~]# systemctl status rabbitmq-server
   rabbitmq-server.service - RabbitMQ broker
   Loaded: loaded (/usr/lib/systemd/system/rabbitmq-server.service; enabled; vendor preset: disabled)
  Drop-In: /etc/systemd/system/rabbitmq-server.service.d
           └─limits.conf
   Active: active (running) since Fri 2018-08-31 10:56:51 CST; 11h ago
```

3. 手动安装 RabbitMQ

消息队列服务通常部署在控制节点上。多数 OpenStack 发行版支持一种消息队列服务，这里以在 CentOS 7 中安装 RabbitMQ 为例。

（1）安装消息队列服务。

```
yum install rabbitmq-server
```

（2）启动该服务并将其配置为开机自动启动。

```
systemctl enable rabbitmq-server.service
systemctl start rabbitmq-server.service
```

（3）添加一个 openstack 用户。

```
rabbitmqctl add_user openstack RABBIT_PASS
```

用合适的密码替换其中的 RABBIT_PASS 变量。

（4）授予 openstack 用户配置、写入和读取权限。

```
rabbitmqctl set_permissions openstack ".*" ".*" ".*"
```

OpenStack 的项目之间通过 RESTful API 进行通信，项目内部不同服务进程之间通过消息总线进行通信。这种设计既保证了各个项目对外可以被不同类型的客户端接受，又保证了项目内部通信接口的可扩展性和可靠性，以支持大规模的部署。下一章会讲解 RESTful API 这种通信方式。

## 3.5 习题

1. 配置主机节点的名称解析应注意哪些问题？
2. OpenStack 主机节点的时钟同步配置应遵守哪些原则？
3. SQL 数据库与 NoSQL 数据库有什么不同？
4. 解释消息队列和消息总线这两个概念。
5. 简述消息的传递过程。
6. 简述 AMQP 的通信机制。
7. 按照本章的示范，在 RDO 一体化 OpenStack 云平台上依次验证主机节点的名称解析、时钟同步设置、SQL 数据库、NoSQL 数据库，以及 RabbitMQ。

# 第4章 OpenStack API与客户端

OpenStack 各个项目通过 RESTful API 对外提供服务，用户通过各个项目提供的 API 来使用相应服务的功能。OpenStack 项目作为一个 IaaS 平台，提供的使用方式主要有 Web 界面、命令行客户端和 API，而 API 这种方式是前面两种方式实现的基础。本章主要讲解 OpenStack API 的实现原理与开发框架、OpenStack API 的基本使用、OpenStack 命令行客户端和 Horizon 的 Dashboard 界面。这些都是 OpenStack 的通用技术，因此将日志和通用库 Oslo 的有关介绍也放在本章。

## 4.1 RESTful API 和 WSGI

OpenStack 是基于 Python 语言实现的。OpenStack 项目内部通过消息队列协议在不同服务进程之间实现通信，而项目之间通过 RESTful API 进行通信。OpenStack 中每一个提供 RESTful API 服务的组件，如 cinder-api、nova-api，就是一个 WSGI App，其主要功能是接收客户端发来的 HTTP 请求，然后进行用户身份验证和消息分发。OpenStack 各个项目基于 HTTP 和 JSON 来实现自己的 RESTful API。当一个服务要提供 API 时，它就会启动一个 HTTP 服务端，用来对外提供 RESTful API。

### 4.1.1 RESTful API 简介

网络应用程序分为前端和后端，两端技术发展都很快，必须有一种统一的机制来方便不同的前端设备与后端设备通信，由此催生了 API 架构，而 RESTful API 是目前比较成熟的一套 Internet 应用程序的 API 软件架构。

要理解 RESTful 架构，就要理解 REST 这个术语。REST 是 Representational State Transfer 的缩写，通常译为表现层状态转化。

表现层（Representation）是指资源的外在表现形式。网络上的任何一个实体都是资源，如一段文本、一张图片、一首歌曲、一种服务等，每个资源都可以用一个特定的 URI（Uniform Resource Identifier，统一资源定位符）来标识。用户访问一个 URI 就可以获得相应的资源。URI 指向资源实体，但是并不能代表其表现形式。资源可以有多种表现形式，例如，文本可以用纯文本格式表现，也可以用 HTML 格式、XML 格式、JSON 格式表现，甚至可以采用二进制格式。

客户端和服务器之间传递的是资源的表现形式，上网访问资源就是调用资源的 URI 获取该资源的表现形式的过程。这个过程中所用的 HTTP 是一个无状态协议，这就意味着所有的状态都保存在服务器端。而客户端也只能使用 HTTP 提供的方法来操作服务器上的资源，具体包括 GET（用来获取资源）、POST（用来新建资源或更新资源）、PUT（用来更新资源）和 DELETE（用来删除资源）。这些操作会让服务器端发生状态转化，而这种转化是建立在表现层之上的，所以就称为表现层状态转化。

总之，面向资源是 REST 最明显的特征，对于同一个资源的一组不同的操作，REST 要求必须通过统一的接口来对资源执行各种操作。REST 是所有 Web 应用都应该遵守的架构设计指导原则。如果一个架构符合 REST 原则，就称它为 RESTful 架构。符合 REST 设计标准的 API 就是 RESTful API。REST 架构设计遵循的各项标准和准则就是 HTTP 的表现，也就是说，HTTP 就是属于 REST 架构的设计模式。

Web 应用程序最重要的 REST 原则是客户端和服务器之间的交互在请求之间是无状态的。无状态请求可以由任何可用服务器响应，这十分适合云计算环境。

在 REST 样式的 Web 服务中，每个资源都有一个地址。资源本身都是方法调用的目标，方法列表对所有资源都是一样的。RESTful Web 服务通常可以通过自动客户端或代表用户的应用程序访问。

### 4.1.2 OpenStack 的 RESTful API

OpenStack 各个项目都提供了 RESTful 架构的 API 作为对外提供的接口，而 RESTful 架构的核心是资源和资源的操作。OpenStack 定义了很多资源，并实现了针对这些资源的各种操作函数。其 API 服务进程接收到客户端的 HTTP 请求时，一个所谓的“路由”模块就会将请求的 URL 转化成相应的资源，并路由到合适的操作函数上。下面以执行一个 openstack server list 命令为例来说明这个流程（该命令用于输出虚拟机实例列表）。

（1）客户端使用 HTTP 发送请求，调用 openstack server list 命令。

（2）Rails（OpenStack 所使用的路由模块）收到 HTTP 请求后，将这个请求分派到对应的控制器（Controller），并且绑定一个操作（Action）。

（3）每个 Controller 都对应一个 RESTful 资源，代表了对该资源的操作集合，其中包含了很多 Action。因为 Rails 指定了要执行 index 函数的 Action，所以该 Controller 就会调用 index 函数。

每个控制器都对应一个 RESTful 资源，代表了对该资源的操作集合，其中包括多个操作（Action）或函数，如 index、show、create 等。每个操作都对应一个 HTTP 请求和响应。

在 OpenStack 的项目中采用通用的 RESTful API 形式，不同版本的 API 应使用相应的版本号加以区分。在 URL 中加上 API 版本号，例如 Keystone 的 API 会有/v2.0 和/v3 的前缀，表明这是两个不同版本的 API。这里以一个通用的用户管理 API 为例，列出其主要形式，如下所示。

- GET /v3/users：获取所有用户的列表。
- POST /v3/users：创建一个用户。
- GET /v3/users/<UUID>：获取一个特定用户的详细信息。
- PUT /v3/users/<UUID>：修改一个用户的详细信息。
- DELETE /v3/users/<UUID>：删除一个用户。

其中<UUID>表示使用一个 UUID 字符串，这是 OpenStack 中各种资源 ID 的表示形式。

一个完整的 RESTful Web API 主要有以下 3 个要素。

- 资源地址与资源的 URI。
- 传输资源的表现形式，指 Web 服务接收与返回的 Internet 媒体类型，如 JSON、XML 等，其中 JSON 具有轻量级的特点，得到了广泛的应用。

- 对资源的操作，是指 Web 服务在该资源上所支持的一系列请求方法，如 POST、GET、PUT、DELETE 等。

### 4.1.3 Web 服务器网关接口 WSGI

RESTful 只是一种设计风格，并不是真正的标准，Web 应用通常使用基于 HTTP 的符合 RESTful 风格的 API。WSGI（Web Server Gateway Interface）则是 Python 语言中所定义的 Python 应用程序（或框架）与 Web 服务器之间的一种通用接口标准，可译为 Web 服务器网关接口。WSGI 可看作一座桥梁，一端为服务端或网关端，另一端为应用端或框架端，WSGI 的作用就是在协议之间进行转化。

WSGI 定义一套接口来实现服务端与应用端的通信规范，它将 Web 组件分为以下 3 类。

1. WSGI 服务器（WSGI Server）

它唯一的任务就是接收来自客户端的 HTTP 请求，封装一系列环境变量，按照 WSGI 接口标准调用注册的 WSGI 应用程序，最后将应用程序的响应结果传递给客户端。

2. WSGI 应用程序（WSGI Application）

每个应用程序都是一个可被调用的 Python 对象，它接受两个参数，通常为 envionr 和 start_response。参数 environ 提供环境变量，然后 WSGI 应用程序可以从 environ 中获取相对应的请求及其执行上下文的所有信息。参数 start_response 指向一个回调函数，回调函数负责执行客户端的请求并且返回结果。当有请求到来时，WSGI 服务器会准备好 environ 和 start_response 参数，然后调用 WSGI 应用程序获得对应请求的响应。

3. WSGI 中间件（WSGI Middleware）

中间件同时实现了服务端和应用端的 API，因此可以在两端之间起协调作用。从服务端来看，中间件就是一个 WSGI 应用程序；从应用端来看，中间件则是一个 WSGI 服务器。WSGI 中间件可以根据目的 URL 将客户端的 HTTP 请求路由到不同的应用对象，然后将应用处理后的结果返回给客户端。这种中间件称为路由器（router）。将 WSGI 中间件理解为服务端和应用端交互的一层包装，经过不同中间件的包装，便具有不同的功能。

WSGI 的运行机制如图 4-1 所示。在使用中间件的情况下，WSGI 的处理模式为 WSGI 服务器→WSGI 中间件→WSGI 应用程序。

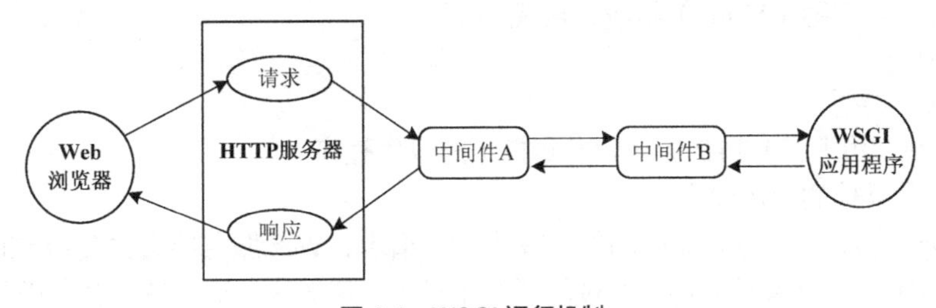


图 4-1 WSGI 运行机制

多个应用程序或框架可以在同一个进程中一起运行，可以依次调用多个中间件。在服务器和应用程序之间，可以使用若干个中间件来处理请求（Request）和响应（Response）。

### 4.1.4 OpenStack API 的传统框架

通常使用开发框架来开发 Web 应用程序，Python 的 Web 开发框架很多，比较著名的有 Django、

Pecan，这些框架都支持 RESTful API 的开发。OpenStack 项目的实现使用了现成的 Web 框架。

OpenStack 早期的项目并没有使用一个框架，而是使用 Paste、Paste Deploy、WebOb 和 Routes 这几个不同的模块来组合出一个框架。由 Paste 和 PasteDeploy 共同完成应用程序的 WSGI 化，其中 PasteDeploy 负责 WSGI 服务器和应用程序的构建；由 Routes 负责 URL 路由转发；由 WebOb 完成 WSGI 请求和响应的封装。Nova、Glance、Neutron、Keystone 等早期项目都使用这样的架构来实现 RESTful API。

RESTful API 程序的主要特点就是 URL 路径会与功能对应起来。一个 RESTful API 程序实现了哪些 URL 路径以及每个路径对应什么功能，一般都由框架的 URL 路由功能负责，因此熟悉一个 RESTful API 程序的重点在于确定 URL 路由。

下面详细介绍 OpenStack API 的 4 个传统框架。

1. Paste

Paste 是 Python 的一套 Web 开发工具，它在 WSGI 的基础上封装若干层，让应用管理和实现变得方便，可看作是一种 Web 框架的框架。Paste 中包含的 Python 模块包括一个 CGI 应用程序框架和一个简单的 Web 服务器，有助于实现 WSGI 中间件。目前 Paste 已从 Paste 核心代码中分离出多个模块，这些模块是 Paste 项目的一部分，但已形成自己的包。OpenStack 主要用到其中两个模块：Paste Deploy 和 WebOb。此外还有一些包，如 Paste Script、WebTest、ScriptType、INITools、Tempita、WaitForIt、WPHP、WSGIFilter 和 WSGIProxy 等。

2. Paste Deploy

Paste Deploy 又称 Paste Deployment，是 Python 用来发现和配置 WSGI 应用的一种机制。Paste Deploy 目前已经不需要 Paste 项目的其他部分支持，可以单独作为一个包使用，其大多数的 Python 框架都支持 WSGI。

有了 Paste Deploy，WSGI 应用程序只需提供一个单独的入口函数 loadapp，然后用户调用该函数，就可以使用已经开发好的 WSGI 应用程序。由于只提供了一个入口，WSGI 的开发者不再需要将应用程序的具体实现暴露给用户，大大简化了整个开发过程，并保持了 WSGI 应用程序对用户的透明性。入口函数 loadapp 可以用来从配置文件或者 Python egg 文件加载 WSGI 应用程序。

Paste Deploy 的主要用法就是从配置文件中生成一个 WSGI 应用程序，使用下面的调用方式：

```
wsgi_app = loadapp('config:/path/to/config.ini')
```

Paste Deploy 配置文件格式类似 INI 文件，文件扩展名为.ini，由若干节（Section）组成，节的声明由类型（Type）和名称（Name）组成，格式如下：

```
[type:name]
```

节主要有以下类型。

- composite：用于将 HTTP 请求分发到指定的应用程序。
- app：表示具体的应用程序。
- fliter-app：这是一个过滤器中间件。收到一个请求，Web 服务器会先交给 filter-app 中 use 指定的应用程序，如果该应用程序过滤了这个请求，那么这个请求就不会发送到 next 指定的应用程序去进行下一步处理；如果没有过滤，则会发送给 next 指定的应用程序。
- filter：用于实现一个过滤器中间件。与 filter-app 类似，但是没有 next 键。
- pipeline：用来将一系列的 filter 串起来，变成一个简化的 fliter-app。

至于每节中的内容，以“键 = 值”的形式来定义具体设置。

OpenStack 的 Paste Deploy 使用的是各组件的 api-paste.ini 配置文件，比如卷服务 Cinder 的 /etc/cinder/api-paste.ini、身份管理服务 Keystone 的/etc/keystone/keystone-paste.ini。例中 OpenStack 一体化测试平台中 keystone-paste.ini 配置文件中的 composite 类型的节有两个，具体定义如下。

```
[composite:main]
use = egg:Paste                #urlmap
/v2.0 = public_api             # 以/v2.0开头的请求会路由给public_api处理
/v3 = api_v3                   # 以/v3开头的请求会路由给api_v3处理
/ = public_version_api         # 以/开头的请求会路由给public_version_api处理
[composite:admin]
use = egg:Paste                #urlmap
/v2.0 = admin_api              # 以/v2.0开头的请求会路由给admin_api处理
/v3 = api_v3                   # 以/v3开头的请求会路由给api_v3处理
/ = admin_version_api          # 以/开头的请求会路由给admin_version_api处理
```

composite类型的节设置根据一些条件将Web请求调度到不同的应用程序。其中use是一个键，指定处理请求的代码。egg:Paste#urlmap表示到Paste模块的egg-info中去查找urlmap键所对应的函数。其他的键则是urlmap_factory()函数的参数，用于表示不同的URL路径前缀。urlmap_factory()函数会返回一个WSGI应用程序，其功能是根据不同的URL路径前缀，将请求路由给不同的应用程序，也就是根据Web请求的路径前缀进行一个到应用程序的映射（map）。例中已给出相应注释。

这些映射到另外一个配置文件，Paste Deploy再根据这个文件进行加载。可见Paste Deploy配置文件的作用就是将用Python编写的WSGI应用程序和中间件串起来，规定好HTTP请求处理的路径。

节的name变量表示Paste Deploy配置文件中一个节的名称，指定这个节作为HTTP请求处理的第一站。在Keystone的keystone-paste.ini中，请求必须先由[composite:main]或者[composite:admin]处理，所以在Keystone项目中，name的值必须是main或者admin。例如，从Keystone服务获取一个令牌时可使用下面的API：

```
POST http://hostname:35357/v3/auth/tokens
```

根据keystone-paste.ini设置，处理过程如下。

（1）hostname:35357这一部分由Web服务器处理，然后请求会被转到WSGI入口，由入口文件定义的应用程序对象处理。

（2）应用程序对象根据keystone-paste.ini中的配置来处理。该对象先由[composite:admin]来处理（一般是admin监听35357端口，main监听5000端口）。

（3）[composite:admin]发现请求的路径以/v3 开头，于是将请求转发给[pipeline:api_v3]处理，转发之前，会将/v3这个部分去掉。

（4）[pipeline:api_v3]收到请求，路径是/auth/tokens，开始调用各个filter来处理请求。最后会将请求交给[app:service_v3]处理。

（5）[app:service_v3]收到请求，路径是/auth/tokens，交给最终的WSGI应用程序处理。请求转移到最终的应用程序内部处理，至此还有一部分路径（例中为/auth/tokens）的路由没有确定，还需要下一步的工作。

3. Routers

OpenStack所使用的路由模块Routers是用Python实现的类似Rails的URL路由系统。Rails（Ruby on Rails）是Ruby语言的Web开发框架，采用MVC（模型-视图-控制器，Model-View-Controller）模式，收到来自浏览器的HTTP请求后，Rails会将该请求转发到对应的控制器（Controller）。

Routes模块的主要功能就是将路径映射到对应的动作。一般做法是创建一个Mapper对象，然后调用该对象的connect()方法将path（路径）和method（方法）映射到一个controller（控制器）的某个action（操作）上，这里controller是一个自定义的类实例，action是表示controller对象的方法的字符串。一般调用的时候还会指定映射哪些方法，比如 GET 或者 POST 等。

每个模块都定义了自己的路由，但是这些路由最终还要通过一个 WSGI 应用程序来调用。前面讲解 Paste Deploy 时提到过，在 Keystone 项目中，对于/v3 开头的请求，在 keystone-paste.ini 中会被路由到[app:service_v3]节。实际上会交给 keystone.service:v3_app_factory 这个函数生成的应用程序处理。这个应用程序需要根据 URL 路径中剩下的部分/auth/tokens 来实现 URL 路由。从这里开始，就需要用到 Routes 模块了。

4. WebOb

WebOb 在 WSGI 中对请求环境变量（Request Environment）进行封装，通过对 WSGI 的请求与响应进行封装来简化 WSGI 应用的编写。WebOb 中有两个最重要的对象，一个是 webob.Request，对 WSGI 请求的 environ 参数进行封装；另一个是 webob.Response，包含了标准 WSGI 响应的所有要素。WebOb 还有一个 webob.exc 对象，用于针对 HTTP 错误代码进行封装。除此之外，WebOb 还提供一个装饰器 webob.dec.wsgify，使开发人员可以不使用原始的 WSGI 参数传递和返回格式，而全部用 WebOb 替代。

例如，针对以下函数定义。

```
@wsgify
def myfunc(req):
return webob.Response('Hello!')
```

原始方式调用如下。

```
app_iter = myfunc(environ, start_response)
```

WebOb 调用方式如下。

```
resp = myfunc(req)
```

### 4.1.5 OpenStack API 的新型框架

在 OpenStack 早期的项目中使用的框架是 Paste + PasteDeploy + Routes + WebOb，这种框架具备足够的灵活性，但是又具有相当的复杂性，要将这几个模块组合起来实现一个 REST 服务，需要编写很多代码，就连 WSGI 的入口函数都要自己实现。因此 OpenStack 社区的新项目开始改用新的 Web 框架——Pecan + WSME。

1. Pecan

Pecan 是一个轻量级的基于对象路由（分发）的 Python 的 Web 框架，灵活而又简单。OpenStack 中的新项目全面使用此框架，Pecan 还可以和 Paste Deploy 一起使用。

Pecan 主要实现了 URL 路由功能，且支持 RESTful API。路由功能将 URL 分割成若干部分，然后对每一部分查找对应该 URL 部分的处理类，处理之后继续交给后面部分的 URL 处理，直到所有 URL 部分都被处理后，调用最后分割的 URL 对应的处理函数处理。

Pecan 非常专注于自己的目标，大部分功能都和 URL 路由以及请求和响应的处理相关，而没有实现模板、安全以及数据库层，这些功能都可以通过其他库来实现。对于 OpenStack 来说，Pecan 是一个很好的选择，因为 OpenStack 项目中统一使用 Sqlalchemy 来实现对象关系映射（Object Relation Mapping，ORM），API 的实现也不需要模板功能，安全控制则基于 Keystone 体系。使用 Pecan 开发 REST 服务，开发人员可以专注于实现每个 API 的功能，代码量很少，代码结构也清晰。

Pecan 的配置很容易，通过一个 Python 源码式的配置文件就可以完成基本的配置。这个配置的主要目的是指定应用程序的 root，然后用于生成 WSGI 应用程序。

Pecan 不仅减少了生成 WSGI 应用程序的代码，而且也让开发人员更容易指定一个应用程序的路由。Pecan 采用了一种对象分发类型（Object-Dispatch Style）的路由模式。这种路由方式就是对象分发：根据类属性（包括数据属性和方法属性）来决定如何路由一个 HTTP 请求。

Pecan 内置 RESTful 支持，其 RESTful 控制器继承自 pecan.rest.RestController，预定义 get_one()、get_all()、get()和 post()等方法以对应 HTTP 请求，专门用于实现 RESTful API，在 OpenStack 中使用特别多。对于 RESTful 控制器中没有预先定义好的方法，可以通过控制器的_custom_actions 属性来指定其能处理的方法。Pecan 还支持普通的控制器（Generic Controlle），继承自 object 对象，默认没有实现对 RESTful 请求的方法。

与 Ceilometer 配套的 Gnocchi 采用 Pecan 框架。gnocchi-api 服务从/usr/bin/gnocchi-api 文件开始启动，其配置如下。

```
if __name__ == '__main__':
    import sys
    from gnocchi.cli import api
    sys.exit(api.api())
else:
    from gnocchi.cli import api
    from gnocchi.rest import app
    application = app.load_app(api.prepare_service()) from ceilometer.cli import api
```

2. WSME

Pecan 框架为每个线程维护单独的请求和响应对象（pecan.request 和 pecan.response），可以直接在请求处理函数中访问，通过 expose()函数控制 HTTP 响应的内容和类型。如果没有明确地返回一个响应对象，那么 Pecan 中方法的返回内容类型就是由 expose()装饰器决定的。默认情况下，控制器的方法返回的 content-type 是 HTML。

在大部分情况下，Web 服务的输入和输出对数据类型的要求都是严格的。Pecan 本身能够处理 HTTP 请求中的参数以及控制 HTTP 返回值，只是执行请求参数和响应内容的类型检查（Typing）比较麻烦，需要自己访问 pecan.request 和 pecan.response，然后检查指定的值的类型。WSME 就是要解决这个问题，而且适用于 RESTful API。

WSME 的全称是 Web Service Made Easy，是专门用于实现 REST 服务的 typing 库，使开发人员不需要直接操作请求和响应对象，而且和 Pecan 这个框架结合得非常好，因此 OpenStack 的很多项目都使用 Pecan+WSME 的组合来实现 API。

WSME 自动检查 HTTP 请求和响应中的数据是否符合预先设定的要求。它主要通过装饰器来控制 controller 方法的输入和输出。WSME 中主要使用两个装饰器，一个是@signature，用来描述一个函数的输入和输出；另一个是@wsexpose，包含@signature 的功能，同时会把函数的路由信息暴露给 Web 框架，效果就像 Pecan 的 expose 装饰器。

## 4.2 OpenStack API 的基本使用

OpenStack 的项目之间的通信主要是通过相互调用 API 来实现的，作为一个云操作系统和一个框架，它的 API 有着重要的意义。通过 OpenStack 身份认证之后，可以使用其他的 OpenStack API 在 OpenStack 云中创建和管理资源，如创建虚拟机实例，为实例和镜像分配元数据。

### 4.2.1 调用 OpenStack API 的方式

对 OpenStack 云发送 API 请求可以使用以下任一方法。

1. cURL 命令

这是一个 Linux 命令行工具，用于发送 HTTP 请求并接收响应。它利用 URL 规则在命令行下工作，支持如 HTTP、HTTPS、FTP 等众多协议，支持 POST、Cookie、认证、从指定偏移处下载部分文件、用户代理字符串、限速、文件大小、进度条等特征。这个命令适合进行 OpenStack 测试。下面列举几个常见的用法。

使用选项-v 显示请求详细信息：

```
curl www.abc.com -v
```

使用选项-X 或--request 指定请求方式，例如下例是一个 GET 请求：

```
curl -X GET http://localhost:8080
```

使用选项-d 或/--data 指定以 HTTP POST 方式向服务器传送数据：

```
curl -X POST -d "data=abc&key=111" http://localhost:8080/search -v
```

使用-d 选项时，将使用 Content-type:application/x-www-form-urlencoded 方式发送数据，此时可以省略-X POST。

使用选项-H 或/-- header 自定义头信息传递给服务器。例如使用 JSON 形式上传数据：

```
curl -H "Content-Type:application/json" -d '{"data":"abc","key":"123"}' http://
localhost:8080/search -v
```

如果在请求时带上 Cookie，可以采用以下用法：

```
curl -H "Cookie:username=XXX" {URL}
```

选项-s 或--silent 表示静默模式，curl 执行过程中不输出任何东西。

2. OpenStack 命令行客户端

以前每一个 OpenStack 项目都有一个用 Python 语言编写的命令行客户端，一般都命名为 python-*project*client，比如 python-keystoneclient，python-novaclient 等。这些客户端组件分别对应各个 OpenStack 项目，为用户提供命令行操作界面和 Python 的软件开发工具包（Software Development Kit，SDK）。比如 python-keystoneclient 对应 Keystone 项目，为用户提供 keystone 命令，同时也包括 Keystone 项目的 Python SDK。其实命令行工具是基于 SDK 实现的。这些客户端组件提供的 SDK 也封装了对各自服务的 API 的调用。

OpenStack 的主要项目都有一个自己的命令行工具，随着项目的增多，使用并不方便，于是又有一个新的组件 python-OpenStackclient，用于提供一个统一的命令行工具 openstack，这个工具使用各个服务的客户端项目提供的 SDK 来完成对应的命令行操作，并取代之前各项目的命令行客户端。

3. REST 客户端

Mozilla 和 Google 都提供基于浏览器的 REST 图形界面，便于使用 Firefox 或 Chrome 浏览器，通过 Web 接口使用 OpenStack 服务。这种方式是通过 OpenStack 的 Horizon 项目提供的。Horizon 项目是一个 Django 应用，实现了一个面板功能，包含了前后端的代码（除了 Python，还包括了 CSS 和 JS）。Horizon 项目主要提供一种交互界面（就是第 2 章用到的 Dashboard），它会通过 API 来与各个 OpenStack 服务进行交互，然后在 Web 界面上展示各个服务的状态；它也会接收用户的操作，然后调用各个服务的 API 来完成用户对各个服务的使用。

4. OpenStack 的 Python SDK

使用 OpenStack 官方提供的 Python SDK 编写 Python 自动化脚本，在 OpenStack 云中创建和管理资源。该 SDK 实现了对 OpenStack API 的 Python 绑定，使开发人员通过 Python 对象的调用，而不是直接进行 REST 调用，使用 Python 执行自动化任务。实际上，所有的 OpenStack 命令行工具都是使用 Python SDK 实现的。

OpenStack 还提供另外一套 API 兼容亚马逊的 EC2，能用于两套系统之间的迁移。

### 4.2.2　OpenStack 的认证与 API 请求流程

要对 OpenStack 服务的访问进行认证，必须首先发出认证请求，该请求中含有向 OpenStack 认证服务获取验证令牌（Authentication Token）的凭证。

凭证通常是用户名和密码的组合，以及可选的云项目名或项目 ID。向云管理员索取用户名、密码和项目，以便产生认证令牌。也可以直接提供一个令牌，而不用每次访问都要提供用户名和密码。

当发送 API 请求时，需要在 X-Auth-Token 头部包含一个令牌。如果访问多个 OpenStack 服务，必须为每个服务获取一个令牌。令牌在过期前的一个限定时间内有效。令牌也可能因为其他原因变得无效，例如，如果用户的角色改变了，该用户的当前令牌就不再有效。

在 OpenStack 中，认证与 API 请求的工作流程如下。

（1）向云管理员提供的身份端点（Identity Endpoint）请求一个认证令牌。在该请求中包括一个凭证。凭证中要提供的认证信息见表 4-1。

表 4-1　认证凭证要提供的参数

| 参数 | 是否必需 | 类型 | 说明 |
|---|---|---|---|
| User Domain | 是 | string | 用户域 |
| username | 是 | string | 用户名。如果不提供用户名和密码，则必须提供一个令牌 |
| password | 是 | string | 用户密码 |
| Project Domain | 否 | string | 项目域。这是作用域（Scope）对象的必要组成部分 |
| Project Name | 否 | string | 项目名。它和项目 ID 都是可选的 |
| Project ID | 否 | string | 项目 ID。虽然 Project Name 或 Project ID，但是如果提供 Project Domain，则必须提供其中一个。它们包含在作用域对象中。如果不知道 Project Name 或 Project ID，则发送请求不用提供任何作用域对象 |

（2）如果请求成功，服务器会返回一个认证令牌。

（3）发送 API 请求，并在 X-Auth-Token 头部包含上一步返回的认证令牌。可以一直使用这个令牌发送 API 请求，直到服务完成该请求，或者出现未授权（401）的错误。

（4）如果遇到未授权（401）的错误，则需重新请求另一个令牌。

### 4.2.3　获取 OpenStack 认证令牌

在运行身份服务的典型 OpenStack 部署中，可以指定用于认证的项目名、用户名和密码凭证。这里以使用 cURL 命令为例进行示范。

首先，设置环境变量 OS_PROJECT_NAME（项目名）、OS_PROJECT_DOMAIN_NAME（项目域名）、OS_USERNAME（用户名）、OS_PASSWORD（密码）和 OS_USER_DOMAIN_NAME（用户域名）。最简单的方式是使用客户端基本环境变量文件来设置客户端环境变量脚本，命令如下。

```
[root@node-a ~]# source keystonerc_demo
```

下面的例子使用一个端点，也可以使用$OS_AUTH_URL 环境变量来设置 URL。

然后，运行命令 cURL 来请求一个令牌，命令如下。

```
[root@node-a ~(keystone_demo)]# curl -v -s -X POST $OS_AUTH_URL/auth/tokens?nocatalog
-H  "Content-Type:  application/json"      -d  '{  "auth":  {  "identity":  {  "methods":
```

```
["password"],"password": {"user": {"domain": {"name": "'"$OS_USER_DOMAIN_NAME"'"},"name":
"'"$OS_USERNAME"'", "password": "'"$OS_PASSWORD"'"} } }, "scope": { "project": { "domain":
{ "name": "'"$OS_PROJECT_DOMAIN_NAME"'" }, "name":  "'"$OS_PROJECT_NAME"'" } } }}' | python
-m json.tool
```

如果请求成功，将会返回 Created（201）响应代码，以及一个令牌（X-Subject-Token 响应头的值）。该头部跟着一个响应体，含有一个“token”类型的对象，其中又包含令牌过期日期和时间（以"expires_at":"datetime"的形式提供），以及其他属性。

下面的例子展示一个成功的响应。

```
* About to connect() to 192.168.199.21 port 5000 (#0)
*   Trying 192.168.199.21...
* Connected to 192.168.199.21 (192.168.199.21) port 5000 (#0)
> POST /v3/auth/tokens?nocatalog HTTP/1.1
> User-Agent: curl/7.29.0
> Host: 192.168.199.21:5000
> Accept: */*
> Content-Type: application/json
> Content-Length: 234
>
} [data not shown]
* upload completely sent off: 234 out of 234 bytes
< HTTP/1.1 201 Created
< Date: Fri, 15 Jun 2018 13:53:44 GMT
< Server: Apache/2.4.6 (CentOS)
< X-Subject-Token: gAAAAABbI8TpdFA29TksTpfhh3TjWahWYyGKIyqgC11Zl7E2AVHx86vWdmG7-
8DeGmci9sBYmyByIZ6_2pTMTUPv6oR9a2iO8OP4DEqsrt8SkchkHGJfGURB-3cpv29XMoDbrscdLMd5hYQ9s2Sq2
lsDZ6JDO5dHKWXtEeGzVbo0Bh8c0z79tDM
< Vary: X-Auth-Token
< x-openstack-request-id: req-e03f4d3a-6dda-4bdc-94dc-0f056d4142f3
< Content-Length: 525
< Content-Type: application/json
<
{ [data not shown]
* Connection #0 to host 192.168.199.21 left intact
{
  "token": {
      "audit_ids": [
          "RxdOvRtDSN6P5zPHF2LZ7w"
      ],
      "expires_at": "2018-06-15T14:53:45.000000Z",
      "is_domain": false,
      "issued_at": "2018-06-15T13:53:45.000000Z",
      "methods": [
          "password"
      ],
      "project": {
          "domain": {
              "id": "default",
              "name": "Default"
          },
          "id": "640be57f32f2435da1b0adc6c39ca79f",
          "name": "demo"
      },
      "roles": [
```

```
                {
                    "id": "9fe2ff9ee4384b1894a90878d3e92bab",
                    "name": "_member_"
                }
            ],
            "user": {
                "domain": {
                    "id": "default",
                    "name": "Default"
                },
                "id": "3a005c78fc2148cabe763fdcc17f3d28",
                "name": "demo",
                "password_expires_at": null
            }
        }
    }
```

### 4.2.4　发送 API 请求

本小节以执行基本的 Compute API 调用为例来示范发送 API 请求。

（1）导出 OS_TOKEN 环境变量，将其值设为令牌 ID（上例中的 X-Subject-Token 值）。

```
export OS_TOKEN=gAAAAABbI8TpdFA29TksTpfhh3TjWahWYyGKIyqgC11Z17E2AVHx86vWdmG7-8DeGmci9sBYmyByIZ6_2pTMTUPv6oR9a2iO8OP4DEqsrt8SkchkHGJfGURB-3cpv29XMoDbrscdLMd5hYQ9s2Sq21sDZ6JDO5dHKWXtEeGzVbo0Bh8c0z79tDM
```

默认令牌每一小时过期，可以配置不同的生存期。

（2）设置 OS_PROJECT_NAME 环境变量。

```
export OS_PROJECT_NAME=demo
```

（3）设置 OS_COMPUTE_API 环境变量。

```
export OS_COMPUTE_API=http://192.168.199.21:8774/v2.1
```

（4）使用 Compute API 列出实例类型。

```
[root@node-a ~(keystone_demo)]# curl -s -H "X-Auth-Token: $OS_TOKEN"  $OS_COMPUTE_API/flavors  | python -m json.tool
{
    "flavors": [
        {
            "id": "1",
            "links": [
                {
                    "href": "http://192.168.199.21:8774/v2.1/flavors/1",
                    "rel": "self"
                },
                {
                    "href": "http://192.168.199.21:8774/flavors/1",
                    "rel": "bookmark"
                }
            ],
            "name": "m1.tiny"
        },
        {
            "id": "2",
            "links": [
                {
```

```
                "href": "http://192.168.199.21:8774/v2.1/flavors/2",
                "rel": "self"
            },
            {
                "href": "http://192.168.199.21:8774/flavors/2",
                "rel": "bookmark"
            }
        ],
        "name": "m1.small"
    },
    {
        "id": "3",
        "links": [
            {
                "href": "http://192.168.199.21:8774/v2.1/flavors/3",
                "rel": "self"
            },
            {
                "href": "http://192.168.199.21:8774/flavors/3",
                "rel": "bookmark"
            }
        ],
        "name": "m1.medium"
    },
    {
        "id": "4",
        "links": [
            {
                "href": "http://192.168.199.21:8774/v2.1/flavors/4",
                "rel": "self"
            },
            {
                "href": "http://192.168.199.21:8774/flavors/4",
                "rel": "bookmark"
            }
        ],
        "name": "m1.large"
    },
    {
        "id": "5",
        "links": [
            {
                "href": "http://192.168.199.21:8774/v2.1/flavors/5",
                "rel": "self"
            },
            {
                "href": "http://192.168.199.21:8774/flavors/5",
                "rel": "bookmark"
            }
        ],
        "name": "m1.xlarge"
    }
  ]
}
```

例中以 JSON 格式显示列表。

可根据需要尝试其他 Compute API 操作，例如，设置$OS_PROJECT_ID 变量，再执行以下操作列出镜像。

```
curl -s -H "X-Auth-Token: $OS_TOKEN"  http://192.168.199.21:8774/v2.1/$OS_PROJECT_ID/
images  | python -m json.tool
```

又如，设置$OS_PROJECT_ID 变量，使用 Compute API 列出服务器。

```
curl -s -H "X-Auth-Token: $OS_TOKEN"  http://192.168.199.21:8774/v2.1/$OS_PROJECT_ID/
servers  | python -m json.tool
```

## 4.3 OpenStack 命令行客户端

OpenStack 为终端用户（客户端）提供了 Web 图形界面（Horizon）和命令行界面两种交互操作接口。通常 OpenStack 项目（服务）都有自己的命令行，相应的命令名就是服务的名称，如 Glance 的命令行命令是 glance，Nova 的命令行命令是 nova。管理员应当掌握命令行客户端的操作。建议使用统一的命令行工具 openstack 来代替各项目的命令行客户端，这里重点讲解命令行客户端 openstack 的基本用法。

### 4.3.1 使用命令行的必要性

（1）Web 图形界面的功能没有命令行界面的功能全面，有些功能只提供了命令行操作。

（2）对于 Web 图形界面具有的功能，命令行往往可以使用的参数更多，使用更为灵活。

（3）通常命令行返回结果更快，操作效率更高，对于比较耗时的操作使用命令行更为合适。

（4）命令行的命令可以在脚本中使用，实现批处理操作，提供工作效率。

不过命令行操作不够直观。通常是管理员通过命令行进行配置、管理和测试等工作。

### 4.3.2 安装命令行客户端

使用 pip 命令安装 OpenStack 客户端，这样能够获取来自 Python Package Index 的最新版本的客户端。pip 也可用来更新或删除包。可以为每个项目单独安装其专有的客户端，但是 python-openstackclient 覆盖多个项目，提供的是一个统一操作的 openstack 命令。

安装或更新客户端包：

```
pip install [--upgrade] python-PROJECTclient
```

其中 PROJECT 表示项目名称。

例如安装 Openstack 客户端：

```
pip install python-openstackclient
```

更新 Openstack 客户端：

```
pip install --upgrade python-openstackclient
```

删除 Openstack 客户端：

```
pip uninstall python-openstackclient
```

在发送客户端命令之前，必须下载并导出 openrc 文件来设置环境变量。

### 4.3.3 OpenStack 客户端语法

命令行 openstack 为 OpenStack API 提供一个通用的命令行接口，它基本等同于 OpenStack 项目客户端库提供的命令行接口，但是它拥有清晰一致的命令接口。openstack 的语法格式如下。

```
openstack [<global-options>] <command> [<command-arguments>]
```

```
openstack help <command>
openstack --help
```

其中，global-options 表示全局选项。Openstack 可使用全局选项控制整体行为，也可使用命令特定选项来控制该命令操作。大多数全局选项都有相应的环境变量，这些变量可以直接设置。如果两者都存在，则优先命令行中的全局选项。例如，--os-cloud 选项指定云名称，--os-auth-type 选项指定认证类型，--os-auth-url 指定认证 URL，--os-url 指定服务 URL（使用一个服务令牌进行认证）。

command 表示要执行的子命令，执行以下命令可以获取可用的命令列表。

```
openstack --help
```

需要某一命令的说明信息，可执行以下命令。

```
openstack help <command>
```

命令集的显示取决于 API 版本，例如，执行以下命令可显示 Identity v3 的命令集。

```
openstack --os-identity-api-version 3 --help
```

对于内容较长的命令行，可以使用换行符“\”进行换行。

### 4.3.4 OpenStack 客户端认证

命令行 openstack 使用与 OpenStack 各项目自有命令行界面类似的认证模式，认证时所提供的凭证信息支持环境变量或命令行选项。主要的不同点是 openstack 在选项 OS_PROJECT_NAME/OS_PROJECT_ID 的名称中使用“project”取代以前的租户。

```
export OS_AUTH_URL=<url-to-openstack-identity>
export OS_PROJECT_NAME=<project-name>
export OS_USERNAME=<user-name>
export OS_PASSWORD=<password> # (optional)
```

openstack 能使用由 keystoneclient 库提供的不同类型的认证插件。可用的默认插件有 token（使用令牌认证）和 password（使用用户名和密码认证）。

也可以通过设置选项--os-token 和--os-url（或环境变量 OS_TOKEN 和 OS_URL）来使用 Keystone 的服务令牌（Service Token）进行认证。

使用选项--os-token 和--os-url 自动选择令牌端点（token_endpoint）认证类型。使用--os-auth-url 和--os-username 选项，则会选择密码认证类型。

### 4.3.5 通过 OpenStack 客户端创建一个实例

要启动一个实例，必须选择实例的名称（Name）、镜像（Image）和实例类型（Flavor）。

通过 OpenStack 客户端调用 Compute API 来列出可用的镜像，命令如下。

```
[root@node-a ～(keystone_demo)]#openstack image list
+--------------------------------------+--------+--------+
| ID                                   | Name   | Status |
+--------------------------------------+--------+--------+
| 6550305f-5d16-43db-b125-d65e573716b1 | Fedora | active |
| 9b93878c-d421-4ae7-a210-bdc5901f333c | cirros | active |
+--------------------------------------+--------+--------+
```

执行以下命令列出可用的实例类型。

```
[root@node-a ～(keystone_demo)]# openstack flavor list
+----+-----------+-------+------+-----------+-------+-----------+
| ID | Name      |   RAM | Disk | Ephemeral | VCPUs | Is Public |
+----+-----------+-------+------+-----------+-------+-----------+
| 1  | m1.tiny   |   512 |    1 |         0 |     1 | True      |
```

```
| 2  | m1.small  | 2048  |  20 |         0 |     1 | True      |
| 3  | m1.medium | 4096  |  40 |         0 |     2 | True      |
| 4  | m1.large  | 8192  |  80 |         0 |     4 | True      |
| 5  | m1.xlarge | 16384 | 160 |         0 |     8 | True      |
+----+-----------+-------+------+-----------+-------+-----------+
```

要创建实例，需要指明要用的镜像和实例类型 ID，命令如下。

```
openstack server create --image 9b93878c-d421-4ae7-a210-bdc5901f333c --flavor 1
my_instance
```

# 4.4 基于 Horizon 的 Dashboard 界面

除了命令行界面外，OpenStack 还提供一个友好的 Web 图形界面，以便于用户查看、使用和管理 OpenStack 云平台的各种资源。这个图形界面被形象地称为 Dashboard，通常译为仪表板或仪表盘。Horizon 是 OpenStack 的 Dashboard 项目的名称。Horizon 为 OpenStack 的其他服务和组件提供访问入口，各 OpenStack 服务的图形界面都是由 Horizon 提供的。这里主要讲解 Horizon 的体系结构、配置以及通用的 Dashboard 功能，具体的界面操作会在相关项目的章节中讲解。

## 4.4.1 Horizon 主要功能

Horizon 提供一个模块化的基于 Web 的用户界面，用于访问 OpenStack 的计算、存储、网络等资源。它是 OpenStack 整个应用的一个入口，提供一个 Web 用户界面的方式来访问、控制、存储和计算网络资源，如创建和启动实例、分配 IP 地址等。

Horizon 分别为以下两种用户提供了不同的功能界面。

- 云管理员：提供一个整体的视图，管理员可以总览整个云的资源大小及运行状况，可以创建终端用户和项目，向终端用户分配项目并进行项目的资源配额管理。
- 终端用户：提供一个自主服务的门户，普通用户可以在管理员分配的项目中，在不超过额定配额限制的条件下，自由操作、使用和存储网络资源。

Horizon 都是通过管理员进行管理与控制的，管理员可以通过 Web 界面管理 OpenStack 平台上的资源数量、运行情况，创建用户、虚拟机，向用户指派虚拟机，管理用户的存储资源等。当管理员将用户指派给不同的项目中以后，用户就可以通过 Horizon 提供的服务进入 OpenStack 中，使用管理员分配的各种资源（如虚拟机、存储器、网络等）。

## 4.4.2 Horizon 设计理念

早期的 Horizon 仅是一个用于管理 OpenStack 计算（Nova）资源的单一应用程序，只需要一套视图、模板和 API 调用。随着不断发展，它现在已能支持众多的 OpenStack 项目和 API。Horizon 在设计和架构上始终坚持关键价值，其设计理念如下。

**1. 核心支持（Core Support）**

Horizon 支持所有的 OpenStack 核心项目，提供开箱即用功能。Horizon 提供 3 个中心面板：用户（User）、系统（System）和设置。这 3 个面板覆盖核心的 OpenStack 应用。

Horizon 也为 OpenStack 核心项目提供一套 API 抽象，为开发者提供一套一致和稳定的重用方法。使用这些抽象，基于 Horizon 的开发人员无须熟悉每个 OpenStack 项目的 API。

**2. 可扩展性：任何人都能增加一个新的组件作为一级项**

Horizon 基于 Dashboard 类提供一致性的 API 和访问能力，由 Horizon 提供 OpenStack Dashboard 应用和第三方应用。Dashboard 类为顶级导航项。

如果开发者要在一个现有的仪表板中提供功能（如在用户面板中增加一个监控面板），那么使用简单的注册模式就可以编写一个嵌入其他面板的应用，就跟创建一个新的面板一样容易。当然，还必须将修改的面板导入。

3. **可管理性：核心代码简单且易于导航**

在应用程序中有简单的面板（子导航项）注册方法，每个面板都包含该接口必要的逻辑（视图、格式、测试等）。这种细粒度的分解可以防止文件变得过大，使代码易于查找，直接与导航相互关联。

4. **一致性：可视化和交互模式始终保持**

通过提供必要的核心类来从一套固定的可重用模板和其他工具（基本格式类、基本 widget 类、模板标签，甚至基于类的视图）构建应用，可以维持整个应用的一致性。

5. **稳定性：强调向后兼容的可靠的 API**

基于这些核心类和可重用组件的架构设计，可以建立默认约定，对这些组件的更改将尽可能向后兼容。

6. **可用性：有好的用户界面**

最终 OpenStack 的功能取决于每个接触代码的开发者，但是 Horizon 把 OpenStack 所有其他目标都排除在外，让开发者可以从繁杂的界面开发任务中解放出来，专注于尽可能好的用户体验上。

### 4.4.3 Horizon 与 Django 框架

Horizon 是一个基于 Django 框架的 Web 应用。Django 是一个基于 Python 的高效开源 Web 开发框架，提供了通用的 Web 开发模式的高度抽象，目的是简便快速地开发高品质、易维护的数据库驱动网站。它强调代码的复用，多个组件可以很方便地以插件的形式存在于整个框架中。

Django 可以运行在启用 mod python 的 Apache 2 服务器上，或者是任何兼容 WSGI 的 Web 服务器上。该框架包括以下 4 个核心组成部分。

- 对象关系映射（ORM）：以 Python 类的形式定义数据模型，将模型和关系数据库连接起来，通过数据库 API 方便地操作网站中的数据库。
- URL 分发器：使用正则式匹配 URL，针对不同的组件服务可以任意设计 URL，简化网络数据请求和访问。
- 视图系统：主要用于处理请求，便于页面的业务逻辑的设计和实现。
- 模板系统：使用 Django 强大的可扩展的模板语言，便于页面表现设计，解耦界面和 Python 代码。

Django 是基于 MVC（模型-视图-控制器）设计实现的，主要包括以下 4 类文件。

- 模型（Models）文件：model.py，主要使用 Python 类来描述数据表及其操作。可以使用简单的 Python 代码来创建、检索、更新、删除数据库中的记录。
- 视图（Views）文件：views.py，包含页面的业务逻辑，该文件中的函数被称为视图。
- Urls 文件：urls.py，指出使用 URL 地址访问时需要调用的视图。
- 模板（Templates）：HTML 网页，定义 HTML 模板，负责网页设计，内嵌模板语言（如{%for user in user list%}）以实现网页设计的灵活性。

前 3 种文件使用 Python 代码实现，第 4 种文件则由网页设计人员实现，这使得业务逻辑和表现逻辑分离。

Horizon 秉承 Django 的设计理念，注重可重用性，致力于可扩展性的面板框架，尽可能利用模板来开发 OpenStack 的 Web 界面，它将页面上的所有元素模块化。

### 4.4.4　Horizon 功能框架

Horizon 主要由用户、系统和设置 3 个仪表板组成。这 3 个仪表板从不同角度提供 OpenStack 资源的访问界面。Horizon 的功能架构如图 4-2 所示，不同的用户登录之后显示的界面不尽相同，其中所显示的项都来源于其他 OpenStack 服务和组件。Horizon 通过前端 Web 界面将隐藏于后台的 OpenStack 服务和组件的内容以可视化方式呈现出来。Horizon 包含一个 Apache 服务器程序，通过这个 Web 服务器向客户端提供 Web 界面。

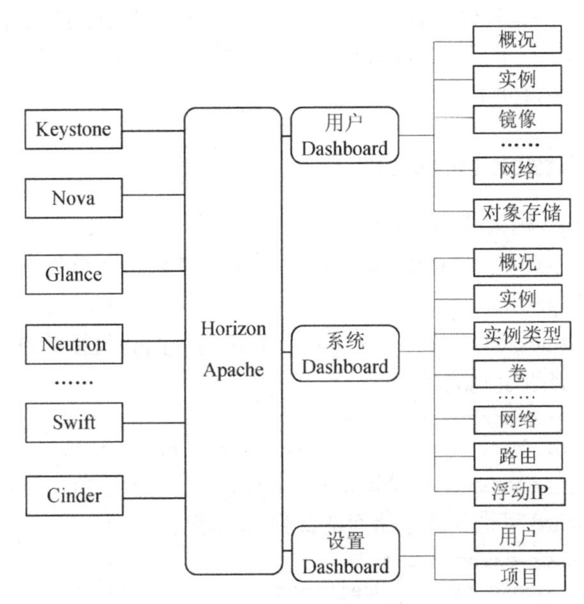


图 4-2　Horizon 的功能架构

Horizon 面板布局分成 3 个层次，仪表板、面板组、面板，如图 4-3 所示。

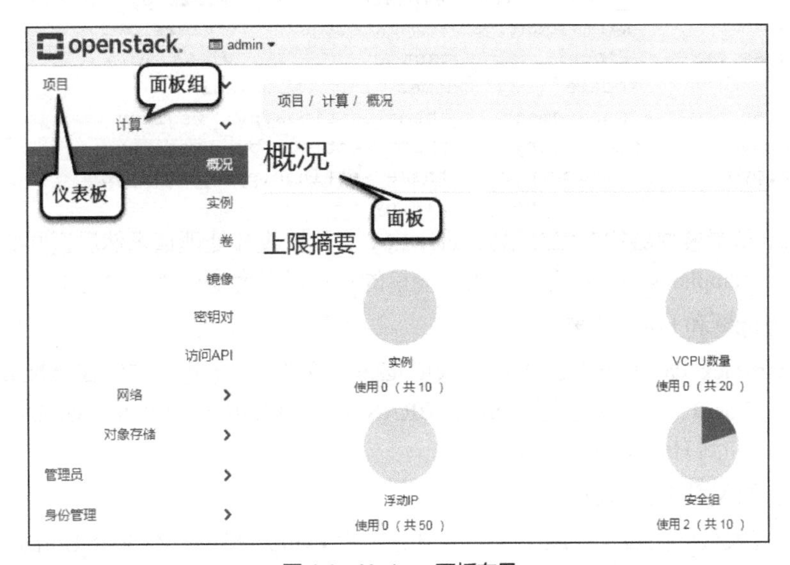


图 4-3　Horizon 面板布局

顶层的是仪表板（Dashboard），目前有以下 3 项。

- 项目（Project）——普通用户登录之后的项目管理。
- 管理员（Admin）——管理员专用的仪表板。
- 身份管理（Identity）——管理员能够管理整个系统的身份认证任务，而普通用户只能管理自己的项目（租户）信息。

另外，还有一个设置（Setting）面板，可以设置语言、时区、更改密码。

仪表板下一层是面板组（PanelGroup）。单击导航栏中的仪表板，就会出现类似下拉菜单的面板组，而菜单上的项就是下一层级的对象实例——面板。

Horizon 页面的右侧窗格是具体面板的显示区域，用于执行具体的配置管理任务，可以是文本、表格、表单、工作流等形式。它可以同 Horizon 支持的各种 OpenStack 服务和组件通过 API 进行交互，并将获取的反馈结果呈现在页面上。

### 4.4.5 自定义 OpenStack Horizon

用户可以对基于 Django 框架的 Horizon 进行自定义配置。Horizon 是负责 OpenStack 管理的统一 Web 界面，其源代码与其他 OpenStack 项目不太一样，分布在两个位置。一个位置是/usr/lib/python2.7/dist-packages/horizon，这里存放一些最基本的、可以共享的类、表格和模板等；另一个位置是/usr/share/openstack-dashboard，其中存放的是与界面有直接关系、更加具体的类、表格和模板等，这也是用户可以修改定制的地方。

```
[root@node-a openstack-dashboard]# ls
manage.py  manage.pyc  manage.pyo  openstack_dashboard  static
```

从该文件夹结构可看出 openstack-dashboard 是 Django 的一个项目，而 openstack_dashboard 是一个 App。openstack_dashboard 目录列出了所有的文件和目录。

```
[root@node-a openstack_dashboard]# ls
api                     hooks.pyc      settings.py          urls.pyc
context_processors.py   hooks.pyo      settings.pyc         urls.pyo
context_processors.pyc  __init__.py    settings.pyo         usage
context_processors.pyo  __init__.pyc   static               utils
contrib                 __init__.pyo   templates            views.py
dashboards              karma.conf.js  templatetags         views.pyc
django_pyscss_fix       local          test                 views.pyo
enabled                 locale         themes               wsgi
exceptions.py           management     theme_settings.py    wsgi.py
exceptions.pyc          policy.py      theme_settings.pyc   wsgi.pyc
exceptions.pyo          policy.pyc     theme_settings.pyo   wsgi.pyo
hooks.py                policy.pyo     urls.py
```

其中，url.py 负责最顶层的 URL 跳转，views.py 负责接收和处理请求然后返回结果，static 目录中存放静态资源，templates 目录中存放模板。简单的定制可以考虑以下几个方面。

1. 改变站点标题和 Logo 链接

可以在 openstack_dashboard/local/local_settings.py 文件中通过 SITE_BRANDING 参数修改 OpenStack 的 Dashboard 站点标题，通过 SITE_BRANDING_LINK 参数设置 Logo 链接。Logo 也用作超链接，默认重定向到 Horizon:user_home。

2. 修改现有的仪表板和面板

如果要改变仪表板或面板，可以指定一个自定义的 Python 模块，在整个 Horizon 网站初始化之后，但在 URLconf 构建之前加载。常见的站点定制的需求如下。

- 从现有的仪表板中注册或注销面板。
- 修改仪表板和面板的名称。

- 对仪表板或面板组中的面板重新排序。

默认的 Horizon 面板基于 openstack_dashboard/enabled/目录中的文件加载。如果有多个文件，按照文件名的顺序依次加载。默认文件夹中提供了一些示例文件，扩展名为.example。Horizon 不会加载扩展名为.example 的示例文件，去掉该扩展名则会加载。开发人员和部署人员应尽可能地使用这种方法定制，在运行时动态修改已有的代码，而不要修改原始代码或覆盖文件。

子目录 dashboards 存放的是仪表板布局定义。

```
[root@node-a openstack_dashboard]# cd dashboards
[root@node-a dashboards]# ls
admin  identity  __init__.py  __init__.pyc  __init__.pyo  project  settings
```

Horizon 提供 4 个仪表板，分别是 admin（管理员）、identity（身份管理）、project（项目）和 settings（设置），对应着 Dashboard 图形界面的一级节点。其中每个仪表板目录下中又定义其下级节点（面板）。以 identity（身份管理）为例，列出定义其下级节点的面板和目录。

```
[root@node-a dashboards]# cd identity
[root@node-a identity]# ls
application_credentials  domains  __init__.pyc  roles
dashboard.py groups  __init__.pyo  static
dashboard.pyc identity_providers  mappings users
dashboard.pyo  __init__.py projects
```

可见，这里定义了所有 Dashboard 的节点和面板。至于要显示哪些节点或面板，则由 enabled 子目录决定。例如_1000_project.py 文件的内容如下。

```
The slug of the dashboard to be added to HORIZON['dashboards']. Required.
DASHBOARD = 'project'
# If set to True, this dashboard will be set as the default dashboard.
DEFAULT = True
# A dictionary of exception classes to be added to HORIZON['exceptions'].
ADD_EXCEPTIONS = {}
# A list of applications to be added to INSTALLED_APPS.
ADD_INSTALLED_APPS = ['openstack_dashboard.dashboards.project']
ADD_ANGULAR_MODULES = [
    'horizon.dashboard.project',
]
AUTO_DISCOVER_STATIC_FILES = True
ADD_JS_FILES = []
ADD_JS_SPEC_FILES = []
```

### 3. 自定义样式表

可以为仪表板自定义样式表。Horizon 的基本模板 openstack_dashboard/templates/base.html 定义了多个块，这些块可以被覆盖。

定义仅适用于一个特定仪表板的自定义 css 文件，需要在仪表板的模板文件夹中创建一个基础模板，扩展 Horizon 基本模板（如 openstack_dashboard/dashboards/my_custom_dashboard/templates/my_custom_dashboard/base.html）。在这个模板中，重新定义 CSS 块。嵌入包括所有 Horizon 默认样式表的_stylesheets.html，如下所示。

```
{% extends 'base.html' %}

{% block css %}
  {% include "_stylesheets.html" %}

  {% load compress %}
  {% compress css %}
  <link  href='{{  STATIC_URL  }}my_custom_dashboard/scss/my_custom_dashboard.scss' 
type='text/scss' media='screen' rel='stylesheet' />
```

```
    {% endcompress %}
{% endblock %}1
```

自定义样式表位于仪表板自身的 static 目录 openstack_dashboard/dashboards/my_custom_dashboard/static/my_custom_dashboard/scss/my_custom_dashboard.scss。

所有仪表板的模板必须从其 base.html 中继承。

```
{% extends 'my_custom_dashboard/base.html' %}
```

### 4.4.6 手动安装 Horizon

Keystone 身份服务对 Horizon 来说是必需的，可以与其他服务，如镜像服务、计算服务、网络服务等组合使用 Dashboard 图形界面。还可以在像对象存储这样的独立服务的环境中使用 Dashboard 图形界面。

这里以 CentOS 7 平台为例示范手动安装 Horizon。假定使用 Apache HTTP 服务器和 Memcached 服务的 Keystone 身份服务已经安装好，并在正常运行。整个过程以 Linux 系统管理员的身份进行操作。

1. 系统要求

以 OpenStack 的 Queens 发行版为例，Horizon 需要安装以下依赖包。

- Python 2.7 或 3.5。
- Django 1.11 或 2.0。
- 一个可访问的 Keystone 端点。

所有其他服务都是可选的。Horizon 直接支持 Cinder 块存储、Glance 镜像管理、Neutron 网络、Nova 计算和 Swift 对象存储服务，如果为其中的服务配置了 Keystone 端点，Horizon 会自动检测并启用支持。Horizon 也通过插件支持许多其他 OpenStack 服务。

2. 安装和配置组件

在控制节点上安装 Horizon。

（1）安装软件包

```
yum install openstack-dashboard
```

（2）编辑/etc/openstack-dashboard/local_settings 配置文件。

① 配置 Dashboard 使用控制节点上的 OpenStack 服务。

```
OPENSTACK_HOST = "控制节点 IP 或主机名"
```

② 设置允许访问 Dashboard 的主机。

```
ALLOWED_HOSTS = ['one.example.com', 'two.example.com']
```

可以使用通配符“*”来代表所有的主机。

③ 配置 Memcached 会话存储服务。

```
SESSION_ENGINE = 'django.contrib.sessions.backends.cache'
CACHES = {
    'default': {
         'BACKEND': 'django.core.cache.backends.memcached.MemcachedCache',
         'LOCATION': 'controller:11211',
    }
}
```

应将其他会话存储配置注释掉。

④ 启用 Identity API v3 支持。

```
OPENSTACK_KEYSTONE_URL = "http://%s:5000/v3" % OPENSTACK_HOST
```

⑤ 启用对多个域的支持。

```
OPENSTACK_KEYSTONE_MULTIDOMAIN_SUPPORT = True
```

⑥ 配置 API 版本。

```
OPENSTACK_API_VERSIONS = {
    "identity": 3,
    "image": 2,
    "volume": 2,
}
```

**注意**　在默认情况下，计算服务使用自身的防火墙驱动。而网络服务也包括一个防火墙驱动，因此必须使用 nova.virt.firewall.NoopFirewallDriver 来禁用计算服务的防火墙驱动。

⑦ 配置“Default”作为通过 Dashboard 创建的用户的默认域。

```
OPENSTACK_KEYSTONE_DEFAULT_DOMAIN = "Default"
```

⑧ 配置某角色作为通过 Dashboard 创建的用户的默认角色。

```
OPENSTACK_KEYSTONE_DEFAULT_ROLE = "角色名"
```

⑨ 如果只使用提供者网络，应关闭对三层网络服务的支持。

```
OPENSTACK_NEUTRON_NETWORK = {
    ...
    'enable_router': False,
    'enable_quotas': False,
    'enable_distributed_router': False,
    'enable_ha_router': False,
    'enable_lb': False,
    'enable_firewall': False,
    'enable_vpn': False,
    'enable_fip_topology_check': False,
}
```

⑩ 根据需要配置时区（时区标识符如 Asia/Shanghai）。

```
TIME_ZONE = "时区标识符"
```

（3）如果/etc/httpd/conf.d/openstack-dashboard.conf 文件中没有包含以下定义，将下面的定义语句添加到该文件中。

```
WSGIApplicationGroup %{GLOBAL}
```

3. 完成安装

重启 Web 服务和会话存储服务。

```
systemctl restart httpd.service memcached.service
```

## 4.5　通过日志排查故障

如果在 OpenStack 的配置、管理和使用操作过程中遇到各种问题，无论是使用 Dashboard 图形界面，还是命令行操作，交互操作时遇到故障，系统一般会给出相应的错误提示。对于常见的错误，可以访问 OpenStack 官方网站进行提问，或者查找相关问题的解答。对于 OpenStack 的运维和管理人员，更多的时候需要使用日志来自行排查问题。OpenStack 操作过程中给出的错误信息非常笼统，过于简单，无助于解决实际问题，而日志则给出有关操作过程的大量详细信息，为解决问题提供线索，如果启用调试模式，则日志信息更为有用。

OpenStack 每个服务都有自己单独的日志，一般都存放在/var/log/[服务名]/目录，如 Nova 的日志位于/var/log/nova/目录，Glance 的日志位于/var/log/glance 目录。

每个服务的子服务（或组件）的日志文件也会单独保存，命名非常规范，容易区分。如 nova-api 的日志通常为/var/log/nova/nova-api.log，nova-acompute 和 nova-scheduler 的日志分别为/var/log/nova/compute.log 和/var/log/nova/scheduler.log。

OpenStack 的日志格式都是统一的，下面是一个日志片段。

```
2018-06-08 08:53:02.809 2686 ERROR nova.compute.manager [req-fad52503-2661-4db1-81cf-ea5d2ec734c3 - - - - -] Error updating resources for node node-a.: ResourceProviderCreationFailed: Failed to create resource provider node-a
2018-06-08 08:53:02.809 2686 ERROR nova.compute.manager Traceback (most recent call last):
2018-06-08 08:53:02.809 2686 ERROR nova.compute.manager   File "/usr/lib/python2.7/site-packages/nova/compute/manager.py", line 7343, in update_available_resource_for_node
2018-06-08 08:53:02.809 2686 ERROR nova.compute.manager     rt.update_available_resource(context, nodename)
```

其中有一条日志跟踪源代码，提示源码文件和行号。OpenStack 的日志记录非常详细，给分析和定位问题带来了极大的便利。不过要解读日志，还需要一定的背景知识，尤其要掌握 OpenStack 服务的基本架构和运行机制，才能有针对性地查看日志，定位并解决问题。另外，对于学习 OpenStack 的人员来说，查看日志有助于更加深入地理解 OpenStack 的运行机制。

## 4.6 通用库 Oslo

OpenStack 项目共享了许多通用设计模式和实现细节。在 OpenStack 早期阶段，这导致大量代码被从一个项目复制到另一个项目。创建 Oslo 项目就是针对这种情况，独立出系统中可重用的基础功能，为多个 OpenStack 项目都要使用的通用代码提供一个通用库。这也是 OpenStack 贯彻“不要重复发明轮子”设计原则的结果。采用 Oslo 库降低了代码冗余，使得 OpenStack 的多个项目更相似，更具一致性，能提升运行和发布体验。Oslo 库中的组件不仅可以在 OpenStack 项目中使用，也可以单独作为第三方工具包供其他项目使用。

由于 Oslo 库的配置工作也会涉及有关参数，因此主要由开发人员使用。Oslo 库比较多，这里简单列举几个比较重要的，使读者大致了解。

- Cliff：OpenStack 中用来帮助构建命令行程序的通用库。主程序负责基本命令行参数的解析，然后调用各个子命令去执行不同的操作。
- oslo.config：用于解析命令行和配置文件中的配置选项。
- oslo.db：为 OpenStack 其他组件提供了针对不同后端数据库的数据库连接，并提供了各种数据库操作的辅助工具类和方法。OpenStack 各组件使用 SQLAlchemy 框架实现对数据库的连接、查询等操作，因此 oslo.db 并不是一个完整的 ORM 库，也没有封装执行 SQL 语句，只是对 SQLAlchemy 进行了封装。
- oslo.i18n：对 Python gettext 模块的封装，主要用于 OpenStack 字符串的翻译和国际化。
- oslo.log：为所有的 OpenStack 项目提供标准的日志处理方式，还能自定义日志格式。
- oslo.messaging：为 OpenStack 各个项目使用远程过程调用协议（Remote Procedure Call Protocal，RPC）和事件通知提供一套统一的接口。
- oslo.policy：为所有 OpenStack 服务提供基于角色的权限访问控制（Role-Based Access Control，RBAC）策略实施支持，用于控制用户的权限。OpenStack 的每个项目中都有一个 policy.json 策略配置文件实现对用户的权限管理。将策略操作的公共部分提取出来，便形成了 oslo.policy 通用库。
- oslo.service：为 OpenStack 各组件提供一个定义新的长运行服务的框架。

## 4.7 习题

1. 什么是 RESTful API?
2. 简述 WSGI 运行机制。
3. OpenStack API 采用哪两种开发框架?
4. 调用 OpenStack API 有哪几种方式?
5. 简要说明 OpenStack 的认证与 API 请求流程。
6. 为什么管理员要掌握命令行操作?
7. Horizon 的主要功能有哪些?
8. 参照 4.2.3 节的示范，执行获取 OpenStack 认证令牌的操作。
9. 参照 4.2.4 节的示范，执行发送 API 请求的操作。

# 5 第5章 OpenStack身份服务

在早期的OpenStack版本中，用户、消息、API调用的身份认证都集成在Nova项目中。由于加入OpenStack的模块越来越多，安全认证所涉及的面越来越广，多种安全认证的处理变得越来越复杂，因此改用一个独立的项目来统一处理不同的认证需求，这个项目就是Keystone。Keystone是OpenStack身份服务（OpenStack Identity Service）的项目名称，相当于一个别名。Keystone集成了身份认证（authentication）、授权（authorization）和服务目录（service catalog）服务，为其他的OpenStack组件和服务提供统一的身份服务。Keystone作为OpenStack的一个核心项目，基本上与所有的OpenStack项目都相关。当一个OpenStack服务收到用户的请求时，首先提交给Keystone，由它来检查用户是否具有足够的权限来实现其请求任务。

本章主要介绍OpenStack身份服务的基础知识，讲解基于Web界面和命令行界面的身份服务配置与管理。考虑到权限管理涉及Keystone策略服务，本章也将讲解基于策略配置文件policy.json的权限访问控制。

## 5.1 身份服务基础

Keystone是OpenStack默认使用的身份认证管理系统，也是OpenStack中唯一可以提供身份认证的组件。在安装OpenStack身份服务之后，其他OpenStack服务必须要在其中注册才能使用。Keystone可以跟踪每一个OpenStack服务的安装，并在系统网络中定位该服务的位置。由于身份服务主要用于认证，因此它又称为认证服务。

### 5.1.1 Keystone主要功能

Keystone的基本功能如下。

- 身份认证（Authentication）：令牌的发放和校验。
- 用户授权（Authorization）：授予用户在一个服务中所拥有的权限。
- 用户管理（Account）：管理用户账户。
- 服务目录（Service Catalog）：提供可用服务的API端点。

Keystone在OpenStack项目中主要负责以下两个方面的工作。

- 跟踪用户和监管用户权限。OpenStack 的每个用户和每项服务都必须在 Keystone 中注册，由 Keystone 保存其相关信息。需要身份管理的服务、系统用户都被视为 Keystone 的用户。
- 为每项 OpenStack 服务提供一个可用的服务目录和相应的 API 端点。OpenStack 身份服务启动之后，一方面，会将 OpenStack 中所有相关的服务置于一个服务列表中，以管理系统能够提供的服务的目录；另一方面，OpenStack 中每个用户会按照各个用户的通用唯一识别码（Universally Unique Identifier，UUID）产生一些 URL，Keystone 受委托管理这些 URL，为需要 API 端点的其他用户提供统一的服务 URL 和 API 调用地址。

### 5.1.2　Keystone 基本概念

Keystone 为每一项 OpenStack 服务都提供了身份服务，而身份服务使用域、项目（租户）、用户和角色等的组合来实现。在讲解 Keystone 之前，有必要介绍以下几个相关的基本概念。

1. 认证（Authentication）

认证是指确认用户身份的过程，又称身份验证。Keystone 验证由用户提供的一组凭证来确认一个传入请求的有效性。最初，这些凭证是用户名和密码，或者是用户名和 API 密钥。当 Keystone 确认用户凭证有效后，就会发出一个认证令牌（Authentication Token）。在后续请求中，用户只需要提供该令牌即可。

2. 凭证（Credentials）

凭证又称凭据，是用于确认用户身份的数据。例如，用户名和密码、用户名和 API 密钥，或者由认证服务提供的认证令牌。

3. 令牌（Token）

这是访问 OpenStack API 和各种资源需要提供的一种特殊的文本字符串（由数字和字母组成）。令牌中包括可访问资源的范围和有效时间。Keystone 目前支持基于令牌的验证。

4. 用户（User）

用户是指使用 OpenStack 云服务的个人、系统或服务的账户名称。OpenStack 各个服务在身份管理体系中都被视为一种系统用户。Keystone 为用户提供认证令牌，让用户在调用 OpenStack 服务时拥有相应的资源使用权限。Keystone 验证由那些有权限的用户所发出的请求的有效性。用户使用自己的令牌登录和访问资源。可以将用户分配给特定的项目，这样用户就好像包含在该项目中一样，拥有该项目的权限。

5. 项目（Project）

项目在 OpenStack 的早期版本中称为租户（Tenant），是分配和隔离资源或身份对象的一个容器，也是一个权限组织形式。一个项目可以映射到客户、账户、组织（机构）或租户。OpenStack 用户要访问资源，必须通过一个项目向 Keystone 发出请求。项目是 OpenStack 服务调度的基本单元，其中必须包括相关的用户和角色。

6. 域（Domain）

域是项目和用户的集合，目的是为身份实体定义管理界限。域可以表示个人、公司或操作人员所拥有的空间。用户可以被授予某个域的管理员角色。域管理员能够在域中创建项目、用户和组，并将角色分配给域中的用户和组。

7. 组（Group）

组是域所拥有的用户的集合。授予域或项目的组角色可以应用于该组中的所有用户。向组中添加用户，会相应地授予该用户对关联的域或项目的角色和认证；从组中删除用户，也会相应地撤销该用户对关联的域或项目的角色和认证。

8. 角色（Role）

角色是一个用于定义用户权利和权限的集合。身份服务向包含一系列角色的用户提供一个令牌。当用户调用服务时，该服务解析用户角色的设置，决定每个角色被授权访问哪些操作或资源。通常权限管理是由角色、项目和用户相互配合来实现的。一个项目中往往要包含用户和角色，用户必须依赖于某一项目，而用户的加入必须以一种角色的身份加入项目中。项目正是通过这种方式来实现对项目用户权限规范的绑定。

9. 端点（Endpoint）

端点就是 OpenStack 组件能够访问的网络地址，通常是一个 URL。端点相当于 OpenStack 服务对外的网络地址列表，每个服务都必须通过端点来检索相应的服务地址。如果需要访问一个服务，则必须知道其端点。端点请求的每个 URL 都对应一个服务实例的访问地址，并且具有 public、private（internal）和 admin 这 3 种权限。public URL 可以被全局访问，private（internal）URL 只能被内部访问，而 admin URL 被从常规的访问中分离。

另外 Keystone 提供端点模板。部署和安装任何服务都需要按照模板创建一个端点服务列表，还可以在端点中设置 OpenStack 服务的访问权限，控制服务能被访问的范围。

10. 服务（Service）

这里的服务是指计算（Nova）、对象存储（Swift）或镜像（Glance）这样的 OpenStack 服务，它们提供一个或多个端点，供用户通过这些端点访问资源和执行操作。

11. 分区（Region）

分区表示 OpenStack 部署的通用分区。可以为一个分区关联若干个子分区，形成树状层次结构。尽管分区没有地理意义，部署时还是可以对分区使用地理名称的。

12. 客户端（Client）

客户端是一些 OpenStack 服务（包括 Identity API）的命令行接口。例如，用户可以运行 openstack service create 和 openstack endpoint create 命令，在 OpenStack 安装过程中注册服务。Keystone 的命令行工具，可以完成诸如创建用户、角色、服务和端点等绝大多数的 Keystone 管理功能，是常用的命令行接口。

### 5.1.3 Keystone 的管理层次结构

在 OpenStack Identity API v3 以前的版本中存在一些需要改进的地方。用户的权限管理以每一个用户为单位，需要对每一个用户进行角色分配，并不存在一种对一组用户进行统一管理的方案，这给系统管理员带来了不便，增加了额外的工作量。而使用租户（Tenant）来表示一个资源或对象，租户可以包含多个用户，不同租户之间相互隔离，根据服务运行的需求，租户可以映射为账户、组织、项目或服务。资源是以租户为单位分配的，不是很符合现实世界中的层级关系。用户需要访问一个系统资源，必须使用一个租户向 Keystone 提出请求。作为 OpenStack 中服务调度的基本单元，租户必须包括相关的用户和角色等信息。例如，一个企业在 OpenStack 中拥有两个不同的项目，这就需要管理两个与项目对应的租户，并对这两个租户中的用户分别分配角色。由于 OpenStack 租户没有更高层的单位，无法对多个租户进行统一管理，这就给拥有多租户的企业用户带来了不便。

为解决上述问题，OpenStack Identity API v3 引入域（Domain）和组（Group）两个新概念，并将租户改称为项目（Project），这样更符合现实世界和云服务的映射关系。

OpenStack Identity API v3 利用域实现真正的多租户（multi-tenancy）架构，域为项目的高层容器。云服务的客户是域的所有者，它们可以在自己的域中创建多个项目、用户、组和角色。通过引入域，云服务客户可以对其拥有的多个项目进行统一管理，而不必再像之前那样对每一个项目进行单独管理。

组是一组用户的容器，可以向组中添加用户，并直接给组分配角色，这样在这个组中的所有用户就都拥有了该组所拥有的角色权限。通过引入组的概念，实现了对用户组的管理，以及同时管理一组用户权限的目的。这与 OpenStack Identity API v2 中直接向用户/项目指定角色不同，它对云服务的管理更加便捷。

域（Domain）、组（Group）、项目（Project）、用户（User）和角色（Role）之间的关系如图 5-1 所示。在一个域中包含 3 个项目，可以通过组 Group1 将角色 admin 直接授予该域，这样组 Group1 中的所有用户将会对域中的所有项目都拥有管理员权限。也可以通过组 Group2 将角色_member_仅分配给项目 Project3，这样组 Group2 中的用户就只拥有对项目 Project3 相应的权限，而不会影响其他项目。

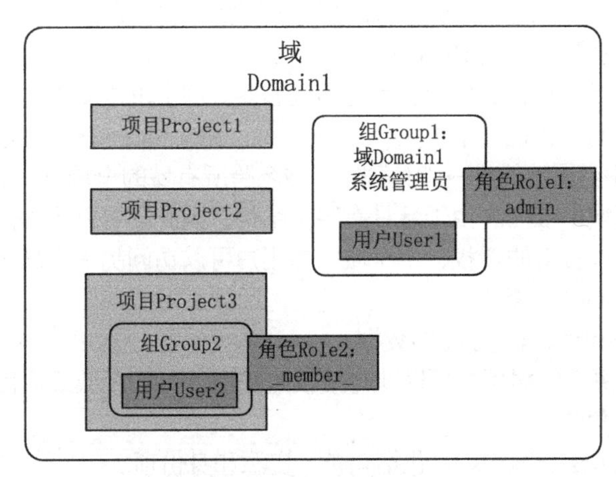


图 5-1 管理层次结构

身份服务为每一个 OpenStack 服务都提供了身份认证的服务，而身份认证服务使用域、项目（租户）、用户和角色的组合来实现。

### 5.1.4 Keystone 体系结构

Keystone 包括以下三大组件。

① 服务器（Server）：通过 RESTful 接口提供认证和授权服务的集中式服务器。

② 驱动（Drivers）：集成到集中式服务器中的驱动程序或服务后端。它们用于访问位于 OpenStack 项目外部的存储或部署 OpenStack 的基础设施（如 SQL 数据库或 LADP 服务器）中的身份信息。

③ 模块（Modules）：在使用身份服务的 OpenStack 组件的地址空间中运行的中间件模块。这些模块监听服务请求，提取用户凭证，发送这些信息到服务器端进行验证并对其授权。它们与 OpenStack 之间使用 Python WSGI 进行整合。

具体来讲，Keystone 体系结构涉及服务、应用构建、服务后端、数据模型等，详细介绍如下。

1. 服务（Services）

Keystone 是作为一组暴露在一个或多个端点的内部服务进行组织的。其中许多服务以组合方式供前端使用。例如，一个认证调用会使用身份服务验证用户/项目凭证的有效性，验证通过后，将使用令牌服务（Token Service）创建并返回一个令牌。

（1）身份（Identity）服务

身份服务提供认证凭证验证和关于用户及组的数据。通常这个数据由身份服务管理，允许它处理与该数据相关联的所有 CRUD（Create、Retrieve、Update、Delete，增加、读取、更新、删除）操作。遇到更复杂的情况，数据则要改由授权的后端服务来管理。

- 用户（Users）：表示一个 API 消费者。用户本身必须属于一个特定域，因此用户名不是全局唯一的，而只是在所属域中是唯一的。
- 组（Groups）：表示一个用户集合的容器。组本身必须属于一个特定域，因此组名不是全局唯一的，而只是在所属域中是唯一的。

（2）资源（Resource）服务

资源服务提供关于项目和域的数据。

- 项目（Projects）：也就是 OpenStack Identity API v2 中的租户（Tenants），在 OpenStack 中表示所有权的基本单元。OpenStack 所有资源应当属于一个特定的项目。组本身必须属于一个特定域，因此项目名不是全局唯一的，而只是在所属域中是唯一的。如果没有为项目定义域，则该项目会被添加到默认域 Default。
- 域（Domains）：域是项目、用户和组的高级容器。每个单位属于一个域，每个域定义一个名称空间，在该空间中存在一个可见 API 的名称。Keystone 提供的默认域命名为 Default。在 Identity v3 API 中，属性的唯一性体现在：域名跨所有域的全局唯一，角色名、用户名、项目名和组名在所属域中唯一。由于域具有层次结构，因此它可以是 OpenStack 资源管理代理的一种方式。如果有合适的授权，一个域中的用户可以访问另一个域中的资源。

（3）分配（Assignment）服务

分配服务提供关于角色和角色分配的数据。

- 角色（Roles）：决定终端用户可以获得授权的级别。可以在域或项目级授予角色，可以为单个用户或组分配角色。
- 角色分配（Role Assignments）：包括角色、资源和身份项。

（4）令牌（Token）服务

令牌服务验证和管理用于认证请求的令牌，前提是用户的凭证有效。

（5）目录（Catalog）服务

目录服务提供端点注册，用于端点发现。

（6）策略（Policy）服务

策略服务提供基于规则的认证引擎和相关的规则管理接口。

2. 应用程序构建（Application Construction）

Keystone 是多个服务的 HTTP 前端，与其他 OpenStack 应用程序类似，它也是使用 Python WSGI 接口实现的，应用程序使用 Paste 配置。应用程序的 HTTP 端点由 WSGI 中间件组成。

```
[pipeline:api_v3]
pipeline = healthcheck cors sizelimit http_proxy_to_wsgi osprofiler url_normalize
request_id build_auth_context token_auth json_body ec2_extension_v3 s3_extension service_v3
```

这些依次使用 keystone.common.wsgi.ComposingRouter 的子类将 URL 连接到控制器（keystone.common.wsgi.Application 的子类）。在每个控制器中，一个或多个管理器被加载，这些是精简的封装类，基于 Keystone 配置加载合适的服务。

3. 服务后端（Service Backends）

每个服务可以配置为使用后端，从而使 Keystone 适合多种环境和需求。每种服务的后端在 /ect/keystone/keystone.conf 配置文件中定义。

4. 数据模型（Data Model）

Keystone 重新设计以适应多种风格的后端，主要数据类型列举如下。

- 用户（User）：有账号凭证，与一个或多个项目或域关联。
- 组（Group）：用户的集合，与一个或多个项目或域关联。
- 项目（Project）：OpenStack 中的所有权单元，包括一个或多个用户。
- 域（Domain）：OpenStack 中的所有权单元，包括用户、组和项目。
- 角色（Role）：与多个用户-项目对关联的一级元数据。
- 令牌（Token）：与用户或用户与项目关联的身份凭证。
- 附加（Extras）：与用户-项目对相关联的键-值元数据。
- 规则（Rule）：表示执行操作的一组要求。

5. CRUD 方法

考虑到实际部署能够管理现存用户系统的用户和组，Keystone 提供了用于开发和测试的多种 CRUD 操作方法。CRUD 是不要求后端支持的核心特性集的扩展或附加特性。

6. 授权方法（策略）

系统中多种组件要求基于用户授权来决定允许哪些不同的操作。就 Keystone 而言，只检查以下两个授权级别。

- 要求执行用户作为管理员（admin）。
- 要求执行用户匹配被引用的用户。

要使用策略引擎的其他系统将要求额外的检查类型，可能要完全编写自定义的后端。默认情况下，Keystone 利用 oslo.policy 中提到的策略强制。

7. 验证方法

Keystone 提供多种继承自 keystone.auth.plugins.base 的验证插件，如 keystone.auth.plugins.external.Base、keystone.auth.plugins.password.Password、keystone.auth.plugins.token.Token。

在最基本的密码插件中，要求验证两条信息：资源（Resource）信息和身份（Identity）信息。

下面是调用 POST 数据的例子。

```
{
    "auth": {
        "identity": {
            "methods": [
                "password"
            ],
            "password": {
                "user": {
                    "id": "0ca8f6",
                    "password": "secretsecret"
                }
            }
        },
        "scope": {
            "project": {
                "id": "263fd9"
            }
        }
    }
}
```

ID 为 0ca8f6 的用户尝试检索属于 ID 为 263fd9 的项目的令牌。

要使用名称来代替 ID 执行同样的调用，需要提供域信息，这是因为用户名只在特定域中具有唯一性，而用户 ID 支持全局唯一。因此，认证请求更改如下。

```
{
    "auth": {
        "identity": {
            "methods": [
                "password"
            ],
            "password": {
                "user": {
                    "domain": {
                        "name": "acme"
                    }
                    "name": "userA",
                    "password": "secretsecret"
                }
            }
        },
        "scope": {
            "project": {
                "domain": {
                    "id": "1789d1"
                },
                "name": "project-x"
            }
        }
    }
}
```

对于用户和项目部分，必须提供域 ID 或者域名称，以确定正确的用户和项目。否则，可以在命令行中使用 export 命令导出环境变量。

```
$ export OS_PROJECT_DOMAIN_ID=1789d1
$ export OS_USER_DOMAIN_NAME=acme
$ export OS_USERNAME=userA
$ export OS_PASSWORD=secretsecret
$ export OS_PROJECT_NAME=project-x
```

注意用户要访问的项目必须与该用户位于同一域中。

最后解释一下作用域（scope）。对于上述认证来说，作用域指 POST 数据中指定用户要访问的资源（项目或域）的部分；对于令牌来说，它是指令牌的有效性，即基于作用域的项目令牌仅在初始授权的项目中有效，基于作用域的域令牌可能只用于执行与域相关的功能；对于用户、组合和项目来说，作用域常常是指实体的所属域，也就是说，域 X 的用户的作用域为域 X。

### 5.1.5 Keystone 认证流程

我们以一个用户创建虚拟机实例的 Keystone 认证流程来说明 Keystone 的运行机制，如图 5-2 所示。此流程也说明了 Keystone 与其他 OpenStack 服务之间是如何交互和协同工作的。

首先用户向 Keystone 提供自己的身份凭证，如用户名和密码。Keystone 会从数据库中读取数据对其验证，如验证通过，会向用户返回一个临时的令牌（Token）。此后用户所有的请求都会使用该令牌进行身份验证。用户向 Nova 申请虚拟机服务，Nova 会将用户提供的令牌发给 Keystone 进行验证，Keystone 会根据令牌判断用户是否拥有进行此项操作的权限，若验证通过，则 Nova 会向其提供相对应的服务。其他组件和 Keystone 的交互也是如此，例如，Nova 需要向 Glance 提供令牌并请求镜像，Glance 将令牌发给 Keystone 进行验证，如果验证通过就会向 Nova 返回镜像。

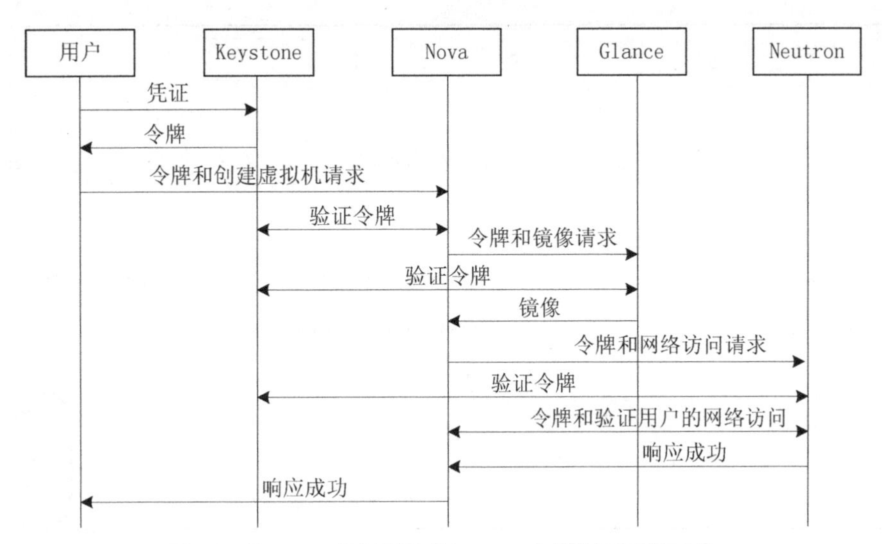


图 5-2　Keystone 认证流程（Keystone 与其他服务的交互）

值得一提的是，认证流程中还涉及服务目录和端点，具体说明如下。

（1）用户向 Keystone 提供凭证，Keystone 验证通过后向用户返回令牌的同时还会返回一个通用目录（Generic Catalog）。

（2）用户使用该令牌向该目录列表中的端点（Endpoint）请求该用户对应的项目（租户）信息，Keystone 验证通过后返回用户对应的项目（租户）列表。

（3）用户从列表中选择要访问的项目（租户），再次向 Keystone 发出请求，Keystone 验证通过后返回管理该项目（租户）的服务列表并允许访问该项目（租户）的令牌。

（4）用户会通过这个服务和通用目录映射找到服务的端点，并通过端点找到实际服务组件的位置。

（5）用户再凭借项目（租户）令牌和端点来访问实际上的服务组件。

（6）服务组件会向 Keystone 提供这个用户项目令牌进行验证，Keystone 验证通过后会返回一系列的确认信息和附加信息（用户希望操作的内容）给服务。

（7）服务执行一系列操作。

## 5.2　基于 Dashboard 界面进行身份管理操作

RDO 一体化 OpenStack 云平台可以用来验证 Keystone 组件，其中 Dashboard 界面可用于 Keystone 身份服务的配置和管理，这里以在该平台上操作为例。以云管理员身份登录 Dashboard 界面，可以基于它提供的身份管理（Identity）界面执行身份服务的配置和管理操作，下面进行示范。

### 5.2.1　项目管理

向 OpenStack 发起的任何请求必须提供项目（租户）信息。在 Dashboard 界面中单击左侧导航窗格中的“身份管理”（Identity）主节点，再单击“项目”（Projects）节点，打开“项目”界面，显示当前的项目列表，如图 5-3 所示。

默认提供 3 个项目：admin、services 和 demo。该列表中会显示每个项目的名称、描述信息、项目 ID、域名、激活状态和动作。可以从操作菜单中选择项目操作命令，默认是管理项目成员，还可以编辑项目、修改组、修改配额等。

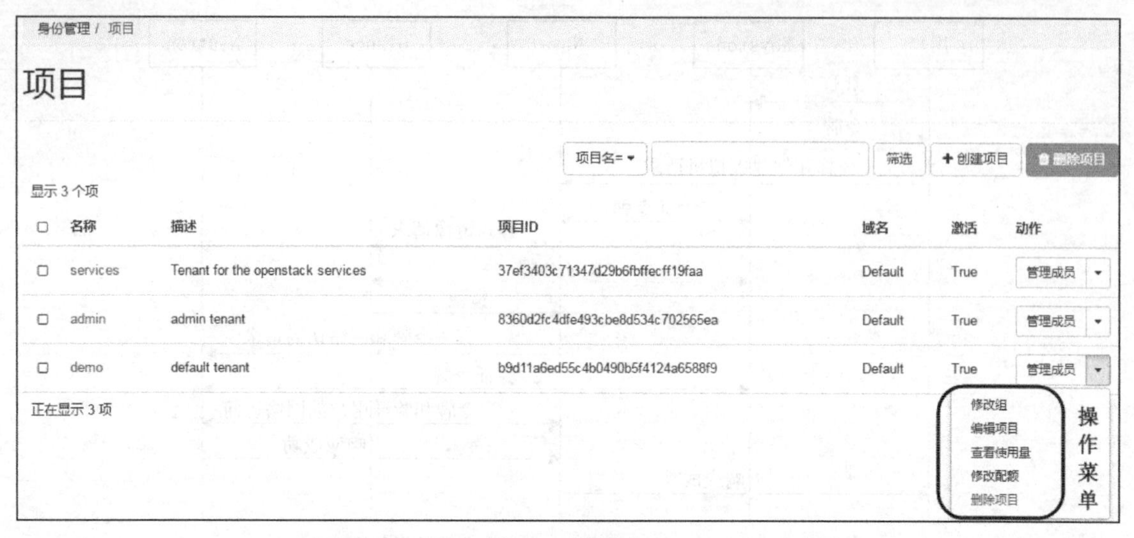


图 5-3　项目列表

单击“创建项目”按钮弹出图 5-4 所示的对话框，我们可在该对话框中设置项目信息。例中只提供了一个默认的域（域 ID 为 default，域名为 Default，也就是域的描述信息）。项目名称是必填项。

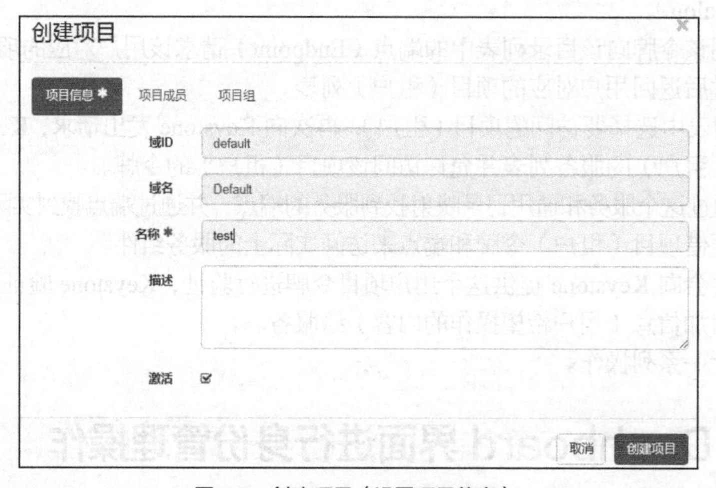


图 5-4　创建项目（设置项目信息）

根据需要设置项目成员，如图 5-5 所示。项目成员来自身份管理的用户列表。左侧“全部用户”列表列出所有的用户，单击某一用户列表项的“+”按钮将其加入“项目成员”列表中，使其成为项目成员。删除成员只需单击右侧成员列表项的“-”按钮。还可以根据需要通过用户名右侧的“member”下拉列表更改该项目成员的角色，一般情况下，这个值应该被设置为_member_，而管理员用户的值是 admin。admin 非常重要，是全局用户，而不仅属于某个项目，因此授予用户 admin 角色就等于赋予该用户在任何项目里管理整个云的权限。

**提示**　典型的做法是在一个单一的项目中只创建管理用途的用户。按照惯例，admin 项目是在云安装期间默认创建的。如果管理用途的用户也使用云来启动和管理虚拟机，强烈建议使用单独的用户账户来管理访问权限和正常运行，它们应位于不同的项目中。

根据需要设置项目组，项目组来自身份管理的组列表。

图 5-5　创建项目（添加项目成员）

OpenStack 提供了大量配额选项，并且都是针对项目（而不是用户）的配额。可以从项目列表中的“动作”列表中选择“修改配额”命令打开图 5-6 所示的界面，以查看和修改现有项目的计算、卷和网络配额。配额必须设置的，不过系统已经提供了默认值。实际上，这些默认项目的配额值都是在控制节点上的/etc/nova/nova.conf 配置文件中定义的。如不更改配额限制，系统会使用默认配额。表 5-1 列出了主要配额选项的默认值及其说明。

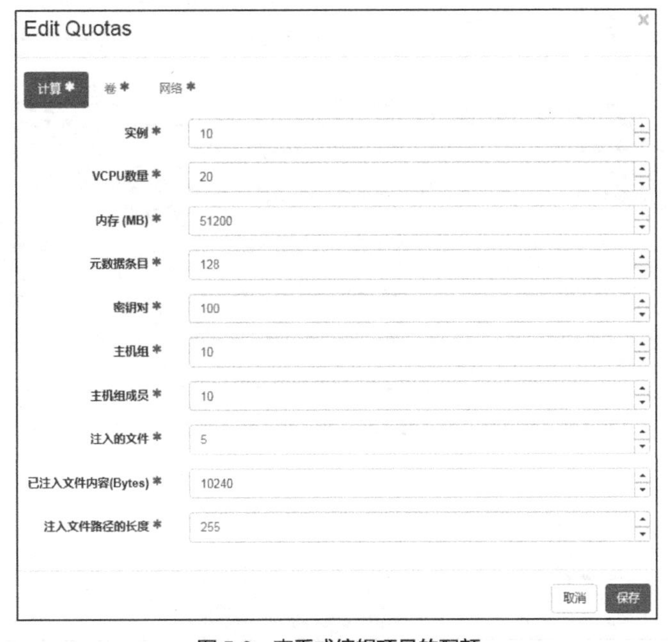


图 5-6　查看或编辑项目的配额

表 5-1　　　　主要配额选项

| 主要选项 | nova.conf 配置文件中的对应项 | 默认值 | 说明 |
|---|---|---|---|
| 元数据条目 | quota_metadata_items | 128 | 允许每个实例使用的元数据项数量 |
| VCPU 数量 | quota_cores | 20 | 允许项目使用的 CPU 核数 |
| 实例 | quota_instances | 10 | 允许项目创建实例的数量 |
| 注入的文件 | quota_injected_files | 5 | 允许注入文件的数量 |
| 已注入文件内容（Bytes） | quota_injected_file_content_bytes | 10240 | 允许注入文件的字节数 |
| 密钥对 | quota_key_pairs | 100 | 允许每个用户使用的密钥对数量 |
| 注入文件路径的长度 | quota_injected_file_path_bytes | 255 | 允许注入文件路径的字节数 |
| 卷 | quota_volumes | 10 | 允许每个项目使用逻辑卷的数量 |
| 内存（MB） | quota_ram | 51200 | 允许项目使用的内存大小 |
| 安全组 | quota_security_groups | 10 | 允许每个项目创建安全组的数量 |
| 安全组规则 | quota_security_group_rules | 100 | 允许每个安全组中创建规则的数量 |
| 浮动 IP | quota_floating_ips | 50 | 允许项目使用的浮动 IP 数 |

## 5.2.2 用户管理

用户（Users）是指使用云的用户账户，包括用户名、密码、邮箱等。一个用户至少属于一个项目，也可以属于多个项目。因此至少应该添加一个项目，然后再添加用户。

在 Dashboard 界面中单击左侧导航窗格中的“身份管理”（Identity）主节点，再单击“用户”节点，打开图 5-7 所示的“用户”界面，显示当前的所有用户列表。

图 5-7　显示当前的所有用户列表

可以看到，默认提供 11 个用户，其中 admin 和 demo 是云管理员和测试用户，其他都是 OpenStack 服务用户。该列表中会显示每个用户的名称、描述信息、用户 ID、域名、激活状态和动作。可以从“编辑”列表中选择用户操作命令，默认编辑用户，还可以修改密码、禁用用户、删除用户。

单击“创建用户”按钮弹出图 5-8 所示的对话框，在该对话框中可以设置用户信息。用户名和密码是必填信息，不过服务用户不需要密码。还可以为用户指定一个主项目（租户），指定用户的默认角色。

图 5-8　创建用户

## 5.2.3　组管理

组（Groups）是指用户的集合。在 Dashboard 界面中单击左侧导航窗格中的“身份管理”（Identity）主节点，再单击“组”节点，打开“组”界面。RDO 一体化 OpenStack 云平台默认没有提供任何组。单击“创建组”按钮弹出“创建组”对话框，设置组信息，其中组的名称是必填信息。

完成组的创建之后，将在“组”界面显示当前的组列表，如图 5-9 所示。该列表中会显示每个组的名称、描述信息、组 ID 和动作。可以从“动作”列表中选择组操作命令，默认编辑成员，还可以编辑组和删除组。

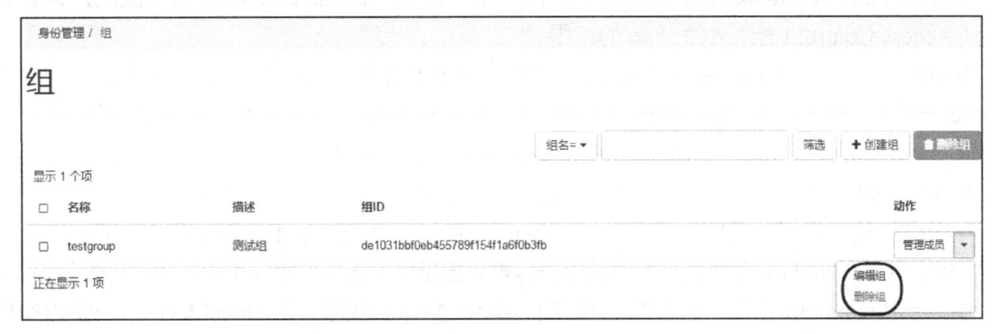


图 5-9　组列表

新创建的组没有任何成员，单击“动作”列中的“管理成员”命令，打开相应的组管理界面，再单击“添加用户”按钮，弹出“添加组成员”对话框，从用户列表中选择要加入该组的用户，这里选中 demo。完成组成员添加之后，回到该组管理界面，显示其成员列表，如图 5-10 所示。

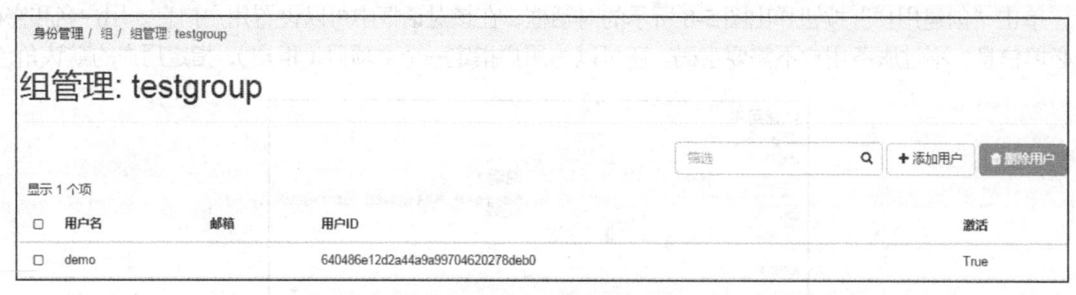


图 5-10　组成员列表

### 5.2.4　角色管理

角色（Roles）表示一组权限。在 Dashboard 界面中单击左侧导航窗格中的“身份管理”（Identity）主节点，再单击“角色”节点，打开图 5-11 所示的“角色”界面，显示当前的角色列表，包括每个角色的名称、描述信息、角色 ID 和动作。

身份管理 / 角色

角色

角色名= ▾　筛选　+ 创建角色　删除角色

显示 4 个项

| 角色名称 | 角色ID | 动作 |
|---|---|---|
| ResellerAdmin | 30a12e91c6d745b1b4a90112c066dd8b | 编辑 ▾ |
| _member_ | 9fe2ff9ee4384b1894a90878d3e92bab | 删除角色 |
| SwiftOperator | b5656af03fb54905b1fb71828a84c794 | 编辑 ▾ |
| admin | e78211fbe6514d70bb89b3933dad69c4 | 编辑 ▾ |

图 5-11　管理角色

RDO 一体化 OpenStack 云平台提供 4 个角色。其中 admin 是全局管理角色，具有最高权限；_member_是项目内部管理角色，具备该角色的用户可以在项目内部创建虚拟机；ResellerAdmin 角色用于访问对象存储，SwiftOperator 角色具有访问、创建容器（container）以及为其他用户设置访问控制列表（Access Control List，ACL）等的权限。

在 Swift 中一个账户（Account）中的用户默认是没有任何权限的，可以为其中的用户操作容器（Container）设置 ACL。在 Keystone 中间件中称作 Operator，通过匹配中间件配置文件中的设置（keystone_swift_operator_roles= Admin，SwiftOperator）来知道哪一个用户具有 admin 权限。一旦用户具有 SwiftOperator 角色，他将具有访问、创建容器及为其他用户设置 ACL 等的权限。

所有创建的角色都必须要映射到每一个 OpenStack 服务特定的 policy.json 配置文件（参见 5.4 节的介绍）中，默认的 policy 会将大多数服务的管理权限授予 admin 角色。例如，如果将某个项目（租户）或用户绑定到 admin 角色，则它们就拥有了 admin 角色的权限。在 OpenStack 中一般的操作任务都应该使用一个没有太多权限的项目和用户来操作。

# 5.3 基于命令行界面进行身份管理操作

管理员应当掌握命令行的使用，这在云部署过程中很重要，尤其是服务和服务用户的创建。在命令行中执行身份管理要复杂一些，往往需要多条命令才能完成一个配置任务。对于身份服务的命令行操作，OpenStack 主张使用通用的 openstack 命令，弃用之前专用的 keystone 命令。当然，执行这些命令之前，需要设置客户端环境变量，否则每次执行命令都必须设置相关的命令行参数。

## 5.3.1 管理项目、用户和角色

OpenStack 管理员可以管理项目、用户和角色，可以添加、修改、删除项目和用户，将用户分配给一个或多个项目，并且修改或删除这种分配。要激活或者临时禁用一个项目和用户，可以对它们进行修改操作，也可以基于项目修改配额。在删除用户账户之前，必须从该用户的主项目中删除该用户账户。下面将在 RDO 一体化 OpenStack 平台上示范项目、用户和角色的命令行管理操作。

1. 管理项目

一个项目可以包括若干用户。在计算服务中，项目拥有虚拟机；在对象存储中，项目拥有容器。用户可以被关联到多个项目，每个项目和用户配对，有一个与之关联的角色。

（1）列出项目

执行以下命令列出所有项目的 ID 和名称，包括禁用的项目。

```
[root@node-a ~(keystone_admin)]#openstack project list
+----------------------------------+----------+
| ID                               | Name     |
+----------------------------------+----------+
| 640be57f32f2435da1b0adc6c39ca79f | demo     |
| b1030f8de0e8483698a3304ef34aeeb8 | test     |
| d0de5f86742e4ed894c0edc6b45215b9 | services |
| fff2f62ec3f944bb9060681ae81dacf9 | admin    |
```

（2）创建项目

执行以下命令创建一个名称为 new-project 的项目，域为 default。

```
openstack project create --description 'my new project' new-project --domain default
```

（3）修改项目

修改项目需要指定项目名称或 ID，可以修改项目的名称、描述信息和激活状态。临时禁用某项目，命令如下。

```
openstack project set 项目名称或 ID --disable
```

激活已禁用的项目，命令如下。

```
openstack project set 项目名称或 ID --enable
```

修改项目的名称，命令如下。

```
openstack project set 项目名称或 ID --name project-new
```

查看项目信息，命令如下。

```
openstack project show 项目名称或 ID
```

（4）删除项目

```
openstack project delete 项目名称或 ID
```

2. 管理用户

（1）列出用户

```
openstack user list
```

（2）创建用户

创建用户必须指定用户名，还可以为用户指定项目、密码和邮件地址。建议创建用户时提供项目和密码，否则该用户不能登录 Dashboard 界面。

```
[root@node-a ~(keystone_admin)]#openstack user create --project new-project --password
MYPASSWORD new-user
+---------------------+----------------------------------+
| Field               | Value                            |
+---------------------+----------------------------------+
| default_project_id  | 4ef33f6a218f4eff8f839848d84c828f |
| domain_id           | default                          |
| enabled             | True                             |
| id                  | d8eecbc1ca644b87b7d28dac75e8bab4 |
| name                | new-user                         |
| options             | {}                               |
| password_expires_at | None                             |
```

（3）修改用户

修改项目需要指定用户名或 ID，可以修改用户的名称、邮件地址和激活状态。临时禁用用户账户（不能登录到 Dashboard 界面），命令如下。

```
openstack user set 用户名或 ID --disable
```

激活已禁用的用户账户，命令如下。

```
openstack user set 用户名或 ID --enable
```

改变用户账户的名称和描述信息，命令如下。

```
openstack user set 用户名或 ID --name user-new --email new-user@example.com
```

（4）删除用户

```
openstack user delete 用户名或 ID
```

**3. 管理角色**

（1）列出可用角色

```
[root@node-a ~(keystone_admin)]# openstack role list
+----------------------------------+---------------+
| ID                               | Name          |
+----------------------------------+---------------+
| 2c2e68e215704a058216464c34aa1022 | admin         |
| 6ebeb7c98b48484ca81cf491dcd2efad | ResellerAdmin |
| 77e5b419e43245eb972bf79c2edb3fb0 | SwiftOperator |
| 9fe2ff9ee4384b1894a90878d3e92bab | _member_      |
+----------------------------------+---------------+
```

（2）创建角色

用户可以是多个项目的成员，要将用户分配给多个项目，需要定义一个角色，并将该角色分配给用户-项目对（user-project pairs）。创建一个名为 new-role 的角色命令如下。

```
[root@node-a ~(keystone_admin)]# openstack role create new-role
```

（3）分配角色

要将用户指派给项目，必须将角色赋予用户-项目对，这需要指定用户、角色和项目 ID。将角色分配给用户-项目对的命令如下。

```
openstack role add --user  用户名或 ID  --oject  项目名或 ID  角色名或 ID
```

例如：

```
openstack role add --user demo --project new-project new-role
```

验证角色分配用法如下。

```
openstack role assignment list --user 用户名或 ID  --project  用户名或 ID  --names
```

例如：

```
[root@node-a ~(keystone_admin)]# openstack role assignment list --user demo  --project
new-project --names
+----------+-------------+-------+---------------------+--------+-----------+
| Role     | User        | Group | Project             | Domain | Inherited |
+----------+-------------+-------+---------------------+--------+-----------+
| new-role | demo@Default |       | new-project@Default |        | False     |
```

（4）查看角色详细信息

```
openstack role show 角色名或 ID
```

（5）移除角色

移除角色是指将指派给项目的角色移除。首先执行角色删除命令，命令如下。

```
openstack role remove --user 用户名或 ID --project 用户名或 ID  角色名或 ID
```

然后验证角色是否移除，命令如下。

```
openstack role list --user  用户名或 ID --project  用户名或 ID
```

### 5.3.2　创建并管理服务和服务用户

通过 Keystone 身份服务可以定义以下服务。

- 服务目录模板（Service Catalog Template）。身份服务为其他 OpenStack 服务的端点提供了服务目录。模板文件/etc/keystone/default_catalog.templates 定义各种服务的端点。身份服务使用后端的模板文件，端点的任何改变都将被缓存起来。重启 Keystone 服务或重启计算机，这些改变将不会保存。
- 目录服务的 SQL 后端。身份服务在线时，必须将各种服务添加到目录中。部署生产性系统时使用 SQL 后端。

auth_token（认证令牌）中间件支持使用共享密码，也支持每个服务的用户。

要让 Keystone 身份服务验证用户，必须为每个 OpenStack 服务创建一个服务用户（Service User）。例如，为计算、块存储和网络服务分别创建一个服务用户。

要配置使用服务用户的 OpenStack 服务，需要完成以下工作。

（1）为所有服务创建一个项目。

（2）为每个服务创建用户。

（3）将 admin 角色指派给每个服务用户和项目对。该角色可以让用户验证令牌的有效性，并对其他的用户请求进行身份验证和授权。

这些操作一般在命令行中进行，具体介绍如下。

#### 1. 创建服务

（1）列出可用服务

```
openstack service list
```

（2）执行以下命令创建一个服务

```
openstack service create --name SERVICE_NAME --description SERVICE_DESCRIPTION SERVICE_
TYPE
```

其中，参数 SERVICE_NAME 表示新建服务的唯一名称；SERVICE_TYPE 表示服务类型，值可以是 identity、compute、network、image、object-store 或任何其他服务标识字符串；SERVICE_DESCRIPTION 表示该服务的说明信息。

例如，创建一个对象存储类型的 Swift 服务，执行以下命令。

```
openstack service create --name swift --description "object store service" object-store
```

（3）查看某服务的详细信息

执行以下命令（SERVICE_ID 为服务 ID）。

```
openstack service show SERVICE_TYPE|SERVICE_NAME|SERVICE_ID
```

例如，执行以下命令查看对象存储服务的详细信息。

```
openstack service show object-store
```

2. 创建服务用户

（1）创建一个服务用户专用的项目

```
openstack project create service --domain default
```

这个项目一般命名为 service，也可以选择其他名称。RDO 一体化概念云平台中将其命名为 services。

（2）为要部署的相关服务创建服务用户

例如，创建 swfit 用户的命令如下。

```
openstack user create --domain default --password-prompt swift
```

（3）将 admin 角色分配给用户-项目对

```
openstack role add --project service --user 服务用户名 admin
```

3. 删除服务

要删除指定的服务，需要指定其类型、名称或 ID，命令如下。

```
openstack service delete SERVICE_TYPE|SERVICE_NAME|SERVICE_ID
```

例如：

```
openstack service delete object-store
```

## 5.4 通过 oslo.policy 实现权限管理

OpenStack 通过 Keystone 完成认证，实际的授权则是在各个项目模块中分别实现的。每个 OpenStack 服务，包括身份（Identity）服务本身，都有自己的基于角色的访问策略，这都是由 OpenStack 的 oslo.policy 通用库实现的。这些策略在每个服务的 policy.json 文件（通常位于/etc/[服务名]目录下）中定义，决定哪些用户能以哪种方式访问哪些对象。

> 提示　最新版本的 OpenStack 建议使用 YAML 格式的 policy.yaml 文件来替代 policy.json。如果这样，需要修改相关服务的主配置文件，如在网络服务的/etc/neutron/neutron.conf 中，在[oslo_policy]节中定义 policy_file=/etc/neutron/policy.yaml。不过，考虑到兼容性，这里仍然以比较经典的 policy.json 为例进行讲解。

1. 概述

OpenStack 的 oslo.policy 库用于实现基于角色的权限访问控制（RBAC），使用策略控制某一个用户权限，规定用户能执行什么操作，不能执行什么操作。当一个 API 调用某个 OpenStack 服务时，该服务的策略引擎使用合适的策略定义来决定是否接受该调用。对 policy.json 文件的任何改动立即生效，允许在服务运行期间实施新的策略。

policy.json 文件是 JSON 格式的文本文件。每条策略采用一行语句定义，格式如下。

```
"<target>" : "<rule>".
```

其中，target 指策略目标，又称 action（操作），表示类似启动一个实例或连接一个卷这样的 API 调用。操作名称通常是有规定的，例如，/etc/nova/policy.json 文件中，Nova 计算服务关于列出实例、卷和网络的 API 调用分别由 compute:get_all、volume:get_all 和 network:get_all 表示。可以将其归纳为 scope:action 的格式，scope 表示作用范围，action 表示执行哪种操作。

策略中的 rule 指的是规则，决定 API 调用在哪些情况或条件下可用。通常这涉及执行调用的用户和 API 调用操作的对象。典型的规则检查 API 用户是否为对象的所有者。

**2. 语法和示例**

文件 policy.json 包含 target:rule 或 alias:definition 形式的策略和别名，它们由逗号分隔，并使用符号{}括起来。

```
{
      "alias 1" : "definition 1",
      "alias 2" : "definition 2",
      ...
      "target 1" : "rule 1",
      "target 2" : "rule 2",
      ...
}
```

目标就是 API，可采用以下任何一种形式表示。

- "service:API"（如"compute:create"）。
- "API"（如"add_image"）。

规则决定 API 是否被允许，可以是以下任何一种（逻辑值结果 True 或 False）。

- 总是允许（always true），可以使用空字符串（""）、中括号（[]）或“@”来表示。
- 总是拒绝。只能使用感叹号（!）。
- 特定的检查结果。
- 两个值的比较。
- 基于简单规则的逻辑表达式。

特定的检查可以是以下几种形式之一。

- <role>:<role name>（测试 API 凭证是否包括该角色）。
- <rule>:<rule name>（别名定义）。
- http:<target URL>（将检查委托给远程服务器，远程服务器返回 True 则 API 被授权）。

两个值的比较采用以下形式。

```
"value1 : value2"
```

其中值可以是以下形式之一。

- 常量（字符串、数值、true 或 false）。
- API 属性，可以是项目 ID（project_id）、用户 ID（user_id）或域 ID（domain_id）。
- 目标对象属性，是来自数据库中对象描述的字段。例如，"compute:start" API 说明对象是实例被启动。启动实例的策略可能使用属性%(project_id)s 表示拥有该实例的项目。尾部 s 指示这是一个字符串。
- 标志 is_admin。表明管理特权由 admin 令牌机制（keystone 命令的--os-token 选项）授予。admin 令牌允许在 admin 角色存在之前初始化 Identity（身份管理）数据库。

别名是复杂或难懂的规则的一个名称，它以与策略规则相同的方式运行。

```
alias name : alias definition
```

一旦定义别名，就可以在策略中使用该规则关键字。

下面是一个简单的例子：

```
"compute:get_all" : ""
```

其目标是 compute:get_all，即计算服务列出全部实例的 API，规则是一个空字符串，意味着“always”（总是）。这个策略允许任何实体列出实例。

也可以使用感叹号表示“never”或“nobody”，即拒绝。下面表示不能搁置实例。

```
"compute:shelve": "!"
```

许多 API 只能由管理员调用，这可以通过规则"role:admin"来表示。下列规定只有管理员才能在 Identity（身份管理）数据库中创建新用户。

```
"identity:create_user" : "role:admin"
```

可以将 API 限制到任何角色。例如，编排服务定义一个名为 heat_stack_user 的角色，属于该角色的都不被允许创建堆栈。

```
"stacks:create": "not role:heat_stack_user"
```

规则可以比较 API 属性和对象属性，命令如下。

```
"os_compute_api:servers:start" : "project_id:%(project_id)s"
```

这表示只有示例的所有者能够启动它。冒号之前的 project_id 字符串是一个 API 属性，也就是 API 用户的项目 ID。它与对象（例中为一实例）的项目 ID 进行比较，如果相等，则被授予许可。

了解 policy.json 语法之后，再举一个示例供读者解读，下面是 RDO 一体化概念云平台上的镜像服务的策略配置文件（/etc/glance/policy.json）的部分内容。

```
{
    "context_is_admin":  "role:admin",
    "default": "role:admin",

    "add_image": "",
    "delete_image": "",
    "get_image": "",
    "get_images": "",
    "modify_image": "",
    "publicize_image": "role:admin",
    "communitize_image": "",
    "copy_from": "",

    "download_image": "",
    "upload_image": "",
   #以下省略
}
```

## 5.5 手动安装和部署 Keystone

OpenStack 身份服务 Keystone 可以单独安装在控制节点上。这里以 CentOS 7 平台为例讲解如何手动安装 Keystone。考虑到扩展性的问题，需要部署 Fernet 令牌和 Apache HTTP 服务器来处理认证请求。为简单起见，整个过程中我们以 Linux 管理员身份进行操作。

在部署过程中要用到 keystone-manage 命令行工具，它可用来同 Keystone 服务进行交互、初始化和更新 Keystone 中的数据。通常该命令只用于不能通过 HTTP API 完成的操作，比如数据的导入导出或数据库迁移等。其基本用法如下。

```
keystone-manage [options] action [additional args]
```

其中 action 表示操作子命令，如 db_sync 用于同步数据库，pki_setup 用于初始化用来签名令牌的证书，token_flush 用于清除过期的令牌。

### 5.5.1 创建 Keystone 数据库

安装和配置身份服务之前，必须创建一个数据库。每个组件 OpenStack 都要有一个自己的数据库，Keystone 也不例外，需要在后端安装一个数据库用来存放用户的相关数据。确认已安装 MariaDB，如果没有安装，可执行以下命令安装。

```
yum -y install mariadb mariadb-server python2-PyMySQL
```

（1）以 root 用户身份使数据库访问客户端，连接到数据库服务器。

```
mysql -u root -p
```

（2）创建 Keystone 数据库（名称为 keystone）。

```
MariaDB [(none)]> CREATE DATABASE keystone;
```

（3）对 Keystone 数据库授予合适的账户访问权限（使用自己的密码替换 KEYSTONE_DBPASS）。

```
MariaDB [(none)]> GRANT ALL PRIVILEGES ON keystone.* TO 'keystone'@'localhost' \
IDENTIFIED BY 'KEYSTONE_DBPASS';      # 授予来自本地的 keystone 账户全部权限
MariaDB [(none)]> GRANT ALL PRIVILEGES ON keystone.* TO 'keystone'@'%' \
IDENTIFIED BY 'KEYSTONE_DBPASS';      #授予来自任何地址的 keystone 账户全部权限
```

（4）退出数据库访问客户端。

### 5.5.2　安装和配置 Keystone 及相关组件

不同发行版本的默认配置可能不同，可能需要添加这些部分和选项，而不是修改现有的部分和选项。这里给出一个基本的安装步骤供读者参考。

（1）执行以下命令安装所需的软件包。

```
yum install openstack-keystone httpd mod_wsgi
```

其中，openstack-keystone 是 Keystone 的软件包名。Keystone 是基于 WSGI 的 Web 应用程序，而 httpd 是一个兼容 WSGI 的 Web 服务器，因此还需安装 httpd 及其 mod_wsgi 模块。

（2）编辑/etc/keystone/keystone.conf 配置文件，完成下列操作。

① 在[database]节中配置数据库访问（将 KEYSTONE_DBPASS 替换为数据库访问密码），命令如下。

```
connection = mysql+pymysql://keystone:KEYSTONE_DBPASS@controller/keystone
```

设置这个参数的目的是让 Keystone 知道如何连接到后端的数据库 Keystone。其中 pymysql 是一个可以操作 MySQL 的 Python 库。双斜杠后面的格式为：用户名:密码@mysql 服务器地址/数据库。还应注意将[database]节中的其他连接配置注释掉，或直接删除。

② 在[token]节中配置 Fernet 令牌提供者，命令如下。

```
provider = fernet
```

其中，fernet 是一种生成令牌的方式，还有一种方式是 pki。

（3）初始化数据库。

```
su -s /bin/sh -c "keystone-manage db_sync" keystone
```

Python 的对象关系映射需要初始化来生成数据库表结构。

（4）初始化 Fernet 密钥库以生成令牌。

```
keystone-manage fernet_setup --keystone-user keystone --keystone-group keystone
keystone-manage credential_setup --keystone-user keystone --keystone-group keystone
```

实际上，这两个命令完成了 Keystone 对自己授权的一个过程，创建了一个 keystone 用户与一个 keystone 组，并对这个用户和组授权。因为 Keystone 是对其他组件提供认证的服务，所以它先要对自己进行认证。

（5）对 Keystone 应用 Bootstrap 框架（--bootstrap-admin-url http://controller:35357/v3/\）执行初始化操作（使用合适的管理员用户密码替换 ADMIN_PASS）。

```
keystone-manage bootstrap --bootstrap-password ADMIN_PASS \
  --bootstrap-admin-url http://controller:5000/v3/ \
  --bootstrap-internal-url http://controller:5000/v3/ \
  --bootstrap-public-url http://controller:5000/v3/ \
```

```
--bootstrap-region-id RegionOne
```

提示　在 OpenStack 的 Queens 版本发布之前，Keystone 需要在两个分开的端口上运行，以适应 Identity v2 API（它在 35357 端口上运行单独的管理服务）。随着 Identity v2 API 的删除，对于所有的接口，Keystone 只需在同一端口运行。如果不使用 Bootstrap 框架，则需要手动进行初始化 Keystone 操作，比较麻烦。

### 5.5.3 配置 Apache HTTP 服务器

必须将 Web 服务器与 Keystone 进行整合，这涉及 WSGI。

（1）编辑/etc/httpd/conf/httpd.conf 文件，配置 ServerName 选项，使其指向控制节点。

```
ServerName controller
```

（2）创建一个到/usr/share/keystone/wsgi-keystone.conf 文件的链接文件。

```
ln -s /usr/share/keystone/wsgi-keystone.conf /etc/httpd/conf.d/
```

这实际上是为 mod_wsgi 模块添加配置文件，除了做软链接，还可以直接复制该文件。

读者可以进一步查看 wsgi-keystone.conf 文件。例中 OpenStack 云概念验证平台/etc/httpd/conf.d/下有两个源于 wsgi-keystone.conf 的文件 10-keystone_wsgi_admin.conf 和 10-keystone_wsgi_public.conf，分别定义端口 35357 和 5000 的 HTTP 配置。10-keystone_wsgi_admin.conf 的主要内容如下。

```
<VirtualHost *:35357>
  ServerName node-a.localdomain
  ## Vhost docroot
  DocumentRoot "/var/www/cgi-bin/keystone"
  ## Directories, there should at least be a declaration for /var/www/cgi-bin/keystone
  <Directory "/var/www/cgi-bin/keystone">
    Options Indexes FollowSymLinks MultiViews
    AllowOverride None
    Require all granted
  </Directory>
  ## Logging
  ErrorLog "/var/log/httpd/keystone_wsgi_admin_error.log"
  ServerSignature Off
  CustomLog "/var/log/httpd/keystone_wsgi_admin_access.log" combined
  SetEnvIf X-Forwarded-Proto https HTTPS=1
  WSGIApplicationGroup %{GLOBAL}
  WSGIDaemonProcess keystone_admin display-name=keystone-admin group=keystone
processes=4 threads=1 user=keystone
  WSGIProcessGroup keystone_admin
  WSGIScriptAlias / "/var/www/cgi-bin/keystone/keystone-admin"
  WSGIPassAuthorization On
</VirtualHost>
```

以上内容表明 WSGI 守护进程（WSGIDaemonProcess）共有 4 个进程，每个进程下有一个线程，用户和组都是 keystone。进程组 keystone_admin 产生 35357 端口（由管理员使用）。10-keystone_wsgi_public.conf 的内容不再列出，由进程组 keystone_main 产生 5000 端口（内部用户与外部用户使用）。

另外，/etc/httpd/conf/port.conf 中定义了要开放的 35357 和 5000 两个端口。

### 5.5.4 完成安装

（1）启动 Apache HTTP 服务并将其配置为开机自动启动。

```
systemctl enable httpd.service
systemctl start httpd.service
```

（2）设置环境变量，下面将配置管理员账户。

```
export OS_USERNAME=admin       #用户名
export OS_PASSWORD=ADMIN_PASS
export OS_PROJECT_NAME=admin  #项目名，若想让用户获取权限必须要指定用户所在的项目
export OS_USER_DOMAIN_NAME=Default
export OS_PROJECT_DOMAIN_NAME=Default
export OS_AUTH_URL=http://controller:35357/v3    #认证 URL
export OS_IDENTITY_API_VERSION=3                 #指定版本信息
```

将其中的 ADMIN_PASS 替换为上述 keystone-manage bootstrap 命令中使用的密码。

### 5.5.5　为后续的服务创建统一的服务项目

当 Keystone 安装完毕后，需要将 OpenStack 项目中的每个组件都注册到其中，使 Keystone 身份认证组件能够识别这些组件。为此，每一个服务都需要在 Keystone 中创建项目、用户和角色并进行关联，然后创建服务目录。

实际上所有的 OpenStack 服务共用一个项目（通常命名为 service 或 services），所用的角色都是 admin，服务（组件）之间的通信用 admin 角色。因此首先要创建一个服务用户专用的项目，具体方法已在 5.3.2 节讲解过。

至于其他 OpenStack 服务在 Keystone 中创建项目、用户和角色并进行关联的操作，会在涉及的时候在后续章节中具体讲解。

## 5.6　习题

1. 简述 Keystone 的主要功能。
2. 解释凭证、令牌、项目和端点的概念。
3. 简述 Keystone 的管理层次结构。
4. Keystone 包括哪几个组件？
5. Keystone 包括哪些内部服务？
6. 简述 Keystone 的认证流程。
7. 认证流程是如何使用服务目录和端点的？
8. oslo.policy 库如何实现权限管理？
9. 按照 5.2 节的示范，熟悉项目、用户和角色的创建和管理操作。
10. 按照 5.3.2 节的示范，熟悉服务和服务用户的创建和管理操作。

6

# 第6章 OpenStack镜像服务

基于OpenStack构建基本的IaaS平台，其主要目的是对外提供虚拟机服务。而虚拟机在创建时必须选择需要安装的操作系统，镜像服务（Image Service）就是为虚拟机的创建向计算服务（Compute Service）提供不同的操作系统镜像，它在OpenStack中的项目名称为Glance。在早期的OpenStack版本中，Glance只有管理镜像的功能，并不具备镜像存储功能。现在，Glance已发展成为集镜像上传、检索、管理和存储等多种功能的OpenStack核心服务。Keystone是关于身份管理的中心，而Glance是关于镜像的中心。

本章介绍Glance镜像服务的基础知识，重点讲解镜像管理和镜像制作，最后简单说明Glance镜像服务的安装和配置。镜像的创建和管理是OpenStack创建虚拟机实例并提供IaaS基础设施服务的一项基础工作，云管理员应当掌握相应的技术和方法。

## 6.1 镜像服务基础

镜像服务让用户能够上传和获取其他OpenStack服务需使用的镜像和元数据定义等数据资产。镜像服务包括发现、注册和检索虚拟机镜像，提供一个能够查询虚拟机镜像元数据和检索实际镜像的RESTful API。通过Glance，虚拟机镜像可以存储到不同位置，例如，从简单的文件系统到像Swift服务这样的对象存储系统。

### 6.1.1 镜像与镜像服务

要理解镜像服务，首先要清楚镜像的概念，以及使用镜像的缘由。

1. 镜像

镜像的英文为Image，又译为映像，通常是指一系列文件或一个磁盘驱动器的精确副本。镜像文件其实和ZIP压缩包类似，它将特定的一系列文件按照一定的格式制作成单一的文件，以方便用户下载和使用，例如一个测试版的操作系统、游戏等。

Ghost是使用镜像文件的经典软件，其镜像文件可以包含更多的信息，如系统文件、引导文件、分区表信息等，这样镜像文件就可以包含一个分区甚至是一块硬盘的所有信息。Ghost可基于镜像文件快速安装操作系统和应用程序，还可对操作系统进行备份，当系统遇到故障不能正常启动或运行时，可快速恢复系统。

虚拟机管理程序可以模拟出一台完整的计算机，而计算机需要操作系统，可以将虚拟机镜像文件提供给虚拟机管理程序，让它为虚拟机安装操作系统。

虚拟磁盘为虚拟机提供了存储空间，在虚拟机中虚拟磁盘功能相当于物理硬盘，即被虚拟机当作物理磁盘使用。虚拟机所使用的虚拟磁盘，实际上也是一种特殊格式的镜像文件。虚拟磁盘文件用于捕获驻留在物理主机内存的虚拟机的完整状态，并将信息以一个已明确的磁盘文件格式显示出来。每个虚拟机从其相应的虚拟磁盘文件启动，并加载到服务器内存中。随着虚拟机的运行，虚拟磁盘文件可通过更新来反映数据或状态改变。

云环境下更加需要镜像这种高效的解决方案。镜像就是一个模板，类似 VMware 的虚拟机模板，它预先安装基本的操作系统和其他软件。例如，在 OpenStack 中创建虚拟机时，首先需要准备一个镜像，然后启动一个或多个该镜像的实例（Instance），就创建好虚拟机了，整个过程自动化，速度极快。如果从镜像中启动虚拟机，该虚拟机被删除后，镜像依然存在，但是镜像不包括本次在该虚拟机实例上的变动信息，因为镜像只是虚拟机启动的基础模板。

#### 2. 镜像服务

镜像服务就是用来管理镜像的，让用户能够发现、获取和保存镜像。在 OpenStack 中提供镜像服务的是 Glance，其主要功能如下。

- 查询和获取镜像的元数据和镜像本身。
- 注册和上传虚拟机镜像，包括镜像的创建、上传、下载和管理。
- 维护镜像信息，包括元数据和镜像本身。
- 支持多种方式存储镜像，包括普通的文件系统、Swift、Amazon S3 等。
- 对虚拟机实例执行创建快照（Snapshot）命令来创建新的镜像，或者备份虚拟机的状态。

Glance 是关于镜像的中心，可以被终端用户或者 Nova 服务访问，接受磁盘或者镜像的 API 请求，定义镜像元数据的操作。

#### 3. Images API 的版本

Glance 提供的 RESTful API 目前有两个版本：Images API v1 和 Images API v2，它们之间存在较大差别。

- v1 只提供基本的镜像和成员操作功能，包括镜像创建、删除、下载、列表、详细信息查询、更新，以及镜像租户成员的创建、删除和列表。
- v2 除了支持 v1 的所有功能外，主要增加了镜像位置的添加、删除、修改，元数据和名称空间（Namespace）操作，以及镜像标记（Image Tag）操作。

两个版本对镜像存储的支持相同。

Images API v1 从 OpenStack 的 Newton 发行版开始已经过时，迁移的路径使用 Images API v2 进行替代。按照 OpenStack 标准的弃用政策，Images API v1 最终要被废除。

#### 4. 虚拟机镜像的磁盘格式与容器格式

在 OpenStack 中添加一个镜像到 Glance 时，必须指定虚拟机的磁盘（Disk）格式和容器（Container）格式。OpenStack 所支持的镜像文件磁盘格式见表 6-1。

表 6-1　虚拟机镜像文件磁盘格式

| 磁盘格式 | 说明 |
|---|---|
| raw | 无结构的磁盘格式 |
| vhd | 该格式通用于 VMware、Xen、VirtualBox 以及其他虚拟机管理程序 |

续表

| 磁盘格式 | 说明 |
| --- | --- |
| vhdx | vhd 格式的增强版本，支持更大的磁盘尺寸 |
| vmdk | 一种比较通用的虚拟机磁盘格式 |
| vdi | 由 VirtualBox 虚拟机监控程序和 QEMU 仿真器支持的磁盘格式 |
| iso | 用于光盘（如 CD-ROM）数据内容的档案格式 |
| ploop | 由 Virtuozzo 支持，用于运行 OS 容器的磁盘格式 |
| qcow2 | 由 QEMU 仿真器支持，可动态扩展，支持写时复制（Copy on Write）的磁盘格式 |
| aki | 在 Glance 中存储的 Amazon 内核格式 |
| ari | 在 Glance 中存储的 Amazon 虚拟内存盘（Ramdisk）格式 |
| ami | 在 Glance 中存储的 Amazon 机器格式 |

Glance 对镜像文件进行管理，往往将镜像元数据装载于一个“容器”中。Glance 的容器格式是指虚拟机镜像采用的文件格式，该文件格式也包含关于实际虚拟机的元数据。OpenStack 所支持的镜像文件容器格式见表 6-2。

表 6–2　镜像文件容器格式

| 容器格式 | 说明 |
| --- | --- |
| bare | 没有容器或元数据“信封”的镜像 |
| ovf | 开放虚拟化格式（Open Virtualization Format） |
| ova | 在 Glance 中存储的开放虚拟化设备格式（Open Virtualization Appliance Format） |
| aki | 在 Glance 中存储的 Amazon 内核格式 |
| aki | 在 Glance 中存储的 Amazon 内核格式 |
| ari | 在 Glance 中存储的 Amazon 虚拟内存盘（Ramdisk）格式 |
| docker | 在 Glance 中存储的容器文件系统的 Dockerd 的 tar 档案 |

需要注意的是，容器格式字符串目前还不能被 Glance 或其他 OpenStack 组件使用，所以如果不能确定选择哪种容器格式，那么简单地将容器格式指定为 bare 是安全的。

5. 镜像状态（Image Status）

镜像状态是 Glance 管理镜像的一个重要方面。Glance 为整个 OpenStack 平台提供镜像查询服务，可以通过虚拟机镜像的状态感知某一镜像的使用情况。OpenStack 镜像状态见表 6-3。

表 6–3　镜像状态

| 镜像状态 | 说明 |
| --- | --- |
| queued | 这是一种初始化状态，镜像文件刚被创建，在 Glance 数据库只有其元数据，镜像数据还没有上传到数据库中 |
| saving | 是镜像的原始数据在上传到数据库中的一种过渡状态，表示正在上传镜像 |
| uploading | 指示已进行导入数据提交调用，此状态下不允许调用 PUT /file（注意，对 queued 状态的镜像执行 PUT /file 调用会将镜像置于 saving 状态，处于 saving 状态的镜像不允许 PUT /stage 调用，因此不可能对同一镜像使用两种上传方法） |
| importing | 指示已经完成导入调用，但是镜像还未准备好使用 |
| active | 表示当镜像数据成功上传完毕，成为 Glance 中可用的镜像 |
| deactivated | 表示任何非管理员用户都无权访问镜像数据，禁止下载镜像，也禁止镜像导出和镜像克隆之类的操作（请求镜像数据的操作） |

续表

| 镜像状态 | 说明 |
| --- | --- |
| killed | 表示镜像上传过程中发生错误，镜像不可读 |
| deleted | 镜像将在不久后被自动删除，该镜像不再可用，但是目前 Glance 仍然保留该镜像的相关信息和原始数据 |
| pending_delete | 与 deleted 相似，Glance 还没有清除镜像数据，但处于该状态的镜像不可恢复 |

Glance 负责管理镜像的生命周期，在镜像的生命周期中状态转换过程如图 6-1 所示。Glance 在处理镜像时从一个状态转换到下一个状态，通常一个镜像会经历 queued、saving、active 和 deleted 等几个状态，其他状态只有在特殊情况下才会出现，注意 Images API v1 和 Images API v2 两个版本的上传失败处理方法有所不同。

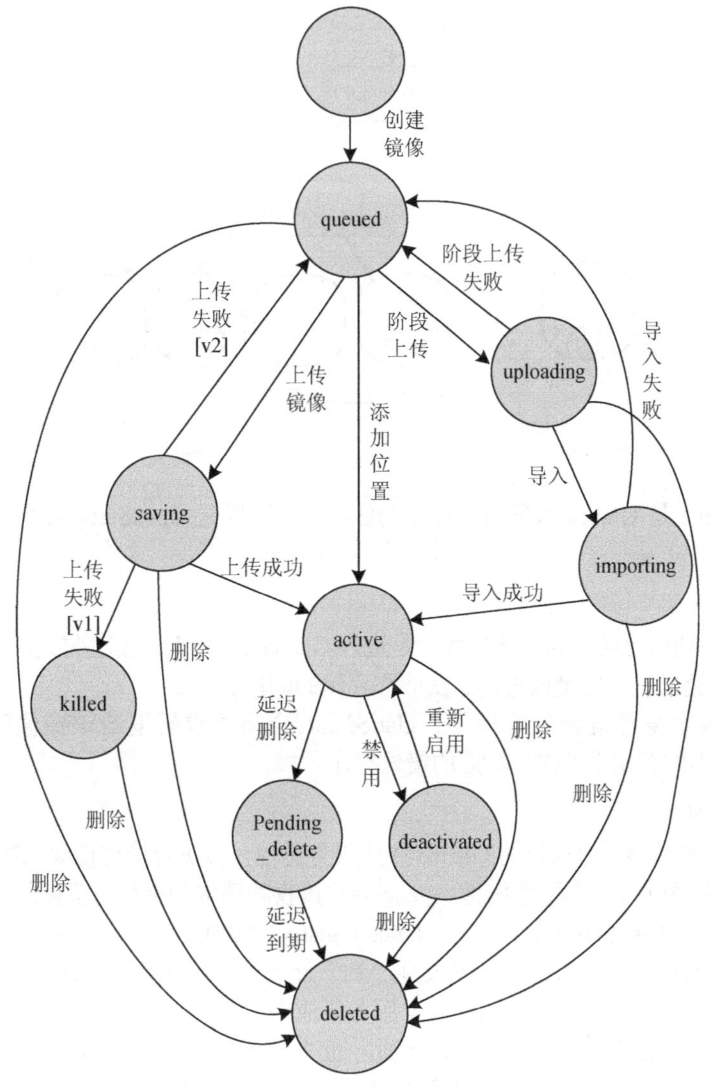


图 6-1　Glance 镜像状态转换

6. 镜像的 4 种访问权限

（1）public（公共的）：可以被所有的项目（租户）使用。

（2）private（私有的）：只能被镜像所有者所在的项目（租户）使用。

（3）shared（共享的）：一个非共有的镜像可以共享给其他项目（租户），这是通过项目成员（member-*）操作来实现的。

（4）protected（受保护的）：这种镜像不能被删除。

## 6.1.2 Glance 架构

Glance 并不负责实际的存储，只实现镜像管理功能，由于功能比较单一，所包含的组件较少，其架构如图 6-2 所示，它主要包括 glance-api 和 glance-registry 两个子服务。Glance 采用的是一个 C/S 架构，服务器端提供一个 REST API，而使用者通过 REST API 来执行关于镜像的各种操作。

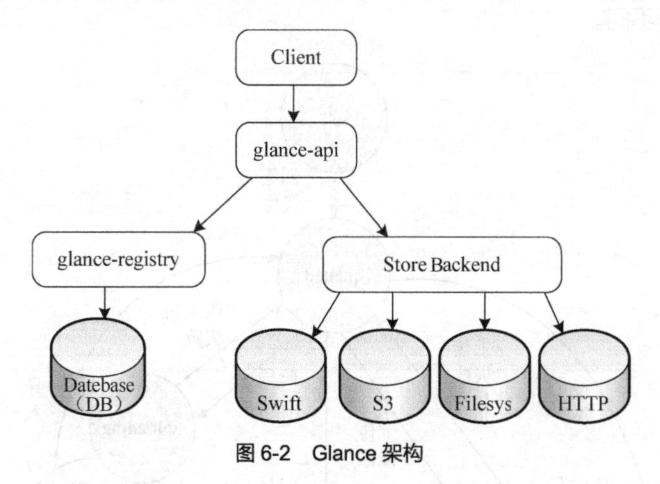


图 6-2 Glance 架构

### 1. 客户端

客户端（Client）是 Glance 服务应用程序的使用者，可以是 OpenStack 命令行工具、Horizon 或 Nova 服务。

### 2. glance–api

glance-api 是系统后台运行的服务进程，是进入 Glance 的入口。它对外提供 REST API，负责接收用户的 RESTful 请求，响应镜像查询、获取和存储的调用。

如果是与镜像本身存取相关的操作，glance-api 会将请求转发给该镜像的存储后端（store backend），通过后端的存储系统提供相应的镜像操作。

### 3. glance–registry

glance-registry 是系统后台运行的 Glance 注册服务进程，负责处理与镜像元数据相关的 RESTful 请求，元数据包括镜像大小、类型等信息。glance-api 接收的请求如果是与镜像的元数据相关的操作，glance-api 会把请求转发给 glance-registry。glance-registry 会解析请求内容，并与数据库交互，存储、处理、检索镜像的元数据。glance-api 对外提供 API，而 glance-registry 的 API 只由 glance-api 使用。

现在的 API v2 版本已经将 glance-registry 服务集成到 glance-api 中，如果 glance-api 接收到与镜像元数据有关的请求，会直接操作数据库，无须再通过 glance-registry 服务，这样就减少了一个中间环节。OpenStack 从 Queens 版本开始就已弃用 glance-registry 及其 API。

### 4. Database

Glance 的 DB 模块存储的是镜像的元数据，可以选用 MySQL、MariaDB、SQLite 等数据库。镜像的元数据通过 glance-registry 存放在数据库中。注意，镜像本身（chunk 数据）是通过 Glance 存储驱动存放到各种存储后端中的。

5. 存储后端（Store Backend）

Glance 自身并不存储镜像，它将镜像存放在后端存储系统中。镜像本身的数据通过 glance_store（Glance 的 Store 模块，用于实现存储后端的框架）存放在各种后端，并可从中获取。Glance 支持以下类型的存储后端。

- 本地文件存储（或者任何挂载到 glance-api 控制节点的文件系统），这是默认配置。
- 对象存储（Object Stroage）——Swift。
- RADOS 块设备（RBD）。
- Sheepdog。一个分布式存储系统，能为 QEMU 提供块存储服务，也能为支持 ISCSI 协议的客户端提供存储服务，同时还能支持 RESTful 接口的对象存储服务（兼容 Swift 和 S3）。
- 块存储（Block Storage）——Cinder。
- VMware 数据存储。

具体使用哪种存储后端，可以在/etc/glance/glance-api.conf 文件中配置。

### 6.1.3 Glance 工作流程

Glance 的工作流程如图 6-3 所示，考察这个流程有助于理解其工作机制。

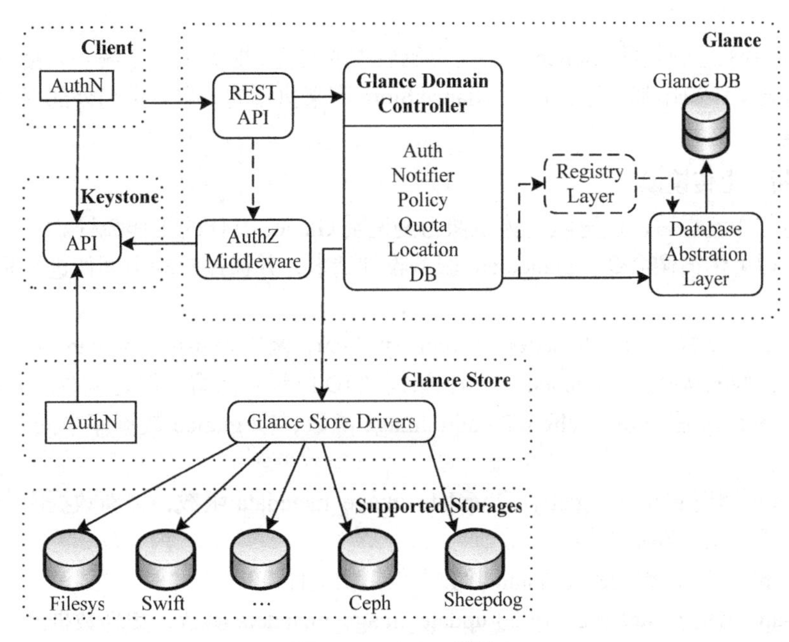


图 6-3 Glance 工作流程

1. 流程解析

OpenStack 的操作都需经 Keystone 进行身份认证（AuthN）并授权（AuthZ），Glance 也不例外。Glance 是一个 C/S 架构，提供一个 REST API，用户就通过 REST API 来执行镜像的各种操作。

Glance Domain Controller 是一个主要的中间件，相当于调度器，作用是将 Glance 内部服务的操作分发到以下各个功能层。

- Auth（授权）：用来控制镜像的访问权限，决定镜像自己或者它的属性是否可以被修改，只有管理员和镜像的拥有者才可以执行修改操作。

- Property Protection（属性保护）：这是个可选层，只有在 Glance 的配置文件中设置了 property_protection_file 参数才会生效。它提供两种类型的镜像属性，一种是核心属性，在镜像参数中指定；另一种是元数据属性，可以被附加到一个镜像上的任一键值对。该层通过调用 Glance 的 public API 管理对 meta 属性的访问，也可以在配置文件中限制该访问。
- Notifier（消息通知）：将镜像变化的消息和使用镜像时发生的错误和警告添加到消息队列中。
- Policy（规则定义）：定义镜像操作的访问规则，这些规则在/etc/policy.json 文件中定义，该层对其进行监视并实施。
- Quota（配额限制）：如果管理员对某用户定义了镜像大小的镜像上传上限，则该用户上传了超过该限额的镜像时会上传失败。
- Location（定位）：通过 glance_store 与后台存储进行交互，例如上传、下载镜像，管理镜像存储位置。该层还能够在添加新位置时检查位置 URI 是否正确；镜像位置改变时删除存储后端保存的镜像数据；防止镜像位置重复。
- DB（数据库）：实现与数据库进行交互的 API，一方面将镜像转换为相应的格式以存储在数据库中，另一方面将从数据库读取的信息转换为可操作的镜像对象。

Registry Layer（注册层）是一个可选层，通过使用单独的服务控制 Glance Domain Controller 与 Glance DB 之间的安全交互。

Glance DB 是 Glance 服务使用的核心库，该库对 Glance 内部所有依赖数据库的组件来说是共享的。

Glance Store 用来组织处理 Glance 和各种存储后端的交互，提供了一个统一的接口来访问后端的存储。所有的镜像文件操作都是通过调用 Glance Store 库来执行的，它负责与外部存储端或本地文件存储系统的交互。

2. 示例分析：上传镜像

分析完上述工作流程后，这里以上传镜像为例说明 Glance 具体的工作流程。

（1）用户执行上传镜像命令。glance-api 服务收到请求，并通过它的中间件进行解析，获取版本号等信息。

（2）glance-registry 服务的 API 获取一个 registry client，调用 registry client 的 add_image（添加镜像）函数。此时镜像的状态为“queued”，标识该镜像 ID 已经被保留，但是镜像还未上传。

（3）glance-registry 服务执行 client 的 add_image 函数，向 glance 数据库中插入（Insert）一条记录。

（4）glance-api 调用 glance-registry 的 update_image_metadata 函数，更新数据库中该镜像的状态为“saving”，标识镜像正在被上传。

（5）glance-api 端存储接口提供的 add 函数上传镜像文件。

（6）glance-api 调用 glance-registry 的 update_image_metadata 函数，更新数据库中该镜像的状态为“active”并发通知。“active”标识镜像在 Glance 中完全可用。

### 6.1.4 理解镜像和实例的关系

虚拟机镜像包括一个持有可启动操作系统的虚拟磁盘。磁盘镜像为虚拟机文件系统提供模板。镜像服务控制镜像存储和管理。

实例是在云中的物理计算机节点上运行的虚拟机个体。用户可以从同一镜像创建任意数量的实例。每个创建的实例从基础镜像（Base Image）的副本上运行。对实例的任何改变不影响基础镜像。快照（Snapshots）抓取实例正在运行的磁盘的状态。用户可以创建快照，可以基于这些快照建立新的镜像。计算服务控制实例、镜像和快照的存储及管理。

创建一个实例时必须选择一个实例类型（Flavor，也可译为类型模板或实例规格），它表示一组虚拟资源，用于定义虚拟 CPU 数量、可用的 RAM 和非持久化磁盘大小。用户必须从云上定义的一套可用的实例类型中进行选择。OpenStack 提供多种预定义的实例类型，标准安装后会有 5 个默认的类型。管理员可以编辑已有的实例类型或添加新的实例类型。

可以为正在运行的实例添加或删除附加的资源，如持久性存储或公共 IP 地址。例如，在 OpenStack 云中一个典型的虚拟系统使用的是 Cinder 卷服务提供持久性块存储，而不是由所选的实例类型提供的临时性存储。

创建一个实例之前的系统状态，如图 6-4 所示。镜像存储拥有许多由镜像服务支持的预定义镜像。在云中，一个计算节点包括可用的 vCPU、内存和本地磁盘资源。此外，Cinder 卷服务存储预定义的卷。

图 6-4 未运行实例的基础镜像状态

### 1. 创建实例

要创建一个实例，需要选择一个镜像实例类型，以及其他可选属性。这里给出一个示例，如图 6-5 所示。所选的实例类型提供一个根卷（Root Volume，该例中卷标为 vda）和附加的非持久性存储（该例中卷标为 vdb）。例中 cinder-volume 服务存储映射到该实例的第 3 个虚拟磁盘（卷标为 vdc）上。

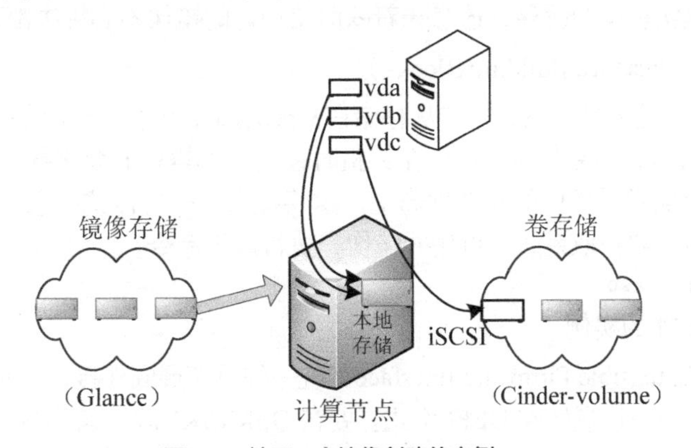


图 6-5 基于一个镜像创建的实例

镜像服务将基础镜像从镜像存储复制到本地磁盘。本地磁盘是实例访问的第一个磁盘，也就是标注为 vda 的根卷。越小的实例启动越快，因为只有很少数据需要通过网络复制。

创建实例也会创建一个新的非持久性空磁盘，标注为 vdb。删除该实例时该磁盘也会被删除。

计算节点使用 iSCSI 连接到附加的 Cinder 卷存储，卷存储被映射到第 3 个磁盘（例中标注为 vdc）。在计算节点置备 vCPU 和内存资源后，该实例从根卷 vda 启动，实例运行并改变该磁盘（图 6-5 中卷存储上的第一个）上的数据。如果卷存储位于独立的网络，那么在存储节点配置文件中所定义的 my_block_storage_ip 选项将镜像流量指向计算节点。

注意具体的部署可能使用不同的后端存储或者不同的网络协议。用于卷 vda 和 vdb 的非持久性存储可能由网络存储支持而不是本地磁盘。

删除实例时，除了持久性卷，状态又还原了；非持久性存储无论是否加密过，都将被删除；内存和 vCPU 也会被释放。在整个过程中，只有镜像本身维持不变，如图 6-6 所示。

图 6-6 实例结束后镜像和卷的状态

2. 镜像下载工作机制

启动虚拟机之前，将虚拟机镜像从镜像服务传送到计算节点，也就是镜像下载。它如何工作取决于计算节点和镜像服务的设置。

通常计算服务会使用由调度器服务传递给它的镜像标识符（Image Identifier），并通过 Image API 请求镜像。即使镜像未存储在 Glance 中，而在一个后端（可能是对象存储、文件系统或任何其他支持的存储方式）中，也会建立从计算节点到镜像服务的连接，镜像通过该连接传输。镜像服务将镜像从后端流式传输到计算节点。也有可能在独立的网络中部署对象存储节点，这仍然允许镜像流量在计算节点和对象存储节点之间传输。在存储节点配置文件中配置 my_block_storage_ip 选项，允许块存储流量到达计算节点。

某些后端支持更直接的方法，收到请求后，镜像服务会返回一个直接指向后端存储的 URL，可以使用这种方式下载镜像。目前唯一支持直接下载的存储是文件系统存储。在计算节点上的 nova.conf 配置文件的[image_file_url]节中使用 filesystems 选项配置访问途径。

计算节点也可以实现镜像缓存，这意味着以前使用过的镜像不必每次都要下载。

3. 实例构建块（Instance Building Blocks）

在 OpenStack 中，基础操作系统通常从存储在 OpenStack 镜像服务的镜像中复制。这将导致从一个已知的模板状态启动的非持久性实例，在关机时丢失全部累积的变化状态。也可以将操作系统放置到计算系统或块存储卷系统中的持久性卷上。这将提供一个更传统的永久性系统，累计改变的状态在重启时依然保留。要获取系统上可用的镜像，执行以下命令。

```
openstack image list
```

4. 创建使用 UEFI 的实例

UEFI（Unified Extensible Firmware Interface，统一的可拓展固件接口）是用于传统 BIOS 的标准固件。现在操作系统正在慢慢转向 UEFI 格式。要在 QEMU/KVM 环境中从 UEFI 镜像成功创建一个实例，管理员必须在计算节点上安装下列软件包。

- OVMF：开发虚拟机固件，是 Intel 针对 QEMU 虚拟机的 Tianocore 固件的一部分。
- libvirt：从 1.2.9 版开始支持 UEFI 启动。

由于默认 UEFI 创建器路径为/usr/share/OVMF/OVMF_CODE.fd，管理员在安装 UEFI 包之后，必须创建一个到此位置的连接。

从 UEFI 镜像创建实例，管理员首先必须上传一个 UEFI 镜像。创建镜像时必须将 hw_firmware_type 属性设置为 uefi，命令如下。

```
openstack image create --container-format bare --disk-format qcow2 --property hw_firmware_type=uefi --file /tmp/cloud-uefi.qcow --name uefi
```

完成之后，即可从该 UEFI 镜像创建实例。

### 6.1.5 镜像元数据定义

从 OpenStack 的 Juno 发行版开始，元数据定义服务（Metadata Definition Service）就被加入 Glance 中。它为厂商、管理员、服务和用户提供一个通用的 API 来自定义可用的键值对元数据，这些元数据可用于不同类型的资源，包括镜像、实例、卷、实例类型、主机聚合，以及其他资源。一个定义包括一个属性的键、描述信息、约束和要关联的资源类型。元数据定义目录（Catalog）并不存储特定实例属性的值。

例如，一个虚拟机 CPU 拓扑属性对核心数量的定义会包括要用的基础键（如 cpu_cores）、说明信息、值约束（如要求整数值）。这样用户可能通过 Horizon 搜索这个目录，并列出能够添加到一个实例类型或镜像的可用属性，也能在列表中看到虚拟 CPU 拓扑属性，并知道它必须为整数。

当用户添加属性时，它的键和值会存储在拥有那些资源的服务中，例如 Nova 服务保存实例类型的键值，而 Glance 保存镜像的键值。当属性应用到不同资源类型时，目录也包括所需的其他任何附加前缀，比如 hw_用于镜像，而 hw:用于实例类型，这样，在一个镜像上，用户会知道将属性设置为“hw_cpu_cores=1”。

下面重点讲解相关的概念术语。

1. 术语体系

元数据这个术语的含义过多而且容易混淆。这里的目录是关于额外的元数据，在多种软件和 OpenStack 服务之间以自定义键值对或标记的形式传递。目前不同 OpenStack 服务的元数据所用的不同术语如图 6-7 所示。

| Nova | Cinder | Glance |
|---|---|---|
| **实例类型（Flavor）**<br>● 附加规格（extra specs）<br>**主机聚合（Host Aggregate）**<br>● 元数据（metadata）<br>**服务器（Servers）**<br>● 元数据（metadata）<br>● 调度建议（scheduler_hints）<br>● 标记（tags） | **卷与快照（Volume & Snapshot）**<br>● 镜像元数据（image metadata）<br>● 元数据（metadata）<br>**卷类型（VolumeType）**<br>● 附加规格（extra specs）<br>● 服务质量规则（qos specs） | **镜像与快照（Image & Snapshot）**<br>● 属性（properties）<br>● 标记（tags） |

图 6-7　Nova、Cinder 与 Glance 的元数据定义相关术语

2. 元数据定义目录的概念体系

元数据定义目录的概念体系如图 6-8 所示。

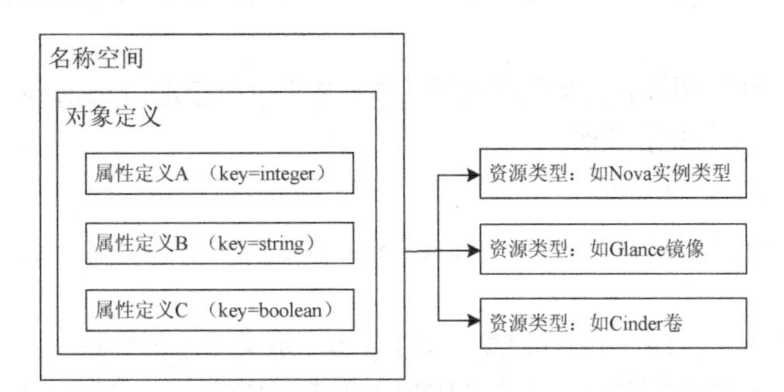


图 6-8　元数据定义目录的概念体系

一个名称空间（Namespace）关联若干个资源类型，也可以不关联任何资源类型，这对用于资源

类型的 API、UI 是可见的。RBAC（基于角色的权限访问控制）权限也在名称空间管理。属性可以单独定义，也可以在一个对象的上下文中定义。

3. 元数据定义目录的相关术语

（1）名称空间（Namespaces）

元数据定义包含在名称空间中，为名称空间中定义的任何元素指定访问控制（CRUD）。只允许管理员在名称空间中定义不同项目或整个云时使用定义，将包含的定义关联到不同的资源类型。

（2）属性（Properties）

一个属性描述一个单一的属性及其基本约束。每个属性只能是一个基本类型，如 string（字符串）、integer（整数）、number（数字）、boolean（布尔值）、array（数组）。每个基本类型使用简单的 JSON 模式标记进行定义，这就意味着没有嵌套对象，也没有定义引用。

（3）对象（Objects）

对象用于表示一组属性，包括一个或多个属性及其基本约束。组中的每个属性也只能是基本类型，每个基本类型使用简单的 JSON 模式标记进行定义，没有嵌套对象。对象可以定义所需属性。按照语义理解，一个使用该对象的用户应当提供所有需要的属性。

（4）资源类型关联（Resource Type Association）

定义资源类型和适用于它们的名称空间之间的关系。这个定义可用于驱动 UI 和 CLI（Command-line Interface，命令行界面）视图。例如，对象、属性和标记的同一名称空间可以用于镜像、快照、卷和实例类型。或者一个名称只能用于镜像。

值得注意的是，同一基本属性键能够依据目标资源类型要求不同前缀。API 根据目标资源类型提供一种方式检索正确的属性。

4. 元数据定义示例

虚拟 CPU 拓扑可以通过元数据在镜像和实例类型上设置。镜像上的键与实例类型上的键有不同的前缀。实例类型上的键以 hw:为前缀，而镜像上的键以 hw_为前缀。

主机聚合即多台物理主机的集合体，这个集合中的物理主机具有一个或多个硬件方面的优势，比如大内存、固态磁盘等，专门用来部署数据库服务。可以制作一个镜像，然后在该镜像内定义好元数据：绑定上述的主机聚合。这样一来，凡是用到该镜像安装系统的虚拟机，都会被指定到该集合内，然后从该集合内选出一台物理机来创建虚拟机。

### 6.1.6 Glance 的配置文件

Glance 提供许多选项来配置 Glance API 服务器、Glance Registry 服务器和 Glance 用于存储镜像的各种存储后端。大多数配置通过配置文件来实现，Glance API 服务器和 Glance Registry 服务器使用各自的配置文件。

启动 Glance 服务器时，可以指定要用的配置文件；如果没有指定，Glance 将依次在~/.glance、~/、/etc/glance 和/etc 目录中查找配置文件。

1. Glance API 服务器配置文件

Glance API 服务器配置文件名一般是 glance-api.conf，其配置对应 Glance 的 glance-api 服务，主要选项可分为以下几类。

（1）Glance 服务安装的日志和调试信息。如 log_file 定义日志文件路径。

（2）Glance API 服务器的相关信息。可在[DEFAULT]节中定义，如 bind_host 和 bind_port 分别定义 Glance API 服务器所绑定的 IP 地址和端口。

（3）Glance 数据库的相关参数。可在[database]节中定义，如 connection 定义数据库连接。

（4）镜像后端存储相关配置。可在[glance_store]节中定义，如 filesystem_store_datadir 定义文件存储后端，filesystem_store_datadir 定义多个文件存储后端，swift_store_auth_address 定义 Swift 存储后端。

（5）身份认证相关配置。可在[keystone_authtoken]节中定义。

#### 2. Glance Registry 服务器配置文件

Glance Registry 服务器配置文件名一般是 glance-registry.conf，其配置对应 Glance 的 glance-registry 服务，主要选项可分为以下几类。

（1）Glance Registry 服务器的相关信息。

（2）Glance Registry 服务器的日志配置。

（3）Glance Registry 服务器的数据库相关参数。

（4）Glance Registry 服务器的身份认证相关参数。

#### 3. Glance 的 PasteDeploy 配置文件

与 Glance API 和 Glance Registry 服务器对应的 PasteDeploy 配置文件是 glance-api-paste.ini 和 glance-registry-paste.ini。glance-api.conf 和 glance-registry.conf 文件在[paste_deploy]节中指定 PasteDeploy 配置文件路径，命令如下。

```
[paste_deploy]
config_file = /path/to/paste/config
```

Glance API 和 Glance Registry 服务器启动后，通过其配置文件读取这两个 PasteDeploy 配置文件，执行所定义的 WSGI 应用程序和中间件，完成 Glance 镜像服务解析和镜像相关指令的执行。

#### 4. Glance 的其他配置文件

例如，glance-cache.conf 定义镜像缓存配置，glance-scrubber.conf 定义镜像删除相关配置，glance-manage.conf 定义镜像管理配置。

## 6.2 管理 Glance 镜像

云操作员将角色指定给用户，角色决定哪些人能够上传和管理镜像，也可以只允许管理员或操作员上传和管理镜像。可以通过 Web 图形界面或命令行工具来管理镜像，主要包括查看和删除、设置和删除镜像元数据、为正运行的实例和快照备份创建镜像。

### 6.2.1 基于 Web 界面管理镜像

第 2 章介绍的部署 RDO 一体化 OpenStack 平台，可以用来验证和操作 Glance 镜像。用户以云管理员身份登录 Dashboard 界面，可以执行镜像服务管理操作，下面进行示范。

#### 1. 查看镜像

在 Dashboard 界面中依次单击“项目”“计算”和“镜像”节点，打开镜像列表界面如图 6-9 所示。

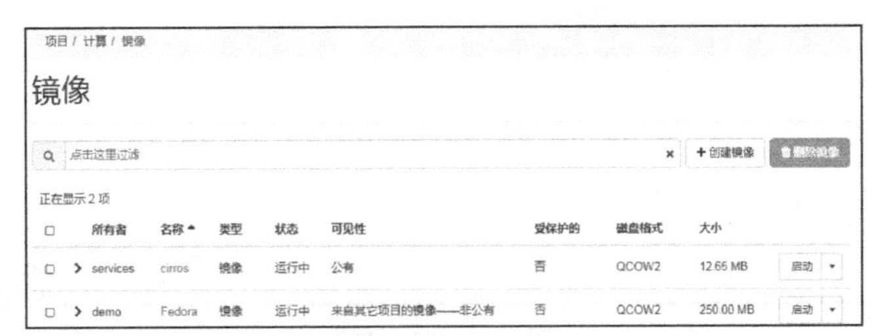


图 6-9　镜像列表

单击列表中某镜像的名称，可打开相应界面显示该镜像的详细信息，如图 6-10 所示。

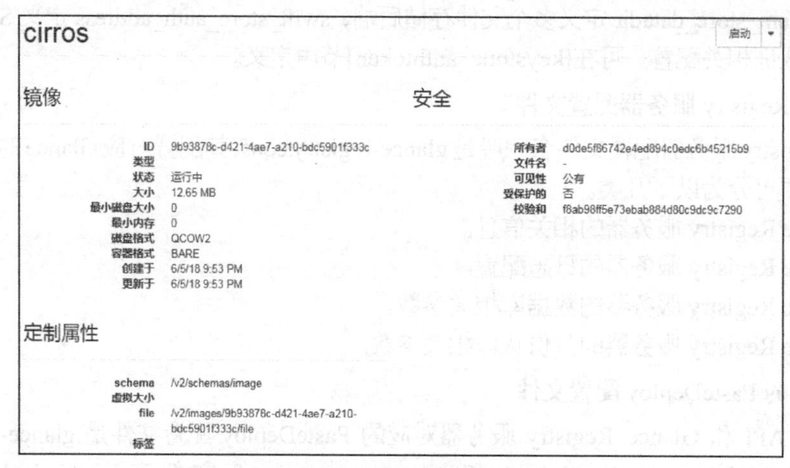


图 6-10　查看镜像详细信息

2. 创建镜像

为便于测试，建议从 RDO 网站上下载几个专门为 OpenStack 预置的镜像文件。这里的创建镜像不是指制作镜像，而是指将已有的镜像文件上传到 Glance 中。

在镜像列表界面中单击“创建镜像”按钮打开图 6-11 所示的界面，这里上传一个 CentOS 7 操作系统的镜像，首先要为它命名，然后选择镜像源，可单击“浏览”按钮打开文件选择对话框，选择已准备好的镜像文件，并选择合适的镜像格式，这里格式选择 QCOW2。最后根据需要设置其他选项，例如，将“镜像共享”区域的“可见性”选项设置为“公有”，表示该镜像可以被其他项目使用，设置为“私有”则镜像只能由该项目使用；“受保护的”选项设置为“否”，表示该镜像可以被删除，设置为“是”则不允许被删除。

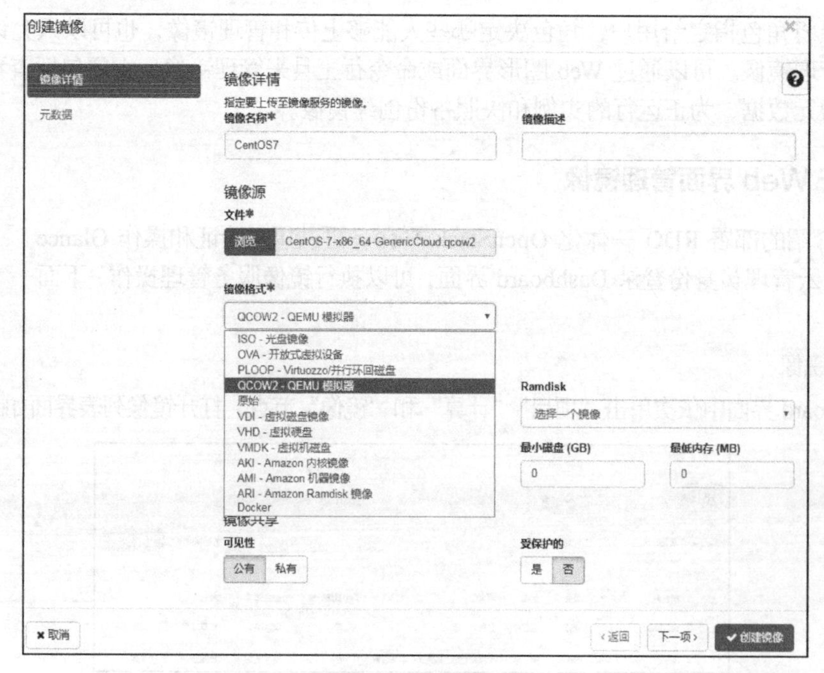


图 6-11　创建镜像

对镜像通常不用特别设置镜像元数据（前面所讲的元数据定义），直接单击“创建镜像”按钮，选定镜像文件后上传到 OpenStack，成功之后完成镜像的创建。

### 3. 镜像的管理操作

创建成功后该镜像将在镜像列表中显示，可以对该镜像进一步执行管理操作，如图 6-12 所示，从右端的操作菜单中可选择多种操作指令，如编辑镜像、更新元数据、删除镜像。

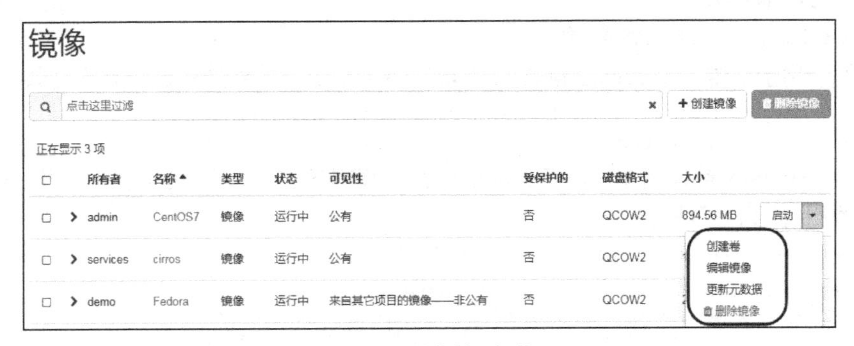


图 6-12 镜像管理操作

## 6.2.2 基于命令行管理镜像

对于管理员来说，使用命令行工具管理镜像的效率更高，因为使用 Web 界面上传比较大的镜像时，会长时间停留在上传的 Web 界面上。建议使用 openstack 命令替代传统的 glance 命令。在使用命令行之前，要加载用户的环境变量。

### 1. 查看镜像

使用以下命令查看已有的镜像列表。

```
[root@node-a ~(keystone_admin)]# openstack image list
+--------------------------------------+---------+--------+
| ID                                   | Name    | Status |
+--------------------------------------+---------+--------+
| dcdf3d54-f269-40bc-bb09-cc22080478a5 | CentOS7 | active |
| 6550305f-5d16-43db-b125-d65e573716b1 | Fedora  | active |
| 9b93878c-d421-4ae7-a210-bdc5901f333c | cirros  | active |
```

使用 openstack image show 命令进一步查看某个镜像的详细信息。

```
[root@node-a ~(keystone_admin)]# openstack image show CentOS7
+------------------+------------------------------------------------------+
| Field            | Value                                                |
+------------------+------------------------------------------------------+
| checksum         | 3bb5a5fd550980aa4bf3c80071f8cbb0                     |
| container_format | bare                                                 |
| created_at       | 2018-06-24T13:19:18Z                                 |
| disk_format      | qcow2                                                |
| file             | /v2/images/dcdf3d54-f269-40bc-bb09-cc22080478a5/file |
| id               | dcdf3d54-f269-40bc-bb09-cc22080478a5                 |
| min_disk         | 0                                                    |
| min_ram          | 0                                                    |
| name             | CentOS7                                              |
| owner            | fff2f62ec3f944bb9060681ae81dacf9                     |
| protected        | False                                                |
| schema           | /v2/schemas/image                                    |
| size             | 938016768                                            |
```

```
| status           | active                        |
| tags             |                               |
| updated_at       | 2018-06-24T13:19:27Z          |
| virtual_size     | None                          |
| visibility       | public                        |
```

2. 创建镜像

创建镜像的基本方法如下。

```
openstack image create  镜像名称
```

下面的例子用于上传一个 qcow2 格式的 CentOS 6.3 镜像，并将其配置为允许公共访问。

```
openstack image create --disk-format qcow2 --container-format bare \
  --public --file ./centos63.qcow2 centos63-image
```

可以上传一个 ISO 镜像到镜像服务，随后通过计算服务启动一个 ISO 镜像。从 ISO 镜像创建 Glance 镜像的用法如下。

```
openstack image create ISO镜像 --file 镜像文件.iso \
  --disk-format iso --container-format bare
```

该命令提供许多选项来控制镜像的创建。这里列出部分常用选项。

--container-format：镜像容器格式。默认格式为 bare，可用的格式还有 ami、ari、aki、bare、docker、ova、ovf。

--disk-format：镜像磁盘格式。默认格式为 raw，可用的格式还有 ami、ari、aki、vhd、vmdk、raw、qcow2、vhdx、vdi、iso 和 ploop。

--min-disk：启动镜像所需的最小磁盘空间，单位是 GB。

--min-ram：启动镜像所需的最小内存，单位是 MB。

--file：指定上传的本地镜像文件及其路径。

--volume：指定创建镜像的卷。

--project：设置镜像所属的项目，即镜像的所有者，以前使用的是--owner 选项。

--public：表示镜像是公共的，可以被所有项目（租户）使用。

--private：表示镜像是私有的，只能被镜像所有者（项目或租户）使用。

--shared：表示镜像是可共享的。一个非公共的镜像可以共享给其他项目或租户，这可以通过 member-*操作来实现。

--protected：表示镜像是受保护的，不能被删除。

--unprotected：表示镜像不受保护，可以被删除。

--property：以键值对的形式设置属性（元数据定义），可以设置多个键值对。

--tag：设置标记，也是元数据定义的一种形式，仅用 Image v2，也可以设置多个标记。

3. 更改镜像

更改镜像的基本用法如下。

```
openstack image set  镜像名称
```

更改镜像的选项与创建镜像类似。这里介绍一下选项 property，它可用于定义镜像任意属性值，而且可以多次使用。下例定义镜像的磁盘总线驱动、CD-ROM 和 VIF（虚拟网卡）模型。

```
openstack image set  --property hw_disk_bus=scsi --property hw_cdrom_bus=ide \
  --property hw_vif_model=e1000 \ f16-x86_64-openstack-sda
```

目前 Libvirt 虚拟化工具基于所配置的 Hypervisor 类型（在/etc/nova/nova.conf 文件中定义 libvirt_type 参数）来决定磁盘、CD-ROM 和 VIF 设备模型。为获得最佳性能，Libvirt 默认使用 virtio 作为磁盘总线驱动和 VIF 网卡型号。

4. 删除镜像

删除镜像的方法如下。

```
openstack image delete  <镜像名称或 ID>
```

5. 镜像与项目关联

将镜像与项目关联的方法如下。

```
openstack image add project  [--project-domain 项目所属域]  镜像名或 ID  项目名或 ID
```

将镜像与项目解除关联的方法如下。

```
openstack image remove project  [--project-domain 项目所属域]  镜像名或 ID  项目名或 ID
```

这两项操作仅支持 Image v2。

### 6.2.3　镜像的问题排查

OpenStack 排查问题的方法主要通过日志。Glance 主要有两个日志文件 glance_api.log 和 glance_registry.log，通常保存在/var/log/glance 目录中。例中 RDO 一体化 OpenStack 平台中对应的 Glance 日志文件则为/var/log/glance/api.log 和/var/log/glance/registry.log。

Nova 计算服务也涉及镜像的创建，遇到创建镜像相关的问题，可以参考以下解决方案。

- 确认所使用的 qemu 版本不低于 0.14。低于该版本的 qemu 会导致在/var/log/nova/nova-compute.log 日志文件中显示"unknown option -s"错误的情况。
- 查看/var/log/nova/nova-api.log 和/var/log/nova/nova-compute.log 日志文件中的错误信息。

## 6.3　制作 OpenStack 镜像

OpenStack 所提供的虚拟机是通过镜像部署的，所以准备镜像是提供 IaaS 服务的前提。虽然可以直接使用官方提供的标准镜像，但这种镜像基本不能满足生产环境的需要，因此必须定制所需的 OpenStack 镜像。制作 OpenStack 镜像主要有两种方法，一种是基于标准镜像进行定制，另一种是使用 KVM 自己制作镜像。下面分别以 Linux 镜像和 Windows 镜像的制作为例示范这两种方法。

### 6.3.1　制作 OpenStack Linux 镜像

这里示范基于官方标准镜像定制 OpenStack Linux 镜像，基本方法是首先基于标准镜像创建一个实例，然后对该实例进行修改定制，最后基于该实例创建一个镜像快照。

1. 下载 Clould 镜像文件并创建 Glance 镜像

主流的 Linux 发行版都提供可以在 OpenStack 中直接使用的云镜像。可以从 RDO 网站下载专门为 OpenStack 预置的镜像文件。

参照 6.2 节介绍的镜像创建方法创建一个 Glance 镜像，上传该 CentOS 7 镜像文件，这里将它命名为 CentOS 7。

由于云镜像是标准镜像，没有图像界面，默认使用美国时区，而且只能通过 SSH 密钥对登录，这就需要对该镜像进行定制，例中定制内容是添加图形界面，设置中国时区和语言，设置 SSH 密码登录等。下面示范定制镜像的整个过程。

2. 基于云镜像创建一个实例

基于上述 CentOS 7 镜像创建一个名为 centos7-VM 的虚拟机实例，如图 6-13 所示。

| □ | 实例名称 | 镜像名称 | IP 地址 | 实例类型 | 密钥对 | 状态 | | 可用域 | 任务 | 电源状态 | 创建后的时间 | 动作 |
|---|---|---|---|---|---|---|---|---|---|---|---|---|
| □ | centos7-VM | CentOS7 | 10.0.0.5<br>浮动IP:<br>192.168.199.62 | m1.small | demo-key | 运行 | | nova | 无 | 运行中 | 1 minute | 创建快照 ▾ |

图 6-13 基于云镜像创建的实例

### 3. 对实例进行定制

确认上述实例已经启动运行，使用私钥通过 SSH 登录该虚拟机实例，这里直接在节点主机中操作。

（1）例中实例的浮动 IP 地址为 192.168.199.62，执行以下命令登录。

```
ssh -i ~/.ssh/demo-key.pem centos@192.168.199.62
```

（2）成功登录后，执行以下命令切换到 root 用户。

```
sudo su -
```

（3）执行 passwd 命令设置 root 密码。

（4）使用 vim 工具编辑/etc/ssh/sshd_config，将其中的 PasswordAuthentication 设置为 yes，然后保存该文件并退出编辑。

```
PasswordAuthentication yes
```

执行 systemctl restart sshd 命令重启 ssh 服务。这样将允许 root 使用密码通过 ssh 登录。

（5）依次执行以下命令安装图形界面。

```
yum groupinstall "Server with GUI"
yum groupinstall "GNOME Desktop"
```

命令 yum groupinstall 用于安装一个安装包，安装包包涵很多单个软件以及单个软件的依赖关系。其中第一条命令执行时间较长。

（6）根据需要执行以下命令安装开发工具包。

```
yum groupinstall "Development Tools"
```

（7）执行以下命令将时区修改为亚洲上海，以设置中国时区。

```
cp /usr/share/zoneinfo/Asia/Shanghai /etc/localtime
```

（8）执行以下命令将系统语言修改为中文。

```
localectl  set-locale LANG=zh_CN.UTF8
```

执行该命令之前可执行命令 locale -a 查看系统已经安装的语言包，zh_CN.UTF-8 表示简体中文，如果没有 zh_CN.UTF-8，则需要先执行以下命令安装简体中文语言包。

```
yum install kde-l10n-Chinese
```

（9）执行以下命令设置系统默认启动图形界面。

```
systemctl set-default graphical.target
```

### 4. 定制 cloud-init 初始化行为

Linux 的云镜像都预置 cloud-init 软件，由 cloud-init 负责实例的初始化工作。编辑以上实例的/etc/cloud/cloud.cfg 文件，这里将 disable_root 参数值设为 0，让 root 账户能够直接登录实例（默认不允许 root 登录）；将 ssh_pwauth 参数值设为 1，以启用 SSH 密码方式登录（默认只能使用私钥通过 SSH 登录）。然后保存该文件并退出。

### 5. 为上述实例创建快照

重启上述定制好的实例，例中启动系统后自动进入图形界面，如图 6-14 所示。

在 Dashboard 界面中展开实例列表，单击该实例条目右端的“创建快照”按钮，弹出图 6-15 所示的对话框，为该快照命名，单击“创建快照”按钮。这样将对该实例生成一个快照并保存在 Glance 中，如图 6-16 所示。

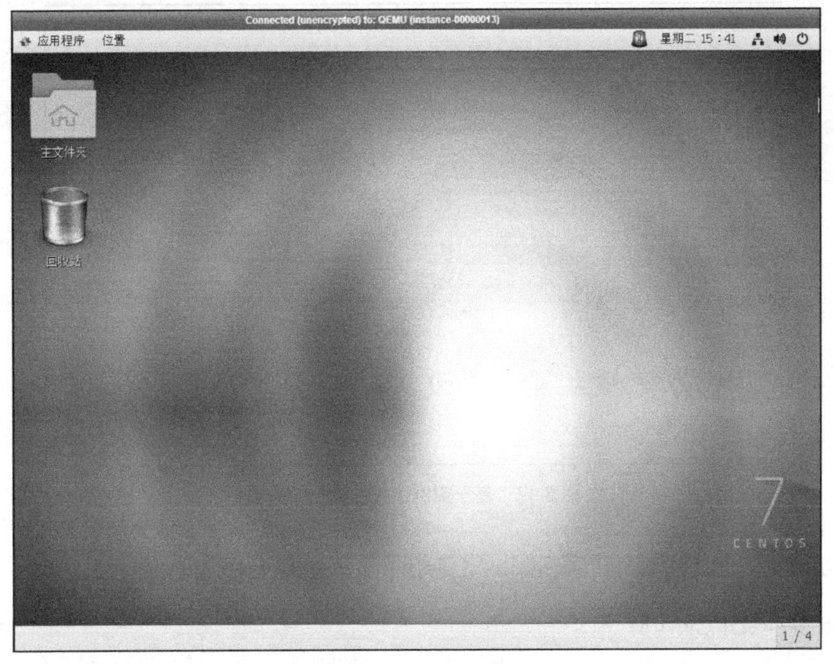


图 6-14 Linux 图形界面

创建快照

快照名称 *

centos-7-GUI-CN

说明：

快照是保存了运行中实例的磁盘状态的镜像。

取消 创建快照

图 6-15 创建快照

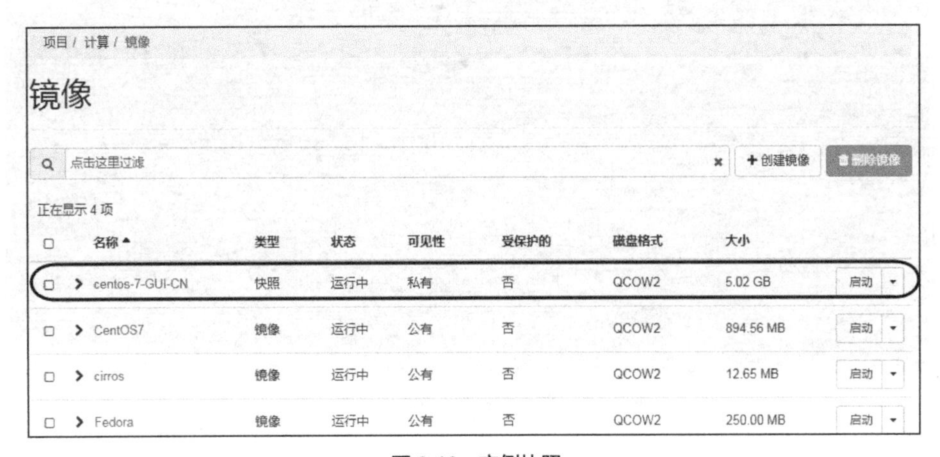


图 6-16 实例快照

### 6. 测试实例快照

可以通过该快照部署新的实例进行实际测试。具体的基于实例快照创建实例，如图 6-17 所示。

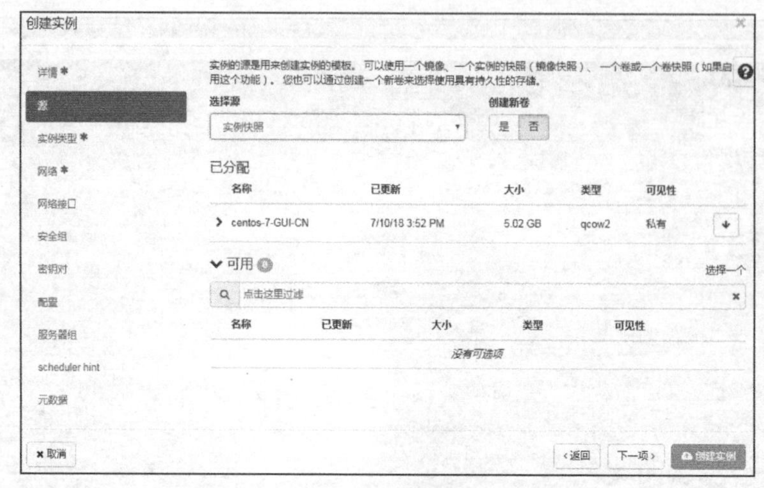


图 6-17　基于实例快照创建一个实例

创建成功后，可通过控制台访问，测试定制的功能，如图 6-18 所示。

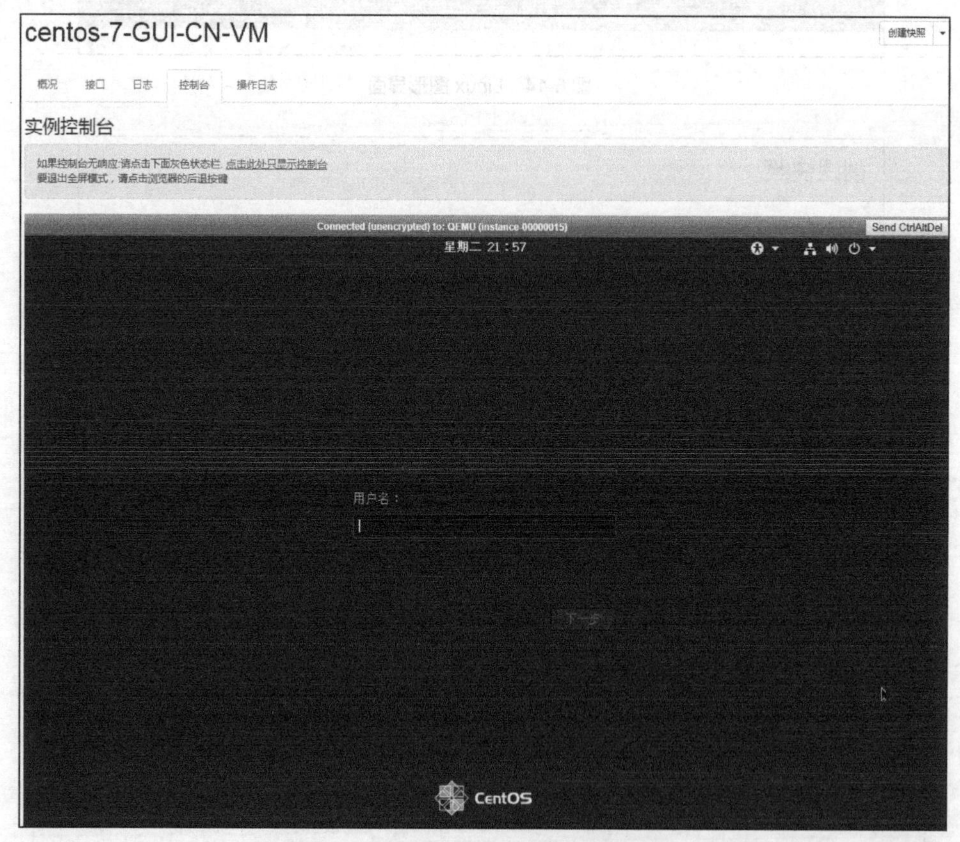


图 6-18　访问基于实例快照创建的实例

### 7. 将实例快照转换成镜像

Glance 镜像实际上有两类：镜像（Image）和快照（Snapshot）。前面以对实例生成快照创建的镜像类型为快照，考虑到生产环境中一般都使用镜像，这里再将该快照转化为镜像，可以直接使用 openstack image create 命令来完成操作。

首先获取实例快照的文件路径，可通过查看其详细信息中的 ID 值，例中为 1f9979a6-b22d-49c3-9651-66119a702eac，来确定具体的文件路径。然后执行 openstack image create 命令创建新的镜像。

```
openstack image create "CentOS7-img" --file /var/lib/glance/images/1f9979a6-b22d-49c3-
9651-66119a702eac --disk-format qcow2 --container-format bare
```

新创建的镜像类型变为镜像。

## 6.3.2　cloud-init 工作机制及其应用

cloud-init 是一组 Python 脚本的集合，是一个能够定制云镜像（Cloud Images）的实用工具。它的功能强大，可以完成默认区域设置、主机名设置、用户密码和 SSH 密钥注入、网络设备配置、临时装载点设置、软件包安装等虚拟机初始化任务。这些功能是通过修改/etc/cloud/cloud.cfg 配置文件来实现的。cloud-init 一般会被包含在用于启动虚拟机实例的镜像文件中，基于该镜像部署虚拟机实例，cloud-init 随虚拟机的启动而自动启动，对虚拟机进行自定义的初始配置。它目前支持 Ubuntu、Fedora、Debian、RHEL、CentOS 等主流的 Linux 发行版。本节简要讲解 cloud-init，详细内容请参见官方网站。

### 1. 安装 cloud-init

OpenStack 在制作镜像时一定要安装 cloud-init 软件，否则无法实现元数据注入。OpenStack 提供的官方 Linux 云镜像中大多预装有 cloud-init。如果镜像中没有安装，或者是自己制作的 Linux 镜像，则需要自行安装该软件包。常用的 Linux 发行版常有原生的软件源，如 CentOS 可以直接使用 yum 命令安装。CentOS 7 上的安装命令如下。

```
yum install cloud-init cloud-utils-growpart
```

cloud-utils-growpart 是管理磁盘分区的软件包，要实现分区自动扩展就必须安装它。这种功能只有 Linux 内核版本高于 3.8 才能直接支持，因此 CentOS 6 的 cloud-init 安装需要执行以下命令变通处理。

```
yum install cloud-init cloud-utils-growpart dracut-modules-growroot
dracut -f
```

第 2 条命令将 growroot 的脚本封装到 initramfs 里，便于系统启动时 initramfs 利用 growpart 命令对根分区进行扩展。内核启动之后 cloud-init 服务会自动扩展文件系统。

### 2. 数据源

数据源是指用于 cloud-init 的配置数据，其中来自用户的数据称为用户数据（Userdata），来自创建配置驱动器的栈称为元数据（Metadata）。典型的用户数据包括文件、yaml 和 Shell 脚本，典型的元数据包括服务器名（Server Name）、实例 ID（Instance ID）、显示名称（Display Name）和云的其他具体细节。每个元解决方案由自己的数据提供方式。

cloud-init 以 JSON 文件存储所有的元数据、提供商数据（Vendordata）和用户数据。JSON 文件中包括特定数据源的键和名称，cloud-init 会维持一个最小的标准化键集，以保持跨云的稳定性。标准化的实例数据的键总是存放在“v1”键下，命令如下。

```
"v1": {
  "availability-zone": null,
  "cloud-name": "openstack",
  "instance-id": "3e39d278-0644-4728-9479-678f9212d8f0",
  "local-hostname": "xenial-test",
  "region": null
 }
```

cloud-init 可用的其他数据源位于“ds”键下，命令如下。

```
"ds": {
```

```
    "meta-data": {
      "availability_zone": null,
      "devices": [],
      "hostname": "xenial-test.novalocal",
      "instance-id": "3e39d278-0644-4728-9479-678f9212d8f0",
    },
    "network_json": {
      "links": [
        {
        "ethernet_mac_address": "fa:16:3e:7d:74:9b",
        "id": "tap9ca524d5-6e",
        "mtu": 8958,
        "type": "ovs",
        "vif_id": "9ca524d5-6e5a-4809-936a-6901..."
        }
      ],
      "networks": [
        {
        "id": "network0",
        "link": "tap9ca524d5-6e",
        "network_id": "c6adfc18-9753-42eb-b3ea-18b57e6b837f",
        "type": "ipv4_dhcp"
        }
      ],
      "services": [
        {
        "address": "10.10.160.2",
        "type": "dns"
        }
      ]
    },
    "user-data": "I2Nsb3VkLWNvbmZpZ...",
    "vendor-data": null
  },
```

cloud-init 从数据源读取相关数据并据此对虚拟机实例进行配置。OpenStack 中的 cloud-init 数据源包括元数据（Metadata）服务和传统的配置驱动器（Config Drive）两种，具体配置和使用请参见下一章有关内容。

3. cloud-init 目录结构

安装在 Linux 系统中的 cloud-init 目录结构如下（笔者添加注释）。

```
/var/lib/cloud/          #包含 cloud-init 特定子目录的主目录
    - data/   #以前版本和当前版本不同时，提供这些版本的实例 ID、数据源和主机名等数据
        - instance-id
        - previous-instance-id
        - datasource
        - previous-datasource
        - previous-hostname
    - handlers/   #自定义 part-handlers 代码，以 part-handler-XYZ 模式结束，XYZ 为 handler 号（从 0 开始）
    - instance #当前 instances/子目录（指向当前活动的实例，活动取决于数据源的加载）的符号连接
    - instances/   #使用此镜像创建的所有实例以 instance 标识符目录（每个实例对应的数据）结束，当前活动的实例连接到上述定义的 instance 符号链接
        i-00000XYZ/
          - boot-finished
```

```
        - cloud-config.txt
        - datasource
        - handlers/
        - obj.pkl
        - scripts/
        - sem/
        - user-data.txt
        - user-data.txt.i
  - scripts/  #由相应 part-handler 下载或创建的脚本以这些子目录中的一个目录结束
    - per-boot/
    - per-instance/
    - per-once/
  - seed/    #待定
  - sem/
```

目录 scripts/中 3 个子目录用于存放不同频次的执行脚本，per-boot 表示每次启动都会执行；per-instance 表示每一实例都会执行；per-once 表示仅执行一次。per-once 中脚本一旦运行完毕，会在一个 sem/目录中创建一个信号文件，使该脚本只运行一次，不再关联到其实例 ID，从而防止下次启动时重复运行。

### 4. cloud-init 配置文件

使用 cloud-init 主要是在镜像制作过程中定义配置文件/etc/cloud/cloud.cfg。该文件主要分为两部分，第一部分是位于开头的参数和变量定义部分，第二部分是模块列表部分。各模块在运行时会根据之前定义的变量和参数的值，或者通过数据源获取的用户数据，来配置虚拟机实例。下面是一个简单的 cloud-init 配置文件示例。

```
user: root
disable_root: 0
manage_etc_hosts: True
preserve_hostname: False

cloud_init_modules:
 - bootcmd
 - resizefs
 - set_hostname
 - update_hostname
 - update_etc_hosts
 - ca-certs
 - rsyslog
 - ssh

cloud_config_modules:
 - mounts
 - ssh-import-id
 - locale
 - set-passwords
 - grub-dpkg
 - landscape
 - timezone
 - puppet
 - chef
 - salt-minion
 - mcollective
 - disable-ec2-metadata
 - runcmd
```

```
 - byobu

cloud_final_modules:
 - rightscale_userdata
 - scripts-per-once
 - scripts-per-boot
 - scripts-per-instance
 - scripts-user
 - keys-to-console
 - phone-home
 - final-message
```

实例的定制工作主要就是由这些模块完成的，模块决定做哪些定制工作，而元数据则决定定制结果。比如，cloud_init_modules 模块组中的 update_etc_hosts 模块能够配置实例的主机名、全称域名、管理主机等信息，cloud-init 首先会尝试从配置文件/etc/cloud/cloud.cfg 中读取变量 hostname、fqdn 和 manage_etc_hosts 的值，如果没有定义，则尝试从其他的数据源中获取并实现配置，OpenStack 可以通过元数据服务来获取 hostname 等变量的值。

cloud-init 按顺序分别执行配置文件中各模块所定义的任务，因为有些模块的执行对实例操作系统当前的状态是有要求的，后面模块的配置可能需要前面模块的配置作为前提条件。如果模块列表为空，则什么都不运行。

这里需要特别提到的一个模块是 scripts-user，它负责执行用户数据（Userdata）中的用户脚本（User Scripts）以及其他模块（如 runcmd）生成的脚本，因此 cloud-init 配置文件将其放在了最后部分。

5. cloud–init 工作过程

cloud-init 其实就是驻留在虚拟机实例中的一个代理程序，唯一不同的是它仅仅在系统启动时运行，不会常驻在系统中。为实现定制功能，cloud-init 必须以适当的受控方式整合到实例的系统启动中。它在实例启动时的运行过程可分为以下 5 个阶段。

（1）生成器（Generator）

在 systemd（Linux 系统中最新的系统初始化方式）支持的启动过程中会运行一个生成器来决定 cloud-init.target 目标是否被嵌入启动（Boot）目标中。默认将启用该生成器；遇到以下情形之一则不启用它。

- 存在文件/etc/cloud/cloud-init.disabled。
- 有“cloud-init=disabled”这样的内核命令行（在/proc/cmdline 中发现）。

**注意**：这种在运行时屏蔽 cloud-init 功能的机制只存在于 systemd 所支持的操作系统中。

（2）本地（Local）

- systemd 服务：cloud-init-local.service。
- 运行：在加载并读写根目录时尽早运行该任务。
- 阻止：尽可能多地阻止启动任务，必须阻止网络启用。
- 模块（Modules）：无。

这一阶段的主要目的有两个，一是定位本地数据源，二是网络配置。除此之外，在绝大多数情况下，本阶段不会做其他工作。网络配置的来源有以下几个。

- 数据源：如果启用配置驱动器，则会从配置驱动器中获取配置网卡信息，然后写入实例的网卡配置文件中。无论网卡对应的子网是否启用 DHCP，所有网卡都能被正确配置。注意未启用时，需要在/etc/nova/nova.conf 配置文件中设置“flat_injected = True”，让配置驱动器在实例启动时将网络配置信息动态注入操作系统中。

- fallback：如果未启用配置驱动器，则采用 fallback 配置，将扫描出来的第一个（只有 1 个）网卡配置成 DHCP 模式，即所谓“dhcp on eth0”的实现，这也是传统的客户操作系统的常用网络配置机制。这种情形下，其他网卡无法获取配置。
- 无任何来源。通过在/etc/cloud/cloud.cfg 配置文件中设置“network: {config: disabled}”可以完全屏蔽网络配置。

如果这是实例第一次启动，则选择的网络配置将起作用，会清除所有之前的配置，包括使用旧的 MAC 地址命名的永久性设备。

本阶段必须阻止网络启用或任何已经应用的网络配置。实例网络配置完成，就能成功获取元数据。

> **注意**　过去本地数据源只能是那些不通过网络（诸如配置驱动器）得到的。但是，随着近来引入 DigitalOcean 数据源，要求网络的数据源也可以在此阶段操作。

（3）网络（Network）

- systemd 服务：cloud-init.service。
- 运行：在 Local 阶段和所配置的网络生效之后。
- 阻止：尽可能多地阻止剩下的启动任务。
- 模块：/etc/cloud/cloud.cfg 配置文件中的 cloud_init_modules 模块组。

本阶段要求所配置的网络都连接在线，因为会处理所发现的任何用户数据（user-data）。这些处理包括以下几个方面。

- 查找任何“#include”或“#include-once”所包括的 http。
- 对任何压缩内容进行解压缩。
- 运行发现的任何 part-handler。

本阶段运行“disk_setup”和“mounts”模块，可以对磁盘进行分区和格式化，配置装载点（譬如/etc/fstab）。这些模块不能更早地运行，因为可能只能通过网络来得到配置信息。例如，用户可能在网络资源中提供用户数据来定义本地装载。

（4）配置（Config）

- systemd 服务：cloud-config.service。
- 运行：Network 阶段之后。
- 禁止：无。
- 模块：/etc/cloud/cloud.cfg 配置文件中的 cloud_config_modules 模块组。

本阶段仅运行配置模块。那些对启动过程的其他阶段没有实质影响的模块在此运行。

（5）完成（Final）

- systemd 服务：cloud-final.service。
- 运行：启动的最后阶段（传统的“rc.local”）。
- 禁止：无。
- 模块：/etc/cloud/cloud.cfg 配置文件中的 cloud_final_modules 模块组。

本阶段在启动过程中尽可能晚地运行。用户习惯在登录系统之后运行，脚本应当在此处运行。这些脚本包括以下几个。

- 软件包安装。
- 配置管理插件（puppet、chef、salt-minion）。
- 用户脚本（user-scripts），包括 runcmd。

6. cloud-init 的应用

cloud-init 的应用主要是在实例部署（创建）时通过用户数据对虚拟机进行初始化定制。在 nova boot 和 openstack server create 命令行相关的选项有以下几个，--user-data 提供用户脚本，--file 提交要注入的文件，--config-drive 设置是否启用配置驱动器。这里以 Dashboard 界面进行 cloud-init 的应用示范，下面给出两个示例。

（1）示例一：定制用户初始密码

官方的 Linux 云镜像默认只向虚拟机注入 SSH 密钥，创建虚拟机之后只能通过 SSH 密钥登录。这里利用 cloud-init 的 set-passwords 模块为用户设置密码并启用密码登录。需要传入的脚本如下（笔者加有中文注释）。

```
#cloud-config   #cloud-init 会读取它开头的数据，所以这一行一定要写上
chpasswd:
  list: |
     root:abc123        #设置 root 密码
     fedora:abc123      #设置默认用户 fedora 的密码
  expire: false         #密码不过期
ssh_pwauth: true        #启用 SSH 密码登录（默认只能通过 SSH 密钥登录）
```

创建实例时，直接将上述代码复制到“配置”选项卡的“定制化脚本”框中，如图 6-19 所示。

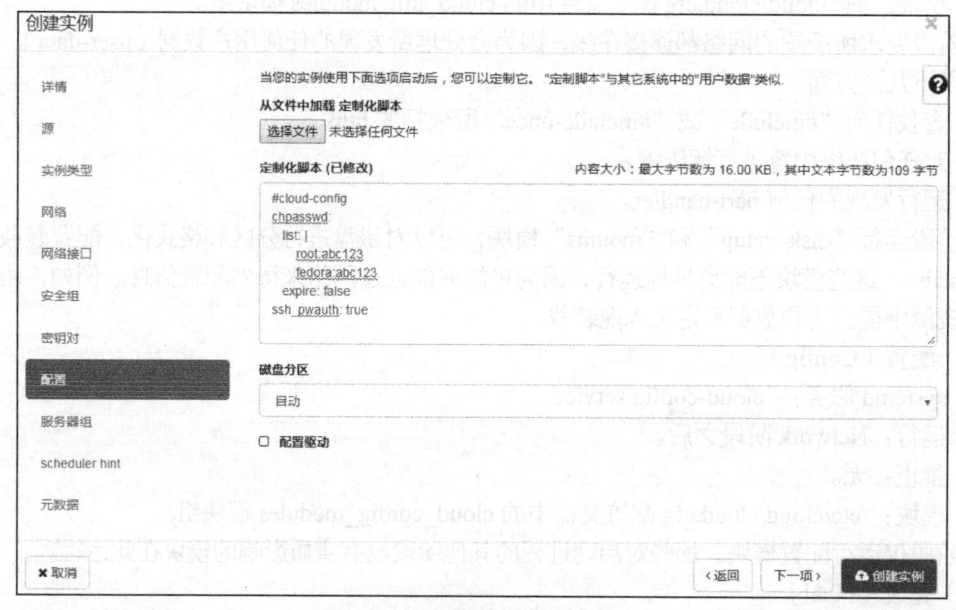


图 6-19　设置实例的定制化脚本

也可以将上述脚本保存为文件，在创建实例时在“配置”选项卡上单击“选择文件”按钮，作为文件加载，参见图 6-19。当然，还可在 nova boot 和 openstack server create 命令行中使用选项 --user-data 传入该文件。

接下来进行登录测试。

```
[root@node-a ~]# ssh fedora@192.168.199.70
The authenticity of host '192.168.199.70 (192.168.199.70)' can't be established.
ECDSA key fingerprint is SHA256:gWbALVqQhi26Sqpp+NYzQujwLiAoZ1xzdKqPpAKmdoU.
ECDSA key fingerprint is MD5:81:d1:4a:e0:c4:56:14:fa:ed:b5:e0:61:d9:66:6a:17.
Are you sure you want to continue connecting (yes/no)? yes
```

```
Warning: Permanently added '192.168.199.70' (ECDSA) to the list of known hosts.
fedora@192.168.199.70's password:
[fedora@fd ~]$
```

在虚拟机上执行以下命令可查看 cloud-init。

```
cloud-init analyze show
```

（2）示例二：首次启动时执行命令

这里给出一段要通过用户数据注入的脚本（加有注释）：

```
#cloud-config
bootcmd:      #启动时运行
 - echo 192.168.199.130 www.abc.com >> /etc/hosts    #设置域名解析
 - [ cloud-init-per, once, mymkfs, mkfs, /dev/vdb ]   #仅执行一次
```

完成之后登录该实例，可测试域名解析是否设置成功。

### 6.3.3 制作 OpenStack Windows 镜像

使用 KVM 平台制作 OpenStack 镜像实际上是一种系统镜像文件格式的转换，将制作好的系统镜像文件上传到 Glance 即可。OpenStack 基于 Linux 平台运行，KVM 默认使用的硬盘格式为 virtio，网卡驱动也需要 virtio 驱动，因此在制作 Windows 镜像的过程中需要准备相应的 virtio 驱动程序。virtio 其实就是一个运行于 Hypervisor 之上的 API 接口，虚拟化环境中的 I/O 操作通过 virtio 与 Hypervisor 通信，会具有更好的性能。如果不安装 virtio 驱动，则在创建虚拟机实例时会失败，系统启动无法加载硬盘驱动。另外，Windows 的云初始化程序是 Cloudbase-init，也需要提前准备。本节以使用 virt-manager 工具制作 Windows Server 2012 R2 镜像为例进行讲解。

**1. 准备虚拟机制作环境**

为降低学习难度，建议另外安装一台 CentOS 7 计算机（笔者使用 VMware 虚拟机）作为 KVM 主机，安装过程中基本环境选择"带 GUI 的服务器"，附加选项选择"虚拟化客户端""虚拟化 Hypervisor"和"虚拟化工具"。对于已经安装 CentOS 7 操作系统的计算机，建议执行以下命令安装 KVM 软件包。

```
yum install qemu-kvm libvirt virt-install virt-manager
```

其中 virt-manager 为图形界面的 KVM 管理工具。

为支持 Windows Server 2012 R2，应当执行以下命令对 CentOS 7 计算机进行系统更新。

```
yum update -y
```

这将升级所有包，同时也升级软件和系统内核。

为便于实验，应关闭该 KVM 主机的防火墙和 SELinux 功能。

**2. 准备软件包**

准备一个 ISO 格式的 Windows Server 2012 R2 的安装镜像，将其复制到 KVM 主机。

准备 virtio-win.iso 软件包，将其复制到 KVM 主机。准备 Cloudbase-init 软件包，将其复制到 KVM 主机。

**3. 创建并运行 Windows Server 2012 R2 KVM 虚拟机**

使用虚拟系统管理器（virt-manager）来创建 KVM 虚拟机。从"应用程序"主菜单中找到"系统工具"子菜单，执行"虚拟系统管理器"命令（或在终端命令行中运行 virt-manager）打开虚拟系统管理器。默认列出一个名为"QEMU/KVM"的连接。每台 KVM 主机的 KVM 平台就是一个连接，默认的连接指向本地的 KVM 平台。在虚拟系统管理器中鼠标右键单击"QEMU/KVM"连接，选择"新建"命令，如图 6-20 所示，弹出"新建虚拟机"向导，根据提示完成操作生成新的虚拟机。

（1）选择虚拟机操作系统的安装来源，如图 6-21 所示。这里是默认的"本地安装介质"。

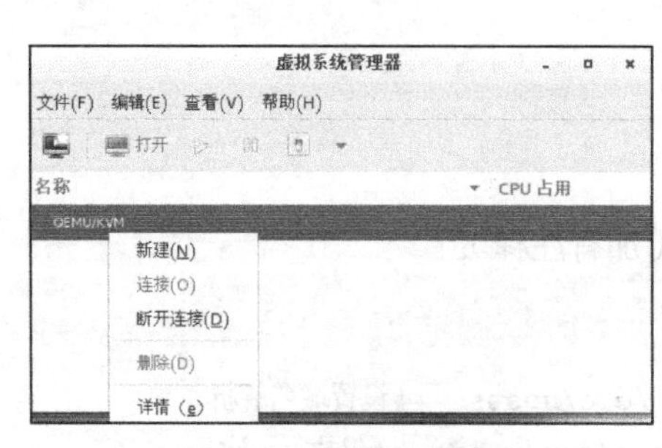


图 6-20 连接的右键菜单

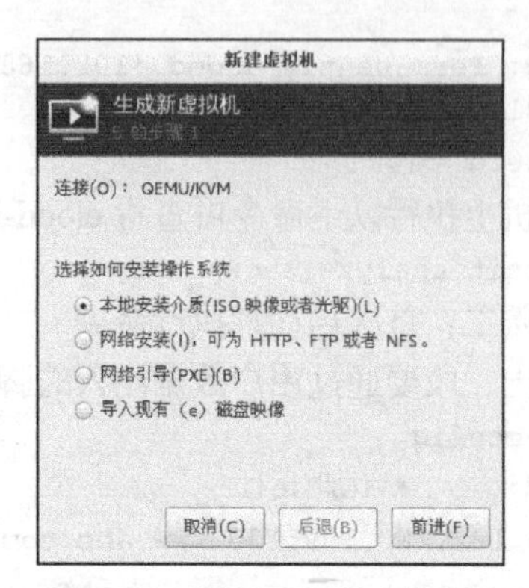


图 6-21 选择操作系统安装来源

（2）单击“前进”按钮，如图 6-22 所示，定位安装介质，这里使用 ISO 映像，指定虚拟机要安装的操作系统的映像文件路径（可直接输入路径，如果单击“浏览”按钮会弹出“选择存储卷”），选中“根据安装介质自动侦测操作系统”复选框。由于虚拟机嵌套不支持硬件的物理传递，例中不能使用 CD-ROM 或 DVD，无论 KVM 主机（本身也是 VM 虚拟机）连接的是物理光驱还是 ISO 映像文件。

（3）单击“前进”按钮，如图 6-23 所示，设置虚拟机的内存和 CPU。这里仅用于示范，将内存和 CPU 配置较低即可。

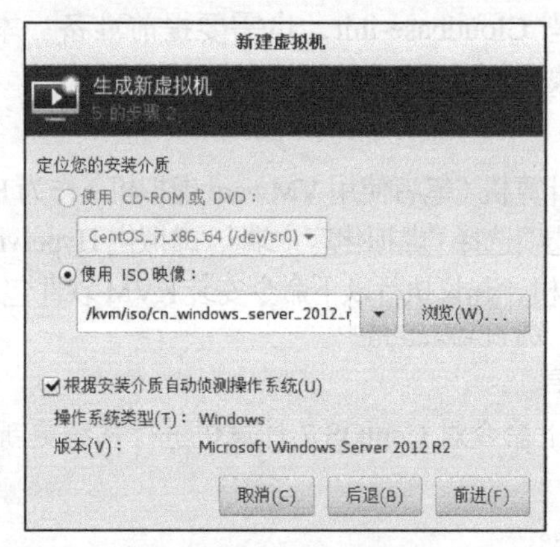


图 6-22 定位安装介质

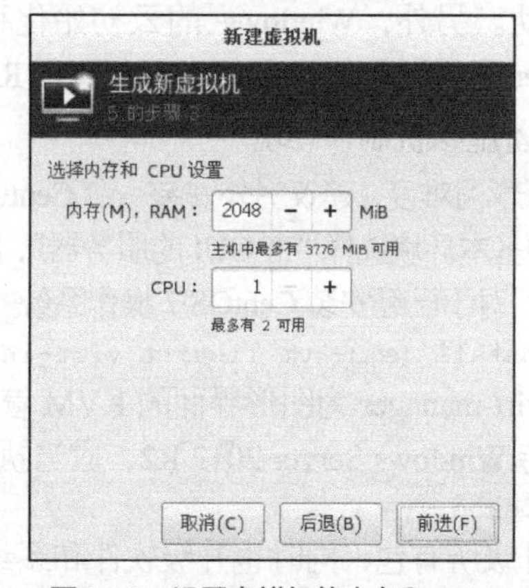


图 6-23 设置虚拟机的内存和 CPU

（4）单击“前进”按钮，如图 6-24 所示，为虚拟机设置存储，这里新创建一个卷用来做虚拟机的系统存储盘。

选中“选择或自定义存储”单选按钮，单击“管理”按钮打开“选择存储卷”对话框，单击“+”按钮弹出“添加存储卷”对话框，如图 6-25 所示，设置存储卷名称和格式，以及最大容量，单击“完成”按钮，回到“选择存储卷”对话框，刚添加的存储卷已加入存储卷列表中，如图 6-26 所示，从中双击该存储卷选择它。回到虚拟机存储设置对话框，如图 6-27 所示，新加卷的文件路径出现在文本框中。

（5）单击“前进”按钮，出现图 6-28 所示的对话框，给出安装选项概要，还要为虚拟机指定一个名称，这里选中“在安全前自定义配置”复选框。

（6）单击“完成”按钮，出现相应的对话框，自定义硬件配置。

首先将磁盘总线改为 virtio 格式，如图 6-29 所示，单击“应用”按钮。

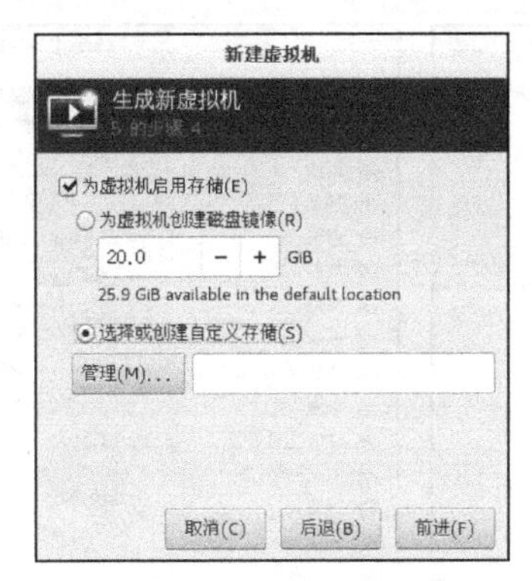


图 6-24　为虚拟机设置存储

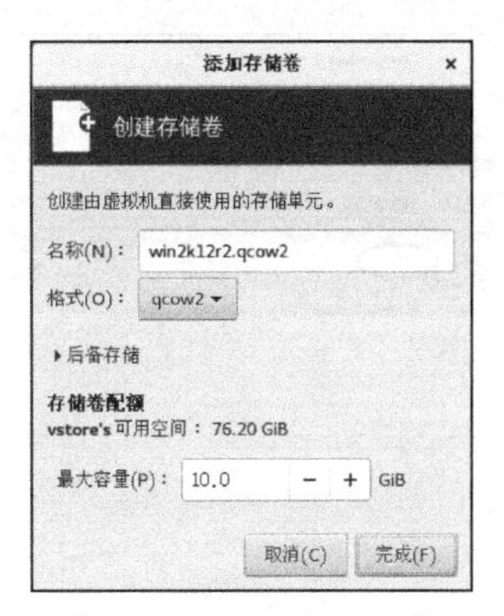


图 6-25　准备虚拟机安装

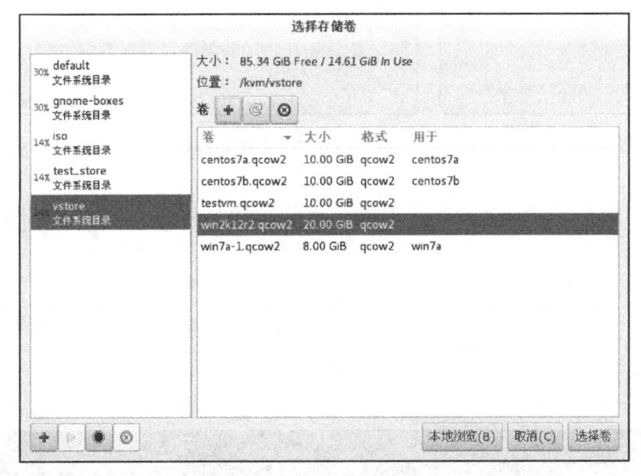


图 6-26　为虚拟机设置存储

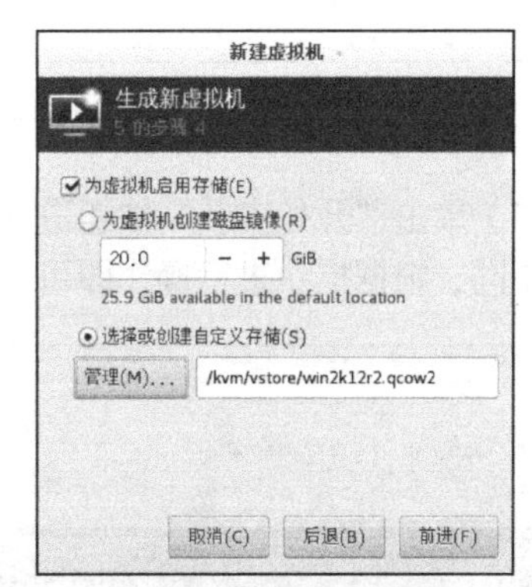


图 6-27　虚拟机存储选择

图 6-28　显示安装概要

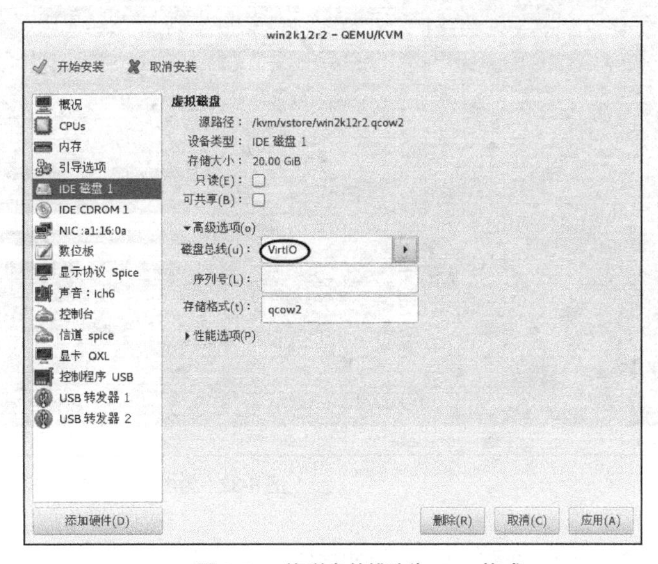


图 6-29　将磁盘总线改为 virtio 格式

然后将网卡的设备型号也更改为 virtio，如图 6-30 所示，单击“应用”按钮。

最后单击“添加硬件”按钮弹出相应的对话框，如图 6-31 所示，新添加一个存储设备用来挂载 virtio 驱动程序，设备类型选择 CDROM 设备，单击“完成”按钮关闭该对话框。

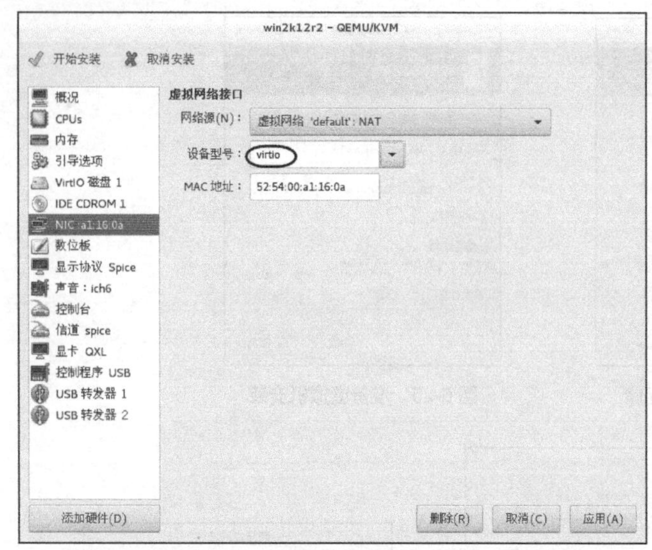


图 6-30　将网卡的设备型号改为 virtio

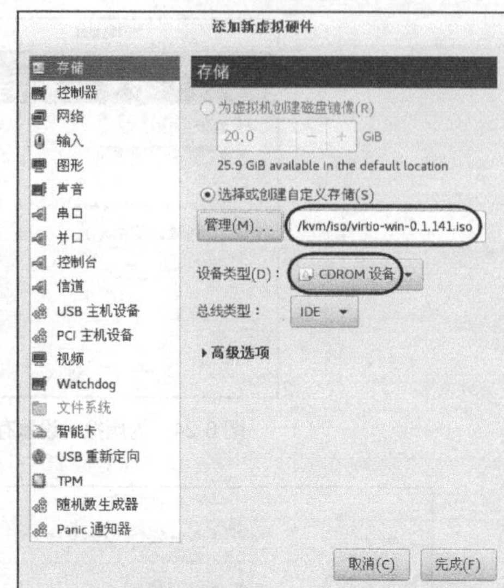


图 6-31　添加存储设备用于挂载 virtio 驱动

（7）单击“开始安装”按钮进入虚拟机的操作系统安装界面，如图 6-32 所示，其安装过程与物理机相同，根据提示进行操作即可。

图 6-32　为虚拟机安装操作系统

（8）安装磁盘的 virtio 驱动程序。当出现图 6-33 所示的界面时，单击“加载驱动程序”按钮弹出“浏览文件夹”对话框，从之前挂载 virtio 驱动程序的光盘中选择路径，这里定位到 viostor\2k12r2\amd64 目录，单击“确定”按钮，出现图 6-34 所示的界面，单击“下一步”按钮。

（9）进入分区界面，新建一个分区进行安装，根据提示完成余下的安装步骤。

（10）安装完成后，以管理员身份登录系统。

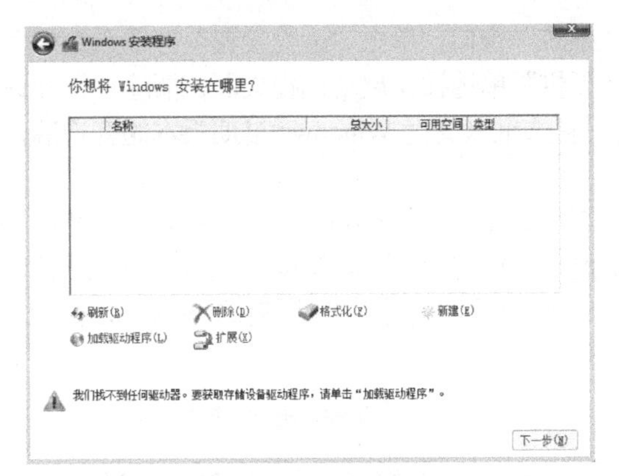


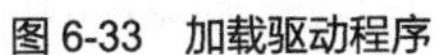
图 6-33　加载驱动程序

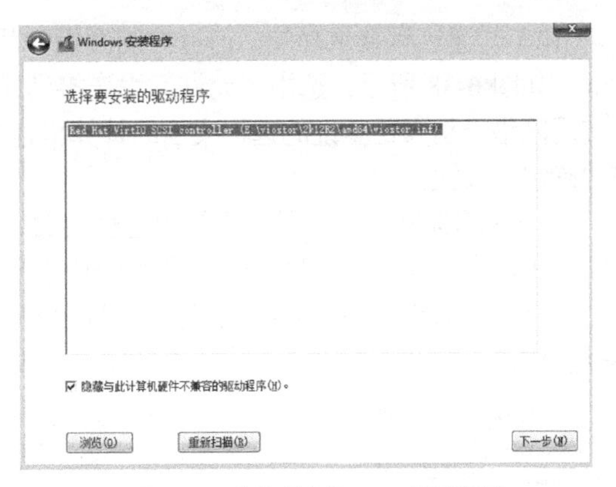


图 6-34　安装磁盘的 virtio 驱动程序

（11）打开设备管理器，更新网络驱动程序。如图 6-35 所示，右键单击“以太网控制器”节点，从快捷菜单中选择“更新驱动程序软件”命令会弹出相应的对话框，单击“浏览计算机以查找驱动程序软件”，会弹出图 6-36 所示的对话框，这里定位到之前挂载 virtio 驱动程序的光盘（例中为 E 盘），再单击“下一步”按钮，切换到图 6-37 所示的界面，单击“安装”按钮。安装成功后系统会给出提示，单击“关闭”按钮即可。

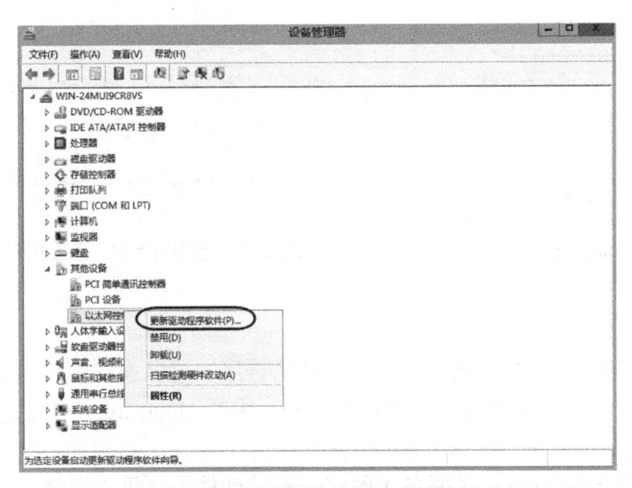


图 6-35　更新网卡的驱动程序软件

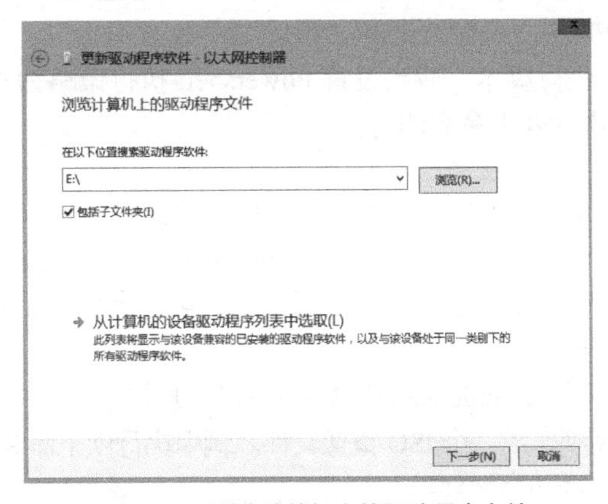


图 6-36　浏览计算机上的驱动程序文件

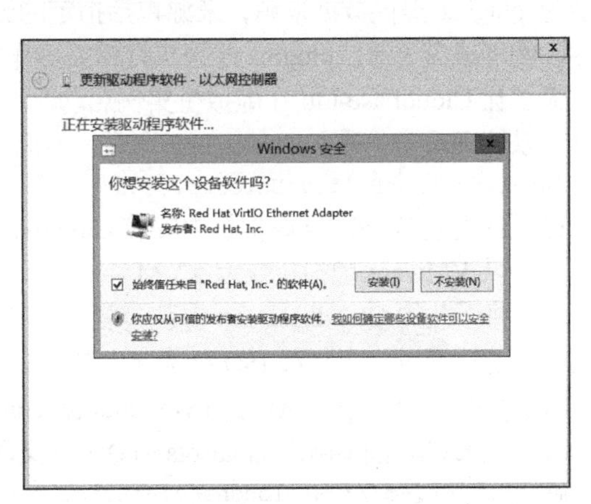


图 6-37　安装网卡的 virtio 驱动程序

（12）开通远程登录功能。通过控制面板打开“系统”窗口，单击“远程设置”打开系统属性对话框，如图 6-38 所示，选中“允许远程连接到此计算机”单选按钮启动远程桌面，清除“仅允许运行使用网络级别身份验证的远程桌面的计算机连接”复选框以支持 Windows 早期版本的客户端，单击“确定”按钮。

（13）配置防火墙。由于打算使用远程桌面，需要开放相应的防火墙端口（3389）。由于 Windows 系统防火墙中已预定义远程桌面，只需要通过控制面板打开“高级安全 Windows 防火墙”对话框，启用所有的“远程桌面”入站规则，如图 6-39 所示。当然也可以直接关闭所有的 Windows 防火墙，不过这样很不安全。

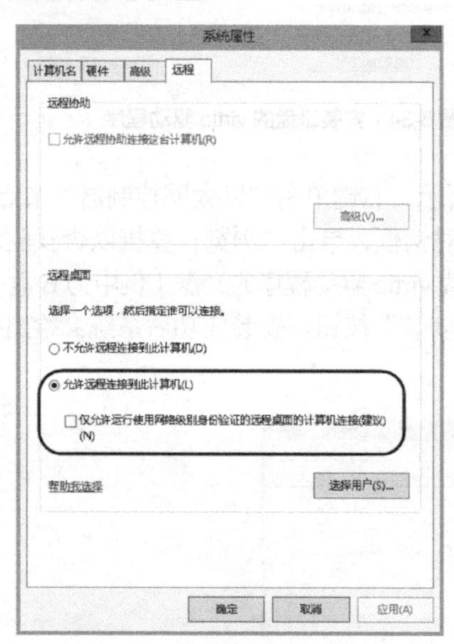


图 6-38　启用远程桌面连接

图 6-39　启用所有的“远程桌面”入站规则

4. 安装 Cloudbase-init

Cloudbase-init 是 Windows 和其他系统的云初始化程序，可以设置主机名、创建用户、设置静态 IP 地址、设置密码等。其作用与 Linux 中的 cloud-init 一样，也是一个开源的 Python 项目。

Cloudbase-init 主要包括 services（服务）和 plugins（插件）这两个部分。services 主要为 plugins 提供数据来源，来源包括指定的云服务（OpenStack、EC2 等）、本地配置文件（ISO 文件、物理磁盘）等。plugins 即为执行相关操作的插件，如初始化 IP、创建用户等。

为了让 Cloudbase-init 在虚拟机实例启动时可以运行脚本，应当设置 Powershell 执行策略为不受限制。以管理员身份进入 Powershell 命令行界面，执行以下命令即可。

```
Set-ExecutionPolicy Unrestricted
```

必须在上述 Windows 虚拟机中安装 Cloudbase-init 才能顺利完成虚拟机的初始化。

笔者以 VMware 虚拟机作为 KVM 主机，又在该 KVM 主机中创建 Windows 虚拟机，涉及虚拟机嵌套。将下载的 Cloudbase-init 安装包复制到 Windows 虚拟机中，可以通过远程桌面上传，而笔者采用的方法是通过光盘加载 ISO 镜像来安装，具体方法如下。

（1）新建一个目录（例中为/kvm/cloudbaseinit），将 Cloudbase-init 安装包复制到该目录。

（2）在 KVM 主机中使用 mkisofs 命令将该文件夹制作成一个 ISO 镜像文件。例中执行以下命令。

```
mkisofs -r -o /kvm/cloudbaseinit.iso /kvm/cloudbaseinit
```

（3）在虚拟系统管理器中打开“虚拟机详情”窗口，单击第二个 CDROM，单击“断开连接”按钮，再单击“连接”按钮，将前述 virtio 驱动程序 ISO 文件路径替换为 Cloudbase-init 的 ISO 文件路径，如图 6-40 所示，单击“应用”按钮，这样 Cloudbase-init 的 ISO 镜像将挂载到第二个 CDROM。

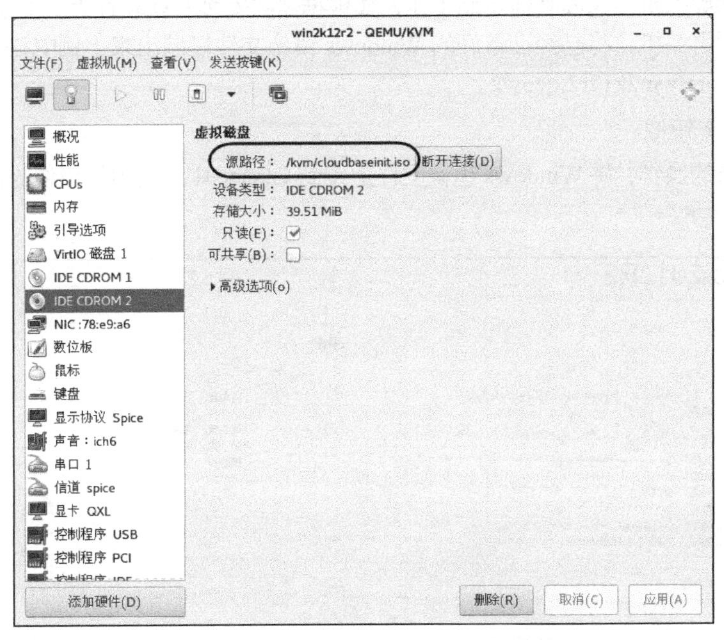


图 6-40　将 Cloudbase-init 的 ISO 镜像挂载到光盘

接下来在 Windows 虚拟机中安装 Cloudbase-init。

（4）在 Windows 虚拟机中定位到上述 Cloudbase-init 的 ISO 镜像所在的光驱，双击 CLOUDBAS 文件，启动相应的安装向导。

（5）一路单击“Next”按钮，保持默认设置，当出现图 6-41 所示的界面时，定义启动初始化选项。例中保持默认设置，表示创建一个名为 Admin 的管理员用户，允许使用元数据提供管理员密码。

（6）单击“Next”按钮弹出完成安装向导界面，将两个复选框都选中，如图 6-42 所示。

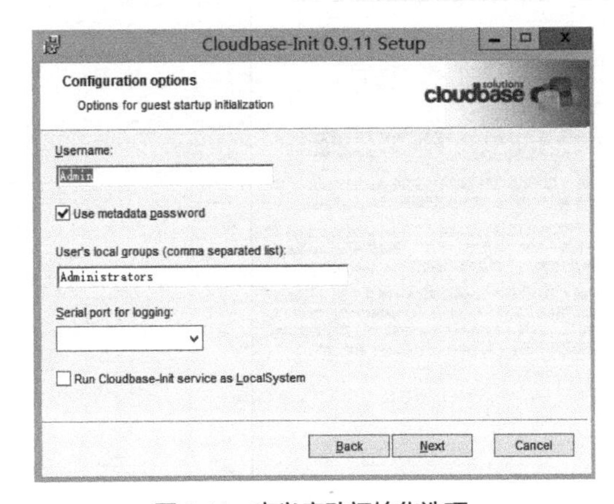

图 6-41　定义启动初始化选项

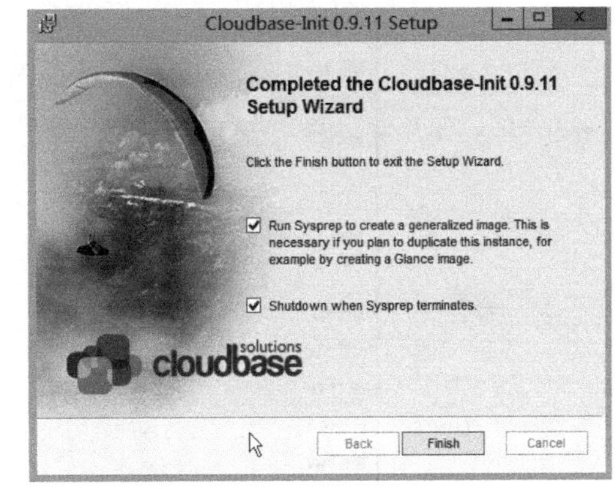


图 6-42　完成 Cloudbase-init 安装向导

选中第一个复选框，表示将运行 Sysprep（Windows 系统准备工具）创建一个通用的镜像。这对于计划重复使用该虚拟机实例很有必要，便于创建重复使用的自定义 Windows 的 Glance 镜像。

选中第二个复选框，表示 Sysprep 完成系统准备之后自动关机。

（7）Sysprep 完成系统准备之后自动关机。这个阶段使用“Unattend.xml”，这意味着使用 Cloudbase-init-unattend.conf 配置文件运行服务，后面将进一步介绍。

（8）重新启动虚拟机，完成其他定制工作，如根据需要安装一些软件等。

（9）完成之后再关机，将已经准备好的 Windows 镜像文件复制出来，例中该文件路径为/kvm/vsstore/win2k12r2.qcow2。

5. 创建 Glance 镜像

执行创建镜像的操作，将 Windows 镜像文件上传到 Glance 中。例中该镜像的详细信息如图 6-43 所示。

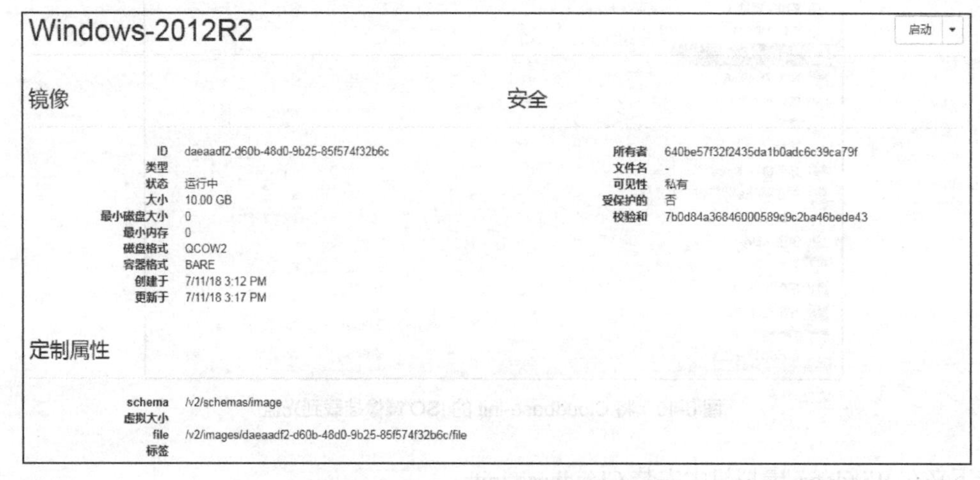


图 6-43 新建 Windows 镜像的详细信息

6. 测试自定义 Windows 镜像

通过基于该镜像创建并运行虚拟机来进行实际测试。由于通过 Windows 远程桌面访问虚拟机，在创建实例之前，在默认安全组中添加一条放行 3389 端口的规则，如图 6-44 所示。

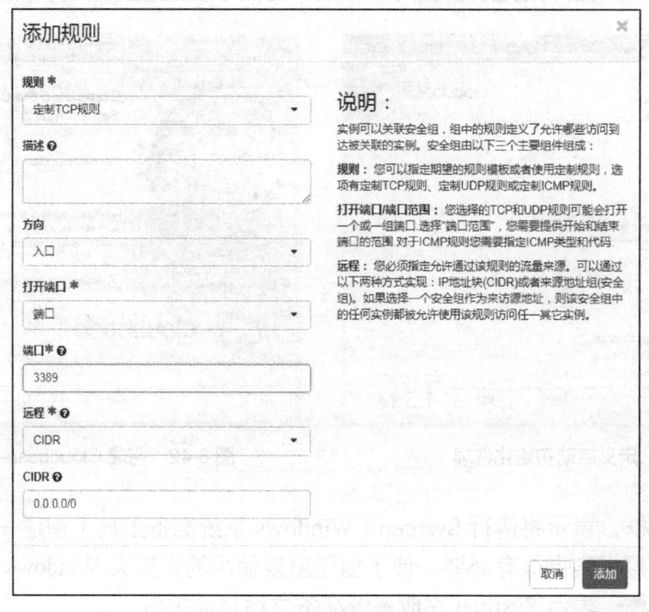


图 6-44 新建安全组规则

再基于该镜像创建一个实例，成功之后显示在实例列表中。接着，测试通过远程桌面访问。例中远程桌面连接设置如图 6-45 所示，成功登录之后就可以远程操作 Windows 虚拟机，如图 6-46 所示。

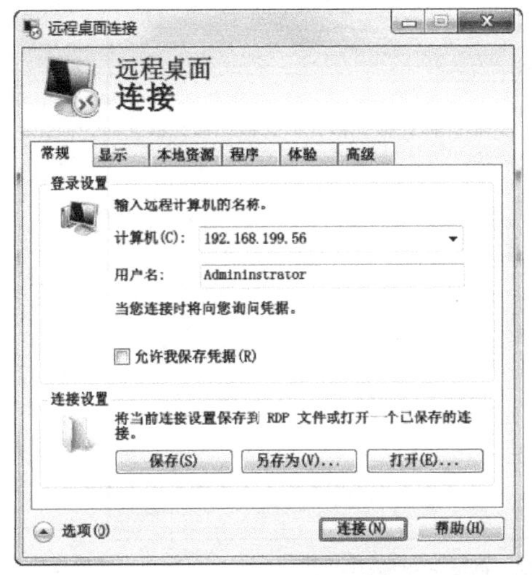


图 6-45　设置远程桌面连接

图 6-46　通过远程桌面连接访问 Windows 虚拟机

7. 测试 Cloudbase–init 初始化设置

由于 Windows 镜像中安装并配置了 Cloudbase-init，基于该镜像创建的虚拟机会自动设置计算机名为创建实例所设置的实例名，可以查看计算名加以验证。

按照默认设置，Cloudbase-init 会创建名为 Admin 的管理员用户，并生成一个随机密码以加密方式提交给 Nova 元数据服务。这个密码可以执行以下命令获取。

```
nova get-password <实例名或 ID> [<ssh 私钥文件路径>]
```

使用 SSH 密钥对启动实例，就像在 Linux 上进行 SSH 公钥认证一样。在这种情况下，公钥用于在将密码发布到 Nova HTTP 元数据服务之前对密码加密。这样，如果私钥不能得到密钥对，则任何人都无法对密钥对进行解密。

例中执行结果如下。

```
[root@node-a ~(keystone_demo)]# nova get-password win-2012r2-VM ~/.ssh/demo-key.pem
5683kHQOD9HpiMuj5TKt
```

也可以通过 Dashboard 界面取回密码，只是默认并不支持此功能。要启用此功能，编辑 /etc/openstack_dashboard/local/local_settings.py 文件，设置以下参数。

```
OPENSTACK_ENABLE_PASSWORD_RETRIEVE = True
```

重启 Horizon 服务。如图 6-47 所示，在 Dashboard 界面中从实例的下拉菜单中选择“取回密码”，弹出相应的对话框，选择相应的私钥文件，或者直接将私钥内容复制到文本框中，单击“解密密码”按钮，也能获取自动生成的随机密码，如图 6-48 所示。

值得注意的是，管理员账户 Admin 以该密码登录之后，如果更改了密码，则该随机码失效。

8. 解决 Windows 实例时间不同步问题

上述 Windows 实例有时候会出现操作系统时间总是慢 8 小时的问题，即使手工调整好时间和时区，下次重启后又会差 8 小时。这是由于 KVM 对 Linux 和 Windows 虚拟机在系统时间上处理有所不同，Windows 需要进行额外的一些设置。

图 6-47　实例操作菜单

图 6-48　取回实例密码

最简单的解决方案是为 Windows 镜像添加一个 os_type 属性，明确指定该镜像是一个 Windows 镜像，这实际上是通过元数据定义实现的，命令行用法如下。

```
openstack image set <镜像名或 ID> --property os_type="windows"
```

相应的 Dashboard 界面操作如图 6-49 所示。

然后通过此镜像部署实例时，KVM 会在其 XML 描述文件中自动设置相应参数，以保证时间的同步。

图 6-49　更新镜像元数据

# 6.4 手动安装和部署 Glance

我们通常可在控制节点上部署 Glance 镜像服务，这里以 CentOS 7 平台为例示范 Glance 的手动安装和部署。为简单起见，例中以文件系统作为镜像存储后端。

## 6.4.1 基础工作

安装和配置镜像服务之前，必须创建数据库、服务凭证和 API 端点。

### 1. 创建 Glance 数据库

每个 OpenStack 组件都要有一个自己的数据库，Glance 也不例外，需要在后端安装一个数据库用来存放用户的相关数据，以确认安装 Mariadb。

（1）以 root 用户身份使数据库访问客户端，连接到数据库服务器。

```
mysql -u root -p
```

（2）创建 Glance 数据库（名称为 glance）。

```
MariaDB [(none)]> CREATE DATABASE glance;
```

（3）对 Glance 数据库授予合适的账户访问权限（使用自己的密码替换 GLANCE_DBPASS）。

```
MariaDB [(none)]> GRANT ALL PRIVILEGES ON glance.* TO 'glance'@'localhost' \
  IDENTIFIED BY 'GLANCE_DBPASS';
MariaDB [(none)]> GRANT ALL PRIVILEGES ON glance.* TO 'glance'@'%' \
  IDENTIFIED BY 'GLANCE_DBPASS';
```

（4）退出数据库访问客户端。

### 2. 创建 Glance 服务

后续命令行操作需要管理员身份，首先要加载 admin 凭据的环境变量。

```
.admin-openrc
```

使用 export 命令导出脚本时往往使用符号 “.” 来替代该命令。

（1）创建 Glance 用户（命名为 glance）。

```
openstack user create --domain default --password-prompt glance
```

（2）将管理员（admin）角色授予 glance 用户和 service 项目。

```
openstack role add --project service --user glance admin
```

（3）创建 Glance 的服务条目。

```
openstack service create --name glance --description "OpenStack Image" image
```

### 3. 创建镜像服务的 API 端点

```
openstack endpoint create --region RegionOne  image public http://controller:9292
openstack endpoint create --region RegionOne  image internal http://controller:9292
openstack endpoint create --region RegionOne  image admin http://controller:9292
```

## 6.4.2 安装和配置组件

不同发行版本的默认配置可能不同，可能需要添加这些部分和选项，而不是修改现有的部分和选项。这里给出一个基本的安装过程供读者参考。

### 1. 安装 Glance 软件包

执行以下命令安装所需的软件包。

```
yum install openstack-glance
```

2. 编辑/etc/glance/glance-api.conf 配置文件

（1）在[database]节中配置数据库访问（将 GLANCE_DBPASS 替换为数据库访问密码）。

```
connection = mysql+pymysql://glance:GLANCE_DBPASS@controller/glance
```

设置这个参数的目的是让 Keystone 知道如何连接到后端的数据库 keystone。其中 pymysql 是一个可以操作 MySQL 的 Python 库。双斜杠后面的格式为：用户名:密码@mysql 服务器地址/数据库。还应注意将[database]节中的其他连接配置注释掉，或直接删除。

（2）在[keystone_authtoken]和[paste_deploy]节中配置身份管理服务访问。

```
[keystone_authtoken]
# ...
auth_uri = http://controller:5000
auth_url = http://controller:5000
memcached_servers = controller:11211
auth_type = password
project_domain_name = Default
user_domain_name = Default
project_name = service
username = glance
password = GLANCE_PASS
[paste_deploy]
# ...
flavor = keystone
```

使用在身份管理服务中的 glance 用户替换 GLANCE_PASS。将[keystone_authtoken]节中其他选项注释掉或直接删除。

（3）在[glance_store]节中配置镜像存储。

```
[glance_store]
# ...
stores = file,http
default_store = file
filesystem_store_datadir = /var/lib/glance/images/
```

这里定义本地文件系统以及存储路径。

3. 编辑/etc/glance/glance-registry.conf 配置文件

（1）在[database]节中配置数据库访问（将 GLANCE_DBPASS 替换为数据库访问密码）。

```
[database]
# ...
connection = mysql+pymysql://glance:GLANCE_DBPASS@controller/glance
```

（2）在[keystone_authtoken]和[paste_deploy]节中配置身份管理服务访问。

```
[keystone_authtoken]
# ...
auth_uri = http://controller:5000
auth_url = http://controller:5000
memcached_servers = controller:11211
auth_type = password
project_domain_name = Default
user_domain_name = Default
project_name = service
username = glance
password = GLANCE_PASS

[paste_deploy]
# ...
```

```
flavor = keystone
```

4. 初始化镜像服务数据库

```
su -s /bin/sh -c "glance-manage db_sync" glance
```

Python 的对象关系映射需要初始化来生成数据库表结构。

### 6.4.3 完成安装

启动镜像服务并为其配置开机自动启动。

```
systemctl enable openstack-glance-api.service   openstack-glance-registry.service
systemctl start openstack-glance-api.service   openstack-glance-registry.service
```

## 6.5 习题

1. 什么是镜像？镜像有什么作用？
2. 列举 OpenStack 镜像服务的主要功能。
3. 举例解释镜像状态。
4. 描述 Glance 的基本架构。
5. 简述镜像和实例的关系。
6. 简述镜像下载工作机制。
7. 镜像元数据有什么作用？
8. 如何排查 Glance 镜像问题？
9. 制作 OpenStack 镜像有哪两种方法？
10. 什么是 cloud-init？其主要作用有哪些？
11. 简述 cloud-init 的工作过程。
12. 什么是 Cloudbase-init？
13. 按照 6.2 节的示范，熟悉 Web 界面和命令行界面的镜像操作。
14. 按照 6.3.1 节的示范，基于标准镜像定制一个 CentOS 7 镜像，并使用它创建虚拟机实例进行测试。
15. 按照 6.3.3 节的示范，自行制作一个 Windows Server 2012 R2 镜像，并使用它创建虚拟机实例进行测试。

# 7 第7章 OpenStack计算服务

计算服务（Compute Service）是OpenStack最核心的服务之一，负责维护和管理云环境的计算资源。它在OpenStack中的项目代号为Nova。OpenStack作为IaaS的云操作系统，通过Nova来实现虚拟机生命周期管理。OpenStack计算服务需要与其他服务进行交互，如身份服务用于认证，镜像服务提供磁盘和服务器镜像，Dashboard提供用户与管理员接口。OpenStack管理虚拟机已经非常成熟，通过Nova可以快速自动化地创建虚拟机。本章介绍计算服务的基础知识，讲解计算服务的配置与管理。考虑到元数据对于虚拟机实例定制的重要性，本章还将专门讲解Nova元数据工作机制。

## 7.1 OpenStack计算服务基础

OpenStack计算服务是IaaS系统的主要部分，OpenStack使用它来托管和管理云计算系统。

### 7.1.1 什么是Nova

Nova是OpenStack中的计算服务项目，计算实例（也就是虚拟服务器）生命周期的所有活动都由Nova管理。Nova支持创建虚拟机和裸金属服务器（通过使用Ironic），并且有限支持系统容器（System Containers）。

作为一套在现有Linux服务器上运行的守护进程，Nova提供计算服务，但它自身并没有提供任何虚拟化能力，而是使用不同的虚拟化驱动来与底层支持的Hypervisor（虚拟机管理器）进行交互。Nova需要下列OpenStack其他服务的支持。

- Keystone：这项服务为所有的OpenStack服务提供身份管理和认证。
- Glance：这项服务提供计算用的镜像库。所有的计算实例都从Glance镜像启动。
- Neutron：这项服务负责配置管理计算实例启动时的虚拟或物理网络连接。
- Cinder和Swift：分别为计算实例提供块存储和对象存储支持。

Nova也能与其他服务集成，如加密磁盘和裸金属计算实例等。

## 7.1.2　Nova 系统架构

Nova 由多个服务器进程组成，每个进程执行不同的功能。Nova 的系统架构如图 7-1 所示，它主要包括以下组件。

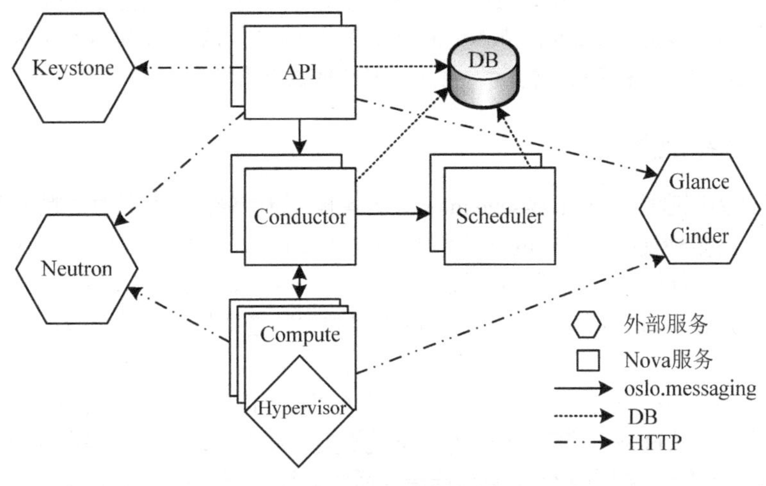


图 7-1　Nova 系统架构

- DB：用于数据存储的 SQL 数据库。
- API：用于接收 HTTP 请求、转换命令、通过 oslo.messaging 队列或 HTTP 与其他组件通信的 Nova 组件。
- Scheduler：用于决定哪台主机承载计算实例的 Nova 调度器。
- Network：管理 IP 转发、网桥或虚拟局域网的 Nova 网络组件。
- Compute：管理虚拟机管理器与虚拟机之间通信的 Nova 计算组件。
- Conductor：处理需要协调（构建虚拟机或调整虚拟机大小）的请求，或者处理对象转换。

消息队列是 Nova 服务组件之间传递信息的中心枢纽，通常使用基于 AMQP 的 RabbitMQ 消息队列来实现。为避免消息阻塞而造成长时间等待响应，Nova 计算服务组件采用异步调用的机制，当请求被接收后，响应即被触发，发送回执，而不关注该请求是否完成。Nova 提供虚拟网络，使实例之间能够彼此访问，可以访问公共网络，目前 Nova 的网络模块 nova-network 已经过时，因此图 7-1 中改用 Neutron 网络服务组件。

下面详细解析 Nova 的主要组件和服务。

## 7.1.3　API 组件

API 是客户（Client）访问 Nova 的 HTTP 接口，它由 nova-api 服务实现，nova-api 服务接收和响应来自最终用户的计算 API 请求。作为 OpenStack 对外服务的最主要的接口，nova-api 提供了一个集中的可以查询所有 API 的端点（在 Keystone 中可以查询 nova-api 的端点）。它是整个 Nova 组件的门户，所有对 Nova 的请求都首先由 nova-api 处理。API 提供 REST 标准调用服务，便于与第三方系统集成。可以通过运行多个 API 服务实例轻松实现 API 的高可用，比如运行多个 nova-api 进程。除了提供 OpenStack 自已的 API，nova-api 服务还支持 Amazon EC2 API。

最终用户不会直接发送 RESTful API 请求，而是通过 OpenStack 命令行、Dashboard 和其他需要跟 Nova 交换的组件来使用这些 API。只要是跟虚拟机生命周期相关的操作，nova-api 都可以响应。

nova-api 对接收到的 HTTP API 请求会做出以下处理。

（1）检查客户端传入的参数是否合法有效。

（2）调用 Nova 其他服务的处理客户端 HTTP 请求。

（3）格式化 Nova 其他子服务返回的结果并返回给客户端。

nova-api 是外部访问并使用 Nova 提供的各种服务的唯一途径，也是客户端和 Nova 之间的中间层。它将客户端的请求传达给 Nova，待 Nova 处理请求之后再将处理结果返回给客户端。由于这种特殊地位，nova-api 被要求保持高度稳定，目前已经比较成熟和完备。

### 7.1.4 Scheduler 组件

Scheduler 可译为调度器，由 nova-scheduler 服务实现，旨在解决如何选择在哪个计算节点上启动实例的问题。它应用多种规则，考虑内存使用率、CPU 负载率、CPU 构架等多种因素，根据一定的算法，确定虚拟机实例能够运行在哪一台计算服务器上。nova-scheduler 服务会从队列中接收一个虚拟机实例的请求，通过读取数据库的内容，从可用资源池中选择最合适的计算节点来创建新的虚拟机实例。

创建虚拟机实例时，用户会提出资源需求，例如 CPU、内存、磁盘各需要多少。OpenStack 将这些需求定义在实例类型（Flavor，实际上译为实例规格更合适）中，用户只需指定使用哪个实例类型就可以了。nova-scheduler 会按照实例类型去选择合适的计算节点。在/etc/nova/nova.conf 配置文件中，Nova 通过 scheduler_driver、scheduler_available_filters 和 scheduler_default_filters 这 3 个参数来配置 nova-scheduler。这里主要介绍 nova-scheduler 的调度机制和实现方法。

#### 1. Nova 调度器类型

Nova 支持多种调度方式来选择运行虚拟机的主机节点，目前有以下 3 种调度器。

- 随机调度器（Chance Scheduler）：从所有 nova-compute 服务正常运行的节点中随机选择。
- 过滤器调度器（Filter Scheduler）：根据指定的过滤条件以及权重选择最佳的计算节点。Filter 又被译为筛选器。
- 缓存调度器（Caching Scheduler）：可以看作随机调度器的一种特殊类型，在随机调度的基础上将主机资源信息缓存在本地内存中，然后通过后台的定时任务定时从数据库中获取最新的主机资源信息。

为了便于扩展，Nova 将一个调度器必须要实现的接口提取出来，称为 nova.scheduler.driver.Scheduler，只要继承类 SchedulerDriver 并实现其中的接口，就可以实现自己的调度器。调度器需要在/etc/nova/nova.conf 文件中通过 scheduler_driver 选项指定，默认使用的是过滤调度器。

```
scheduler_driver=nova.scheduler.filter_scheduler.FilterScheduler
```

Nova 可使用第三方调度器，配置 scheduler_driver 即可。注意，不同的调度器不能共存。

#### 2. 过滤器调度器调度过程

过滤器调度器的调度过程分为两个阶段。

（1）通过指定的过滤器选择满足条件的计算节点（运行 nova-compute 的主机），比如内存使用率小于 50%。可以使用多个过滤器依次进行过滤。

（2）对过滤之后的主机列表进行权重计算（Weighting）并排序，选择最优（权重值最大）的计算节点来创建虚拟机实例。

调度过程的示例如图 7-2 所示。刚开始有 6 个可用的计算节点主机，通过多个过滤器层层过滤，将主机 2 和主机 4 排除。剩下的 4 个主机再通过计算权重与排序，按优先级从高到低依次为主机 5、主机 3、主机 6 和主机 1，主机 5 权重值最高，最终入选。

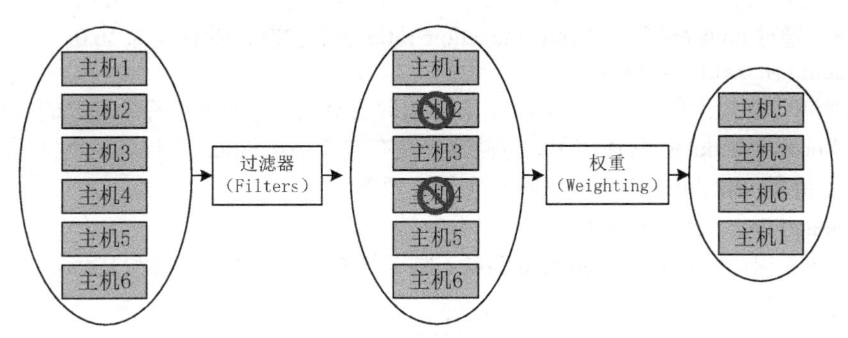


图 7-2 过滤调度器调度过程

3. 过滤器（Filter）

当过滤调度器需要执行调度操作时，会让过滤器对计算节点进行判断，返回 True（真）或 False（假）。/etc/nova/nova.conf 配置文件中的 scheduler_available_filters 选项用于配置可用的过滤器，默认是所有 Nova 自带的过滤器都可以用于过滤操作。

```
scheduler_available_filters = nova.scheduler.filters.all_filters
```

另外还有一个选项 scheduler_default_filters，用于指定 nova-scheduler 服务真正使用的过滤器，默认值如下。

```
scheduler_default_filters = RetryFilter, AvailabilityZoneFilter, RamFilter, DiskFilter,
ComputeFilter, ComputeCapabilitiesFilter, ImagePropertiesFilter, ServerGroupAntiAffinityFilter,
ServerGroupAffinityFilter
```

过滤调度器将按照列表中的顺序依次过滤。下面介绍每个过滤器。

（1）RetryFilter（再审过滤器）

RetryFilter 的作用是过滤掉之前已经调度过的节点。例如主机 A、B、C 都通过了过滤，最终主机 A 因为权重值最大被选中执行操作，但由于某个原因，操作在 A 上失败了。默认情况下，nova-scheduler 会重新执行过滤操作（重复次数由 scheduler_max_attempts 选项指定，默认是 3）。那么此时 RetryFilter 就会将主机 A 直接排除，避免操作再次失败。RetryFilter 通常作为第一个过滤器。

（2）AvailabilityZoneFilter（可用区域过滤器）

为提高容灾性并提供隔离服务，可以将计算节点划分到不同的可用区域中。OpenStack 默认有一个命名为 Nova 的可用区域，所有的计算节点初始都是放在 Nova 中。用户可以根据需要创建自己的可用区域。创建实例时，需要指定将实例部署在哪个可用区域中。nova-scheduler 执行过滤操作时，会使用 AvailabilityZoneFilter 将不属于指定可用区域的计算节点过滤掉。

（3）RamFilter（内存过滤器）

根据可用内存来调度虚拟机创建，将不能满足实例类型内存需求的计算节点过滤掉。值得注意的是，为提高系统的资源使用率，OpenStack 在计算节点的可用内存时允许超过实际内存大小，超过的程度是通过 nova.conf 配置文件中的 ram_allocation_ratio 参数来控制的，默认值为 1.5。

```
ram_allocation_ratio = 1.5
```

按照这个比例，假如计算节点的内存为 10GB，OpenStack 则会认为它有 15GB（10×1.5）的内存。

（4）DiskFilter（磁盘过滤器）

根据可用磁盘空间来调度虚拟机创建，将不能满足是类型磁盘需求的计算节点过滤掉。磁盘同样允许超量，通过 nova.conf 中的 disk_allocation_ratio 参数控制，默认值为 1.0。

```
disk_allocation_ratio = 1.0
```

（5）CoreFilter（核心过滤器）

根据可用 CPU 核心来调度虚拟机创建，将不能满足实例类型 vCPU 需求的计算节点过滤掉。vCPU

同样允许超量，通过 nova.conf 中的 cpu_allocation_ratio 参数控制，默认值为 16.0。

```
cpu_allocation_ratio = 16.0
```

例如，按照这个超量比例，nova-scheduler 在调度时会认为一个拥有 8 个 vCPU 的计算节点有 128 个 vCPU。不过 nova-scheduler 默认使用的过滤器并没有包含 CoreFilter。如果要使用，可以将 CoreFilter 添加到 nova.conf 的 scheduler_default_filters 配置选项中。

（6）ComputeFilter（计算过滤器）

ComputeFilter 保证只有 nova-compute 服务正常工作的计算节点才能够被 nova-scheduler 调度，它显然是必选的过滤器。

（7）ComputeCapabilitiesFilter（计算能力过滤器）

这个过滤器可根据计算节点的特性来过滤。这里举例说明，有 x86_64 和 ARM 架构的不同节点，要将实例指定到部署 x86_64 架构的节点上，就可以利用该过滤器。

实例有一个 Metadata（元数据）属性，计算能力就在 Metadata 中指定，其中“Compute Host Capabilities”列出了所有可设置的能力，单击“Architecture”右侧的“+”图标，就可以在右边的列表中指定具体的架构。如果没有设置元数据，则计算能力过滤器不会起作用，所有节点都会通过。

（8）ImagePropertiesFilter（镜像属性过滤器）

该过滤器根据所选镜像的属性来筛选匹配的计算节点。与实例类型类似，镜像也有元数据（Metadata），用于指定其属性。例如，希望某个镜像只能运行在 KVM 的 Hypervisor 上，可以通过“Hypervisor Type”属性来指定。

如果没有设置镜像的元数据，则镜像属性过滤器不会起作用，所有节点都会通过筛选。

（9）ServerGroupAntiAffinityFilter（服务器组反亲和性过滤器）

这个过滤器要求尽量将实例分散部署到不同的节点上。例如有 3 个实例 s1、s2 和 s3，3 个计算节点 A、B 和 C。为保证分散部署，进行如下操作。

创建一个 anti-affinity 策略的服务器组（server group）“group-1”，命令如下。

```
openstack server group create --policy anti-affinity group-1
```

这里的 server group 其实是实例组，而不是计算节点组。

依次创建 3 个实例，将它们放到 group-1 中，命令如下。

```
openstack server create --flavor m1.tiny  --image cirros --hint group=group-1 s1
openstack server create --flavor m1.tiny  --image cirros --hint group=group-1 s2
openstack server create --flavor m1.tiny  --image cirros --hint group=group-1 s3
```

因为 group-1 的策略是 AntiAffinity，调度时 ServerGroupAntiAffinityFilter 会将 s1、s2 和 s3 部署到不同计算节点 A、B 和 C 上。

目前只能在命令行中指定服务器组来创建实例。创建实例时如果没有指定服务器组，ServerGroupAntiAffinityFilter 会直接通过，不做任何过滤。

（10）ServerGroupAffinityFilter（服务器组亲和性过滤器）

与 ServerGroupAntiAffinityFilter 的作用相反，此过滤器尽量将实例部署到同一个计算节点上。读者可以参照上述 ServerGroupAntiAffinityFilter 的方法进行验证。创建实例时如果没有指定服务器组，ServerGroupAffinityFilter 会直接通过，不做任何过滤。

4. 权重（Weight）

nova-scheduler 服务可以使用多个过滤器依次进行过滤，过滤之后的节点再通过计算权重选出最适合的能够部署实例的节点。如果有多个计算节点通过了过滤，那么最终选择哪个节点还需要进一步确定。接着可以对这些主机计算权重值并进行排序，得出一个最佳的计算节点。这个过程需要调用指定的各种 Weighter 模块，得出主机的权重值。

所有的权重实现模块位于 nova/scheduler/weights 目录。目前 nova-scheduler 的默认实现是

RAMWeighter，根据计算节点空闲的内存量计算权重值，空闲内存越多，权重越大，实例将被部署到当前空闲内存最多的计算节点上。

### 7.1.5　Compute 组件

调度服务只负责分配任务，真正执行任务的是工作服务 Worker。在 Nova 中，这个 Worker 就是 Compute 组件，由 nova-compute 服务实现。这种职能划分使得 OpenStack 非常容易扩展，一方面，当计算资源不够，无法创建实例时，可以增加计算节点（增加 Worker）；另一方面，当客户的请求量太大，调度不过来时，可以增加调度器部署。

nova-compute 在计算节点上运行，负责管理节点上的实例。通常一个主机运行一个 nova-compute 服务，一个实例部署在哪个可用的主机上则取决于调度算法。OpenStack 对实例的操作，最后都是交给 nova-compute 来完成的。nova-compute 的功能可以分为两类，一类是定时向 OpenStack 报告计算节点的状态，另一类是实现实例生命周期的管理。

1. **通过 Driver（驱动）架构支持多种 Hypervisor 虚拟机管理器**

创建虚拟机实例最终需要与 Hypervisor 打交道。Hypervisor 是计算节点上运行的虚拟化管理程序，也是虚拟机管理最底层的程序。不同虚拟化技术提供自己的 Hypervisor，常用的 Hypervisor 有 KVM、Xen、VMWare 等。nova-compute 与 Hypervisor 一起实现 OpenStack 对实例生命周期的管理。它通过 Hypervior 的 API（虚拟化层 API）来实现创建和销毁虚拟机实例的 Worker 守护进程，如下所示。

- XenServer/XCP 的 XenAPI
- KVM 或 QEMU 的 Libvirt
- VMware 的 VMwareAPI

这个处理过程相当复杂。基本上，该守护进程接受来自队列的动作请求，并执行一系列系统命令，如启动一个 KVM 实例并在数据库中更新它的状态。

面对多种 Hypervisor，nova-compute 为这些 Hypervisor 定义统一的接口，Hypervisor 只需要实现这些接口，就可以以 Driver 的形式即插即用到 OpenStack 系统中，如图 7-3 所示。

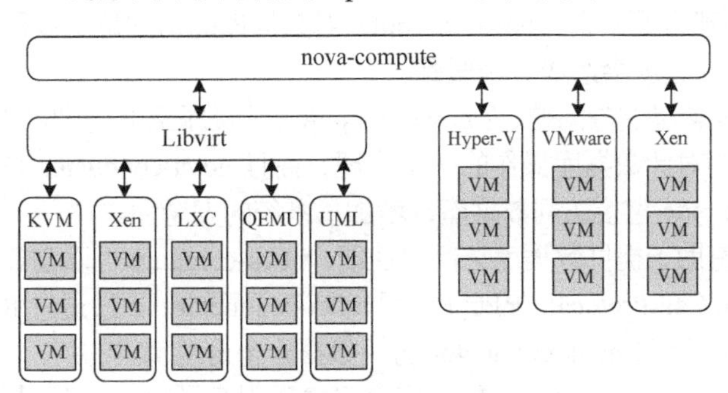


图 7-3　Nova 的 Driver 架构

可以在/opt/stack/nova/nova/virt/目录下查看 OpenStack 源代码中已经自带的 Hypervisor 的驱动。一个计算节点上只能运行一种 Hypervisor，在该节点 nova-compute 的配置文件/etc/nova/nova.conf 中配置对应的 compute_driver 参数即可。例如，通常使用 KVM，配置 Libvirt 的驱动即可。

2. **定期向 OpenStack 报告计算节点的状态**

OpenStack 通过 nova-compute 的定期报告获知每个计算节点的信息。每隔一段时间，nova-compute 就会报告当前计算节点的资源使用情况和 nova-compute 的服务状态。nova-compute 是通过 Hypervisor 的驱动获取这些信息的。例如，如果使用的 Hypervisor 是 KVM，则会使用 Libvirt 驱动，由 Libvirt

驱动调用相关的 API 获得资源信息。

3. 实现虚拟机实例生命周期的管理

OpenStack 对虚拟机实例最主要的操作都是通过 nova-compute 实现的，包括实例的创建（Launch）、关闭（Shutdown）、重启（Reboot）、挂起（Suspend）、恢复（Resume）、中止（Terminate）、调整大小（Resize）、迁移（Migration）、快照（Snapshot）等。

这里以实例创建为例来说明 nova-compute 的实现过程。当 nova-scheduler 选定部署实例的计算节点后，会通过消息中间件 RabbitMQ 向所选的计算节点发出创建实例（Launch Instance）的命令。计算节点上运行的 nova-compute 收到消息后会执行实例创建操作，创建过程可以分为以下几个阶段。

（1）为实例准备资源。nova-compute 首先会根据指定的实例类型依次为要创建的实例分配内存、磁盘空间和 vCPU。

（2）创建实例的镜像文件。OpenStack 创建一个实例时会选择一个镜像，这个镜像由 Glance 管理。nova-compute 首先用 Glance 将指定的镜像下载到计算节点，然后以其作为支持文件（Backing File）创建实例的镜像文件。

（3）创建实例的 XML 定义文件。

（4）创建虚拟网络并启动虚拟机。

## 7.1.6 Conductor 组件

Conductor 组件由 nova-conductor 模块实现，旨在为数据库的访问提供一层安全保障。Scheduler 组件只能读取数据库的内容，API 通过策略限制数据库的访问，两者都可以直接访问数据库，更加规范的方法是通过 Conductor 组件来对数据库进行操作。nova-conductor 作为 nova-compute 服务与数据库之间交互的中介，避免了直接访问由 nova-compute 服务创建的云数据库。nova-conductor 可以水平扩展。但是，不要将它部署在运行 nova-compute 服务的节点上。

nova-compute 需要获取和更新数据库中虚拟机实例的信息。早期版本的 nova-compute 是直接访问数据库的，这可能带来安全和性能问题。就安全方面来说，如果一个计算节点被攻陷，数据库就会直接暴露出来；就性能方面来说，nova-compute 对数据库的访问是单线程、阻塞式的，而数据库处理是串行而非并行的，这就会造成一个瓶颈。

nova-conductor 可以解决这些问题，将 nova-compute 访问数据库的全部操作都改到 nova-conductor 中，nova-conductor 作为对此数据库操作的一个代理，而且 nova-conductor 是部署在控制节点上的。这样就避免了 nova-compute 直接访问数据库，增加了系统的安全性。

nova-conductor 也有助于提供数据库访问的性能，nova-compute 可以创建多个线程使用远程过程调用（Remote Procedure Call Protocal，RPC）访问 nova-conductor。不过通过 RPC 访问 nova-conductor 也会受网络延迟的影响，而且 nova-conductor 访问数据库也是阻塞式的。

nova-conductor 将 nova-compute 与数据库分离之后提高了 Nova 的伸缩性。nova-compute 与 nova-conductor 是通过消息中间件交互的。这种松散的架构允许配置多个 nova-conductor 实例。在一个大规模的 OpenStack 部署环境里，管理员可以通过增加 nova-conductor 的数量来应对日益增长的计算节点对数据库的访问。

另外，nova-conductor 升级方便。在保持 Conductor API 兼容的前提下，数据库模式（Schema）升级无须同时升级 nova-compute。

## 7.1.7 Placement API 组件

以前对资源的管理全部由计算节点承担，在统计资源使用情况时，只是简单地将所有计算节点的资源情况累加起来。但是系统中还存在外部资源，这些资源由外部系统提供，如 Ceph、NFS（Network File System，网络文件系统）提供存储服务。面对多种多样的资源提供者，管理员需要一个统一的、简单的管理接口来统计系统中的资源使用情况，这个接口就是 Placement API。

OpenStack 从 Newton 版本开始引入 Placement API，由 nova-placement-api 服务来实现，旨在追踪记录资源提供者（Resources Provider）的目录和资源使用情况。例如，资源提供者可以是一个计算节点、共享存储池或是 IP 地址池。Placement API 组件追踪每种资源提供者的服务目录和使用情况。例如，一个新创建的实例是某个计算节点（资源提供者）的消费者，消耗其内存和 CPU 资源，同时它也是外部存储资源池的消费者和 IP 资源提供者的消费者。

被消费的资源类型是按类跟踪的。nova-placement-api 服务提供一套标准的资源类（如 DISK_GB、MEMORY_MB 和 VCPU），也支持按需自定义的资源类。

### 7.1.8　控制台接口

用户可以通过多种方式访问虚拟机的控制台，相关的 Nova 组件如下。

（1）nova-novncproxy 守护进程：为通过虚拟网络控制台（Virtual Network Console，VNC）连接访问正在运行的实例提供一个代理，支持基于浏览器的 novnc 客户端。

（2）nova-spicehtml5proxy 守护进程：为通过 SPICE 连接访问正在运行的实例提供一个代理，支持基于浏览器的 HTML 5 客户端。

（3）nova-xvpvncproxy 守护进程：为通过 VNC 连接访问正在运行的实例提供一个代理，支持 OpenStack 专用的 Java 客户端。

（4）nova-consoleauth 守护进程：负责对访问虚拟机控制台提供用户令牌认证。该服务必须与控制台代理程序（上述 3 个守护进程）共同使用，才能起到安全作用。在集群配置中可以运行两者中任一代理服务而非仅运行一个 nova-consoleauth 服务。

### 7.1.9　虚拟机实例化流程

下面以创建虚拟机为例说明虚拟机实例化流程。

（1）首先用户（可以是 OpenStack 最终用户，也可以是其他程序）执行 Nova Client 提供的用于创建虚拟机的命令。

（2）nova-api 服务监听到来自 Nova Client 的 HTTP 请求，并将这些请求转换为 AMQP 消息之后加入消息队列。

（3）通过消息队列调用 nova-conductor 服务。

（4）nova-conductor 服务从消息队列中接收虚拟机实例化请求消息后，进行一些准备工作（例如汇总 HTTP 请求中所需要实例化的虚拟机参数）。

（5）nova-conductor 服务通过消息队列告诉 nova-scheduler 服务去选择一个合适的计算节点来创建虚拟机，此时 nova-scheduler 会读取数据库的内容。

（6）nova-conductor 服务从 nova-scheduler 服务得到了合适的计算节点的信息后，再通过消息队列来通知 nova-compute 服务实现虚拟机的创建。

从虚拟机实例化的过程可以看出，Nova 中最重要的服务之间的通信都是通过消息队列来实现的，这符合松耦合的实现方式。并不是所有的业务流程都像创建虚拟机那样需要所有的服务来配合，例如，删除虚拟机实例时，就不需要 nova-conductor 服务，API 通过消息队列通知 nova-compute 服务删除指定的虚拟机，nova-compute 服务再通过 nova-conductor 服务更新数据库，至此完成该流程。

# 7.2 Nova 部署架构

Nova 使用基于消息、无共享、松耦合、无状态的架构，因而其部署非常灵活。

## 7.2.1 Nova 物理部署

OpenStack 是一个无中心结构的分布式系统，其物理部署非常灵活，可以部署到多个节点上，以获得更好的性能和高可用性。当然也可以将所有服务都安装在一台物理机上作为一个 All-in-One 测试环境。Nova 只是 OpenStack 的一个子系统，由多个组件和服务组成，可将它们部署在计算节点和控制节点这两类节点上。计算节点上安装 Hypervisor 以运行虚拟机，只需要运行 nova-compute。其他 Nova 组件和服务则一起部署在控制节点上，如 nova-api、nova-scheduler、nova-conductor 等，以及 RabbitMQ 和 SQL 数据库。客户端使用计算实例并不是直接访问计算节点，而是通过控制节点提供的 API 来访问的。如果一个控制节点同时也作为一个计算节点，则需要在上面运行 nova-compute。

通过增加控制节点和计算节点实现简单方便的系统扩容。Nova 是可以水平扩展的，可以将多个 nova-api、nova-conductor 部署在不同节点上以提高服务能力，也可以运行多个 nova-scheduler 来提高可靠性。

经典的部署模式是一个控制节点对应多个计算节点，如图 7-4 所示。

负载均衡部署模式则通过部署多个控制节点实现，如图 7-5 所示。当多个节点运行 nova-api 时，要在前端做负载均衡。

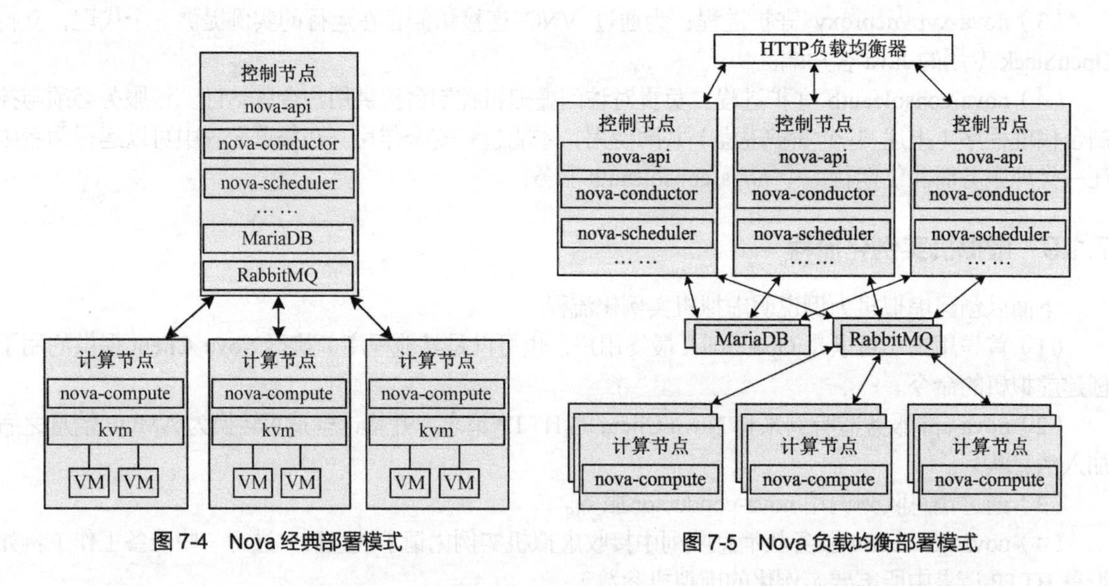


图 7-4 Nova 经典部署模式　　图 7-5 Nova 负载均衡部署模式

当多个节点运行 nova-scheduler 或 nova-conductor 时，可由消息队列服务实现负载均衡。

## 7.2.2 Nova 的 Cell 架构

当 OpenStack Nova 集群的规模变大时，数据库和消息队列服务就会出现性能瓶颈问题。Nova 为提高水平扩展以及分布式、大规模部署能力，同时又不增加数据库和消息中间件的复杂度，从 OpenStack 的 Grizzly 版开始引入了 Cell 的概念。

Cell 可译为单元。为支持更大规模的部署，OpenStack 将大的 Nova 集群分成小的单元，每个单元有自己的消息队列和数据库，可以解决规模增加时引起的性能问题。Cell 不会像 Region 那样将各个集群独立运行。在 Cell 中，Keystone、Neutron、Cinder、Glance 等资源是可共享的。

早期版本的 Cells v1 的设想很好，但是局限于早期 Nova 架构，增加一个 nova-cell 服务在各个单元之间传递消息，使得架构更加复杂，没有被推广开来。OpenStack 从 Pike 版开始弃用 Cells v1。现在部署的都是 Cells v2，它从 Newton 版本开始被引入，从 Ocata 版本开始变为必要组件，默认部署都会初始化一个单 Cell 的架构。下面重点介绍 Cells v2。

1. Cells v2 的架构

Cell v2 的架构如图 7-6 所示，所有的 Cell 形成一个扁平架构，API 与 Cell 节点之间存在边界。API 节点只需要数据库，不需要消息队列。nova-api 依赖 nova_api 和 nova_cell0 两个数据库。API 节点上部署 nova-scheduler 服务，在调度的时候只需要在数据库中查出对应的 Cell 信息就能直接连接过去，从而出现一次调度就可以确定具体在哪个 Cell 的哪台机器上启动。Cell 节点中只需要安装 nova-compute 和 nova-conductor 服务，以及它依赖的消息队列和数据库。API 上的服务会直接连接 Cell 的消息队列和数据库，不需要像 nova-cell 这样的额外服务。Cell 下的计算节点只需注册到所在的 Cell 节点下就可以了。

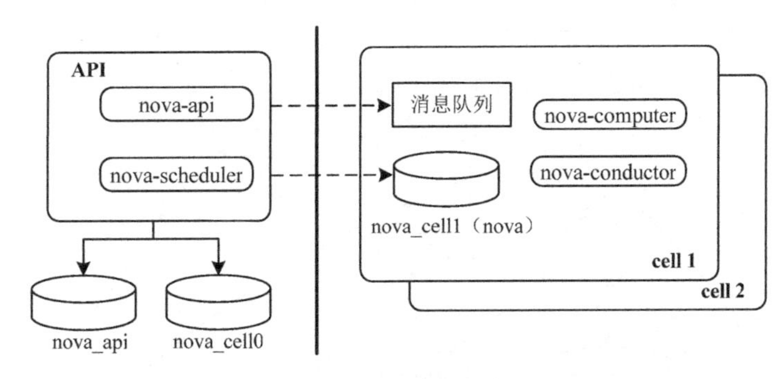


图 7-6 Cells v2 架构

2. API 节点上的数据库：nova_api 和 nova_cell0

根据 Cells v2 的设计，API 节点只使用两个数据库实例，即 nova_api 和 nova_cell0。nova_api 数据库中存放全局信息，这些全局数据表是从 nova 库迁过来的，如 flavor（实例模型）、instance groups（实例组）、quota（配额）。

其中 Cell 的信息存放在 cell_mappings 表中，存放 Cell 的数据库和消息队列的连接，用于与子 Cell 通信。主机的信息存放在 host_mappings 表中，用于 nova-scheduler 的调度，确认分配到的节点。实例的信息存放在 instance_mappings 表中，用于查询实例所在的 Cell，然后连接到 Cell 获取该实例的具体信息。

nova_cell0 数据库的模式与 nova 一样，主要用途就是当实例调度失败时，实例的信息不属于任何一个 Cell，因而存放在 nova_cell0 数据库中。

3. Cell 部署

基本的 Nova 系统包括以下组件。

- nova-api 服务：对外提供 REST API。
- nova-scheduler 和 nova-placement-api 服务：负责跟踪资源，决定实例放在哪个结算节点上。
- API 数据库：主要由 nova-api 和 nova-scheduler（以下称为 API 层服务）用于跟踪实例的位置信息，以及正在构建但还未完成调度的实例的临时性位置。
- nova-conductor 服务：卸载 API 层服务长期运行的任务，避免结算节点直接访问数据。
- nova-compute 服务：管理虚拟机驱动和 Hypervisor 主机。
- cell 数据库：由 API、nova-conductor 和 nova-compute 服务使用，存放实例主要信息。
- cell0 数据库：与 cell 数据库非常类似，但是仅存储那些调度失败的实例信息。

- 消息队列：让服务之间通过 RPC 进行相互通信。

所有的部署都必须包括上述组件。小规模部署可能有单一消息队列让各服务共享、单一数据库服务器承载 API 数据库、单个 cell 数据库和必需的 cell0 数据库，这通常被称为单 Cell 部署，因为只有一个实际的 Cell，如图 7-7 所示。cell0 数据库模拟一个正常的 Cell，但是没有计算节点，仅用于存储部署到实际计算节点（实际的 Cell）失败的实例。所有服务配置通过同一消息总线进行相互通信，只有一个 cell 数据库用于存储实例信息。

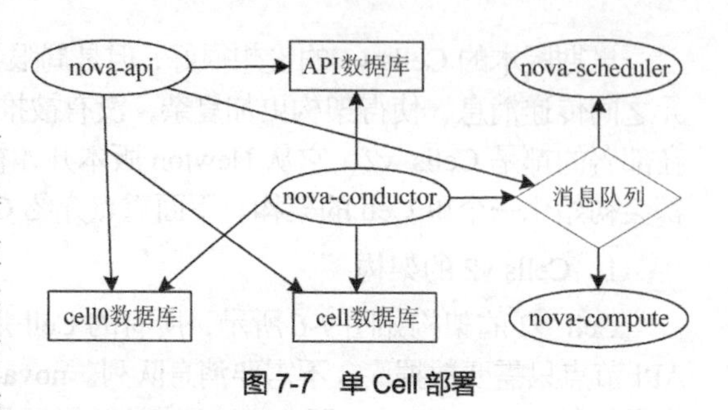


图 7-7　单 Cell 部署

Nova 中的 Cell 架构的目的就是支持大规模部署，将许多结算节点划分到若干 Cell 中，每个 Cell 有自己的数据库和消息队列。API 数据库只能是全局性的，有许多 cell 数据库用于大量实例信息，每个 cell 数据库承担整体部署中的实例的一部分。多 Cell 部署如图 7-8 所示。首先，消息总线必须分割，cell 数据库拥有同一总线。其次，必须为 API 层服务运行专用的 conductor 服务，让它访问 API 数据库和专用的消息队列。我们将它称为超级引导器（Super Conductor），以便同每个 Cell 引导器节点明确区分。

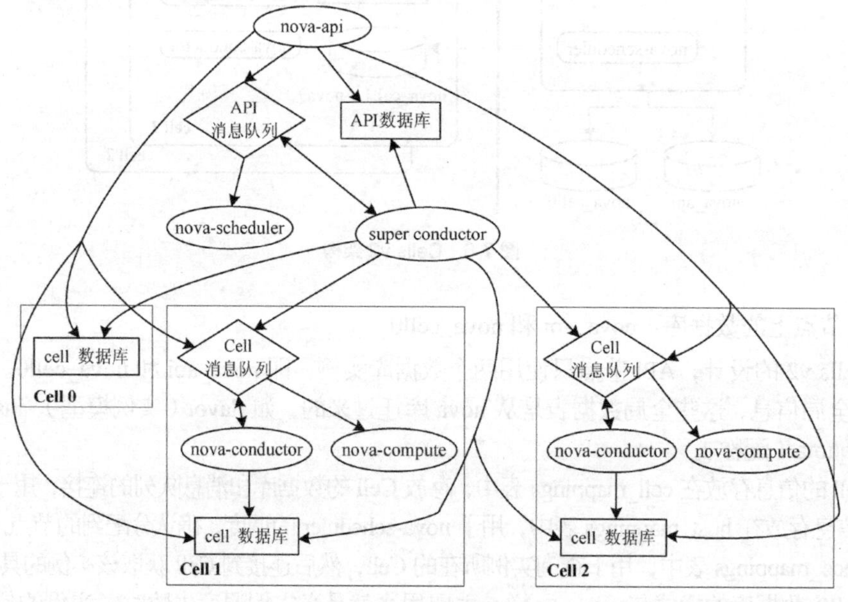


图 7-8　多 Cell 部署

4. Cell 管理

由于 Cell v2 完全依靠数据库的操作未建立，所以也没有提供相关的 API 接口。主要使用 nova-manage cell_v2 命令来管理。

例如下列命令用于查看 Cell。

```
nova-manage cell_v2 list_cells --verbose
```

添加 Cell 的命令如下。

```
nova-manage  cell_v2  create_cell  --verbose --name  cell1  --database_connection
mysql+pymysql://nova:magine1989@10.1.1.56/nova_cell1 --transport-url rabbit://guest:
guest@10.1.1.56:5672/
```

发现主机，命令如下。

```
nova-manage cell_v2 discover_hosts
```

# 7.3 Nova 的元数据工作机制

IaaS 云计算平台中虚拟机启动时的自定义配置是必不可少的功能，OpenStack 通过一种称为元数据（Metadata）的机制来实现这一功能。虚拟机的元数据是一组与一台虚拟机相关联的键值对。Nova 支持为实例提供定制的元数据，目的是为启动的实例提供配置信息和设置参数。实例可通过 nova-api-metadata 服务或者配置驱动器（Config Drive）这两种途径获取元数据，而如何使用这些元数据由 cloud-init 负责，cloud-init 已在上一章介绍过。

## 7.3.1 元数据及其注入

OpenStack 的实例是基于镜像部署的，镜像中包含了操作系统、最常用的软件（如 SSH）以及最通用的配置（如网卡设置）。实际应用中，在创建实例时通常要对实例进行一些额外的自定义配置，如安装软件包、添加 SSH 密钥、配置主机名、设置磁盘大小、执行脚本等。如果可以将这些自定义配置都加到镜像中，则每次部署虚拟机实例都要制作定制化的镜像，不仅费时费力，而且大量、庞杂的镜像不便于管理，违背了镜像本来是作为模板提供通用配置的初衷。当然，也可以在实例创建之后手工完成这些个性化配置，只是这不符合云服务自动化的基本要求。可行的方案是通过向虚拟机实例注入元数据信息，实例启动时获得自己的元数据，实例中的 cloud-init（或 Cloudbase-init）工具根据元数据完成个性化配置工作。这样就不需要修改基础镜像了，在保证镜像稳定性的同时实现实例的自动化个性配置，从而不用单独为每一虚拟机实例进行手动初始化。

OpenStack 将 cloud-init 定制虚拟机实例配置时获取的元数据信息分成两大类：元数据（Metadata）和用户数据（User Data）。这两类数据只是代表了不同的信息类型，实质上都是提供配置信息的数据源，使用了相同的信息注入机制。元数据是结构化数据，以键值对（Key/Value）形式注入实例，包括实例自身的一些常用属性，如主机名、网络配置信息（IP 地址和安全组）、SSH 密钥等。用户数据是非结构化数据，通过文件或脚本的方式进行注入，支持多种文件格式，如 gzip 压缩文件、Shell 脚本、cloud-init 配置文件等，主要包括一些命令、脚本等，比如提供 Shell 脚本，设置 root 密码。

OpenStack 将元数据和用户数据的配置信息注入机制分为两种，一种是配置驱动器（Config Drive）机制，另一种是元数据服务（Metadata Service）机制。

可以说，cloud-init 工具与配置驱动器机制或元数据服务机制一起实现了虚拟机实例的个性化定制。下面以前面使用过的 SSH 密钥注入为例简单说明实现过程。

（1）OpenStack 创建一个 SSH 密钥对，将其中的公钥（Public Key）存放在 OpenStack 数据库中，而将私钥（Private Key）提供给用户（可下载）。

（2）创建一个实例时选择该 SSH 密钥对，完成实例创建之后，cloud-init 将其中的公钥写入实例，一般会保存到.ssh/authorized_keys 目录中。

（3）用户可以用该 SSH 密钥对的私钥直接登录该实例。

## 7.3.2 配置驱动器

### 1. 实现机制

OpenStack 将元数据信息写入实例的一个特殊的配置设备中（也就是在配置驱动器中存储元数据），然后在实例启动时，自动挂载该设备，并由 cloud-init 读取其中的元数据信息，从而实现配置信息注入。任何可以挂载 ISO 9660 或者 VFAT 文件系统的客户操作系统，都可以使用配置驱动器。可以说配置驱动器是一个特殊的文件系统。

配置驱动器的具体实现根据 Hypervisor 的不同和配置会有所不同，不同的底层 Hypervisor 支撑所挂载的设备类型也不尽相同。下面以常用的 Libvirt 为例进行说明。OpenStack 将元数据写入 Libvirt 的虚拟磁盘文件中，并指示 Libvirt 将其虚拟为 CD-ROM 设备。实例在启动时，客户操作系统中的 cloud-init 会挂载并读取该设备，然后根据所读取的内容对实例进行配置。其中的 user_data 文件就是在创建虚拟机实例时指定需要执行的脚本文件。

2. 应用场合

如果实例无法通过 DHCP 正确获取网络信息，使用配置驱动器就非常必要。配置驱动器主要用于配置实例的网络信息，包括 IP、子网掩码、网关等。例如，可以先通过配置驱动器来给一个实例传递 IP 地址配置，这样在配置这个实例的网络设置之前，就可以先加载和访问这个实例了。

3. 对计算主机和镜像的要求

使用配置驱动器对计算主机和镜像有一定的要求。

（1）计算主机必须符合以下要求。

- Hypervisor 可以是 Libvirt、XenServer、Hyper-V 或 VMware，以及裸金属服务。
- 与 Libvirt、XenServer、VMware 一起使用配置驱动器，必须首先在计算主机上安装 genisoimage 包，否则实例将不会正确引导。安装 genisoimage 程序时使用 mkisofs_cmd 标志来设置路径，如果 genisoimage 与 nova-compute 服务在同一路径下，则无须设置此标志。
- 与 Hyper-V 一起使用配置驱动器时，必须设置 mkisofs_cmd 值的完整路径来完成 mkisofs.exe 程序的安装。此外还需要在 Hyper-V 的配置文件中设置 qume_img_cmd 为 qemu-img 命令的路径。
- 与裸金属服务一起使用配置驱动时，裸金属服务已配置好。

（2）镜像必须符合以下要求。

- 尽可能采用最新版本的 cloud-init 包制作镜像。
- 如果一个镜像没有安装 cloud-init 包，必须定制镜像运行脚本，实现在实例启动期间挂载配置磁盘、读取数据、解析数据并且根据数据内容执行相应动作。
- 如果将 Xen 与一个配置驱动器一起使用，要使用 xenapi_disable_agent 配置参数来禁用代理服务。在客户操作系统中，存储元数据的设备需要是 ISO 9660 或者 VFAT 文件系统。

当创建访问配置驱动器上数据的镜像，并且 openstack 目录下有多个目录时，要选择所支持的最新日期的 API 版本。

4. 启用和访问配置驱动器

要启用配置驱动器，将--config-drive true 参数传入 openstack server create 命令。下面的例子启用配置驱动器，并传入用户数据、两个文件和两个元数据键值对，这些都是可以从配置驱动器中访问的。

```
openstack server create --config-drive true --image my-image-name \
  --flavor 1 --key-name mykey --user-data ./my-user-data.txt \
  --file /etc/network/interfaces=/home/myuser/instance-interfaces \
  --file known_hosts=/home/myuser/.ssh/known_hosts \
  --property role=webservers --property essential=false MYINSTANCE
```

也可以在/etc/nova/nova.conf 配置文件中设置以下选项，来设置计算服务在创建实例时默认使用配置驱动器机制。

```
force_config_drive=true
```

如果客户操作系统支持通过标签来访问磁盘，可以挂载配置驱动器作为/dev/disk/by-label/[配置驱动器卷标]设备。在下面的例子中，配置驱动器有 config-2 卷标。

```
mkdir -p /mnt/config
```

```
mount /dev/disk/by-label/config-2 /mnt/config
```

5. 配置驱动器格式

配置驱动器默认格式是 ISO 9660 文件系统。可在/etc/nova/nova.conf 文件中明确定义，命令如下。

```
config_drive_format=iso9660
```

默认情况下不能将配置驱动器镜像作为一个 CD-ROM 来替换磁盘驱动器。为添加 CD-ROM，可以在/etc/nova/nova.conf 文件中定义，命令如下。

```
config_drive_cdrom=true
```

配置驱动器支持两种格式：ISO 9660 和 VFAT，默认是 ISO 9660，但这会导致实例无法在线迁移，必须设置成 config_drive_format=vfat 才能在线迁移，这一点需要注意。

## 7.3.3 元数据服务

如果实例能够自动正确配置网络，则可以通过元数据服务的方式获取元数据信息。OpenStack 提供 RESTful 接口让虚拟机实例可以通过 REST API 来获取元数据，这主要是由 nova-api-metadata 组件实现的，同时还需要 neutron-metadata-agent 和 neutron-ns-metadata-proxy 这两个组件的配合。元数据服务的基本架构如图 7-9 所示。

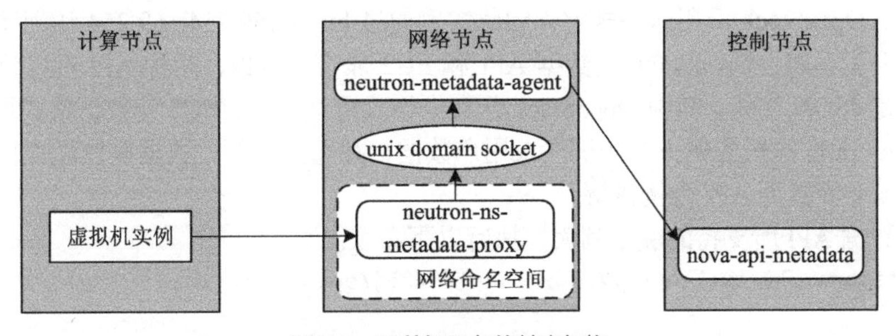


图 7-9 元数据服务的基本架构

这 3 个组件以及它们之间的关系说明如下。

- nova-api-metadata：运行在控制节点上，启动 RESTful 服务，负责处理实例发送的 REST API 请求。从请求的 HTTP 头部中取出相应的信息，获得实例的 ID，继而从数据库中读取实例的元数据信息，最后将结果返回。作为元数据的提供者，nova-api-metadata 是 nova-api 的一个子服务，实例正是通过 nova-api-metadata 的 REST API 来获取元数据信息。
- neutron-metadata-agent：运行在网络节点上，负责将接收到的获取元数据请求转发给 nova-api-metadata。neutron-metadata-agent 会获取实例和项目（租户）的 ID，并将其添加到请求的 HTTP 头部中，让 nova-api-metadata 根据这些信息获取元数据。
- neutron-ns-metadata-proxy：运行在网络节点上。如果由 DHCP 代理（neutron-dhcp-agent）创建，它则运行在 DHCP 代理所在的命名空间（namespace）中；如果由 L3（neutron-l3-agent）代理创建，它则运行在 Neutron 路由器所在的命名空间中。由于实例获取元数据的请求都是以路由和 DHCP 服务器作为网络出口的，所以需要通过 neutron-ns-metadata-proxy 联通不同的网络命名空间，将请求在网络命名空间之间转发。neutron-ns-metadata-proxy 利用在 unix domain socket 之上的 HTTP 技术，实现了不同网络命名空间之间的 HTTP 请求转发。这样就最终在实例和 nova-api-metadata 之间建立起通信。

nova-api-metadata 在控制节点上使用的是管理网络，由于网络不通，实例无法直接访问元数据服务，转而借助 neutron-metadata-agent 将请求转发到 nova-api-metadata。而 neutron-metadata-agent 使用的也是管理网络，这样实例也不能与 neutron-metadata-agent 通信，不过网络节点上有另外两个组件

DHCP 代理和 L3 代理，与实例可以位于同一 OpenStack 网络中，而 DHCP 服务器和 Neutron 路由器都在各自独立的命名空间中，于是通过 neutron-ns-metadata-proxy 解决联通命名空间和通信的问题。

下面总结一下虚拟机实例获取元数据的流程。

（1）实例通过项目网络将元数据请求发送到 neutron-ns-metadata-proxy，此时会在请求中添加 router-id 和 network-id。

（2）neutron-ns-metadata-proxy 通过 unix domain socket 将请求发送给 neutron-metadata-agent。此时根据请求中的 router-id、network-id 和 IP 获取端口信息，从而获得 instance-id 和 project-id（tenant-id）并加入请求中。

（3）neutron-metadata-agent 通过内部管理网络将请求转发给 nova-api-metadata。此时利用 instance-id 和 project-id（tenant-id）获取实例的元数据。

（4）将获取的元数据原路返回给发出请求的实例。

### 7.3.4 虚拟机实例访问元数据服务

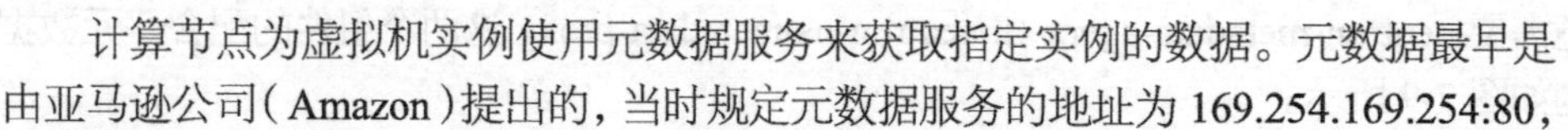

计算节点为虚拟机实例使用元数据服务来获取指定实例的数据。元数据最早是由亚马逊公司（Amazon）提出的，当时规定元数据服务的地址为 169.254.169.254:80，为了兼容 EC2，OpenStack 沿用这一规定，因此实例通过 http://169.254.169.254 访问元数据服务。元数据服务支持两套 API：OpenStack 元数据 API 和 EC2-兼容的 API，两种 API 都以日期为版本号。元数据分发的是 JSON 格式。其中 OpenStack 元数据格式可读性好，EC2 元数据格式可读性稍差。这里主要以在 Fedora 虚拟机实例（该实例注入用户数据，并通过更新元数据操作注入自定义元数据）上使用 OpenStack 元数据 API 为例讲解。

要获取元数据 API 所支持的版本列表，执行以下命令。

```
[fedora@fedora ~]$ curl http://169.254.169.254/openstack
2012-08-10
#此处省略
2017-02-22
```

进一步获取该版本下的元数据文件，命令如下。

```
[fedora@fedora ~]$ curl http://169.254.169.254/openstack/2017-02-22
meta_data.json
user_data
password
vendor_data.json
network_data.json
```

元数据和用户数据都可以由实例访问。只有当--user-data 选项和包含用户内容的文件被传入 openstack server create 命令，或者在图形界面通过配置驱动器注入用户数据时，才会出现像 user_data 这样的用户数据文件，不过 user_data 不是 JSON 格式。

查看具体的元数据文件要指定文件路径，命令如下。

```
curl http://169.254.169.254/openstack/2017-02-22/ meta_data.json
{ "random_seed":#此处省略
"uuid": "3a32d3c6-811c-4dec-b4fe-6bc1224eb261",
"availability_zone": "nova",
"keys": [{"data": "ssh-rsa AAAAB3NzaC1yc2EAAAADAQABAAABAQDeXWxqXAMnQTUhIV58KYPZ7yNDvx
lakn3guxcPccTxHzpgfNTFlQCB+LooMmCAfNbsPVSd31F5PE6k3RviX+Yp7kTt3O+KfP/gBKZzUXZ867HEOiRJAd
In3dcA5lYtrS3WtaVDW1K69piVOMKG+MblylFDjkrXvhNuGB6i2JEAc9FTkHgGo/EKJX5K1FYbK7nGA9tMWsP/QT
ZjEZtmfqLVuJQB6iv5rn5PuZtuV4U6e98QqGEk8ugNnft91h60ZlDYthGvEAqOIxry9VrrHJtvS6/IqVfJMLWJot
o62T/VepWi/x3RuSOlus5DGoautXrvUnoaF+Y4jXQCNqqRRkah  Generated-by-Nova","type":  "ssh",
"name": "demo-key"}],
  "hostname": "fedora.novalocal",
```

```
"launch_index": 0,
"devices": [],
"meta": {"myname": "robert","myage": "30"},  #此处为自定义元数据
"public_keys": { #此部分省略 },
"project_id": "640be57f32f2435da1b0adc6c39ca79f",
"name": "fedora"         }
```

以上这些元数据实际上都是在实例创建过程中由 cloud-init 设置的。如果通过选项--property 为 openstack server create 命令提供元数据，或者在图形界面通过“元数据”定义元数据，那么这些元数据将出现在 meta_data.json 文件的“meta”键所定义的 JSON 格式文件的集合中。

## 7.4 使用和管理计算服务

对于最终用户来说，可以使用以下工具，或者直接使用 API 通过 Nova 创建和管理服务器（虚拟机实例）。

- Horizon（Dashboard）：OpenStack 项目的 Web 图形界面。
- OpenStack 客户端（openstack）：OpenStack 项目的命令行。
- Nova 客户端（nova）：对于 Nova 的一些高级特性或管理命令，需要使用该工具。

OpenStack 目前虽然支持 nova 命令行，但是推荐使用 OpenStack 客户端。OpenStack 客户端不仅包括 nova 命令，而且提供 OpenStack 项目的绝大多数命令。

### 7.4.1 部署虚拟机实例的前提

在创建实例之前需要做一些准备，以确定以下基本要素。

- 源：源是用来创建实例的模板。可以使用一个镜像、一个实例的快照（镜像快照）、一个卷或一个卷快照，也可以通过创建一个新卷来选择使用具有持久性的存储。
- 实例类型：也就是实例规格，定义实例可使用的 CPU、内存和存储容量等硬件资源。
- 密钥对：密钥对允许用户使用 SSH 访问新创建的实例。大部分云镜像支持公共密钥认证而不是传统的密码认证。在创建实例时，必须将一个公共密钥添加到计算服务中。
- 安全组：通过访问规则定义防火墙策略，控制实例的网络通信。
- 虚拟网络：在云中为实例提供通信通道，可以是提供者网络和私有网络。

这些在本书第 2 章已介绍过，这里再补充介绍如何使用命令行添加 SSH 密钥和安全组规则。

**1. 生成一个 SSH 密钥对**

使用 ssh-keygen 命令生成密钥，不过默认安装时已经生成密钥，可以跳过此步骤直接使用已有的公钥。

```
ssh-keygen -q -N ""
```

使用 openstack 命令创建 SSH 密钥对的用法如下：

```
openstack keypair create [--public-key <文件> | --private-key <文件>] <密钥对名称>
```

通常使用--private-key 选项指定私钥文件（.pem），这样公钥存放在 OpenStack 数据库中，私钥以文件形式提供给用户。如果不指定任何选项，则生成密钥对时直接显示私钥信息。如果使用--public-key 选项指定公钥文件（.pub），则仅创建公钥，而不会创建私钥，这种情形创建虚拟机实例注入该密钥对之后，通过 SSH 访问实例只需提供此公钥文件。

**2. 添加安全组规则**

默认情况下，default 安全组适用于所有实例并且包括拒绝访问实例的防火墙规则。对于 Linux 镜像，推荐至少允许 ICMP（ping）和安全 shell（SSH）规则，分别执行以下命令。

```
openstack security group rule create --proto icmp default
openstack security group rule create --proto tcp --dst-port 22 default
```

### 7.4.2 创建虚拟机实例

普通用户一般会通过基于 Web 的 Dashboard 图形界面创建虚拟机实例。Dashboard 图形界面中有两个创建实例的入口，一种是从镜像创建实例，另一种是直接创建实例。这些在本书第 2 章已经讲解过，这里不再赘述。

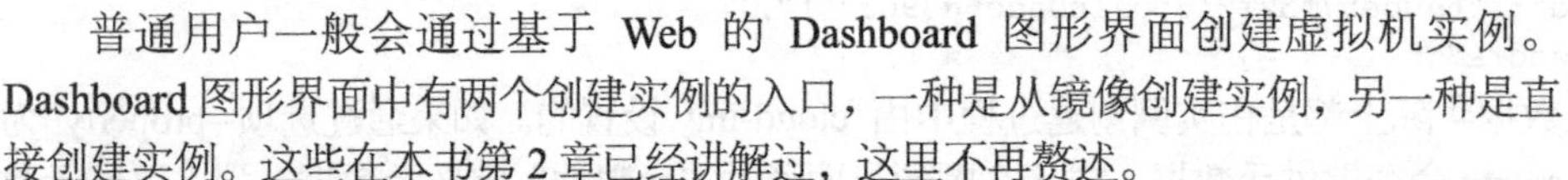

管理员或测试人员一般会基于命令行创建虚拟机实例，建议使用 openstack 命令来代替 nova 命令。这里介绍相关的部分命令行操作。执行命令行操作首先要加载用户凭据的环境变量。

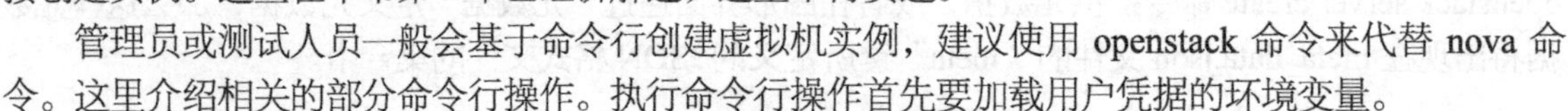

1. **实例创建命令**

创建一个实例，必须至少指定一个实例类型、镜像名称、网络、安全组、密钥和实例名称。因此创建实例之前，可以执行以下命令查看这些要素。

```
openstack flavor list      #列出可用的实例类型
penstack image list        #列出可用的镜像
openstack network list     #列出可用的网络
openstack security group list  #列出可用的安全组
openstack keypair list     #列出可用的密钥对
```

然后执行创建实例命令，下面是一个示例。

```
openstack server create --flavor m1.tiny --image cirros \
  --nic net-id=public --security-group default \
  --key-name demo-key cirros2
```

由于没有启动卷，这个基于镜像创建的虚拟机实例本身将存储在临时性磁盘上，一旦重启，实例运行时添加或修改的数据将会丢失。

实例创建命令 openstack server create 的详细语法如下。

```
openstack server create
    (--image <镜像> | --volume <卷>)
    --flavor <实例类型>
    [--security-group <安全组>]
    [--key-name <密钥对>]
    [--property <服务器属性>]
    [--file <目的文件名=源文件名>]
    [--user-data <实例注入文件信息>]
    [--availability-zone <域名>]
    [--block-device-mapping <块设备映射>]
    [--nic <net-id=网络 ID,v4-fixed-ip=IP 地址,v6-fixed-ip=IPv6 地址,port-id=端口 UUID,
auto,none>]
    [--network <网络>]
    [--port <端口>]
    [--hint <键=值>]
    [--config-drive <配置驱动器卷>|True]
    [--min <创建实例最小数量>]
    [--max <创建实例最大数量>]
    [--wait]
    <实例名>
```

下面结合部分不常用而又实用的选项来讲解创建实例的设置。

#### 2. 基于镜像或卷创建虚拟机的启动盘

选项--image 用于指定为实例创建启动盘的镜像文件。选项--volume 用于指定为实例创建启动盘的卷（块设备），这个卷必须基于一个云镜像来创建。例如，先创建一个基于 cirros 镜像的大小为 1GB 的卷，命令如下。

```
openstack volume create --image cirros  --size 1 --availability-zone nova myvolume
```

然后基于该卷创建实例，命令如下。

```
openstack server create --flavor m1.tiny  --volume myvolume  \
 --nic net-id=public --security-group default  --key-name demo-key cirros3
```

这个实例本身将保存在该启动卷上，重启不会丢失实例运行时添加或修改的数据。

使用--volume 选项会自动创建一个启动索引号为 0 的块设备映射，在许多 Hypervisor（如 libvirt/kvm）上这个设备就是 vda。注意使用--block-device-mapping 选项为此卷重复创建块设备映射。

#### 3. 设置元数据

通过选项--property 设置实例的属性，以“键=值”形式定义，可以设置多个属性，实际上是注入自定义的元数据（不同于配置驱动器上的元数据）。从 Mitaka 版本开始，将 nova boot 命令中通过选项--meta 设置元数据的方式，在 openstack 命令中替换成了选项--property。

相应的 Dashboard 图形界面如图 7-10 所示。

图 7-10　设置元数据

#### 4. 设置用户数据

使用选项--user-data 设置要注入虚拟机实例的用户数据文件，实际上是脚本文件。相应的 Dashboard 图形界面如图 7-11 所示，可以直接在“定制化脚本”区域填写初始化脚本，也可以将脚本以文件形式保存，单击“选择文件”按钮来选择脚本文件以加载其中的脚本。

#### 5. 设置配置驱动器

使用选项--config-drive 指定某卷为配置驱动器，如果使用值为“true”则表示是临时驱动器。如果客户操作系统支持通过标签来访问磁盘，可以挂载配置驱动器作为/dev/disk/by-label/[配置驱动器卷标]设备。相应的 Dashboard 图形界面参见图 7-11。

#### 6. 注入文件

使用选项--file 设置启动前注入镜像的文件，即将本地的文件存储到虚拟机中。注入的文件受配额限制。例如下面的例子，注入.vimrc 文件到新创建的实例中。

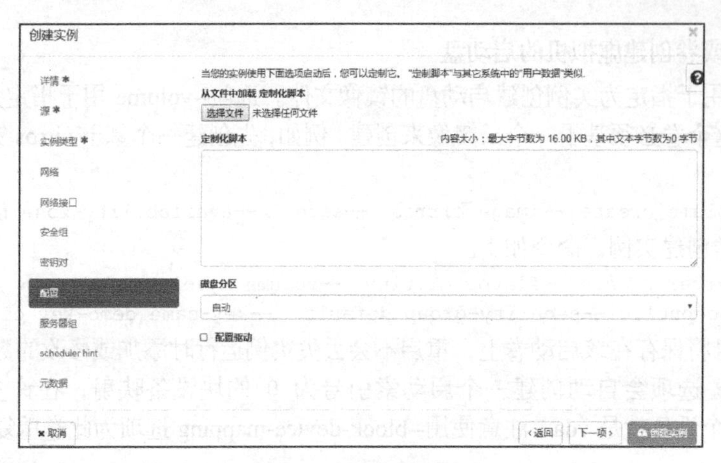


图 7-11　设置用户数据

```
openstack server create --flavor m1.tiny --image cirros \
  --nic net-id=public --security-group default --key-name demo-key \
  --file /root/.vimrc=/root/.vimrc--image id_of_image cirros2
```

最多可以注入 5 个文件，每个注入的文件都要使用--file 选项指定。

### 7. 设置块设备映射

选项--block-device-mapping 设置在实例上创建的块设备映射，也就是增加多个额外的块设备。格式如下。

```
<dev-name>=<id>:<type><size(GB)>:<delete-on-terminate>
```

<dev-name>为被挂载后在/dev/dev_name 中的设备名称，如 vdb、xvdc；<id>为卷或快照的 UUID；<type>表示类型，值为“volume”（默认）或“snapshot”；<size(GB)>为卷的容量（如果创建自快照）；<delete-on-terminate>表示是否在实例终止时删除，值为“true”或“false”（默认）。

### 8. 设置调度器提示

使用选项--hint 设置调度器，例如在调度过程中增加一个 ServerGroupAffinity/Anti-affinity 过滤器。相应的 Dashboard 图形界面如图 7-12 所示。

图 7-12　设置调度器提示

这一步允许为实例添加调度器提示（scheduler hint）。可以通过把左列的项目移动到右列来指定，左列是来自 Glance 元数据目录里的调度器提示定义。还可以使用自定义选项来添加调度器提示。

**9. 创建实例排错**

创建实例的过程中可能会遇到错误，导致创建失败。如果无法创建虚拟机，那么需要查看所有相关的日志，可以直接使用以下命令。

```
grep 'ERROR' /var/log/nova/*
grep 'ERROR' /var/log/neutron/*
grep 'ERROR' /var/log/glance/*
grep 'ERROR' /var/log/cinder/*
grep 'ERROR' /var/log/keystone/*
```

注意在控制节点和计算节点上都需要进行日志查找操作，而且最好提前将日志清空。

这里介绍两个典型的实例创建错误处理。

（1）错误信息：No valid host was found. There are not enough hosts available。

在小型实验环境中，在一个计算节点上刚开始创建几个虚拟机实例都没问题，但是再创建更多的实例时就失败，会报出上述错误，这主要是资源不足造成的，可能的原因如下。

- 计算节点的内存不足、CPU 资源不够、硬盘空间资源不足。这种情形如果出现，可尝试将实例类型的规格调低。
- 网络配置不正确，造成创建实例时获取 IP 失败。可能是网络不通或防火墙设置造成的。
- Openstack-nova-compute 服务状态问题。尝试重启控制节点的 nova 相关服务和计算节点的 openstack-nova-compute 服务，检查控制节点和计算节点的 nova.conf 配置是否正确。

笔者实验中遇到这个错误，原因是磁盘空间不足。执行以下命令可查看指定计算节点的资源使用情况。

```
openstack hypervisor show node-a
```

本例中发现 disk_available_least（最低可用磁盘空间）值偏低，不足以支撑实例类型 m1.small 所要求的根磁盘空间。在计算节点上执行以下命令继续查看目前文件系统的空间使用情况，进一步印证磁盘空间问题。

```
df -h
```

本例中进入目录/var/lib/nova/instances/_base，该目录保存基于镜像创建时采用临时性存储的实例的主要信息，可能会占用较大空间，删除这样的实例时文件可能会遗留，将这些遗留的文件删除，重启主机即可。

（2）错误信息：Build of instance xxx aborted: Block Device Mapping is Invalid。

这表明执行块设备映射失败，可能有多种原因。笔者遇到过的一种情形是在 Dashboard 界面通过从镜像启动（创建一个新卷）的方式创建实例时发生这种错误，经查是 Cinder 要寻找 Glance 提供的镜像，必须告知 Cinder 服务 Glance 所在的位置，即在/etc/cinder.conf 文件中必须设置 glance 相关参数，命令如下。

```
glance_host=192.168.199.21
glance_port=9292
```

### 7.4.3 访问虚拟机实例

实例创建成功后可以通过多种方式访问实例。例如通过 SSH 访问 Linux 实例，通过远程桌面协议（Romote Desktop Protocol，RDP）访问 Windows 实例。OpenStack 也提供了两种远程访问实例桌面的方式：VNC 和 SPICE HTML5。这两种方式可通过 Dashborad 在浏览器端直接打开实例的远程控制台访问，并可通过浏览器与实例交互。

要使用虚拟控制台访问实例，可以执行以下命令获取实例的 VNC 会话 URL，并从 Web 浏览器访问它。

```
[root@node-a ~(keystone_demo)]# openstack console url show cirros
+-------+-------------------------------------------------------------------------
----------+
| Field | Value                                                                  |
| type  | novnc                                                                   |
|  url     |  http://192.168.199.21:6080/vnc_auto.html?token=c88e4a41-840d-442b-bfa8-
3a55a239d2fc |
```

也可以通过 SSH 远程访问实例。例如执行以下命令。

```
ssh cirros@192.168.199.54
```

有关的详细说明请参见第 2 章，这里不再赘述。

### 7.4.4 管理虚拟机实例

管理员可以管理不同项目（租户）中的实例，普通用户只能查看和操作自己所在项目（租户）的实例。

在基于 Web 的 Dashboard 图形界面中管理虚拟机实例，只需在实例列表中打开某实例的操作菜单，如图 7-13 所示，选择相应的菜单项完成操作即可。

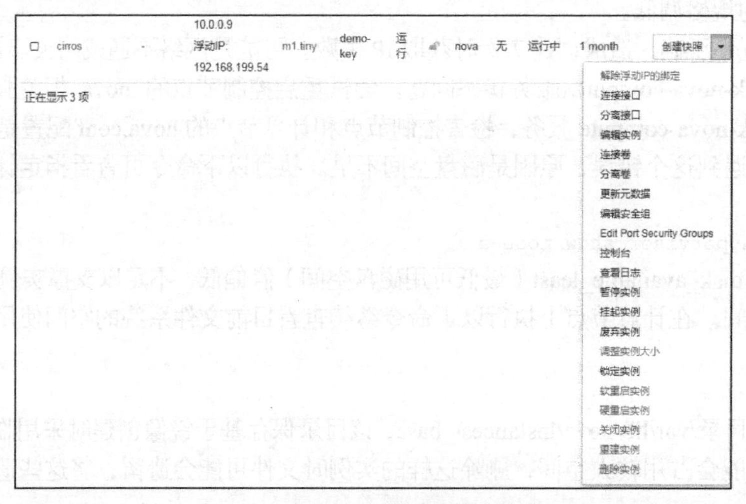


图 7-13 虚拟机实例的管理操作菜单

管理员或测试人员一般会基于命令行管理虚拟机实例，下面列举常用的操作命令。

> **提示** 默认情况下，如果不明确指定项目，用户只能管理被分配的项目的实例，即使是管理员，默认也只能管理 admin 项目的实例。如果要管理其他项目的实例，可以使用 --project 选项指定项目，前提是具备相应的权限。使用 --all-projects 选项可以操作所有的项目，默认只有 admin 具有此权限。要操作其他项目的实例，必须指定实例 ID，而不能是实例名。

（1）实例列表

```
openstack server list
```

管理员可以用以下命令列出所有项目的实例。

```
openstack server list --all-projects
```

（2）查看实例详情

```
openstack server show [--diagnostics] <实例名或 ID >
```

（3）实例启动

```
openstack server start <实例名或 ID> [<实例名或 ID > ...]
```

（4）实例暂停及恢复

```
openstack server pause <实例名或 ID> [<实例名或 ID > ...]
```

该命令在内存中可保存暂停实例的状态，已暂停的实例仍然可以运行，使用 openstack server unpause 命令可让其恢复。

（5）实例挂起及恢复

```
openstack server suspend <实例名或 ID> [<实例名或 ID > ...]
```

挂起的实例需要使用 openstack server resume 命令让其恢复。

（6）实例废弃及恢复

```
openstack server shelve <实例名或 ID> [<实例名或 ID > ...]
```

废弃的实例会被关闭，实例本身及其相关的数据被保存，但内存中的数据会丢失，使用 openstack server unshelve 命令可以恢复被废弃的实例。

（7）实例关闭

```
openstack server stop  <实例名或 ID> [<实例名或 ID > ...]
```

（8）实例重启

分为软重启和硬重启。软重启是操作系统正常关闭并重启，使用选项--soft；硬重启是模拟断电然后加电启动，使用选项--hard。

```
openstack server reboot [--hard | --soft] [--wait] <实例名或 ID>
```

（9）调整实例大小

这是将实例调整到一个新的实例类型。

```
openstack server resize  [--flavor <flavor> | --confirm | --revert] [--wait] <实例名或 ID>
```

这种操作是通过创建一个新的实例，并将原实例的磁盘的内容复制到新的实例中来实现的。对于用户来说，分两个处理阶段，第一阶段执行调整实例大小；第二阶段确认成功并释放原实例，或者使用选项--revert 进行事件回滚，释放新的实例并重启原实例。

（10）实例删除

```
openstack server delete <实例名或 ID> [<实例名或 ID > ...]
```

（11）实例修改

```
openstack server set  [--name <新名称>]  [--root-password]  [--property <键=值>]
    [--state <状态>]  <实例名或 ID>
```

选项--root-password 用于交互式修改 root 密码。--property 用于添加或修改属性（自定义元数据）。--state 用于改变状态，只能取值 active（活动）或 error（出错）。

```
[root@node-a ~(keystone_demo)]# openstack server set  --root-password Fedora
New password:
Retype new password:
QEMU guest agent is not enabled (HTTP 409) (Request-ID: req-30d54f4f-3b38-479c-a3f1-2aa62c30cb9a)
```

### 7.4.5 管理实例类型

管理员可以使用 openstack flavor 命令来定制和管理实例类型。配置权限可以通过重新定义访问控制委托给其他用户，具体方法是在 nova-api 服务器上的 /etc/nova/policy.json 配置文件中定义 compute_extension:flavormanage。

### 1. 通过 Web 界面管理实例类型

以云管理员身份登录 Dashboard 界面，依次单击“管理员”“计算”和“实例类型”，列出当前的实例类型。系统预置了 5 个默认的实例类型，如图 7-14 所示。

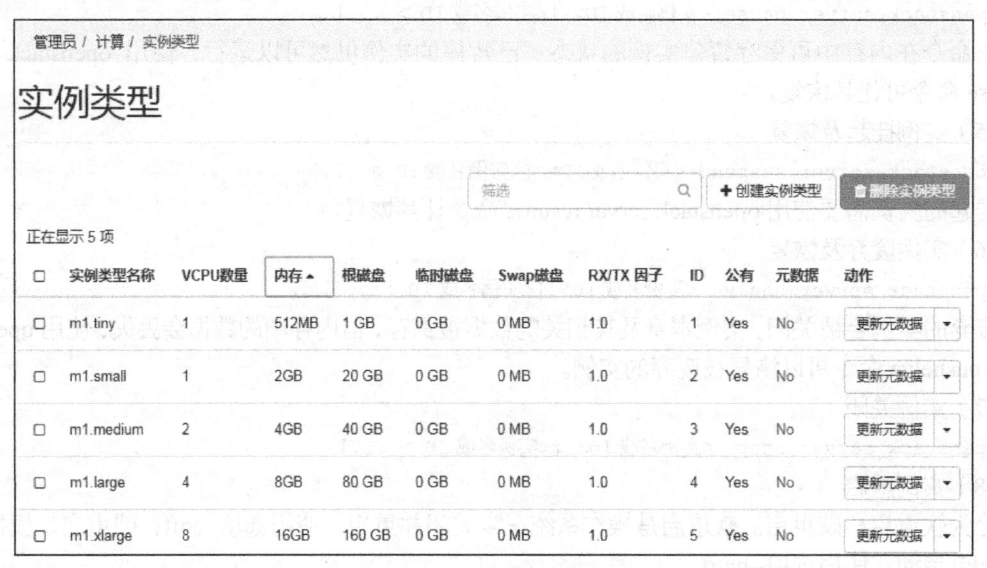

管理员 / 计算 / 实例类型

实例类型

筛选 ✚创建实例类型 删除实例类型

正在显示 5 项

| ☐ | 实例类型名称 | VCPU数量 | 内存▲ | 根磁盘 | 临时磁盘 | Swap磁盘 | RX/TX 因子 | ID | 公有 | 元数据 | 动作 |
|---|---|---|---|---|---|---|---|---|---|---|---|
| ☐ | m1.tiny | 1 | 512MB | 1 GB | 0 GB | 0 MB | 1.0 | 1 | Yes | No | 更新元数据 |
| ☐ | m1.small | 1 | 2GB | 20 GB | 0 GB | 0 MB | 1.0 | 2 | Yes | No | 更新元数据 |
| ☐ | m1.medium | 2 | 4GB | 40 GB | 0 GB | 0 MB | 1.0 | 3 | Yes | No | 更新元数据 |
| ☐ | m1.large | 4 | 8GB | 80 GB | 0 GB | 0 MB | 1.0 | 4 | Yes | No | 更新元数据 |
| ☐ | m1.xlarge | 8 | 16GB | 160 GB | 0 GB | 0 MB | 1.0 | 5 | Yes | No | 更新元数据 |

图 7-14 实例类型列表

可以根据需要创建新的实例类型。单击“创建实例类型”按钮，弹出图 7-15 所示的对话框，首先设置实例类型的参数。

创建实例类型

实例类型信息 * 实例类型使用权

名称 *

实例类型定义了RAM和磁盘的大小、CPU数，以及其他资源，用户在部署实例的时候可选用。

ID

auto

VCPU数量 *

内存(MB) *

根磁盘(GB) *

临时磁盘(GB)

0

Swap磁盘(MB)

0

RX/TX 因子

1

取消 创建实例类型

图 7-15 设置实例类型信息

- 名称：一个描述性的名称。
- ID：实例类型的 UUID。通常设置为“auto”，自动生成一个 UUID。
- vCPU 数量：实例要使用的虚拟 CPU 的数量。
- 内存（MB）：实例要使用的内存数量，单位是 MB。
- 根磁盘（GB）：这是一个复制基础镜像的临时磁盘。当从一个持久卷启动时不会用到根磁盘。其大小为 0 是特殊情况，表示将本地基础镜像大小作为临时根卷的大小。
- 临时磁盘（GB）：虚拟机实例生命周期中所使用的本地存储空间，默认值为 0。一旦虚拟机终止，临时磁盘上的所有数据都会丢失。任何快照都不包括临时磁盘。
- Swap 磁盘：这是一个可选项，为实例分配交换空间。默认值也为 0。
- RX/TX 因子：这也是可选项，定义实例上任何网络端口的接收与传输比值，默认值为 1.0。

创建实例类型时可以定义其使用权。单击“实例类型使用权”可进入相应界面，如图 7-16 所示，指定该实例类型可有哪些项目使用，如果不定义则任何项目都可以使用。设置好上述选项后，单击“创建实例类型”按钮即可完成创建。

要在 Dashborad 界面中修改现有的实例类型，必须删除该实例类型，然后再创建一个同名的实例类型即可。

2. **通过命令行管理实例类型**

（1）显示实例类型列表

```
openstack flavor list
```

图 7-16　设置实例类型使用权

（2）查看实例类型详情

```
openstack flavor show FLAVOR_ID
```

（3）创建实例类型

最简单的创建是指定名称、ID、内存大小、磁盘大小和 vCPU 数量。

```
openstack flavor create FLAVOR_NAME --id FLAVOR_ID \
   --ram RAM_IN_MB --disk ROOT_DISK_IN_GB --vcpus NUMBER_OF_VCPUS
```

使用命令行创建实例类型。还可以使用--public 选项决定实例类型是所有用户都可访问，还是所创建的项目自用，默认值是 True。

```
openstack flavor create --public m1.extra_tiny --id auto \
    --ram 256 --disk 0 --vcpus 1 --rxtx-factor 1
```

（4）设置实例类型

对于现有本地实例类型，可以使用 openstack flavor set 命令来修改其参数设置。

（5）删除实例类型

```
openstack flavor delete FLAVOR_ID
```

3. 使用扩展参数定制实例类型

扩展参数（Extra Specs）使用若干键值对来定义实例类型可在哪些计算节点上运行，比如一个实例类型只能运行在拥有 GPU 硬件的计算节点上。它一般用作更高级的实例配置的调度节点。所用的键值对必须符合熟知的选项。

实例类型的定制会受到所用 Hypervisor 的限制。举例来说，Libvirt 驱动启用了针对虚拟机的 CPU 配额、磁盘调整、I/O 带宽、看门狗行为（Watchdog Behavior）、随机数生成器设备控制和实例 VIF（虚拟网卡）流量控制。这里给出两个例子。

例如，配置 I/O 限制，命令如下。

```
openstack flavor set FLAVOR-NAME \
    --property quota:read_bytes_sec=10240000 \
    --property quota:write_bytes_sec=10240000
```

使用磁盘 I/O 配额可以设置为一个虚拟机用户设置最大的磁盘写入速度为每秒 10MB，命令如下。

```
openstack flavor set FLAVOR-NAME  --property quota:disk_write_bytes_sec=10485760
```

这些扩展参数就是一组元数据，在 Dashborad 界面中可以通过对实例类型执行更新元数据操作来定义，参见图 7-10。

## 7.4.6 为虚拟机实例注入管理员密码

计算服务可以生成一个随机的管理员（Root）账户密码，并将该密码注入虚拟机实例中。如果启用该特性，用户可以不使用 SSH 密钥而通过 SSH 访问实例。随机密码出现在 openstack server create 命令的输出中。也可在 Dashboard 界面中查看和设置管理员密码。

虚拟机实例在通过 cloud-init 获取元数据时可以使用 nova-api-metadata 和配置驱动器两种方式，而借助 cloud-init 方式来初始化实例密码则必须选择配置驱动器方式，只有配置驱动器才能将 adminPass 参数传递给实例。上一章就基于 Linux 镜像和 Windows 镜像创建的实例的密码修改做了部分详细示范，这里再总结一下注入管理源密码的主要方式。

1. 使用 Dashboard 界面实现密码注入

Dashboard 界面可显示管理员密码且允许用户修改它，即提供取回密码功能。如果不打算支持密码注入，通过编辑 Dashboard 的 local_settings 文件，将密码栏禁用。在 RHEL 或 CentOS 主机中，该配置文件位于/etc/openstack-dashboard 目录中。

```
OPENSTACK_HYPERVISOR_FEATURES = {
...
    'can_set_password': False,
}
```

2. 基于 libvirt 的 Hypervisor 的密码注入

使用 libvirt 的 Hypervisor（如 KVM、QEMU、LXC），管理员密码注入默认是禁用的。要启用它，在/etc/nova/nova.conf 配置文件中启用此选项。

```
[libvirt]
inject_password=true
```

启用该选项后，计算服务将修改实例操作系统的管理员账户密码，通过编辑虚拟机实例内部的文件/etc/shadow 来实现。

如果虚拟机镜像是 Linux 发行版，使用管理员密码，用户只能通过 SSH 访问实例，并且配置允许用户作为 root 根用户使用 SSH。但这对于 Ubuntu 云镜像来说是不可能的，因为其不允许用户使用 SSH 访问 root 根账户。

3. 密码注入和 Windows 镜像（所有的 Hypervisor）

对于 Windows 虚拟机，配置 Windows 镜像在启动时获取管理员密码，可安装像 Cloudbase-init 这样的代理软件。这里对 OpenStack 的 Windows 管理员密码设置方式进行总结。

（1）通过 Nova 找回密码

按照默认设置，Cloudbase-init 会为管理员用户生成一个随机密码，并以加密方式提交给 Nova 元数据服务。可以通过 nova get-password 命令行或 Dashboard 界面“取回密码”功能找回该管理员密码，前提是提供相应的 SSH 私钥，具体操作请参见第 6 章的 6.3.3 节。

（2）通过自定义元数据注入密码

这种情形是创建实例时，通过元数据服务将密码提供给 Nova 实例，并由 Cloudbase-Init 指派给管理员用户。nova boot 命令行的用法如下。

```
nova boot --meta admin_pass="<密码>" ...
```

openstack server create 命令行的用法如下。

```
openstack server create --property admin_pass="<密码>" ...
```

相应的 Dashboard 界面操作是在“元数据”选项卡中自定义 admin_pass 元数据。

通过元数据明文提供密码存在安全隐患，一般并不推荐这种方式。正因为如此，Cloudbase-Init 默认屏蔽该功能。要启用该功能，必须在 cloudbase-init.conf 和 cloudbase-init-unattend.conf 配置文件中设置以下参数。

```
inject_user_password = true
```

（3）使用用户数据提交密码修改脚本

这与 Linux 实例通过 cloud-init 用户数据修改密码类似。不过 Windows 实例中需要执行 PowerShell 脚本，示例如下。

```
#ps1
net user admin 密码
```

该脚本在 Dashboard 界面中作为定制化脚本提交，或者保存文件为用户数据时在命令行中使用 --user-data 提交。这种方式同样存在明文传递密码的安全问题，而且不能与 Heat 组件或已将用户数据用于其他用途的解决方案相容。

（4）无密码认证

Nova 允许 X509 密钥对支持 Windows 的无密码认证，这与 Linux 的 SSH 公钥认证类似。由于不要求密码，这是一种被人们推荐使用的方式。不过，其局限性在于仅支持远程 PowerShell 和 WinRM，而不支持 RDP。

考虑到虚拟机实例迁移和主机聚合管理涉及多个计算节点，这部分内容将在第 12 章讲解。

## 7.5 手动安装和部署 Nova

Nova 由多个组件和服务组成，可以部署在计算节点和控制节点这两类节点上。这里以 CentOS 7 平台为例讲解如何手动安装 Nova。为简单起见，整个过程中我们以 Linux 管理员身份进行操作。

### 7.5.1 在控制节点上安装和配置 Nova 组件

控制节点如果不同时作为计算节点，则无须安装 nova-compute，但要安装其他 Nova 组件和服务。实例的 API 都是通过控制节点来提供的。

1. 准备工作

安装和配置 Nova 计算服务之前，必须创建数据库、服务凭证和 API 端点。

（1）创建 nova 数据库

确认安装 MariaDB。以 root 用户身份登录，使数据库访问客户端连接到数据库服务器。

```
mysql -u root -p
```

分别创建名为 nova_api、nova 和 nova_cell0 的 3 个数据库。

```
MariaDB [(none)]> CREATE DATABASE nova_api;
MariaDB [(none)]> CREATE DATABASE nova;
MariaDB [(none)]> CREATE DATABASE nova_cell0;
```

对上述数据库授予合适的账户访问权限。

```
MariaDB [(none)]> GRANT ALL PRIVILEGES ON nova_api.* TO 'nova'@'localhost' \
  IDENTIFIED BY 'NOVA_DBPASS';
MariaDB [(none)]> GRANT ALL PRIVILEGES ON nova_api.* TO 'nova'@'%' \
  IDENTIFIED BY 'NOVA_DBPASS';
```

使用自己的密码替换 NOVA_DBPASS。采用同样的设置对 nova 和 nova_cell0 数据库执行上述命令。然后退出数据库访问客户端。

（2）创建计算服务凭证

后续命令行操作需要管理员身份，首先要加载 admin 凭据的环境变量。

```
.admin-openrc
```

创建 nova 用户。

```
openstack user create --domain default --password-prompt nova
```

将管理员（admin）角色授予 nova 用户和 service 项目。

```
openstack role add --project service --user nova admin
```

创建 nova 的服务入口。

```
openstack service create --name nova  --description "OpenStack Compute" compute
```

（3）创建计算服务的 API 端点

```
openstack endpoint create --region RegionOne  compute public http://controller:8774/v2.1
openstack endpoint create --region RegionOne  compute admin http://controller:8774/v2.1
openstack endpoint create --region RegionOne  compute admin http://controller:8774/v2.1
```

（4）创建放置（Placement）服务凭证

创建 placement 用户。

```
openstack user create --domain default --password-prompt placement
```

将管理员（admin）角色授予 placement 用户和 service 项目。

```
openstack role add --project service --user placement admin
```

在服务目录中创建 Placement API 入口。

```
openstack service create --name placement --description "Placement API" placement
```

（5）创建放置服务的 API 服务端点

```
openstack endpoint create --region RegionOne placement public http://controller:8778
openstack endpoint create --region RegionOne placement internal http://controller:8778
openstack endpoint create --region RegionOne placement admin http://controller:8778
```

2. 安装和配置组件

不同发行版本的默认配置可能不同，可能需要添加相关部分和选项，而不是修改现有的部分和选项。这里给出一个基本的安装参考。

（1）安装软件包

```
yum install openstack-nova-api openstack-nova-conductor \
  openstack-nova-console openstack-nova-novncproxy \
  openstack-nova-scheduler openstack-nova-placement-api
```

（2）编辑/etc/nova/nova.conf配置文件

① 在[DEFAULT]节中仅启用compute和metadata API。

```
enabled_apis = osapi_compute,metadata
```

② 在[api_database]和[database]节中配置数据库访问（注意替换NOVA_DBPASS密码）。

```
[api_database]
# ...
connection = mysql+pymysql://nova:NOVA_DBPASS@controller/nova_api
[database]
# ...
connection = mysql+pymysql://nova:NOVA_DBPASS@controller/nova
```

③ 在[DEFAULT]节中配置RabbitMQ消息队列访问（注意替换RABBIT_PASS密码）。

```
transport_url = rabbit://openstack:RABBIT_PASS@controller
```

④ 在[api]和[keystone_authtoken]节中配置身份服务访问。

```
[api]
# ...
auth_strategy = keystone
[keystone_authtoken]
# ...
auth_url = http://controller:5000/v3
memcached_servers = controller:11211
auth_type = password
project_domain_name = default
user_domain_name = default
project_name = service
username = nova
password = NOVA_PASS
```

⑤ 在[DEFAULT]节中使用my_ip参数配置控制节点的管理接口IP地址。

```
my_ip = MANAGEMENT_INTERFACE_IP_ADDRESS
```

⑥ 在[DEFAULT]节中启用对网络服务的支持。

```
use_neutron = True
firewall_driver = nova.virt.firewall.NoopFirewallDriver
```

注意在默认情况下，计算服务使用自己的防火墙驱动。而网络服务也包括一个防火墙驱动，因此必须使用nova.virt.firewall.NoopFirewallDriver来禁用计算服务的防火墙驱动。

⑦ 在[vnc]节中配置VNC代理使用控制节点的管理接口IP地址。

```
enabled = true
# ...
server_listen = $my_ip
server_proxyclient_address = $my_ip
```

⑧ 在[glance]节中配置镜像服务API的位置。

```
api_servers = http://controller:9292
```

⑨ 在[oslo_concurrency]节中配置锁定路径（lock path）。

```
lock_path = /var/lib/nova/tmp
```

⑩ 在[placement]节中配置Placement API。

```
os_region_name = RegionOne
project_domain_name = Default
```

```
project_name = service
auth_type = password
user_domain_name = Default
auth_url = http://controller:5000/v3
username = placement
password = PLACEMENT_PASS
```

⑪ 由于软件包缺陷，必须将以下配置添加到/etc/httpd/conf.d/00-nova-placement-api.conf 文件中，允许访问 Placement API。

```
<Directory /usr/bin>
   <IfVersion >= 2.4>
      Require all granted
   </IfVersion>
   <IfVersion < 2.4>
      Order allow,deny
      Allow from all
   </IfVersion>
</Directory>
```

⑫ 执行 systemctl restart httpd 命令重启 HTTP 服务使上述设置生效。

（3）初始化 nova-api 数据库

```
su -s /bin/sh -c "nova-manage api_db sync" nova
```

（4）注册 cell0 数据库

```
su -s /bin/sh -c "nova-manage cell_v2 map_cell0" nova
```

（5）创建 cell1 单元

```
su -s /bin/sh -c "nova-manage cell_v2 create_cell --name=cell1 --verbose" nova
```

（6）初始化 nova 数据库

```
su -s /bin/sh -c "nova-manage db sync" nova
```

（7）验证 nova 的 cell0 和 cell1 已正确注册

```
nova-manage cell_v2 list_cells
```

3. 完成安装

启动计算服务并为其配置开机自动启动。

```
systemctl enable openstack-nova-api.service \
  openstack-nova-consoleauth.service openstack-nova-scheduler.service \
  openstack-nova-conductor.service openstack-nova-novncproxy.service
systemctl start openstack-nova-api.service \
  openstack-nova-consoleauth.service openstack-nova-scheduler.service \
  openstack-nova-conductor.service openstack-nova-novncproxy.service
```

### 7.5.2 在计算节点上安装和配置 Nova 组件

计算服务支持多种 Hypervisor 来部署实例或虚拟机。为简单起见，在计算节点上使用带 KVM 扩展的 QEMU 来支持虚拟机的硬件加速。对于传统硬件，则使用通用的 QEMU 虚拟机管理器。计算服务支持水平扩展，下面介绍的是第一个计算节点的安装和配置操作，如果要添加更多的计算节点，只需参照这些操作步骤稍稍修改即可。当然每个计算节点都需要一个唯一的 IP 地址。

1. 安装和配置组件

（1）安装软件包

```
yum install openstack-nova-compute
```

（2）编辑/etc/nova/nova.conf 配置文件

参照上述控制节点上/etc/nova/nova.conf 的配置，完成以下设置。

- 在[DEFAULT]节中仅启用 compute 和 metadata API。

- 在[DEFAULT]节中配置 RabbitMQ 消息队列访问。
- 在[api]和[keystone_authtoken]节中配置身份认证服务访问。
- 在[DEFAULT]节中使用 my_ip 参数配置控制节点的管理接口 IP 地址。
- 在[DEFAULT]节中启用对网络服务的支持。
- 在[glance]节中配置镜像服务 API 的位置。
- 在[oslo_concurrency]节中配置锁定路径（lock path）。
- 在[placement]节中配置 Placement API。

以上设置基本与控制节点相同，有一个不完全相同的地方是在[vnc]节中配置 VNC 代理使用控制节点的管理接口 IP 地址。

```
enabled = True
server_listen = 0.0.0.0
server_proxyclient_address = $my_ip
novncproxy_base_url = http://controller:6080/vnc_auto.html
```

服务器组件在所有的 IP 地址上侦听，而代理组件仅在计算节点上的管理 IP 地址侦听。novncproxy_base_url 指定要使用浏览器访问该计算节点上的远程控制台的 URl 地址。如果控制节点的主机名不能被解析，则需要使用控制节点的 IP 地址来代替。

2. 完成安装

（1）确定计算节点是否支持虚拟机的硬件加速。

```
egrep -c '(vmx|svm)' /proc/cpuinfo
```

如果返回值等于或大于 1，说明支持硬件加速，不必进行其他配置。

如果返回值为 0，则说明计算节点不支持硬件加速，必须配置 Libvirt 使用 QEMU 而非 KVM。具体方法是在/etc/nova/nova.conf 文件的[libvirt]节中定义如下。

```
virt_type = qemu
```

（2）启动计算服务及其依赖，并将其配置开机自动启动。

```
systemctl enable libvirtd.service openstack-nova-compute.service
systemctl start libvirtd.service openstack-nova-compute.service
```

如果 nova-compute 服务启动失败，可检查/var/log/nova/nova-compute.log 日志文件。“AMQP server on controller:5672 is unreachable likely”这样的错误消息说明控制节点上的防火墙阻止 5672 端口的访问，这就需要开放该端口。

3. 将计算节点添加到 cell 数据库

在控制节点上执行以下命令。操作需要管理员身份，首先要加载 admin 凭据的环境变量，然后确认数据库中有哪些计算主机。

```
.admin-openrc
openstack compute service list --service nova-compute
```

接着注册计算主机。

```
su -s /bin/sh -c "nova-manage cell_v2 discover_hosts --verbose" nova
```

当添加新的计算节点时，必须在控制节点上运行 nova-manage cell_v2 discover_hosts 命令来注册这些新的计算节点。还可以在 etc/nova/nova.conf 中设置一个合适的时间间隔。

```
[scheduler]
discover_hosts_in_cells_interval = 300
```

## 7.6 习题

1. 什么是 Nova？

2. 简述 Nova 的系统架构。
3. Scheduler 组件有什么作用？
4. 简述过滤器调度器的调度过程。
5. Compute 组件有什么作用？
6. 简述 nova-compute 的实现过程。
7. 简述虚拟机实例化流程。
8. 简述 Nova 的物理部署。
9. 什么是 Cell？Cell 有什么作用？
10. 配置驱动器是如何实现的？适合什么样的应用场合？
11. 元数据服务在什么情况下使用？它涉及哪些组件？
12. 虚拟机实例通过哪个地址访问元数据服务？为什么？
13. 部署虚拟机实例需要哪些准备？
14. 为虚拟机实例注入管理员密码有哪些方式？
15. 熟悉虚拟机实例创建的命令行操作。
16. 熟悉虚拟机实例管理的命令行操作。

# 8 第 8 章 OpenStack 网络服务

网络是 OpenStack 最重要的资源之一，没有网络，虚拟机将被隔绝。OpenStack 的网络服务最主要的功能就是为虚拟机实例提供网络连接，最初由 Nova 的一个单独模块 nova-network 实现，这种网络服务与计算服务的耦合方案并不符合 OpenStack 的特性，而且支持的网络服务有限，无法适应大规模、高密度和多项目（租户）的云计算，现已被专门的网络服务项目 Neutron 所取代。Neutron 为整个 OpenStack 环境提供软件定义网络支持，主要功能包括二层交换、三层路由、防火墙、VPN，以及负载均衡等。Neutron 在由其他 OpenStack 服务（如 Nova）管理的网络接口设备（如虚拟网卡）之间提供网络连接即服务（network connectivity as a service）。要注意这里所讲的网络是虚拟机实例所用的虚拟网络，不同于主机节点部署的物理网络。本书第 2 章已经述及虚拟网络的使用。本章具体从 Linux 虚拟网络讲起，进而过渡到 Neutron 基础，分析 Neutron 重要组件，并讲解 OpenStack 网络的配置和管理方法，最后讲解如何手动安装和部署 OpenStack 网络。网络虚拟化是虚拟化技术中最复杂的部分之一，而 OpenStack 的网络更为复杂，涉及较多概念和架构，学习难度较大。为此，本章对相关概念和相关架构进行了梳理。另外，学习本章要求学习者有一定的计算机网络基础。

## 8.1 Linux 虚拟网络

OpenStack 网络服务最核心的任务就是对二层物理网络进行抽象和管理，OpenStack 部署在 Linux 平台，涉及 Linux 虚拟网络，它是 OpenStack 网络服务的基础。在讲解 Neutron 之前，有必要介绍这方面的基本知识。

### 8.1.1 Linux 网络虚拟化

传统的物理网络中，往往部署一系列物理服务器，每台服务器上分别运行不同的服务和应用，这些服务器拥有一个或多个网卡，通过交换机连接起来，如图 8-1 所示。

实现虚拟化之后，多个物理服务器可以被虚拟机取代，部署在同一台物理服务器上。虚拟机由虚拟机管理程序（Hypervisor）实现，在 Linux 系统中 Hypervisor 通常采用 KVM。在对服务器进行虚拟化的同时，也对网络进行虚拟化，虚拟化的网络如图 8-2 所示。

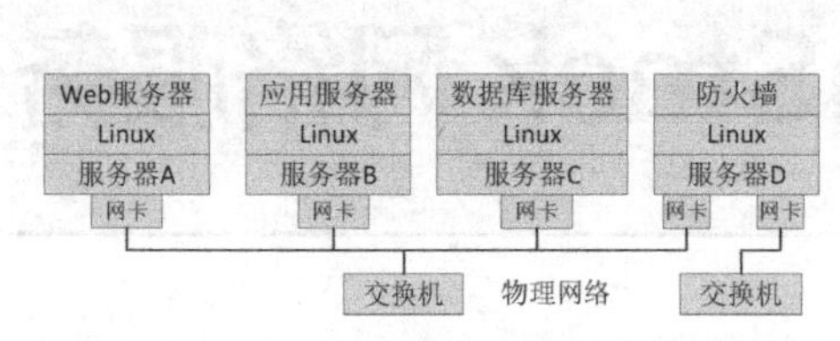


图 8-1　传统的物理网络

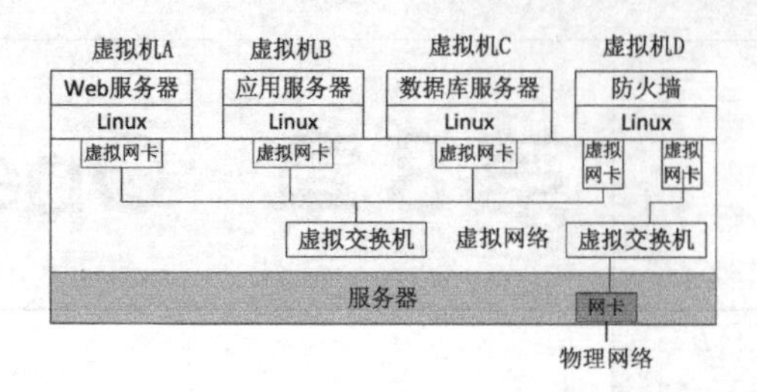


图 8-2　虚拟化的网络

Hypervisor 为虚拟机创建一个或多个虚拟网卡（vNIC），虚拟网卡等同于虚拟机的物理网卡。物理交换机在虚拟网络中被虚拟为虚拟机交换机（vSwitch），虚拟机的虚拟网卡连接到虚拟交换机上，虚拟机交换机再通过物理主机的物理网卡连接到外部网络。

对于简单的物理网络来说，其主要工作是网络接口（网卡）和交换设备（交换机）的虚拟化。

### 8.1.2　Linux 虚拟网桥

与物理机不同，虚拟机并没有硬件设备，也要与物理机和其他虚拟机进行通信。Linux KVM 的解决方案是提供虚拟网桥（Virtual Bridge）设备，像物理交换机具有若干网络接口（端口）一样，在网桥上创建多个虚拟的网络接口，每个网络接口再与 KVM 虚拟机的网卡相连。

为进一步解释 Linux 网桥，这里通过图 8-3 来说明虚拟机网卡、虚拟网桥、物理网卡与物理交换机的关系。在 Linux 的 KVM 虚拟系统中，为支持虚拟机的网络通信，网桥接口（端口）的名称通常以 vnet 开头，加上从 0 开始的顺序编号，如 vnet0、vnet1，在创建虚拟机时会自动创建这些接口。虚拟网桥 br1 和 br2 分别连接到物理主机的物理网卡 1 和网卡 2。br1 上的两个虚拟网桥端口 vnet0 和 vnet1 分别连接到虚拟机 A 和 B 的网卡（虚拟的），而 br1 所连接的物理网卡 1 又连接到外部的物理交换机，因此虚拟机 A 和 B 可以连接到 Internet。br2 上的网桥端口 vnet2 连接到虚拟机 C 的虚拟网卡，但是它所连接的物理网卡并未连接到物理交换机，因此虚拟机 C 不能与外部网络通信。br3 上的虚拟网桥端口 vnet3 连接到虚拟机 D 的虚拟网卡，但是它不与任何物理网卡连接，无法访问物理主机和外部网络。

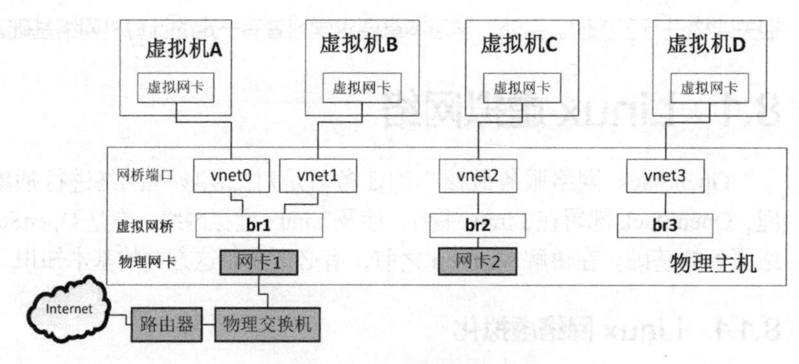


图 8-3　Linux 虚拟网桥示意图

### 8.1.3　虚拟局域网

一个网桥可以桥接若干虚拟机，当多个虚拟机连接在同一网桥时，每个虚拟机发出的广播包会引发广播风暴，影响虚拟机的网络性能。通常使用虚拟局域网（VLAN）将部分虚拟机的广播包限制在特定范围内，不影响其他虚拟机的网络通信。将多个虚拟机划分到不同的 VLAN 中，同一 VLAN 的虚拟机相当于连接在同一网桥上，而不同 VLAN 之间通信被隔离。目前交换机广泛应用 VLAN 技术来隔离不同网络，以提高网络的安全性和性能。在 Linux 虚拟化环境中，通常会将网桥与 VLAN 对应起来，也就是将网桥划分到不同的 VLAN 中。

VLAN 将一个交换机分成多个交换机，限制了广播的范围，在网络第二层将计算机隔离到不同的 VLAN 中。VLAN 协议为 802.1Q，该协议将每个虚拟机发出的包加上一个标签，一个 LAN（局域网）可以有 4096 个标签，每个标签可看作是一个独立的虚拟局域网，每个虚拟机只能接受与自身设置相同 VLAN 号码的数据包，如图 8-4 所示。

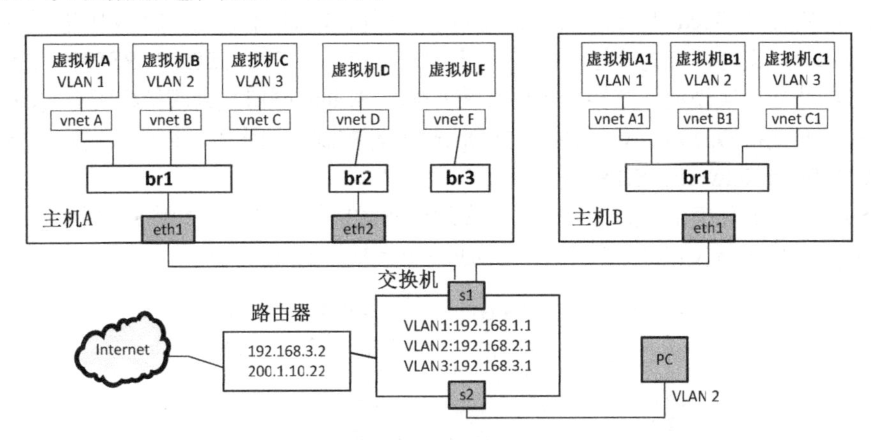


图 8-4 网桥与 VLAN

VLAN 是具有 802.1q 标签的网络。虚拟机 A 与虚拟机 A1 虽然位于不同的物理主机，但是这两个虚拟机的每个二层数据包都有一个 VLAN 1 标签，彼此可以通信，它们发出的二层广播包被限制在拥有 VLAN 1 标签的虚拟机之间，不会扩散到其他计算机上。VLAN 的隔离是二层上的隔离，但在三层（比如 IP）上是可以通过路由器让 A 和 B 互通的。

通常 VLAN 交换机的端口（Port）有两种配置模式：接入（Access）和中继（Trunk），相应的端口分别称为接入端口和中继端口。

接入端口就是将数据包打上 VLAN 标签的端口，标签表明该端口属于哪个 VLAN，不同 VLAN 用 VLAN ID 来区分，VLAN ID 的范围是 1~4096。接入端口都是直接与计算机网卡相连的，这样从该网卡出来的数据包流经该端口后就被打上了所在 VLAN 的标签。一个接入端口只能属于一个 VLAN。在图 8-4 中，虚拟机的 vnetA、vnetB、vnetA1、vnetB1 和物理交换机的 s2 都是接入端口。

中继端口就是不处理 VLAN 标签只转发数据包的端口。在图 8-4 中，两台物理主机的网卡 eth1 和物理交换机的 s1 都是中继端口。

另外，不同 VLAN 之间的通信可以通过交换机的路由表来实现，如果要限制 VLAN 之间的通信，可以在交换机中配置访问控制列表。

支持 VLAN 的物理交换机可在同一 VLAN 端口之间转发数据包，不同 VLAN 端口之间隔离数据包。在 Linux 虚拟化环境中，将 Linux 网桥和 VLAN 结合起来，就可实现具有类似功能的虚拟交换机。将同一 VLAN 的设备都挂载到同一个网桥上，这些设备之间就可以通信，再使用 VLAN 设备隔离不同 VLAN 之间的通信。这些在 OpenStack 中可轻松实现。

### 8.1.4 开放虚拟交换机

开放虚拟交换机（Open vSwitch）是与硬件交换机具备相同特性，可在不同虚拟化平台之间移植，具有产品级质量的虚拟交换机，适合在生产环境中部署。

交换设备的虚拟化对虚拟网络来说至关重要。Linux 网桥和 VLAN 的结合已经可以胜任虚拟交换机角色，Open vSwitch 则有更多的优势。在传统的数据中心，管理员可以对物理交换机进行配置，控制服务器的网络接入，实现网络隔离、流量监控、QoS 配置、流量优化等目标。而在云环境中，单靠物理交换机的支持，是无法区分所桥接的物理网卡上流经的数据包究竟是属于哪个虚拟机、哪个操作系统、哪个用户的。采用 Open vSwitch 技术的虚拟交换机可使虚拟网络的管理、网络状态和流量的监控得以轻松实现。

Linux 网桥和 VLAN 的结合只能实现基本的二层交换和隔离。Open vSwitch 支持这些基本的二层交换机功能，能将接入 Open vSwitch 交换机的各个虚拟机分配到不同的 VLAN 中进行隔离。

Open vSwitch 还支持标准的管理接口和协议，如 NetFlow、sFlow、SPAN、RSPAN、LACP、802.1ag 等，可以通过这些接口实现流量监控，也可以在 Open vSwitch 端口上为虚拟机配置 QoS。

Open vSwitch 支持 Open Flow，可以接受 Open Flow 控制器的管理。它可以更好地与软件定义网络（Softuare Defined Network，SDN）融合。

Open vSwitch 在云环境中的虚拟化平台上实现分布式虚拟交换机，如图 8-5 所示，可以将不同物理主机上的 Open vSwitch 交换机连接起来，形成一个大规模的虚拟网络。

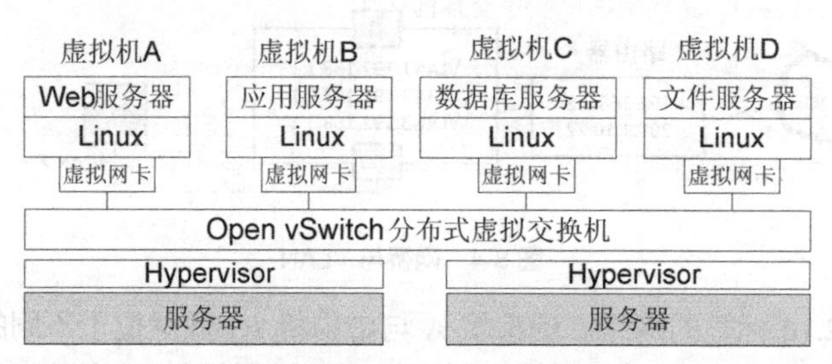


图 8-5 Open vSwitch 交换机

OpenStack 从 Folsom 版本开始就支持 Open vSwitch。

## 8.2 OpenStack 网络服务基础

OpenStack 网络服务提供一个 API 让用户在云中建立和定义网络连接。该网络服务的项目名称是 Neutron。OpenStack 网络负责创建和管理虚拟网络基础架构，包括网络、交换机、子网和路由器，这些设备可由 OpenStack 计算服务 Nova 管理。它还提供像防火墙和 VPN 这样的高级服务。OpenStack 网络整体上是独立的，能够部署到专用主机上。如果部署中使用控制节点主机来运行集中式计算组件，可以将网络服务部署到特定主机上。OpenStack 网络组件与身份服务（Keystone）、计算服务（Nova）和仪表板（Horizon）等多个 OpenStack 组件进行整合。

### 8.2.1 Neutron 网络结构

OpenStack 所在的整个物理网络都会由 Neutron“池化”为网络资源池，Neutron 对这些网络资源进行处理，为项目（租户）提供独立的虚拟网络环境。Neutron 创建各种资源对象并进行连接和整合，从而形成项目（租户）的私有网络。一个简化的典型的 Neutron 网络结构如图 8-6 所示，包括一个外部网络（External Network）、一个内部网络和一个路由器（Router）。

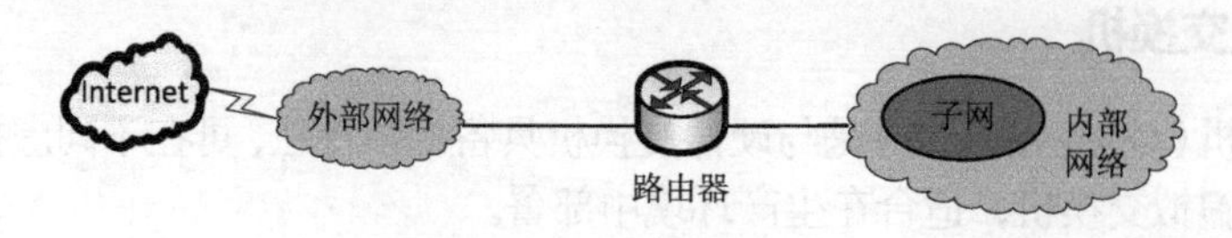


图 8-6 Neutron 网络结构

外部网络负责连接 OpenStack 项目之外的网络环境（如 Internet），又称公共网络（Public Network）。与其他网络不同，它不仅仅是一个虚拟网络，更重要的是，它表示 OpenStack 网络能被外部物理网络接入并访问。外部网络可能是企业的局域网（Intranet），也可能是互联网（Internet），这类网络并不由 Neutron 直接管理。

内部网络完全由软件定义，又称私有网络（Private Network）。它是虚拟机实例所在的网络，能够直接连接到虚拟机。项目（租户）用户可以创建自己的内部网络。默认情况下，项目（租户）之间的内部网络是相互隔离的，不能共享。该网络由 Neutron 直接配置和管理。

路由器用于将内部网络与外部网络连接起来，因此，要使虚拟机访问外部网络，必须创建一个路由器。

Neutron 需要实现的主要是内部网络和路由器。内部网络是对二层（L2）网络的抽象，模拟物理网络的二层局域网，对于项目来说，它是私有的。路由器则是对三层（L3）网络的抽象，模拟物理路由器，为用户提供路由、NAT 等服务。

### 8.2.2　网络、子网与端口

图 8-6 中还有一个子网，它并非模拟物理网络中的子网，而应当属于三层网络的组成部分，用于描述一个 IP 地址范围。Neutron 使用网络（Network）、子网（Subnet）和端口（Port）等术语来描述所管理的网络资源。

（1）网络：一个隔离的二层广播域（区段），类似交换机中的 VLAN。Neutron 支持多种类型的网络，如 FLAT、VLAN、VXLAN 等。

（2）子网：一个 IPv4 或者 IPv6 的地址段及其相关配置状态。虚拟机实例的 IP 地址从子网中分配。每个子网需要定义 IP 地址的范围和掩码。

（3）端口：连接设备的连接点，类似虚拟交换机上的一个网络端口。端口定义了 MAC 地址和 IP 地址，当虚拟机的虚拟网卡绑定到端口时，端口会将 MAC 和 IP 分配给该虚拟网卡。

通常可以创建和配置网络、子网和端口来为项目（租户）搭建虚拟网络。网络必须属于某个项目（租户），一个项目中可以创建多个网络。一个子网只能属于某个网络，一个网络可以有多个子网，这些子网可以是不同的 IP 地址段，但是不能重复。一个端口必须属于某个子网，一个子网可以有多个端口。一个端口可以连接一个虚拟机的虚拟网卡。

不同项目的网络设置可以重复，可以使用同一类型或范围的 IP 地址。

### 8.2.3　网络拓扑类型

用户可以在自己的项目内创建用于连接的项目网络。默认情况下，这些项目网络是彼此隔离的，不能在项目之间共享。OpenStack 网络服务 Neutron 支持以下类型的网络隔离和 Overlay（叠加）技术，也就是网络拓扑类型。

1. Local

Local 网络与其他网络和节点隔离。该网络中的虚拟机实例只能与位于同一节点上同一网络的虚拟机实例通信，实际意义不大，主要用于测试环境。位于同一 Local 网络的实例之间可以通信，位于不同 Local 网络的示例之间无法通信。一个 Local 网络只能位于一个物理节点上，无法跨节点部署。

2. Flat

Flat 是一种简单的扁平网络拓扑，所有虚拟机实例都连接在同一网络中，能与位于同一网络的实例进行通信，并且可以跨多个节点。这种网络不使用 VLAN，没有对数据包打 VLAN 标签，无法进行网络隔离。Flat 是基于不使用 VLAN 的物理网络实现的虚拟网络。每个物理网络最多只能实现一个虚拟网络。

3. VLAN

VLAN 是支持 802.1q 协议的虚拟局域网，使用 VLAN 标签标记数据包，实现网络隔离。同一 VLAN 网络中的实例可以通信，不同 VLAN 网络中的实例只能通过路由器来通信。VLAN 网络可以跨节点，是应用最广泛的网络拓扑类型之一。

4. VXLAN

VXLAN（Virtual Extensible LAN）可以看作是 VLAN 的一种扩展，相比于 VLAN，它有更大的扩展性和灵活性，是目前支持大规模多租户网络环境的解决方案。由于 VLAN 包头部限长是 12 位，导致 VLAN 的数量限制是 4096（$2^{12}$）个，不能满足网络空间日益增长的需求。目前 VXLAN 的封包头部有 24 位用作 VXLAN 标识符（VNID）来区分 VXLAN 网段，最多可以支持 16777216（$2^{24}$）个网段。

VLAN 使用 STP（Spanning Tree Protocol，生成树协议）防止环路，导致一半的网络路径被阻断。VXLAN 的数据包是封装到 UDP 通过三层传输和转发的，可以完整地利用三层路由，能克服 VLAN 和物理网络基础设施的限制，更好地利用已有的网络路径。

5. GRE

GRE（Generic Routing Encapsulation，通用路由封装）是用一种网络层协议去封装另一种网络层协议的隧道技术。GRE 的隧道由两端的源 IP 地址和目的 IP 地址定义，它允许用户使用 IP 封装 IP 等协议，并支持全部的路由协议。在 OpenStack 环境中使用 GRE 意味着“IP over IP”，GRE 与 VXLAN 的主要区别在于，它是使用 IP 包而非 UDP 进行封装的。

6. GENEVE

GENEVE（Generic Network Virtualization Encapsulation，通用网络虚拟封装）的目标宣称是仅定义封装数据格式，尽可能实现数据格式的弹性和扩展性。GENEVE 封装的包通过标准的网络设备传送，即通过单播或多播寻址，包从一个隧道端点（Tunnel Endpoint）传送到另一个或多个隧道端点。GENEVE 帧格式由一个封装在 IPv4 或 IPv6 的 UDP 里的简化的隧道头部组成。GENEVE 的推出主要是为了解决封装时添加的元数据信息问题（到底是多少位，该怎么用，这些是否由 GENEVE 自动识别与调整），以适应各种虚拟化场景。

**提示** 随着云计算、大数据、移动互联网等新技术的普及，网络虚拟化技术的趋势在传统单层网络基础上叠加一层逻辑网络。这将网络分成两个层次，传统单层网络称为 Underlay（承载网络），叠加其上的逻辑网络称为 Overlay（叠加网络或覆盖网络）。Overlay 网络的节点通过虚拟的或逻辑的连接进行通信，每一个虚拟的或逻辑的连接对应于 Underlay 网络的一条路径（Path），由多个前后衔接的连接组成。Overlay 网络无须对基础网络进行大规模修改，不用关心这些底层实现，是实现云网融合的关键。VXLAN、GRE、和 GENEVE 都是基于隧道技术的 Overlay 网络。

### 8.2.4 Neutron 基本架构

与 OpenStack 的其他服务和组件的设计思路一样，Neutron 也采用分布式架构，由多个组件（子服务）共同对外提供网络服务，基本架构如图 8-7 所示。

Neutron 架构非常灵活，层次较多，一方面是为了支持各种现有或者将来会出现的先进网络技术，另一方面支持分布式部署，获得足够的扩展性。

Neutron 仅有一个主要服务进程 neutron-server。它运行于控制节点上，对外提供 OpenStack 网络 API 作为访问 Neutron 的入口，收到请求后调用插件（Plugin）进行处理，最终由计算节点和网络节点上的各种代理（Agent）完成请求。

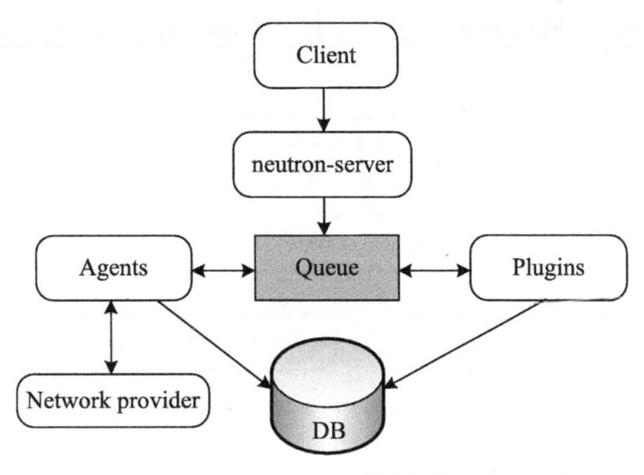


图 8-7 Neutron 基本架构

网络提供者（Network Provider）是指提供 OpenStack 网络服务的虚拟或物理网络设备，如 Linux Bridge、Open vSwitch，或者其他支持 Neutron 的物理交换机。

与其他服务一样，Neutron 的各组件服务之间需要相互协调和通信，neutron-server、插件和代理之间通过消息队列（默认用 RabbitMQ 实现）进行通信和相互调用。

数据库（默认使用 MariaDB）用于存放 OpenStack 的网络状态信息，包括网络、子网、端口、路由器等。

客户端(Client)是指使用 Neutron 服务的应用程序，可以是命令行工具(脚本)、Horizon(OpenStack 图形操作界面）和 Nova 计算服务等。

这里以创建一个 VLAN 100 虚拟网络的流程为例说明这些组件如何协同工作。

（1）neutron-server 收到创建网络（Network）的请求，通过消息队列（RabbitMQ）通知已注册的 Linux Bridge 插件。这里假设网络提供者是 Linux Bridge。

（2）该插件将要创建的网络的信息（如名称、VLAN ID 等）保存到数据库中，并通过消息队列通知运行在各节点上的代理。

（3）代理收到消息后会在节点上的物理网卡上创建 VLAN 设备（比如 eth1.100），并创建一个网桥（比如 brq*xxx*）来桥接 VLAN 设备。

## 8.2.5 neutron-server

neutron-server 提供一组 API 来定义网络连接和 IP 地址，供 Nova 等客户端调用。它本身也基于层次模型设计，其层次结构如图 8-8 所示。

neutron-server 包括 4 个层次，自上而下依次说明如下。

- RESTful API：直接对客户端提供 API 服务，属于最前端的 API，包括 Core API 和 Extension API 两种类型。Core API 提供管理网络、子网和端口核心资源的 RESTful API；Extension API 则提供管理路由器、负载均衡、防火墙、安全组等扩展资源的 RESTful API。
- Commnon Service：通用服务，负责对 API 请求进行检验、认证，并授权。
- Neutron Core：核心处理程序，调用相应的插件 API 来处理 API 请求。
- Plugin API：定义插件的抽象功能集合，提供调用插件的 API 接口，包括 Core Plugin API 和

Extension Plugin API 两种类型。Neutron Core 通过 Core Plugin API 调用相应的 Core Plugin，通过 Extension Plugin API 调用相应的 Service Plugin。

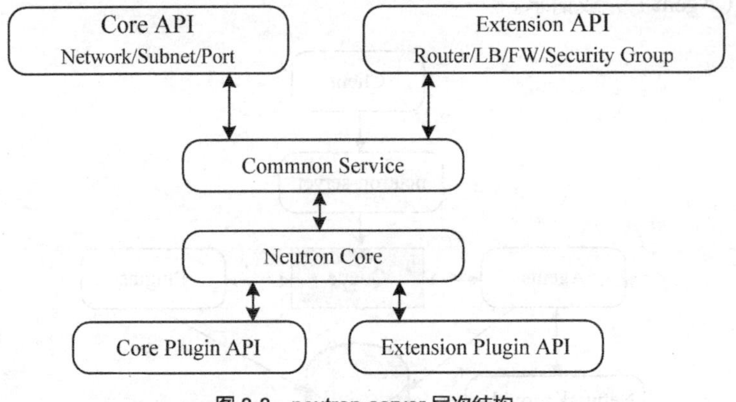


图 8-8 neutron-server 层次结构

## 8.2.6 插件、代理与网络提供者

Neutron 遵循 OpenStack 的设计原则，采用开放性架构，通过插件、代理与网络提供者的配合来实现各种网络功能。

插件是 Neutron 的一种 API 的后端实现，目的是增强扩展性。插件按照功能可以分为 Core Plugin 和 Service Plugin 两种类型。Core Plugin 提供基础二层虚拟网络支持，实现网络、子网和端口等核心资源的抽象。Service Plugin 是指 Core Plugin 之外的其他插件，提供路由器、防火墙、安全组、负载均衡等服务支持。值得一提的是，直到 OpenStack 的 Havana 版本，Neutron 才开始提供一个名为 L3 Router Service Plugin 的插件支持路由服务。

插件由 neutron-server 的 Core Plugin API 和 Extension Plugin API 调用，用于确定具体的网络功能，即要配置什么样的网络。插件处理 neutron-server 发来的请求，主要职责是在数据库中维护 Neutron 网络的状态信息（更新 Neutron 数据库），通知相应的代理实现具体的网络功能。每一个插件支持一组 API 资源并完成特定的操作，这些操作最终由插件通过 RPC 调用相应的代理（Agent）来完成。

代理处理插件转来的请求，负责在网络提供者上真正实现各种网络功能。代理使用物理网络设备或虚拟化技术完成实际的操作任务，如用于路由器具体操作的 L3 Agent。

插件、代理与网络提供者配套使用，比如网络提供者是 Linux Bridge，就需要使用 Linux Bridge 的插件和代理。如果换成 Open vSwitch，则需要改成相应的插件和代理。

## 8.2.7 Neutron 的物理部署

Neutron 与其他 OpenStack 服务组件协同工作，可以部署在多个物理主机节点上，主要涉及控制节点、网络节点和计算节点，每类节点可以部署多个。典型的主机节点部署方案介绍如下。

### 1. 控制节点和计算节点

控制节点上可以部署 neutron-server（API）、Core Plugin 和 Service Plugin 的代理。这些代理包括 neutron-plugin-agent、neutron-medadata-agen、neutron-dhcp-agent、neutron-l3-agent、neutron-lbaas-agent 等。Core Plugin 和 Service Plugin 已经集成到 neutron-server 中，不需要运行独立的 Plugin 服务。

计算节点上可以部署 Core Plugin、Linux Bridge 或 Open vSwitch 的代理，负责提供二层网络功能。

控制节点和计算节点都需要部署 Core Plugin 的代理，因为控制节点与计算节点通过该代理，才能建立二层连接。

### 2. 控制节点和网络节点

可以通过增加网络节点承担更大的负载。该方案特别适合规模较大的 OpenStack 环境。

控制节点部署 neutron-server 服务，只负责通过 neutron-server 响应 API 请求。

网络节点部署的服务包括 Core Plugin 的代理和 Service Plugin 的代理。将所有的代理主键从上述控制节点分离出来，部署到独立的网络节点上。由独立的网络节点实现数据的交换、路由以及负载均衡等高级网络服务。

## 8.3 Neutron 主要插件、代理与服务

Neutron 插件、代理和服务的层次结构如图 8-9 所示。下面进行详细讲解。

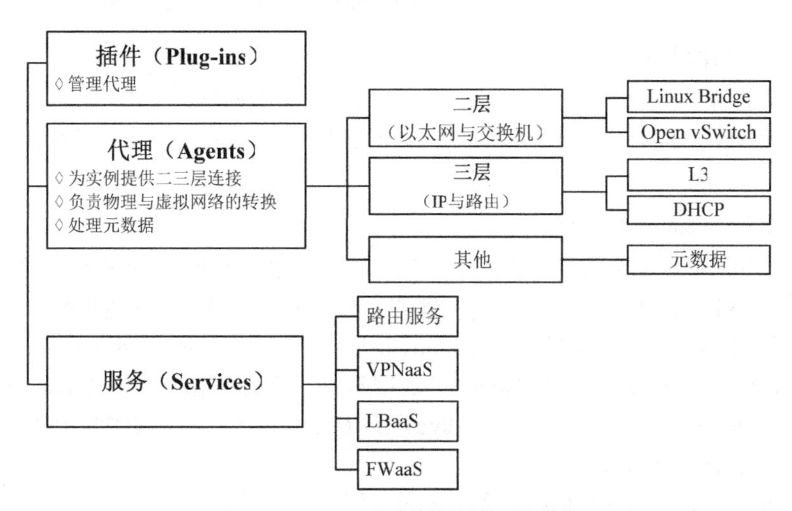


图 8-9 Neutron 服务与组件的层次结构

### 8.3.1 ML2 插件

Neutron 可以通过开发不同的插件和代理来支持不同的网络技术，这是一种相当开放的架构。不过随着所支持的网络提供者种类的增加，开发人员发现了两个突出的问题。一个问题是多种网络提供者无法共存。Core Plugin 负责管理和维护 Neutron 二层虚拟网络的状态信息，一个 Neutron 网络只能由一个插件管理，而 Core Plugin 插件与相应的代理是一一对应的。如果选择 Linux Bridge 插件，则只能选择 Linux Bridge 代理，必须在 OpenStack 的所有节点上使用 Linux Bridge 作为虚拟交换机。另一个问题是开发新的插件的工作量太大，所有传统的 Core Plugin 之间存在大量重复代码（如数据库访问代码）。

为解决这两个问题，从 OpenStack 的 Havana 版本开始，Neutron 实现了一个插件 ML2（Moduler Layer 2），旨在取代所有的 Core Plugin，允许在 OpenStack 网络中同时使用多种二层网络技术，不同的节点可以使用不同的网络实现机制。ML2 能够与现有的代理无缝集成，以前使用的代理无须变更，只需将传统的 Core Plugin 替换为 ML2。ML2 使得对新的网络技术的支持更为简单，无须从头开发 Core Plugin，只需要开发相应的机制驱动（Mechansim Driver），大大减少要编写和维护的代码。

ML2 插件的实现架构如图 8-10 所示。ML2 对二层网络进行抽象，解耦了 Neutron 所支持的网络类型（Type）与访问这些网络类型的虚拟网络实现机制（Mechansim），并通过驱动（Driver）的形式进行扩展。不同的网络类型对应类型驱动（Type Driver），由类型管理器（Type Manager）进行管理。

不同的网络实现机制对应机制驱动（Mechansim Driver），由机制管理器（Mechansim Manager）进行管理。这种实现框架使得 ML2 具有弹性，易于扩展，能够灵活支持多种网络类型和实现机制。

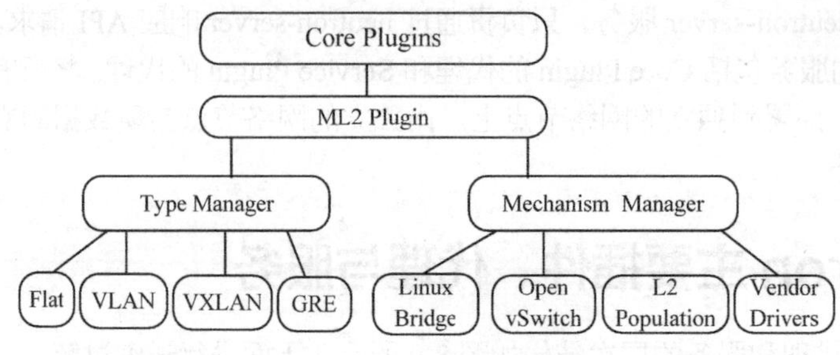


图 8-10 ML2 插件框架

1. 类型驱动（Type Driver）

Neutron 支持的每一种网络类型都有一个对应的 ML2 类型驱动，类型驱动负责维护网络类型的状态、执行验证、创建网络等工作。目前 Neutron 已经实现的网络类型包括 Flat、Local、VLAN、VXLAN 和 GRE。

2. 机制驱动（Mechansim Driver）

Neutron 支持的每一种网络机制都有一个对应的 ML2 机制驱动。机制驱动负责获取由类型驱动维护的网络状态，并确保在相应网络设备（物理或虚拟的）上正确实现这些状态。

例如，类型驱动为 VLAN，机制驱动为 Linux Bridge。如果创建网络 vlan 100，那么 VLAN 类型驱动会确保将 vlan 100 的信息保存到 Neutron 数据库中，包括网络的名称化 vlan ID 等。而 Linux Bridge 机制驱动会确保各节点上的 Linux Brdige 代理在物理网卡上创建 ID 为 100 的 VLAN 设备和 Brige 设备，并将两者进行桥接。

目前 Neutron 已经实现的网络机制有以下 3 种类型。

- 基于代理（Agent-based）的：包括 Linux Bridge、Open vSwitch 等。
- 基于控制器（Controller-based）的：包括 OpenDaylight、VMWare NSX 等。
- 基于物理交换机的：包括 Cisco Nexus、Arista、Mellanox 等。

3. 扩展资源

ML2 作为一个 Core Plugin，在实现网络、子网和端口核心资源的同时，也实现了包括端口绑定（Port Bindings）、安全组（Security Group）等部分扩展资源。

总之，ML2 插件已经成为 Neutron 的首选插件，至于如何配置 ML2 的各种类型和机制，将在后面介绍。

### 8.3.2 Linux Bridge 代理

Linux Bridge 是成熟可靠的 Neutron 二层网络虚拟化技术，支持 Local、Flat、VLAN 和 VXLAN 这 4 种网络类型，目前不支持 GRE。

Linux Bridge 可以将一台主机上的多个网卡桥接起来，充当一台交换机。它既可以桥接物理网卡，又可以是虚拟网卡。用于桥接虚拟机网卡（虚拟网卡）的是 Tap 接口，这是一个虚拟出来的网络设备，称为 Tap 设备，作为网桥的一个端口。Tap 接口在逻辑上与物理接口具有相同的功能，可以接收和发送数据包。

如果选择 Linux Bridge 代理，在计算节点上数据包从虚拟机发送到物理网卡需要经过以下设备。

- Tap 接口（Tap Interface）：用于网桥连接虚拟机网卡，命名为 tapxxxx。

- Linux 网桥（Linux Bridge）：作为二层交换机，命名为 brq*xxxx*。
- VLAN 接口（VLAN Interface）：在 VLAN 网络中用于连接网桥，命名为 eth*x*.*y*（eth*x* 为物理网卡名称，*y* 为 VLAN ID）。
- VXLAN 接口（VXLAN Interface）：在 VXLAN 网络中用于连接网桥，命名为 vxlan-*z*（*z* 是 VNID）。
- 物理网络接口：用于连接到物理网络。

计算节点上 Linux Bridge 环境下的 Flat 网络和 VLAN 网络如图 8-11 和图 8-12 所示，其中网桥是核心。图 8-11 中两个 VLAN 有自己的网桥，实现了基于 VLAN 的隔离。如果改用 VXLAN，其中的 VLAN 接口换成 VXLAN 接口，可以命名为 vxlan-101 和 vxlan-102。

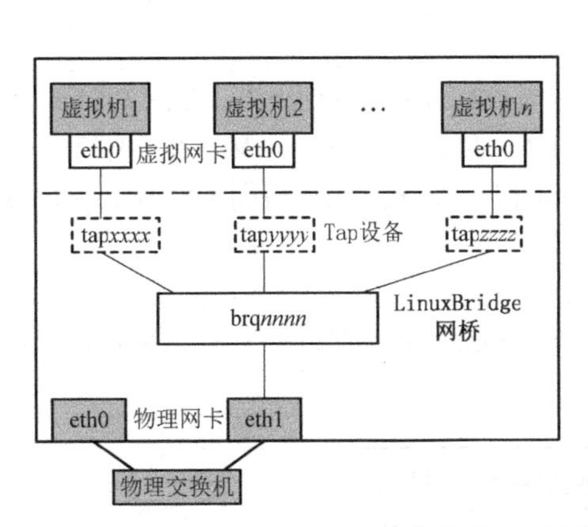


图 8-11　基于 Linux Bridge 的 Flat 网络

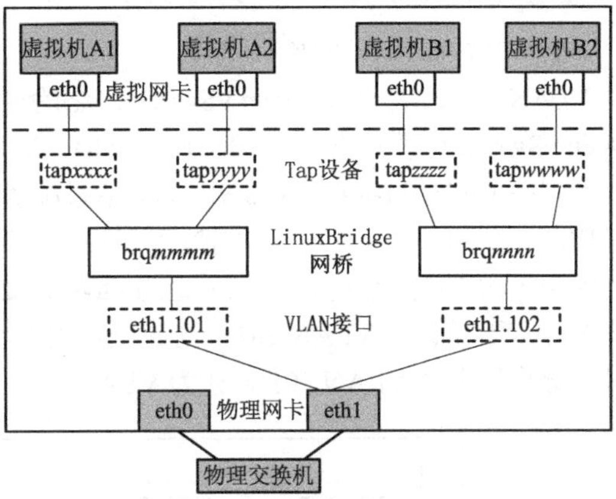

图 8-12　基于 Linux Bridge 的 VLAN 网络

## 8.3.3　Open vSwitch 代理

与 Linux Bridge 相比，Open vSwitch（可以简称为 OVS）具有集中管控功能，而且性能更加优化，支持更多的功能，目前在 OpenStack 领域成为主流。它支持 Local、Flat、VLAN、VXLAN、GRE 和 GENEVE 等所有网络类型。

1. Open vSwitch 的设备类型

（1）Tap 设备：用于网桥连接虚拟机网卡。

（2）Linux 网桥：桥接网络接口（包括虚拟接口）。

（3）VETH 对（VETH Pair）：直接相连的一对虚拟网络接口。发送到 VETH 对一端的数据包由另一端接收。在 OpenStack 中，它用来连接两个虚拟网桥。

（4）OVS 网桥：Open vSwitch 的核心设备，包括一个 OVS 集成网桥（Integration Bridge）和一个 OVS 物理连接网桥。所有在计算节点上运行的虚拟机连接到集成网桥，Neutron 通过配置集成网桥上的端口来实现虚拟机网络隔离。物理连接网桥直接连接到物理网卡。这两个 OVS 网桥通过一个 VETH 对来连接。Open vSwitch 的每个网桥都可以看作是一个真正的交换机，可以支持 VLAN。

2. Open vSwitch 的数据包流程

如果选择 Open vSwitch 代理，在计算节点上数据包从虚拟机发送到物理网卡需要依次经过以下设备。

- Tap 接口（Tap Interface）：命名为 tap*xxxx*。
- Linux 网桥（Linux Bridge）：与 Linux Bridge 不同，命名为 qbr*xxxx*（其中编号 *xxxx* 与 tap*xxxx* 中的 *xxxx* 相同）。

- VETH 对：两端分别命名为 qvb*xxxx* 和 qvo*xxxx*（其中编号 *xxxx* 与 tap*xxxx* 中的 *xxxx* 也保持一致）。
- OVS 集成网桥：命名为 br-int。
- OVS PATCH 端口：两端分别命名为 int-br-eth*x* 和 phy-br-eth*x*（*x* 为物理网卡名称中的编号）。这是特有的端口类型，只能在 Open vSwitch 中使用。
- OVS 物理连接网桥：分为两种类型，在 Flat 和 VLAN 网络中使用 OVS 提供者网桥（Provider Bridge），命名为 br-eth*x*（*x* 为物理网卡名称中的编号）；在 VXLAN、GRE 或 GENEVE 叠加网络中使用 OVS 隧道网桥（Tunnel Bridge），命名为 br-tun。另外，在 Local 网络中不需要任何 OVS 物理连接网桥。
- 物理网络接口：用于连接到物理网络，命名为 eth*x*（*x* 为物理网卡名称中的编号）。

3. Open vSwitch 网络的逻辑结构

以 VLAN 网络为例示意 Open vSwitch 网络的逻辑结构，如图 8-13 所示。与 Linux Bridge 代理不同，Open vSwitch 代理并不通过 eth1.101、eth1.102 等 VLAN 接口隔离不同的 VLAN。所有的虚拟机都连接到同一个网桥 br-int，Open vSwitch 通过配置 br-int 和 br-eth*x* 上的流规则（Flow rule）来进行 VLAN 转换，进而实现 VLAN 之间的隔离。例中内部的 VLAN 标签分别为 1 和 2，而物理网络的 VLAN 标签则为 101 和 102。当 br-eth1 网桥上的 phy-br-eth1 端口收到一个 VLAN 1 标记的数据包时，会将其中的 VLAN 1 转让为 VLAN 101；当 br-int 网桥上的 int-br-eth1 端口收到一个 VLAN 101 标记的数据包时，会将其中的 VLAN 101 转让为 VLAN 1。

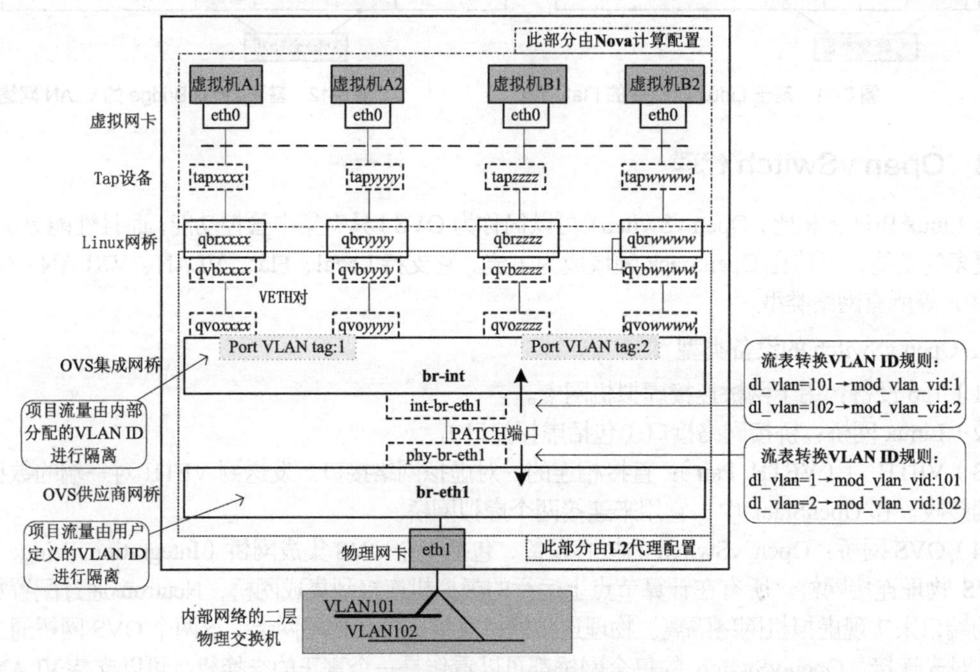


图 8-13　基于 Open vSwitch 的 VLAN 网络

## 8.3.4 DHCP 代理

OpenStack 的实例在启动过程中能够从 Neutron 提供的 DHCP 服务自动获得 IP 地址。

1. DHCP 主要组件

（1）DHCP 代理（neutron-dhcp-agent）：为项目网络提供 DHCP 功能，提供元数据请求（Metadata

Request）服务。

（2）DHCP 驱动：用于管理 DHCP 服务器。默认为 dnsmasq，这是一个提供 DHCP 和 DNS 服务的开源软件，提供 DNS 缓存和 DHCP 服务功能。

（3）DHCP 代理调度器（Agent Scheduler）：负责 DHCP 代理与网络（Network）的调度。

### 2. DHCP 代理的主要任务

Neutron DHCP 提供两类 REST API 接口：Agent Management Extension API 和 Agent Scheduler Extension API，这两类 API 都是 extension API。DHCP 代理是核心组件，主要完成以下任务。

（1）定期报告 DHCP 代理的网络状态，通过 RPC 报告给 neutron-server，然后通过 Core Plugin 报告给数据库并进行更新网络状态。

（2）启动 dnsmasq 进程，检测 qdhcp-*xxxx* 名称空间（Namespace）中的 ns-*xxxx* 端口接收到的 DHCP DISCOVER 请求。在启动 dnsmasq 进程的过程中，决定是否需要创建名称空间中的 ns-*xxxx* 端口，是否需要配置名称空间中的 iptables，是否需要刷新 dnsmasq 进程所需的配置文件。关于名称空间将在下一节介绍。

创建网络（Network）并在子网（Subnet）上启用 DHCP 时，网络节点上的 DHCP 代理会启动一个 dnsmasq 进程为网络提供 DHCP 服务。dnsmasq 与网络（Network）是一一对应关系，一个 dnsmasq 进程可以为同一网络中所有启用 DHCP 的子网（Subnet）提供服务。

### 3. DHCP 代理配置文件

DHCP 代理的配置文件是/etc/neutron/dhcp_agent.ini，其中重要的配置选项有两个。

（1）interface_driver：用来创建 TAP 设备的接口驱动。如果使用 Linux Bridge 连接，该值设为 neutron.agent.linux.interface.BridgeInterfaceDriver；如果选择 Open vSwitch，该值为 neutron.agent.linux.interface.OVSInterfaceDriver。

（2）dhcp_driver：指定 DHCP 驱动，默认值 neutron.agent.linux.dhcp.Dnsmasq 表示使用 dnsmasq 进程来实现 DHCP 服务。

### 4. DHCP 代理工作机制

DHCP 代理运行在网络节点上。DHCP 为项目网络提供 DHCP 服务 IP 地址动态分配，另外还会提供元数据请求服务。其工作机制如图 8-14 所示。

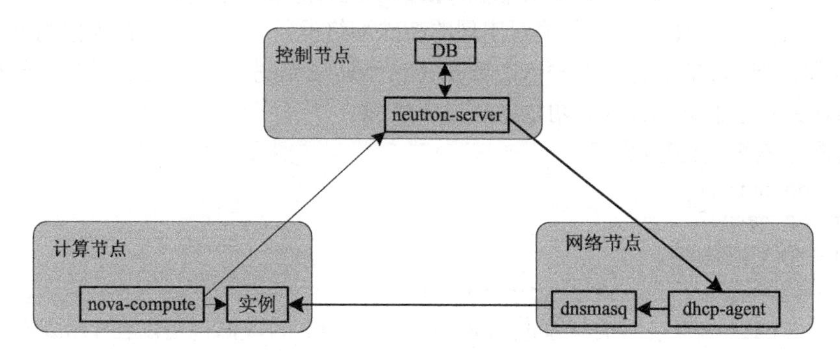


图 8-14 DHCP 代理工作机制

通过 DHCP 获取 IP 的过程如下。

（1）创建实例时，Neutron 随机生成 MAC 并从配置数据中分配一个固定 IP 地址，一起保存到 dnsmasq 的 hosts 文件中，让 dnsmasq 进程做好准备。

（2）与此同时，nova-compute 会设置虚拟机网卡的 MAC 地址。

（3）实例启动，发出 DHCPDISCOVER 广播，该广播消息在整个网络中都可以被收到。

（4）广播到达 dnsmasq 监听的 Tap 接口。dnsmasq 收到后检查其 host 文件，发现有对应项，它以 DHCPOFFER 消息将 IP 和网关 IP 发回到虚拟机实例。

（5）虚拟机实例发回 DHCPREQUEST 消息确认接受 DHCPOFFER。

（6）dnsmasq 发回确认消息 DHCPACK，整个过程结束。

### 8.3.5 Linux 网络名称空间

在介绍 DHCP 服务时提到的 Linux 网络名称空间（Network Namespace，简称 netns）是 Linux 提供的一种内核级别网络环境隔离的方法。Namespace 也可译为命名空间或名字空间。当前 Linux 支持 6 种不同类型的命名空间，网络名称空间只是其中一种。在二层网络上，VLAN 可以将一个物理交换机分割成几个独立的虚拟交换机。类似地，在三层网络上，Linux 网络名称空间可以将一个物理三层网络分割成几个独立的虚拟三层网络。作为一种资源虚拟隔离机制，它在 Neutron 中得以应用。

#### 1. Linux 网络名称空间概述

在 Linux 中，网络名称空间可以被认为是隔离的拥有单独网络栈（网络接口、路由、iptables 等）的环境。它经常用来隔离网络资源（设备和服务），只有拥有同样网络名称空间的设备才能彼此访问。它还提供了在网络名称空间内运行进程的功能。后台进程可以运行在不同名称空间内的相同端口上，用户还可以虚拟出一块网卡。

可以创建一个完全隔离的全新网络环境，包括一个独立的网络接口、路由表、ARP 表、IP 地址表、iptables 或 ebtables 等，与网络有关的组件都是独立的。

通常情况下，可以使用 ip netns add 命令添加新的网络名称空间，使用 ip netns list 命令查看所有的网络名称空间。

执行以下命令进入指定的网络名称空间。

```
ip netns exec netns 名称  命令
```

可以在指定的虚拟环境中运行任何命令，例如以下命令。

```
ip netns exec net001  bash
```

又如，为虚拟网络环境 netns0 的 eth0 接口增加 IP 地址。

```
ip netns exec netns0 ip address add 10.0.1.1/24 dev eth0
```

网络名称空间内部通信没有问题，但被隔离的网络名称空间之间要进行通信，就必须采用特定方法，即 VETH 对。VETH 对是一种成对出现的特殊网络设备，它们像一根虚拟的网线，可用于连接两个名称空间，向 VETH 对一端输入的数据将自动转发到另一端。例如创建两个网络名称空间 netns1 和 netns2 并使它们之间通信，可以执行以下步骤。

（1）创建两个网络名称空间。

```
ip netns add netns1
ip netns add netns2
```

（2）创建一个 VETH 对。

```
ip link add veth1 type veth peer name veth2
```

创建的一对 VETH 虚拟接口类似管道（Pipe），发给 veth1 的数据包可以在 veth2 收到，发给 veth2 的数据包也可以在 veth1 收到，相当于安装两个接口并用网线连接起来。

（3）将上述两个 VETH 虚拟接口分别放置到两个网络名称空间中。

```
ip link set veth1 netns netns1
ip link set veth2 netns netns2
```

这样两个 VETH 虚拟接口就分别出现在两个网络名称空间中，两个空间就打通了，其中的设备可以相互访问。

2. Linux 网络名称空间实现 DHCP 服务隔离

Neutron 通过网络名称空间为每个网络提供独立的 DHCP 和路由服务，从而允许项目创建重叠的网络。如果没有这种隔离机制，网络就不能重叠，这样就失去了很多灵活性。

每个 dnsmasq 进程都位于独立的网络名称空间，命名为 qdhcp-*xxxx*。

以创建 Flat 网络为例，Neutron 自动新建该网络对应的网桥 brqf*xxxx*，以及 DHCP 的 Tap 设备 tap*xxxx*。物理主机本身也有一个网络名称空间，称为 root，拥有所有物理和虚拟接口设备，而物理接口只能位于 root 名称空间。新创建的名称空间默认只有一个回环设备（Loopback Device）。如果 DHCP 的 Tap 虚拟接口放置到 qdhcp-*xxxx* 名称空间，该 Tap 虚拟接口将无法直接与 root 名称空间中的网桥设备 brq*xxxx* 连接。为此，Neutron 使用 VETH 对来解决这个问题，添加 VETH 对 tap*xxxx* 与 ns-*xxxx*，让 qdhcp-*xxxx* 连接到 brq*xxxx*。

3. Linux 网络名称空间实现路由器

Neutron 允许在不同网络中的子网的 CIDR 和 IP 地址重叠，具有相同 IP 地址的两个虚拟机也不会产生冲突，这是由于 Neutron 的路由器通过 Linux 网络名称空间实现的，每个路由器有自己独立的路由表。

## 8.3.6 Neutron 路由器

Neutron 路由器是一个三层（L3）网络的抽象，其模拟物理路由器，为用户提供路由、NAT 等服务。在 OpenStack 网络中，不同子网之间的通信需要路由器，项目网络与外部网络之间的通信更需要路由器。

Neutron 提供虚拟路由器，也支持物理路由器。例如，两个隔离的 VLAN 网络之间要实现通信，可以通过物理路由器实现，如图 8-15 所示，由物理路由器提供相应的 IP 路由表，确保两个 IP 子网之间的通信。将两个 VLAN 网络中的虚拟机的默认网关分别设置为物理路由器的接口 A 和 B 的 IP 地址，VLAN A 中的虚拟机要与 VLAN B 中的虚拟机通信时，数据包将通过 VLAN A 中的物理网卡到达物理路由器，由物理路由器转发到 VLAN B 中的物理网卡，再到目的虚拟机。

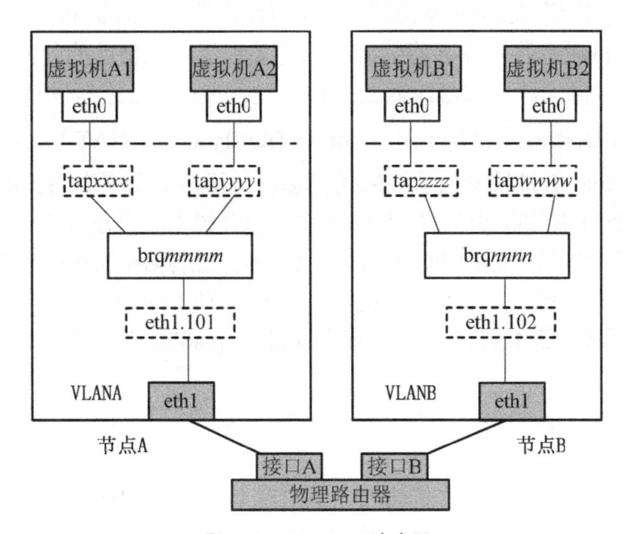


图 8-15　Neutron 路由器

Neutron 的虚拟路由器使用软件模拟物理路由器，路由实现机制相同。Neutron 的路由服务由 L3 代理提供。

### 8.3.7 L3代理

在Neutron中L3代理（neutron-l3-agent）具有举足轻重的地位，它不仅提供虚拟路由器，而且通过iptables提供地址转换（SNAT/DNAT）、浮动地址（Floating IP）和安全组（Security Group）功能。L3代理利用Linux IP栈、路由和iptables来实现内部网络中不同网络的虚拟机实例之间的通信，以及虚拟机实例和外部网络之间的网络流量的路由和转发。L3代理可以部署在控制节点或者网络节点上。

1. 路由（Routing）

L3代理提供的虚拟路由器通过虚拟接口连接到子网，一个子网一个接口，该接口的地址是该子网的网关地址。虚拟机的IP栈如果发现数据包的目的IP地址不在本网段，则会将其发到路由器上对应其子网的虚拟接口。然后，虚拟机路由器根据配置的路由规则和目的IP地址将包转发到目的端口发出。

L3代理会为每个路由器创建一个网络名称空间，通过VETH对与TAP相连，然后将网关IP配置在位于名称空间的VETH接口上，这样就能够提供路由。网络节点如果不支持Linux名称空间，则只能运行一个虚拟路由器。

2. 通过网络名称空间支持网络重叠

在云环境下用户可以按照自己的规划创建网络，不同项目（租户）的网络IP地址可能会重叠。为实现此功能，L3代理使用Linux网络名称空间来提供隔离的转发上下文，隔离不同项目（租户）的网络。每个L3代理运行在一个名称空间中，每个名称空间由qrouter-<router-UUID>命名。

3. 源地址转换（Source Network Address Translation，SNAT）

L3代理通过在iptables表中增加POSTROUTING链来实现源地址转换，即内网计算机访问外网时，发起访问的内网IP地址（源IP地址）转换为外网网关的IP地址。这种功能让虚拟机实例能够直接访问外网。不过外网计算机还不能直接访问虚拟机实例，因为实例没有外网IP地址，而目的地址转换就能解决这一问题。

项目（租户）网络连接到Neutron路由器，通常将路由器作为默认网关。当路由器接收到实例的数据包并将其转发到外网时，路由器会将数据包的源地址修改成自己的外网地址，确保数据包转发到外网，并能够从外网返回。路由器修改返回的数据包，并转发给之前发起访问的实例。

4. 目的地址转换（Destination Network Address Translation，DNAT）与浮动IP地址

Neutron需要设置浮动IP地址支持从外网访问项目（租户）网络中的实例。每个浮动IP唯一对应一个路由器：浮动IP→关联的端口→所在的子网→包含该子网以及外部子网的路由器。创建浮动IP时，在Neutron分配浮动IP后，通过RPC通知该浮动IP对应的路由器去设置该浮动IP对应的iptables规则。从外网访问虚拟机实例时，目的IP地址为实例的浮动IP地址，因此必须由iptables将其转化为固定IP地址，然后再将其路由到实例。L3代理通过在iptables表中增加PREOUTING链来实现目的地址转换。

浮动IP地址提供静态NAT功能，建立外网IP地址与实例所在项目（租户网络）IP地址的一对一映射。浮动IP地址配置在路由器提供网关的外网接口上，而不是在实例中。路由器会根据通信的方向修改数据包的源或者目的地址。这是通过在路由器上应用iptalbes的NAT规则实现的。

一旦设置浮动IP地址后，源地址转换就不再使用外网网关的IP地址了，而是直接使用对应的浮动IP地址。虽然相关的NAT规则依然存在，但是neutron-l3-agent-float-snat比neutron-l3-agent-snat更早执行。

5. 安全组（Security Group）

安全组定义了哪些进入的网络流量能被转发给虚拟机实例。安全组包含一组防火墙策略，称为安全组规则（Security Group Rule），可以定义若干个安全组，每个安全组可以有若干条规则，可以给每个实例绑定若干个安全组。

安全组的原理是通过 iptables 对实例所在计算节点的网络流量进行过滤。安全组规则作用在实例的端口上，具体是在连接实例的计算节点上的 Linux 网桥上实施。

### 8.3.8 FWaaS

1. 概述

FWaaS（Firewall-as-a-Service）是一种基于 Neutron L3 Agent 的虚拟防火墙，是 Neutron 的一个高级服务。通过它，OpenStack 可以将防火墙应用到项目（租户）、路由器、路由器端口和虚拟机端口，在子网边界上对三层和四层的流量进行过滤。

传统网络中的防火墙一般放在网关上，用来控制子网之间的访问。FWaaS 的原理也一样，在 Neutron 路由器上应用防火墙规则，控制进出项目（租户）网络的数据。防火墙必须关联某个策略（Policy）。策略是规则（Rule）的集合，防火墙会按顺序应用策略中的每一条规则。规则是访问控制的规则，由源与目的子网 IP、源与目的端口、协议、允许（Allow）或拒绝（Deny）动作组成。

安全组是最早的网络安全模块，其应用对象是虚拟网卡，在计算节点上通过 iptables 规则控制进出实例虚拟网卡的流量。FWaaS 的应用对象是虚拟路由器，可以在安全组之前控制从外部传入的流量，但是对于同一个子网内的流量不做限制。安全组保护的是实例，而 FWaaS 保护的是子网，两者互为补充，通常同时部署 FWaaS 和安全组来实现双重防护。

2. 两个版本：FWaaS v1 与 FWaaS v2

FWaaS v1 是传统的防火墙方案，对路由器提供保护，将防火墙应用到路由器时，该路由器的所有内部端口受到保护。这种防火墙的示意图如图 8-16 所示，其中虚拟机 2 进出的数据流都会得到防火墙保护。

新的版本 FWaaS v2 提供了更具细粒度的安全服务。防火墙的概念由防火墙组（Firewall Group）替代，一个防火墙包括两项策略：入口策略（Ingress Policy）和出口策略（Egress Policy）。防火墙组不再应用于路由器级（路由器全部端口），而是路由器端口。注意，FWaaS v2 的配置仅提供命令行工具，不支持 Dashboard 图形界面。

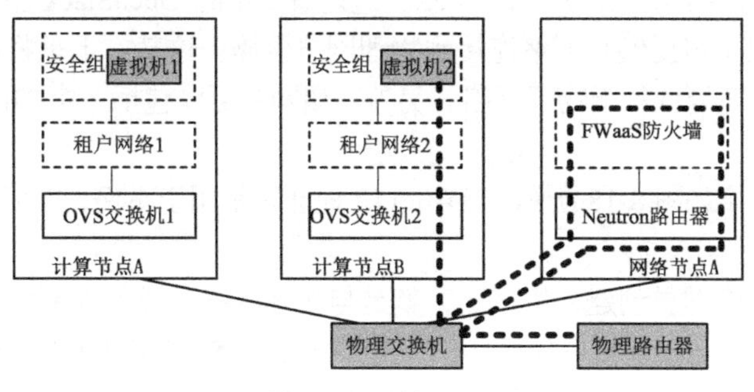


图 8-16　FWaaS v1

## 8.4 Neutron 网络配置和管理

虚拟机实例必须配置网络连接，OpenStack 计算服务是 OpenStack 网络的主要使用者。创建和配置虚拟网络是 OpenStack 的一项基础性工作。与其他 OpenStack 服务一样，OpenStack 网络服务可以使用 Dashboard 图形界面或命令行工具进行相关操作。首先要了解虚拟网络类型。

## 8.4.1 虚拟网络类型

OpenStack 网络支持每个项目拥有多个私有网络，让项目选择自己的 IP 地址方案，即使这些 IP 地址已经被其他项目所使用。OpenStack 的虚拟网络分为两种类型：提供者网络（Provider Network，也被译为供应商网络）和自服务网络（Self-service Network）。自服务网络又称项目网络（Project Network）或租户网络（Tenant Network）。在网络创建过程中，项目之间可以共享这两种虚拟网络，可以分别基于这两种虚拟网络创建虚拟机实例。

### 1. 提供者网络

提供者网络为虚拟机实例提供二层连接，可支持 DHCP 和元数据服务。这类网络连接或映射到数据中心的现有二层网络，通常使用 VLAN（802.1q）标签来识别和隔离。

提供者网络以灵活性为代价换取简单性、高性能和可靠性。因为涉及物理网络基础设施的配置，所以默认情况下只有 OpenStack 管理员才能创建和更改提供者网络。要允许普通用户也能具备这种权限，只需在 Neutron 服务的 policy.json 文件中设置以下参数。

```
"create_network:provider:physical_network": "rule:admin_or_network_owner",
"update_network:provider:physical_network ": "rule:admin_or_network_owner",
```

提供者网络只能负责实例的二层连接，缺乏对路由和浮动 IP 地址的功能支持。负责三层操作的 OpenStack 网络组件对性能和可靠性的影响最大。为改进性能和可靠性，提供者网络将三层操作交由物理网络设施负责。

**提示**　带路由的提供者网络为实例提供三层连接。这类网络将映射到数据中心现有的三层网络。更为特别的是，网络映射到多个二层网段，每个网段基本就是一个提供者网络，有一个连接它的路由器网关，在它们和外部网络之间路由流量。注意，OpenStack 网络服务本身并不为这种网络提供路由。

提供者网络有一个特殊的应用场合，OpenStack 部署位于一个混合环境，传统虚拟化和裸金属主机使用一个较大的物理网络设施。其中的应用可能要求直接二层访问（通常使用 VLAN）OpenStack 部署之外的应用。

一个典型的提供者网络示例如图 8-17 所示。这是最简单的 OpenStack 服务部署方式，通过网络第二层（网桥或交换机）将提供者网络连接到物理网络设施。这基本上是将虚拟网络桥接到物理网络设施，三层路由服务还要依赖于物理网络。另外，该网络可以包括一个 DHCP 服务用于为实例分配 IP 地址。

此示例中的网络连接如图 8-18 所示。其中的 IP 地址只是用于举例，实际部署时应根据实际情况设置和调整。

提供者网络默认由管理员创建，实际上，就是与物理网络（或外部网络）有直接映射关系的虚拟网络。要使用物理网络直接连接虚拟机实例，必须在 OpenStack 中将物理网络定义为提供者网络。这种网络可以在多个项目（租户）之间共享。虽然可以创建 VXLAN 或 GRE 类型的提供者网络，但是只有 Flat 或 VLAN 类型的网络拓扑才对提供者网络具有实际意义。提供者网络和物理网络的某个网段直接映射，因此需要预先在物理网络中做好相应的配置。物理网络的每个网段最多只能实现一个提供者网络。

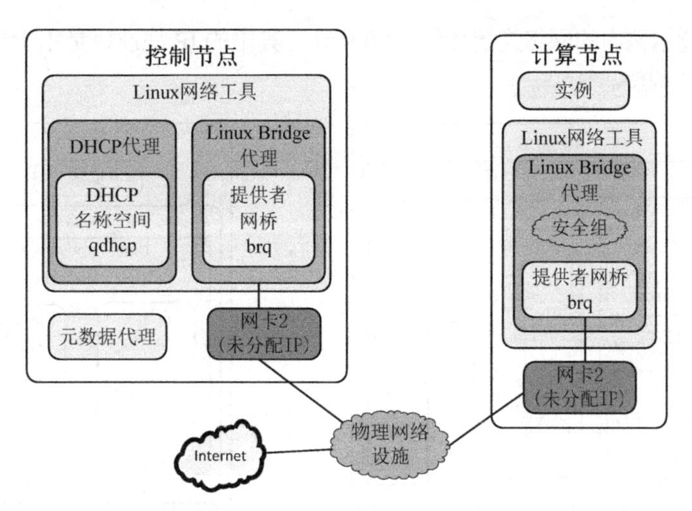


图 8-17　提供者网络示例（总体结构）

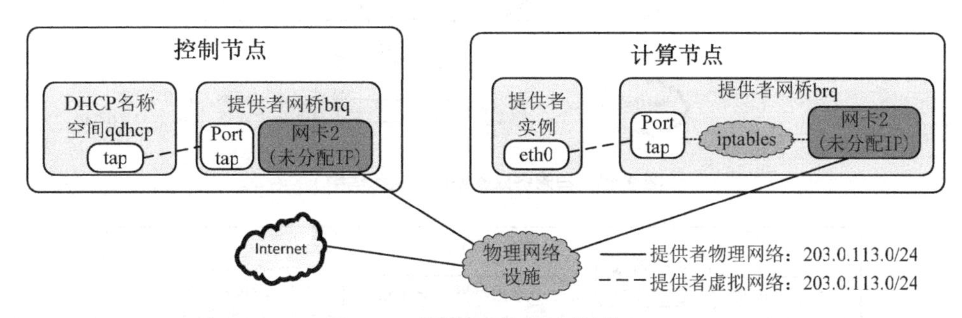


图 8-18　提供者网络示例（连接）

2. 自服务网络

自服务网络的主要目的是让非特权的普通项目自行管理网络，无须管理员介入。这类网络完全是虚拟的，需要通过虚拟路由器与提供者网络和像 Internet 这样的外部网络通信。自服务网络也对实例提供 DHCP 服务和元数据服务。

绝大多数情况下，自服务网络使用像 VXLAN 或 GRE 这样的 Overlay 协议，因为这些协议要比使用 VLAN 标记的二层网络分段支持更多的网络，而且 VLAN 通常还要求物理网络设施的额外配置。

IPv4 自服务网络一般使用 RFC1918 定义的合法私有地址访问，通过虚拟路由器上的源 NAT 与提供者网络进行交互通信。浮动 IP 地址则通过虚拟路由器上的目的 NAT 让来自提供者网络的用户访问虚拟机实例。IPv6 自服务网络总是使用公共 IP 地址范围，通过带有静态路由的虚拟路由器与提供者网络进行交互。

网络服务使用 L3 代理实现路由器，L3 代理至少要部署在一个网络节点上。与在网络第二层将实例连接到物理网络设施的提供者网络不同，自服务网络必须有一个 L3 代理。不过，一个 L3 代理或网络节点的过载或故障就能影响一大批自服务网络和使用它们的实例。基于这一点，实际部署需要提供高可用功能来增加冗余，提高自服务网络的性能。

用户可以为项目中的连接创建项目网络，也就是自服务网络。默认情况下自服务网络被完全隔离，并且不会和其他项目共享。OpenStack 网络支持的网络隔离和覆盖技术包括 Flat、VLAN、GRE 和 VXLAN 等。

一个典型的自服务网络示例如图 8-19 所示。这是最常用的 OpenStack 服务部署方式，通过 NAT 将自服务网络连接到物理网络设施。它包括三层路由服务、DHCP 服务，还能提供 LBaaS 和 FWaaS

这样的高级服务。此示例中的网络连接如图 8-20 所示，其中的 IP 地址只是用于示范，实际部署时应根据实际情况设置和调整。

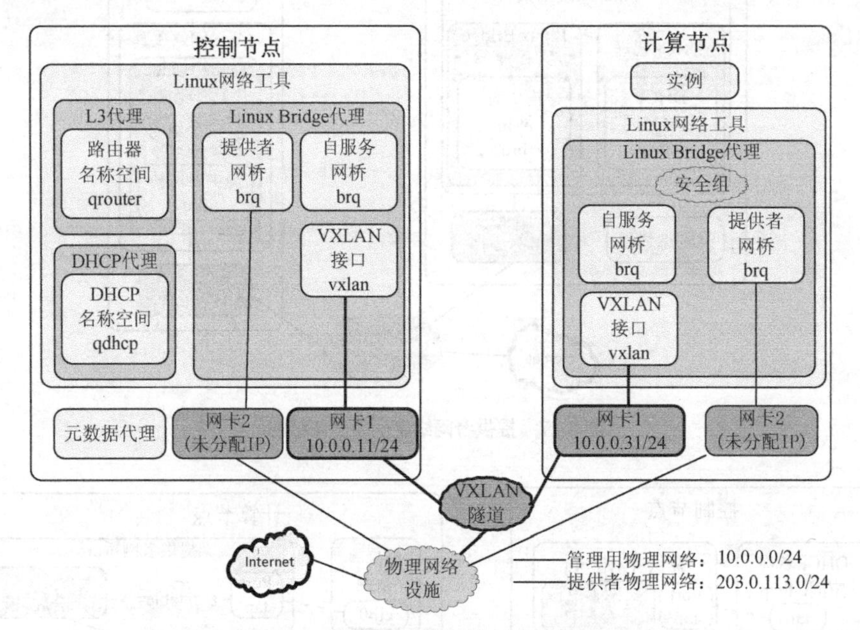


图 8-19　自服务网络示例（总体结构）

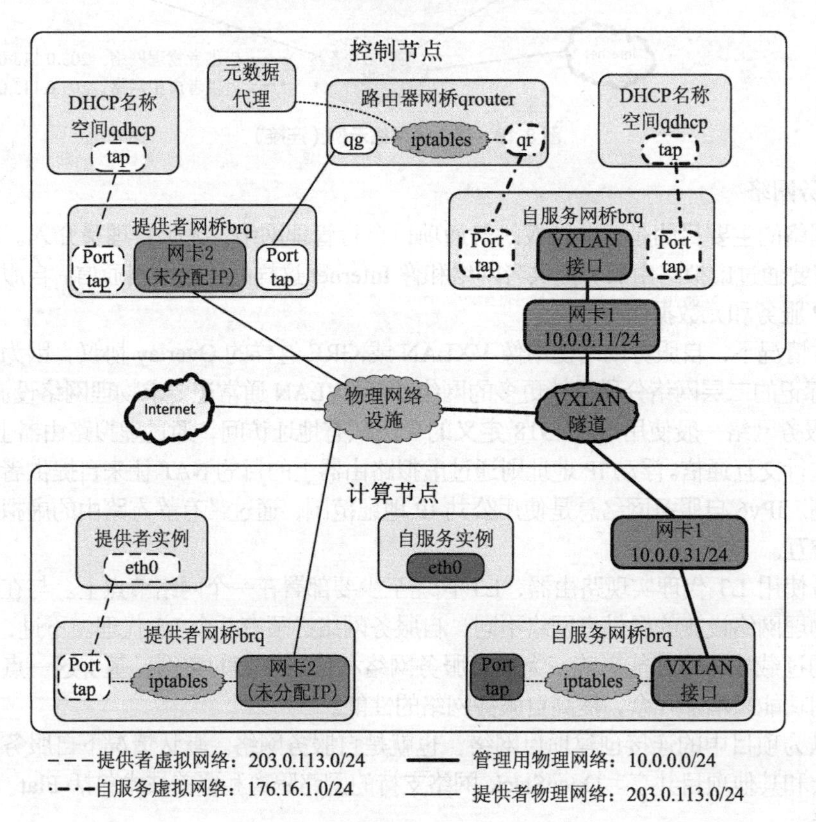


图 8-20　自服务网络示例（连接）

OpenStack 用户不需要了解数据中心的底层网络结构，就能创建所需的自服务网络。

自服务网络由普通用户创建，是与物理网络无关的纯虚拟网络。默认情况下，不同项目（租户）的自服务网络，也就是项目（租户）网络是完全隔离的，不可以共享。创建自服务网络可以选择 Local、Flat、VLAN、VXLAN 或 GRE 等类型，但是 Flat 和 VLAN 类型的自服务网络本质上对应于一个实际的物理网段，因此真正有意义的是 VXLAN 或 GRE 类型，因为这类 Overlay 网络本身不依赖于具体的物理网络，只要物理网络能够提供 IP 多播支持即可。

另外，自服务网络中的虚拟机实例如果要访问外部网络（物理网络），则必须创建相应的提供者网络来提供外部连接。这种虚拟网络中包括自服务网络（作为内部网络）和提供者网络（作为外部网络），也可以使用这两种网络为虚拟机实例提供网络连接。

接下来讲解命令行的网络操作，然后以 RDO 一体化 OpenStack 平台为例进一步讲解网络的主要配置管理操作。端口创建和管理往往由系统自动进行，一般情况下无须直接操作。

## 8.4.2 OpenStack 网络命令行

Dashboard 图形界面比较简单直观，命令行工具功能更强大，更适合管理员或测试人员使用，建议尽可能使用 openstack 这个通用命令来代替 neutron 专用命令行。管理员可以对任何项目（通过项目 ID 指定）进行操作。普通用户只能对自己项目的网络进行操作。使用命令行之前，要先加载相应账户的环境变量。

> **提示** 在命令行中操作时，添加网络的顺序是创建网络→创建子网→创建端口，而删除网络的顺序正好相反，即删除端口→删除子网→删除网络。路由器操作也是类似的，先创建路由器，再设置网关和子网接口。

### 1. 网络创建和管理命令

（1）创建网络的 openstack 命令的完整语法格式

```
openstack network create
    [--project <项目名或 ID> [--project-domain <项目所属的域的名称或 ID >]]
    [--enable | --disable]
    [--share | --no-share]
    [--description <说明信息>]
    [--mtu <mtu>]
    [--availability-zone-hint <可用域>]
    [--enable-port-security | --disable-port-security]
    [--external [--default | --no-default] | --internal]
    [--provider-network-type <提供者网络类型>]
    [--provider-physical-network <提供者物理网络>]
    [--provider-segment <提供者网段>]
    [--qos-policy <用于此网络的 QoS 策略名称或 ID>]
    [--transparent-vlan | --no-transparent-vlan]
    [--tag <tag> | --no-tag]
    <虚拟网络名称>
```

其中--enable 表示启用此网络，对应 Dashboard 图形界面中的“启用管理员状态”，说明该网络可管理；--disable 的意义正好相反。

--share 表示该网络可在项目之间共享。--no-share 的含义正好相反。

--availability-zone-hint 设置网络可用域，重复该选项可创建多个可用域。

--external 表示将该网络设置为外部网络。默认是内部网络，采用选项--internal。--default 指定此网络用作默认的外部网络，而--no-default 表示该网络默认不用作外部网络。

--provider-network-type 用于设置此虚拟网络实现所采用的物理机制，即网络拓扑，可支持的选项有 flat、geneve、gre、local、vlan 或 vxlan。

--provider-physical-network 用于设置此虚拟网络基于哪个物理网络来实现。这个选项仅对提供者网络有意义。

--provider-segment 设置 VLAN 网络的 VLAN ID，或者 GENEVE/GRE/VXLAN 网络的隧道 ID。

（2）修改网络设置

```
openstack network set [选项列表] <虚拟网络名称或 ID>
```

其中选项大部分与 openstack network create 命令相同，增加一个重命名选项--name。

（3）显示网络列表

```
openstack network list [选项列表]
```

（4）显示网络详细信息

```
openstack network show <虚拟网络名称或 ID>
```

（5）删除网络

```
openstack network delete [虚拟网络列表]
```

2. **子网创建和管理命令**

（1）创建子网命令

```
openstack subnet create
    [--project <项目名或 ID> [--project-domain <项目所属的域的名称或 ID >]]
    [--subnet-pool <子网池> | --use-default-subnet-pool [--prefix-length <前缀长度>] |
--use-prefix-delegation]
    [--subnet-range <子网范围>]
    [--allocation-pool start=<起始 IP 地址>,end=<结束 IP 地址>]
    [--dhcp | --no-dhcp]
    [--dns-nameserver <DNS 服务器>]
    [--gateway <网关>]
    [--host-route destination=<主机路由目的子网>,gateway=<网关 IP>]
    [--network-segment <与此子网关联的网段名称或 ID>]
    --network <子网所属的虚拟网络名称或 ID>
    <子网名称>
```

默认启用 DHCP，使用选项--dhcp。

（2）子网管理命令

与上述网络管理命令类似，只是将子命令 network 换成 subnet，操作对象改为子网。

3. **路由器创建和管理命令**

（1）创建路由器命令

```
openstack router create
    [--project <项目名或 ID> [--project-domain <项目所属的域的名称或 ID >]]
    [--enable | --disable]
    [--availability-zone-hint <可用域>]
    <路由名称>
```

（2）路由器管理命令

与上述网络管理命令类似，只是将子命令 network 换成 router，操作对象改为路由器。

### 8.4.3 创建提供者网络

默认只有管理员才能创建提供者网络。RDO 一体化 OpenStack 平台已经默认配置了提供者网络，这里参照第 2 章 2.4 节配置外部网络的操作，给出基本等同的命令行操作方法。

首先确认 ML2 配置文件/etc/neutron/plugins/ml2/ml2_conf.ini 的[ml2_type_flat]节中将 flat_networks 参数设置为“*”（表示任一物理网络）或当前的物理网络名 extnet。默认[ml2_type_flat]节已经设置以下参数。

```
type_drivers = vxlan,flat              #支持 VXLAN 和 FLAT 网络类型
mechanism_drivers =openvswitch         #网络机制驱动为 OVS
```

查看 Open vSwitch 代理配置文件/etc/neutron/plugins/ml2/openvswitch_agent.ini 中的网桥映射设置如下。

```
bridge_mappings =extnet:br-ex
```

这表示将物理网络名 extnet 映射到代理的特定节点 Open vSwitch 的网桥名 br-ex。这里的 OVS 网桥是 br-ex，需要提前通过 ovs-ovctl 命令创建该网桥，并将物理网卡桥接在 br-ex 上。请参见第 2 章 2.1 节的内容。

然后执行以下命令完成与第 2 章 2.4 节配置外部网络部署相同的操作。

（1）加载 admin 凭据的环境变量（以管理员身份登录）。

```
. keystonerc_admin
```

（2）删除现有路由。

```
openstack router delete router1
```

（3）删除名为“public”的提供者网络。

```
openstack network delete public
```

（4）重新创建一个名为“public”的提供者网络。

```
openstack network create --project admin --share --external \
--availability-zone-hint nova --provider-physical-network extnet\
--provider-network-type flat  public
```

（5）在上述网络基础上创建一个子网。

```
openstack subnet create --network public \
  --allocation-pool start=192.168.199.51,end=192.168.199.80 \
  --dns-nameserver 114.114.114.114 --gateway 192.168.199.1 \
  --subnet-range 192.168.199.0/24 public_subnet
```

### 8.4.4 创建自服务网络

自服务网络就是项目（租户）网络，属于项目所有。RDO 一体化 OpenStack 平台默认让项目（租户）网络使用 VXLAN 类型，这里在第 2 章相关操作的基础上再创建一个 VXLAN 类型的自服务网络。主要示范 Dashboard 图形界面的相关操作，并给出等同的命令行。

#### 1. 确认在 ML2 插件配置中启用 VXLAN 网络

在/etc/neutron/plugins/ml2/ml2_conf.ini 文件设置相关参数。

在[ml2]节中设置 type_drivers 参数指定 ML2 加载所需的网络类型驱动。

```
type_drivers = vxlan,flat
```

在[ml2]节中设置 tenant_network_types 参数指定项目（租户）网络类型为 VXLAN。

```
tenant_network_types = vxlan
```

该参数可以指定多种网络类型，比如“tenant_network_types = vlan, local”表示先创建 VLAN 网络，当没有 VLAN 可创建时（比如 VLAN ID 用尽），便创建 Local 网络。

在[ml2]节中设置 mechanism_drivers 参数指定所用的网络机制为 Open vSwitch。

```
mechanism_drivers =openvswitch
```

在[ml2_type_vxlan]节中通过 vni_ranges 定义 VXLAN 范围。

```
vni_ranges =10:100
```

这个范围是指项目（租户）中创建 VXLAN 网络的范围。因为普通用户创建网络时不能指定 vni，Neutron 会按顺序自动从这个范围中取值。对于管理员则没有 vni 范围的限制，可以创建 vni 范围为 1~16777216 的 VXLAN 网络。如果修改上述配置，则在完成后重启网络服务。

```
systemctl restart  neutron-server.service
```

2. 确认在 Open vSwitch 代理配置中设置网桥

在/etc/neutron/plugins/ml2/openvswitch_agent.ini 文件设置相关参数。

在 [agent]节中配置启用 VXLAN。

```
tunnel_types =vxlan
```

在[ovs]节中通过 bridge_mappings 参数指明项目网络对应的 OVS 网桥。

```
bridge_mappings=extnet:br-ex
```

在[ovs]节中通过 local_ip 参数指明本地覆盖网络端点的 IP 地址，也就是负责 VXLAN 项目网络的网卡的 IP 地址。

```
local_ip=192.168.199.21
```

如果修改上述配置，则在完成后重启 OVS 代理服务。

```
systemctl restart  neutron-openvswitch-agent.service
```

3. 创建 VXLAN 类型的自服务网络

如果要在创建自服务网络时明确指定网络拓扑类型（这里为 VXLAN），应以管理员身份执行操作。

（1）以 admin 用户身份登录 Dashboard 界面。

（2）依次单击“管理员”“网络”和“网络”节点，显示当前的网络列表。

（3）单击“创建网络”按钮，弹出图 8-21 所示的窗口，设置网络选项。

这里“供应商网络类型”字段应选择“VXLAN”，“段 ID”字段设置为 etc/neutron/plugins/ml2/ml2_conf.ini 文件中设置的 vni 范围中的值，选中“共享的”复选框，清除“外部网络”复选框。

图 8-21　创建网络（管理员操作）

（4）默认选中“创建子网”复选框，单击“下一步”按钮切换到“子网”标签页，创建关联到这个网络的子网。设置子网名称、网络地址（这里项目网络 IP 地址，应使用合法的私有地址，需要使用斜线表示法，也就是 CIDR 记法）和网关 IP（如果未设置，则默认使用该网络的第 1 个 IP 地址），如图 8-22 所示。

图 8-22　设置子网

（5）单击“下一步”按钮进入“子网详情”设置界面，如图 8-23 所示。默认选中“激活 DHCP”复选框启用 DHCP 服务；“分配地址池”框用于设置 DHCP 可分配的 IP 地址范围，该范围必须属于上一步所设置的网络，如果未设置，将使用上一步所设置的网络 IP 地址除网关之外的地址范围；为子网设置 DNS 服务器。

图 8-23　设置子网详情

设置完毕，单击“已创建”按钮完成自服务网络的创建。新创建的网络加入网络列表中，可根据需要查看和修改其设置，管理其子网。

上述操作步骤对应的命令行操作分两步，首先创建网络。

```
openstack network create --share  --availability-zone-hint nova\
--provider-network-type vxlan --provider-segment 20 vxlan-net1
```

然后基于该网络创建一个子网。

```
openstack subnet create --subnet-range 172.16.1.0/24 \
--network vxlan-net1 --dns-nameserver 114.114.114.114 vxlan-net1-sub1
```

如果以普通用户身份执行上述操作，将不能明确指定网络拓扑类型，这个类型由/etc/neutron/plugins/ml2/ml2_conf.ini 文件的 tenant_network_types 参数指定，而且也不能将该网设置为可共享的。所创建的网络只能属于当前项目（租户），且不能与其他项目（租户）共享。例如创建网络的界面所设置的参数比较有限，如图 8-24 所示。

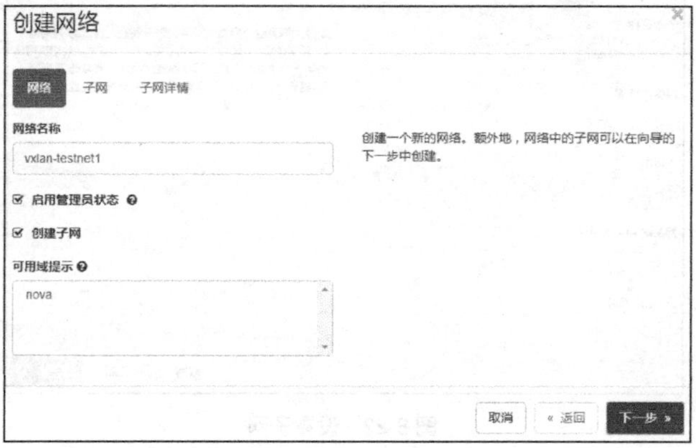

图 8-24　创建网络（普通用户操作）

普通用户创建网络对应的命令如下。

```
openstack network create vxlan-net1
```

## 8.4.5　配置虚拟路由器

配置路由器可连接不同子网，实现内外网相互通信。要使用 Neutron 路由器，必须正确配置 L3 代理。

### 1. 配置 L3 代理

L3 代理配置文件为/etc/neutron/l3_agent.ini，主要是在[DEFAULT]节中通过 interface_driver 参数设置管理虚拟接口的驱动。如果网络机制驱动是 Linux Bridge，则设置如下。

```
interface_driver = neutron.agent.linux.interface.BridgeInterfaceDriver
```

如果改用 Open vSwitch，则设置如下。

```
interface_driver = neutron.agent.linux.interface.OVSInterfaceDriver
```

修改上述配置，则需要重启 L3 代理服务。

```
systemctl restart  neutron-l3-agent.service
```

### 2. 配置路由器连通子网

Neutron 路由器可以连接不同子网，让子网之间能够相互通信。按照上述操作，目前拥有两个子网 private_subnet（10.0.0.1/24）和 vxlan-net1-sub1（172.16.1.0/24）。这里示范配置路由器实现它们之间的相互通信。第 2 章中已经创建好一个路由器，可直接在它的基础上增加子网接口，也就是添加子网到路由器。

（1）以 demo 用户身份登录 Dashboard 界面，依次单击“项目”“网络”和“路由”节点，显示当前的路由列表。

（2）单击其中路由名称（例中为 router-demo），再单击“接口”，显示该路由当前的接口列表，目前已有一个连接子网 private_subnet（10.0.0.1/24）的接口，如图 8-25 所示。

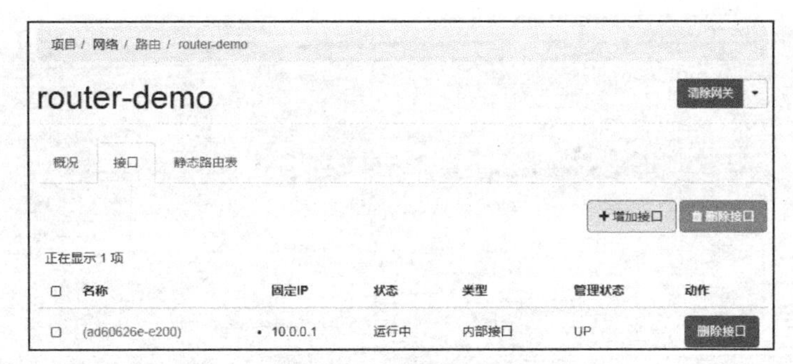


图 8-25 路由的接口列表

（3）单击“增加接口”按钮，弹出图 8-26 所示的对话框，从子网列表中选择另一个子网 vxlan-net1-sub1（172.16.1.0/24），单击“提交”按钮将增加一个连接该子网的接口。

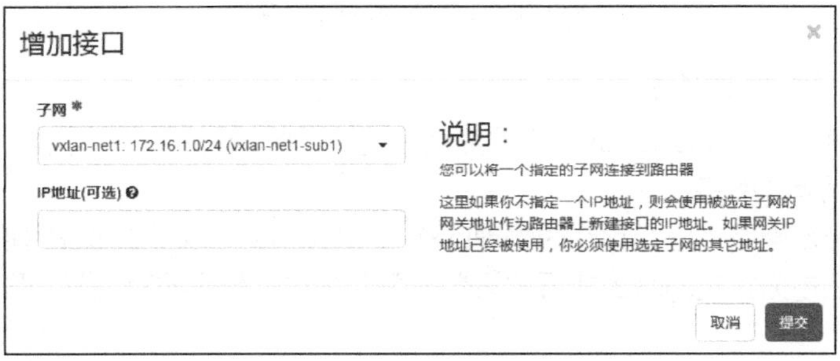

增加接口
子网 *
vxlan-net1: 172.16.1.0/24 (vxlan-net1-sub1)
IP地址(可选)
说明：
您可以将一个指定的子网连接到路由器
这里如果你不指定一个IP地址，则会使用被选定子网的网关地址作为路由器上新建接口的IP地址。如果网关IP地址已经被使用，你必须使用选定子网的其它地址。
取消
提交

图 8-26 为路由增加接口

结果如图 8-27 所示，至此该路由拥有连接到两个子网的两个接口，都是内部接口。这样就在两个子网之间建立了路由。可分别基于这两个子网创建两个虚拟机实例（建议使用 cirros 镜像），然后再登录一个实例中 ping 另一个实例，通信测试成功，如图 8-28 所示，说明路由建立。

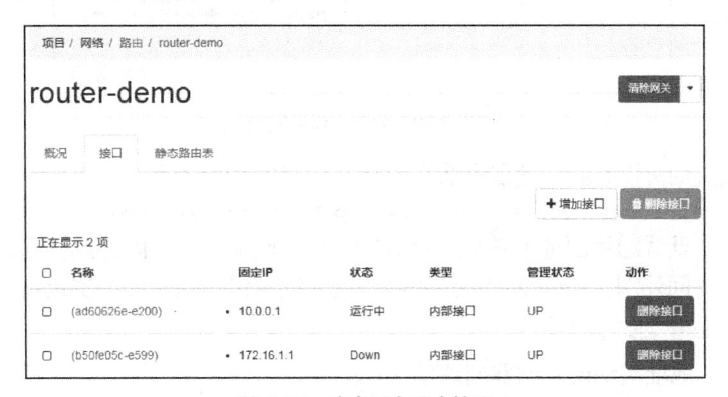


图 8-27 路由具有两个接口

增加接口对应的是向路由器添加子网命令。

```
openstack router add subnet  router-demo vxlan-net1-sub1
```

可以通过查看路由的详细信息来了解路由的网关和子网接口。

```
openstack router show router-demo
```

注意一个子网不能同时添加到多个路由器。

删除子网接口。

```
openstack router remove subnet  router-demo vxlan-net1-sub1
```

```
Connected (unencrypted) to: QEMU (instance-00000028)
64 bytes from 10.0.0.3: seq=5 ttl=63 time=1.087 ms
64 bytes from 10.0.0.3: seq=6 ttl=63 time=0.909 ms
64 bytes from 10.0.0.3: seq=7 ttl=63 time=0.952 ms

--- 10.0.0.3 ping statistics ---
8 packets transmitted, 8 packets received, 0% packet loss
round-trip min/avg/max = 0.909/1.399/3.025 ms
$ ip a
1: lo: <LOOPBACK,UP,LOWER_UP> mtu 16436 qdisc noqueue
    link/loopback 00:00:00:00:00:00 brd 00:00:00:00:00:00
    inet 127.0.0.1/8 scope host lo
    inet6 ::1/128 scope host
       valid_lft forever preferred_lft forever
2: eth0: <BROADCAST,MULTICAST,UP,LOWER_UP> mtu 1450 qdisc pfifo_fast qlen 1000
    link/ether fa:16:3e:05:87:a9 brd ff:ff:ff:ff:ff:ff
    inet 172.16.1.4/24 brd 172.16.1.255 scope global eth0
    inet6 fe80::f816:3eff:fe05:87a9/64 scope link
       valid_lft forever preferred_lft forever
$ ping 10.0.0.3
PING 10.0.0.3 (10.0.0.3): 56 data bytes
64 bytes from 10.0.0.3: seq=0 ttl=63 time=2.087 ms
64 bytes from 10.0.0.3: seq=1 ttl=63 time=1.949 ms
64 bytes from 10.0.0.3: seq=2 ttl=63 time=1.412 ms
64 bytes from 10.0.0.3: seq=3 ttl=63 time=0.913 ms
```

图 8-28　子网之间的路由实测

### 3. 配置路由器连接外部网络

通过为路由器设置网关（Gateway）将外部网络连接到 Neutron 虚拟路由器，这样就能让与该路由器连接的实例访问外部网络。

网关指向的是外部网络（已经存在的物理网络），必须将它定义为提供者网络。在 Dashboard 界面中可以在路由列表中为指定的路由执行“设置网关”操作，相应的对话框如图 8-29 所示。对应的命令如下。

```
openstack router set --external-gateway public  router-demo
```

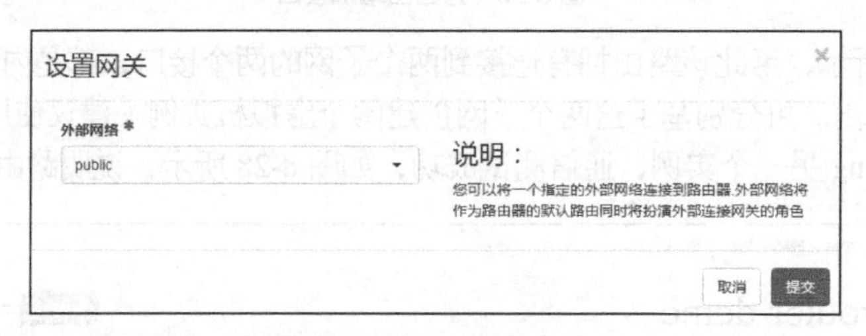


图 8-29　为路由设置网关

对于已有的网关则可以执行“清除网关”操作，对应的命令如下。

```
openstack router unset --external-gateway public  router-demo
```

设置网关之后，默认启用源地址转换（SNAT），在实例中可以访问外部网络，请读者自行测试。此时实例能够直接访问外网，但外部网络还不能直接访问实例，这是因为实例没有外部网络的 IP 地址，这就需要靠浮动 IP 地址来解决。

### 4. 分配浮动 IP 地址实现内外网双向通信

浮动 IP 地址能够让外部网络直接访问自服务网络中的实例，这是通过在路由器上应用目的地址转换（DNAT）来实现的。浮动 IP 是从指定的浮动 IP 池中分配一个外部网络 IP。浮动 IP 池必须由外部网络（定义为提供者网络）提供。

第 2 章 2.4.3 节讲解了 Dashboard 界面中直接为实例分配浮动 IP。这里再示范从“网络”节点中直接管理浮动 IP 地址。在 Dashboard 界面中依次展开“项目”“网络”和“浮动 IP”节点，显示当前已分配给项目的浮动 IP 列表，如图 8-30 所示。对应的命令如下。

```
openstack floating ip list
```

要将某浮动 IP 关联（映射）某个端口（实例的自服务网络 ID），单击右侧操作菜单中的“关联”

命令，打开图 8-31 所示的对话框，选择要关联的端口即可。对应的命令如下。

```
openstack server add floating ip 实例名或 ID 浮动 IP
```

其中浮动 IP 必须是已分配给项目的。

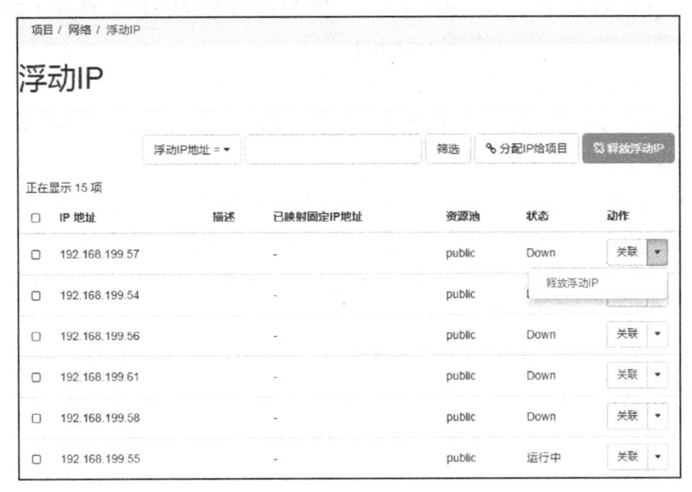


图 8-30　浮动 IP 列表

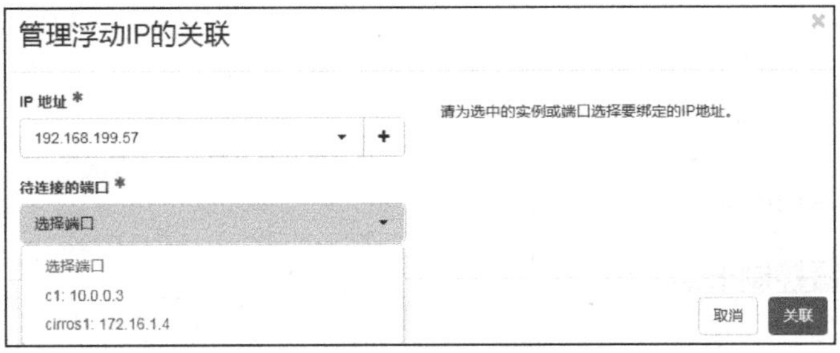

图 8-31　为浮动 IP 指定要映射的端口

关联成功后，即可从外网通过该浮动 IP 访问已关联的实例，请读者自行测试。

如果要解除这种关联（映射）关系，可以执行右侧操作菜单中的“解除绑定”命令。

在浮动 IP 列表中单击“分配 IP 给项目”按钮打开相应的对话框，从选择的外部网络中分配一个给当前项目，这个地址将加入浮动 IP 列表中。对应的命令如下。

```
openstack floating ip create [选项列表] 外部网络名称或 ID
```

也可以对列表中的浮动 IP 执行“释放浮动 IP”操作，将其从列表中删除，这样该 IP 就不能关联到实例了。对应的命令如下。

```
openstack floating ip delete [浮动 IP 列表]
```

# 8.5　手动安装和部署 Neutron

如果网络规模不大，无须部署专用的网络节点，只需在控制节点和计算节点上部署所需的 Neutron 服务组件即可。这里以 CentOS 7 平台为例示范 Neutron 的手动安装和部署。

## 8.5.1　主机网络配置

在选择要部署的架构的每个节点上安装操作系统之后，必须配置网络接口。建议禁用网络自动配置工具，手动编辑配置文件。

考虑到软件包安装、安全更新、DNS 和 NTP，所有的节点应当能够访问 Internet。绝大多数情况下，节点应当通过管理网络访问 Internet。为突出网络隔离的重要性，本示例中管理网络使用私用网络，假定物理网络使用 NAT 提供 Internet 访问。示例的架构为提供者（外部）网络使用可路由的 IP 地址空间，并假定物理网络能提供直接的 Internet 访问。

在提供者网络架构中，所有的实例直接连接到提供者网络。在自服务（私有）网络架构中，实例能够连接到自服务网络或提供者网络。自服务网络可以整体位于 OpenStack 内部，也可以使用 NAT 通过提供者网络提供某些级别的外部网络访问。

此处手动安装 Neutron 的示例的网络架构参见第 3 章的图 3-4，其包括以下两个网络：管理用网络和提供者网络。可以根据实际情况修改 IP 地址范围和网关地址。每个主机节点必须能够通过主机名解析其他节点的 IP 地址。例如，主机名 controller 必须解析到控制节点上的管理网络接口的 IP 地址 10.0.0.11。

为每个主机节点配置管理网络接口的 IP 地址、子网掩码和默认网关。然后在每个节点上编辑 /etc/hosts 文件，包括如下名称解析。

```
# controller
10.0.0.11       controller
# compute1
10.0.0.31       compute1
# block1
10.0.0.41       block1
# object1
10.0.0.51       object1
# object2
10.0.0.52       object2
```

### 8.5.2 安装和配置控制节点

1. 基础工作

安装和配置网络服务之前，必须创建数据库、服务凭证和 API 端点。

（1）创建 Neutron 数据库

确认安装 MariaDB，以 root 用户身份使数据库访问客户端连接到数据库服务器。

```
mysql -u root -p
```

然后依次执行以下命令创建数据库并设置访问权限，完成之后退出数据库访问客户端。使用自己的密码替换 NEUTRON_DBPASS。

```
MariaDB [(none)] CREATE DATABASE neutron;
MariaDB [(none)]> GRANT ALL PRIVILEGES ON neutron.* TO 'neutron'@'localhost' \
  IDENTIFIED BY 'NEUTRON_DBPASS';
MariaDB [(none)]> GRANT ALL PRIVILEGES ON neutron.* TO 'neutron'@'%' \
  IDENTIFIED BY 'NEUTRON_DBPASS';
```

（2）创建 Neutron 服务凭证

后续命令行操作需要管理员身份，首先要加载 admin 凭据的环境变量。

依次执行以下命令创建 neutron 用户，将管理员角色授予该用户，并创建 Neutron 的服务条目。

```
openstack user create --domain default --password-prompt neutron
openstack role add --project service --user neutron admin
openstack service create --name neutron  --description "OpenStack Networking" network
```

（3）创建 Neutron 服务的 API 端点

```
openstack endpoint create --region RegionOne  network public http://controller:9696
```

```
openstack endpoint create --region RegionOne  network internal http://controller:9696
openstack endpoint create --region RegionOne  network admin http://controller:9696
```

### 2. 配置网络选项

根据要部署的虚拟网络类型配置网络选项。

简单部署的提供者网络仅支持将实例连接到提供者（外部）网络，不需要自服务（私有）网络、路由器或浮动 IP 地址。只有管理员或其他特权用户能够管理提供者网络。

自服务网络提供三层服务，支持将实例连接到自服务网络。demo 或其他非特权用户可以管理自服务网络，该网络包括在自服务网络与提供者网络之间提供连接的路由器。另外，浮动 IP 地址为虚拟机实例提供连接，让用户从像 Internet 这样的外部网络使用自服务网络。自服务网络通常使用 Overlay 网络。

### 3. 配置元数据代理

元数据代理为实例提供像凭证这样的配置信息。编辑/etc/neutron/metadata_agent.ini 文件，在[DEFAULT]节中配置元数据主机和共享密码（将 METADATA_SECRET 替换）。

```
nova_metadata_host = controller
metadata_proxy_shared_secret = METADATA_SECRET
```

### 4. 配置计算服务使用网络服务

编辑/etc/nova/nova.conf 文件，在[neutron]节中设置访问参数，启用元数据代理，并配置密码。

```
url = http://controller:9696
auth_url = http://controller:35357
auth_type = password
project_domain_name = default
user_domain_name = default
region_name = RegionOne
project_name = service
username = neutron
password = NEUTRON_PASS
service_metadata_proxy = true
metadata_proxy_shared_secret = METADATA_SECRET
```

### 5. 完成安装

（1）网络服务初始化脚本需要一个指向 ML2 插件配置文件/etc/neutron/plugins/ml2/ml2_conf.ini 的符号连接/etc/neutron/plugin.ini。如果该符号连接未创建，执行以下命令创建。

```
ln -s /etc/neutron/plugins/ml2/ml2_conf.ini /etc/neutron/plugin.ini
```

（2）初始化数据库。

```
su -s /bin/sh -c "neutron-db-manage --config-file /etc/neutron/neutron.conf \
  --config-file /etc/neutron/plugins/ml2/ml2_conf.ini upgrade head" neutron
```

（3）重启计算 API 服务。

```
systemctl restart openstack-nova-api.service
```

（4）启动网络服务并将其配置为开机自动启动。

```
systemctl enable neutron-server.service neutron-linuxbridge-agent.service\
neutron-dhcp-agent.service  neutron-metadata-agent.service
systemctl start neutron-server.service neutron-linuxbridge-agent.service\
 neutron-dhcp-agent.service  neutron-metadata-agent.service
```

如果使用项目网络，还包括三层服务。

```
systemctl enable neutron-l3-agent.service
systemctl start neutron-l3-agent.service
```

### 8.5.3 安装和配置计算节点

计算节点负责实例的连接和安全组。

1. 安装组件

```
yum install openstack-neutron-linuxbridge ebtables ipset
```

2. 配置网络通用组件

配置网络通用组件包括认证机制、消息队列和插件的配置。

编辑/etc/neutron/neutron.conf 配置文件，设置以下参数。

在[database]节中将连接设置语句注释掉，因为计算节点不访问 neutron 数据库。

在[DEFAULT]节中配置 RabbitMQ 消息队列访问。

```
transport_url = rabbit://openstack:RABBIT_PASS@controller
```

其中 RABBIT_PASS 为 RabbitMQ 中的 openstack 账户的密码。

在[DEFAULT]节中配置身份服务。

```
auth_strategy = keystone
```

在[keystone_authtoken]节中配置身份服务具体参数。

```
auth_uri = http://controller:5000
auth_url = http://controller:35357
memcached_servers = controller:11211
auth_type = password
project_domain_name = default
user_domain_name = default
project_name = service
username = neutron
password = NEUTRON_PASS
```

在[oslo_concurrency]节中配置锁定路径。

```
lock_path = /var/lib/neutron/tmp
```

3. 配置网络选项

与控制节点一样配置网络选项。

4. 配置计算服务使用网络服务

编辑/etc/nova/nova.conf file 文件，在[neutron]节中设置访问参数。

```
url = http://controller:9696
auth_url = http://controller:35357
auth_type = password
project_domain_name = default
user_domain_name = default
region_name = RegionOne
project_name = service
username = neutron
password = NEUTRON_PASS
```

其中 NEUTRON_PASS 为身份认证中的 neutron 用户的密码。

5. 完成安装

重启计算服务。

```
systemctl restart openstack-nova-compute.service
```

启动 Linux Bridge 代理服务并将其配置为开机自动启动。

```
systemctl enable neutron-linuxbridge-agent.service
systemctl start neutron-linuxbridge-agent.service
```

## 8.6 习题

1. 简述 Linux 虚拟网桥。
2. 什么是 Open vSwitch？
3. 简述 Neutron 网络结构。
4. 解释 Neutron 中的 3 个术语：网络、子网与端口。
5. 列举 Neutron 所支持的网络拓扑类型。
6. 简述 Neutron 的基本架构。
7. neutron-server 采用什么样的层次结构？
8. 解释 Neutron 的插件、代理与网络提供者的概念。
9. 简述网络服务的主机节点部署方案。
10. 简述 ML2 插件的框架和作用。
11. 说明 OVS 网桥的主要作用。
12. 简述 DHCP 代理工作机制。
13. 什么是网络名称空间？它有什么用？
14. 什么是 Neutron 路由器？它有什么用？
15. 简述 L3 代理的主要功能。
16. OpenStack 虚拟网络包括哪两种类型？各有什么特点？
17. 熟悉常用的 OpenStack 网络命令行操作。
18. 参照 8.4.3 的讲解，创建提供者网络并进行测试。
19. 参照 8.4.4 的讲解，创建自服务网络并进行测试。
20. 参照 8.4.5 的讲解，创建虚拟路由并进行测试。

# 9 第9章 OpenStack 存储服务

与网络一样，存储是 OpenStack 最重要的基础设施之一。Nova 实现的虚拟机实例需要存储支持，这些存储可分为临时性存储和持久性存储两种类型。在 OpenStack 项目中通过 Nova 创建实例时可直接利用节点主机的本地存储为虚拟机提供临时性存储。这种存储空间主要作为虚拟机的根磁盘用来运行操作系统，也可作为其他磁盘暂存数据，其大小由所使用的实例类型决定。实例使用临时性存储来保存所有数据，一旦实例被关闭、重启或删除，该实例中的数据会全部丢失。

如果指定使用持久性存储，则可以保证这些数据不会丢失，使得数据持续可用，不受虚拟机实例终止的影响。当然这种持久性并不是绝对的，一旦它本身被删除或损坏，其中的数据也会丢失。目前 OpenStack 提供持久性存储服务的项目有 3 个，分别是代号为 Cinder 的块存储（Block Storage）、代号为 Swift 的对象存储（Object Storage）和代号为 Manila 的共享文件系统（Shared File Systems）。块存储又称卷存储（Volume Storage），为用户提供基于数据块的存储设备访问，以卷的形式提供给虚拟机实例挂载，为实例提供额外的磁盘空间。对象存储所存放的数据通常称为对象（Object），实际上就是文件，可用于为虚拟机实例提供备份、归档的存储空间，包括虚拟机镜像的保存。共享文件系统作为文件系统提供给虚拟机实例使用，与块存储一样，实例也可以对它分区、格式化和挂载。本章主要讲解 Cinder 块存储和 Swift 对象存储。

## 9.1 Cinder 块存储服务基础

OpenStack 从 Folsom 版本开始将 Nova 中的持久性块存储功能组件 Nova-Volume 剥离出来，独立为 OpenStack 块存储服务，并将其命名为 Cinder。与 Nova 利用主机本地存储为虚拟机提供的临时存储不同，Cinder 为虚拟机提供持久化的存储能力，并实现虚拟机存储卷的生命周期管理，因此又称卷存储服务。

### 9.1.1 Cinder 的主要功能

Cinder 提供的是一种存储基础设施服务，为用户提供基于数据块的存储设备访问，具体功能如下。

- 提供持久性块存储资源，供 Nova 计算服务的虚拟机实例使用。从实例的角度看，挂载的每一个卷都是一块磁盘。使用 Cinder 可以将一个存储设备连接到一个实例。另外，可以将镜像写到块存储设备中，让 Nova 计算服务用作可启动的持久性实例。
- 为管理块存储设备提供一套方法，对卷实现从创建到删除的整个生命周期管理，允许对卷、卷的类型、卷的快照进行处理。
- 对不同的后端存储进行封装，对外提供统一的 API。Cinder 并没有实现对块设备的管理和实际服务，而是为后端不同的存储结构提供统一的接口，不同的块设备服务厂商在 Cinder 中为实现其驱动，支持与 OpenStack 进行整合。

### 9.1.2　Cinder 与 Nova 的交互

Cinder 块存储服务与 Nova 计算服务进行交互，为虚拟机实例提供卷。Cinder 负责卷的全生命周期管理，如图 9-1 所示。Nova 的虚拟机实例通过连接 Cinder 的卷将该卷作为其存储设备，用户可以对其进行读写、格式化等操作。分离卷将使虚拟机不再使用它，但是该卷上的数据不受影响，数据依然保持完整，还可以再连接到该虚拟机或其他虚拟机上。

通过 Cinder 可以方便地管理虚拟机的存储。在虚拟机的整个生命周期中对应的卷操作，如图 9-2 所示。

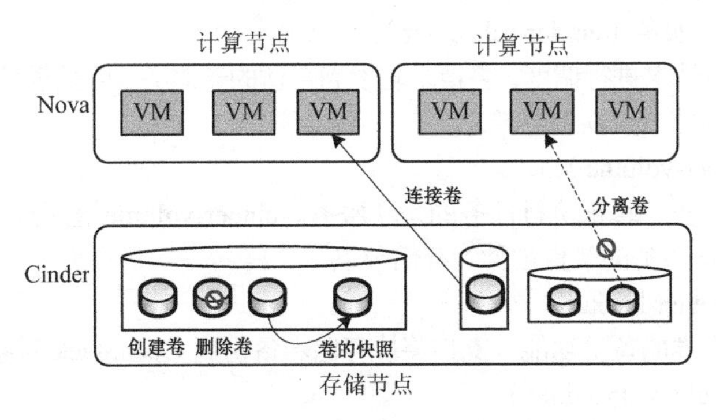


图 9-1　Nova 虚拟机连接或分离 Cinder 卷

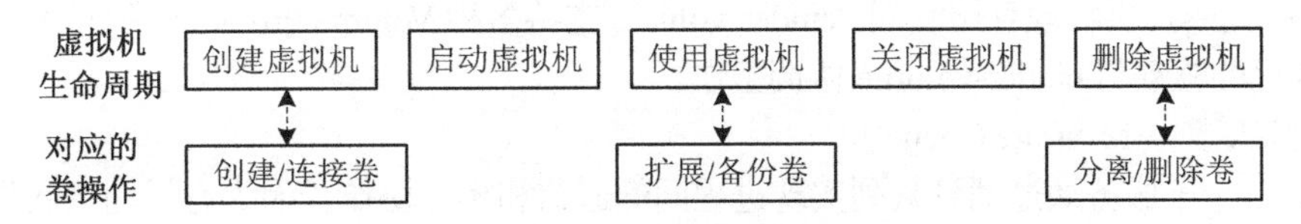


图 9-2　虚拟机生命周期中对应的卷操作

### 9.1.3　Cinder 架构

Cinder 延续了 Nova 以及其他 OpenStack 组件的设计思想，其架构如图 9-3 所示，主要包括 cinder-api、cinder-scheduler、cinder-volume 和 cinder-backup 服务，这些服务之间通过 AMQP 消息队列进行通信。

1. Cinder 的组成

（1）客户（Client）

客户可以是 OpenStack 的最终用户，也可以是其他程序，包括终端用户、命令行和 OpenStack 其他组件。凡是向 Cinder 服务提出请求的就是 Cinder 客户。

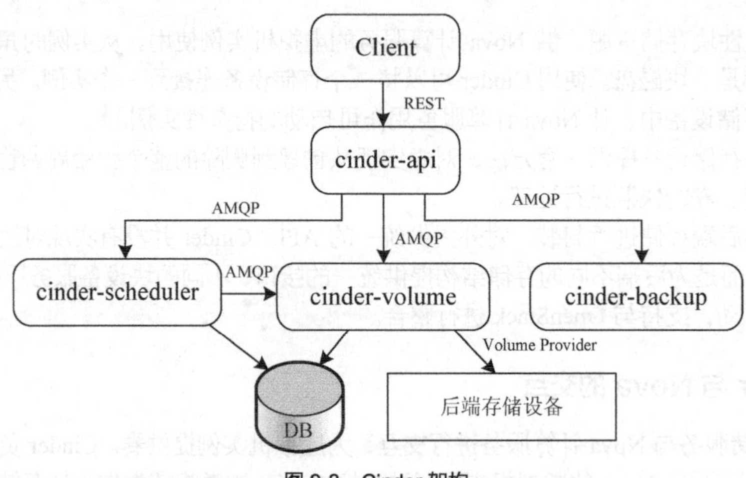


图 9-3 Cinder 架构

（2）API 前端服务（cinder-api）

cinder-api 作为 Cinder 对外服务的 HTTP 接口，向客户呈现 Cinder 能够提供的功能，负责接收和处理 REST 请求，并将请求放入 RabbitMQ 队列。当客户需要执行卷的相关操作时，能且只能向 cinder-api 发送 REST 请求。

（3）Scheduler 调度服务（cinder-scheduler）

cinder-scheduler 对请求进行调度，将请求转发到合适的卷服务，即处理任务队列的任务，通过调度算法选择最合适的存储节点以创建卷。

（4）卷服务（cinder-volume）

调度服务只分配任务，真正执行任务的是卷服务。cinder-volume 管理块存储设备，定义后端设备。运行 cinder-volume 服务的节点被称为存储节点。

（5）备份服务（cinder-backup）

备份服务用于提供卷的备份功能，支持将块存储卷备份到 OpenStack 对象存储（Swift）。

（6）卷提供者（Volume Provider）

块存储服务需要后端存储设备（如外部的磁盘阵列以及其他存储设施）来创建卷。卷提供者定义存储设备，为卷提供物理存储空间。cinder-volume 支持多种 Volume Provider，每种 Volume Provider 都能通过自己的驱动与 cinder-volume 协调工作。

（7）消息队列（Message Queue）

Cinder 各个子服务通过消息队列实现进程间的通信和相互协作。因为有了消息队列，子服务之间实现了解耦，这种松散的结构也是分布式系统的重要特征。

（8）数据库（Database）

Cinder 有一些数据需要存放到数据库中，一般使用 MySQL。数据库是安装在控制节点上的，比如在本书的实验环境中，可以访问名称为 cinder 的数据库。

2. 通过 Cinder 创建卷的基本流程

（1）客户（可以是 OpenStack 最终用户，也可以是其他程序）向 cinder-api 发送请求，要求创建一个卷。

（2）cinder-api 对请求做一些必要处理后，向 RabbitMQ 发送一条消息，让 cinder-scheduler 服务创建一个卷。

（3）cinder-scheduler 从消息队列中获取 cinder-api 发给它的消息，然后执行调度算法，从若干存储节点中选出某节点。

（4）cinder-scheduler 向消息队列发送了一条消息，让该存储节点创建这个卷。

（5）该存储节点的 cinder-volume 服务从消息队列中获取 cinder-scheduler 发给它的消息，然后通过驱动在 volume provider 定义的后端存储设备上创建卷。

### 9.1.4　cinder-api 服务

cinder-api 其实是一个 WSGI 应用，主要功能是接受客户发来的 HTTP 请求，在整个块存储服务中进行验证和路由请求。作为整个 Cinder 服务的门户，所有对 Cinder 的请求都首先由它处理。目前 cinder-api 有 3 个版本：cinder、cinderv2 和 cinderv3。在 Keystone 中可以查询 cinder-api 的端点，执行以下命令可以查看 cinderv3 的端点。

```
openstack endpoint list --service cinderv3
```

例中端点地址如下。

```
http://192.168.199.21:8776/v3%(tenant_id)s
```

v1、v2 版本的端点地址只需将 v3 更换为 v1 和 v2 即可。

客户可以将请求发送到端点指定的地址，向 cinder-api 请求卷的操作。当然，用户不会直接发送 REST API 请求，而是由 OpenStack 命令行、Dashboard 以及其他需要与 Cinder 交互的 OpenStack 组件来使用这些 API。

cinder-api 提供了 REST 标准调用服务，以方便与第三方系统集成。通过运行多个 cinder-api 进程实现 API 的高可用性。

### 9.1.5　cinder-scheduler 服务

Cinder 可以有多个存储节点，当需要创建卷时，cinder-scheduler 将请求转发到合适的 cinder-volume 服务，通过调度算法选择最合适的存储节点以创建卷。根据配置，可以是简单的轮询调度（Round Robin），也可以通过过滤调度器实现更复杂的调度。默认使用过滤调度器，基于 Capacity（容量）、Availability Zone（可用区域）、Volume Types（卷类型）和 Capabilities（计算能力）进行过滤，也可以自定义过滤器。

cinder-scheduler 与 Nova 中的 nova-scheduler 的运行机制完全一样。首先通过过滤器选择满足条件的存储节点（运行 cinder-volume），然后通过权重计算（weighting）选择最优（权重值最大）的存储节点。

可以在 Cinder 的配置文件/etc/cinder/cinder.conf 中对 cinder-scheduler 进行配置。

#### 1. 默认的调度器 FilterScheduler

目前 Cinder 只实现了一个调度器 FilterScheduler，这也是 cinder-scheduler 默认的调度器，在/etc/cinder/cinder.conf 文件中默认设置如下。

```
scheduler_driver=cinder.scheduler.filter_scheduler.FilterScheduler
```

与 Nova 一样，Cinder 也允许使用第三方调度器，只需配置 scheduler_driver 即可。需要注意的是，不同的调度器不能共存。

#### 2. 过滤器设置

当调度器 FilterScheduler 需要执行调度操作时，会让过滤器对存储节点进行判断，满足条件返回 True，否则返回 False。在/etc/cinder/cinder.conf 文件中使用 scheduler_default_filters 参数指定使用的过滤器，默认设置如下。

```
scheduler_default_filters = AvailabilityZoneFilter, CapacityFilter, CapabilitiesFilter
```

FilterScheduler 将按照列表中的顺序依次进行过滤。

（1）AvailabilityZoneFilter（可用区域过滤器）

为提高容灾能力和提供隔离服务，可以将存储节点划分到不同的可用区域中。OpenStack 默认有一个命名为 Nova 的可用区域，所有的节点都默认放在 Nova 区域中。用户可以根据需要创建自己的可用区域。

（2）CapacityFilter（容量过滤器）

创建卷时用户会指定卷的大小，CapacityFilter 的作用是将存储空间不能满足卷创建需求的存储节点过滤掉。

（3）CapabilitiesFilter（能力过滤器）

这是基于实例和卷资源类型记录的后端过滤器。不同的卷提供者有自己的能力，比如是否支持精简置备（Thin Provision）。Cinder 允许用户创建卷时通过卷类型（Volume Type）来指定所需的能力。卷类型可以根据需要定义若干能力来详细描述卷的属性。卷类型的作用与 Nova 的实例类型（Flavor）类似。

3. 权重计算

经过前面的过滤，FilterScheduler 选出了能够创建卷的存储节点。如果有多个存储节点通过了过滤，那么最终选择哪个节点还需要进一步确定。接着对这些节点计算权重值并进行排序，得出一个最佳的存储节点。这个过程需要调用权重计算模块，在 /etc/cinder/cinder.conf 文件中通过 scheduler_default_weighers 参数指定权重过滤器，默认为 CapacityWeigher。

```
scheduler_default_weighers = CapacityWeigher
```

CapacityWeigher 基于存储节点的空闲容量计算权重值，空闲容量最大的会被选中。

### 9.1.6 cinder-volume 服务

调度服务只负责分配任务，而真正执行任务的是 Worker（工作）服务。cinder-volume 就是 Cinder 中的 Worker。这种 Scheduler 和 Worker 之间功能上的划分使得 OpenStack 易于扩展，一方面当存储资源不够时，可以增加存储节点（增加 Worker）；另一方面，当客户的请求量太大而又调度不过来时，可以增加 Scheduler 部署。

cinder-volume 在存储节点上运行，OpenStack 对卷的生命周期的管理最后都会交给 cinder-volume 完成，包括卷的创建、扩展、连接（附加）、快照、删除等。

cinder-volume 自身并不管理实际的存储设备，存储设备是由卷驱动（Volume Drivers）管理的。cinder-volume 与卷驱动一起实现卷的生命周期管理。在 Cinder 的驱动架构中，运行 cinder-volume 的存储节点和卷提供者可以是完全独立的两个实体。cinder-volume 通过驱动与卷提供者通信，控制和管理卷。

1. 通过卷驱动架构支持多种后端存储设备

为支持不同的后端存储技术和设备，Cinder 提供了一个驱动框架，为这些存储设备定义统一接口，如图 9-4 所示，第三方存储设备只需要实现这些接口，就可以以驱动的形式加入 OpenStack 中。目前 Cinder 支持多种后端存储设备，包括 LVM、NFS、Ceph、Sheepdog，以及 EMC、IBM 等商业存储系统。

可以在/etc/cinder/cinder.conf 文件中使用 volume_driver 参数指定使用哪种后端存储设备，默认设置如下。

```
volume_driver=cinder.volume.drivers.lvm.LVMVolumeDriver
```

这表示 Cinder 默认使用本地的 LVM 卷（逻辑卷），LVM 卷采用的是一种基于物理驱动器创建逻辑驱动器的机制，主要用于弹性地调整文件系统的容量，可以实现动态分区。

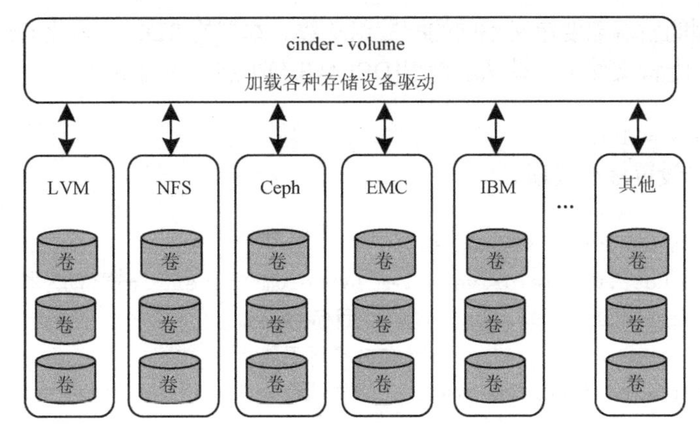


图 9-4　存储设备驱动架构

2. 多存储后端

Cinder 可以同时支持多个或多种后端存储设备，为同一个计算服务提供服务。Cinder 为每一个后端或者后端存储池运行一个 cinder-volume 服务。

在多存储后端配置中，每个后端都有一个名称。多个后端可能会用同一个名称，在这种情况下，则由调度服务决定选用哪个后端来创建卷。后端的名称是作为卷类型的一个扩展规格（extra-specification）来定义的，如"volume_backend_name=LVM"。创建卷时，调度服务会根据用户选择的卷类型选择一个合适的后端来处理请求。

要使用多存储后端，必须在/etc/cinder/cinder.conf 配置文件中使用 enabled_backends 参数定义不同后端的配置组名称，多个名称由逗号分隔，其中一个名称关联一个后端的配置组。注意配置组名称与卷后端名称没有关系。

对一个已有的 Cinder 服务设置 enabled_backends 参数后，重启块存储服务，则原来的主机服务（Host Service）将被新的主机服务替换，新的服务将以 host@backend 形式的名称出现，例如 controllera@lvm。

一个配置组的选项或参数必须在该组中定义。所有标准块存储配置参数（volume_group、volume_driver 等）都可以在配置组中使用。这样在[DEFAULT]配置组（表示默认设置）中的配置将被特定配置组的相同参数值所替换。这里给出一个有 3 个后端的配置示例。

```
enabled_backends=lvmdriver-1,lvmdriver-2,lvmdriver-3
[lvmdriver-1]
volume_group=cinder-volumes-1
volume_driver=cinder.volume.drivers.lvm.LVMVolumeDriver
volume_backend_name=LVM_iSCSI
[lvmdriver-2]
volume_group=cinder-volumes-2
volume_driver=cinder.volume.drivers.lvm.LVMVolumeDriver
volume_backend_name=LVM_iSCSI
[lvmdriver-3]
volume_group=cinder-volumes-3
volume_driver=cinder.volume.drivers.lvm.LVMVolumeDriver
volume_backend_name=LVM_iSCSI_b
```

在这个例子中，lvmdriver-1 和 lvmdriver-2 有相同的卷后端名称（由 volume_backend_name 参数指定）。如果一个卷创建请求卷后端名称 LVM_iSCSI，默认情况下调度服务使用容量过滤器来选择适合的驱动，可以是 lvmdriver-1 或 lvmdriver-2。另外，此例还提供了一个 lvmdriver-3 后端，后端名称为 LVM_iSCSI_b。

注意，不同类型的后端需要定义不同的配置组参数。本书的 RDO 一体化 OpenStack 平台上的示例中，在 cinder.conf 配置文件中，默认配置组[DEFAULT]中启用后端 lvm。

```
[DEFAULT]
enabled_backends = lvm
```

在配置组[lvm]中设置标准选项。

```
[lvm]
volume_backend_name=lvm    #卷后端名称
volume_driver=cinder.volume.drivers.lvm.LVMVolumeDriver   #卷驱动为本地 LVM
iscsi_ip_address=192.168.199.21    #iSCSI 目标 IP 地址
iscsi_helper=lioadm                # iSCSI 管理工具
volumes_dir=/var/lib/cinder/volumes    #卷目录
```

### 3. 卷类型

Cinder 的卷类型（Volume Type）的作用与 Nova 的实例类型（Flavor）类似。存储后端的名称需要通过卷类型的扩展规格来定义。创建一个卷后，必须指定卷类型，因为卷类型的扩展规格决定了要使用的后端。

使用卷类型之前必须先定义。可以通过以下命令定义一个名为 lvm 的卷类型。

```
openstack --os-username admin --os-tenant-name admin volume type create lvm
```

接着，创建一个扩展规格，将卷类型连接到后端名称。

```
openstack --os-username admin --os-tenant-name admin volume type set lvm --property
volume_backend_name=LVM_iSCSI
```

上述两个命令将创建一个卷类型 lvm，并将 volume_backend_name=LVM_iSCSI 作为扩展规格。再执行以下命令创建另一个卷类型 lvm_gold，并将 LVM_iSCSI_b 作为后端名称。

```
openstack --os-username admin --os-tenant-name admin volume type create lvm_gold
openstack --os-username admin --os-tenant-name admin volume type set lvm_gold  --property
volume_backend_name=LVM_iSCSI_b
```

执行以下命令列出已有的扩展规格。

```
openstack --os-username admin --os-tenant-name admin volume type list --long
```

需要注意的是，如果一个卷类型指向一个块存储配置中不存在的卷后端名称，那么过滤调度器将返回一个错误，提示不能找到具有合适后端的有效主机。

创建一个卷，必须指定卷类型，而卷类型中的扩展规格则用于决定要使用的后端。例如执行以下命令。

```
openstack volume create --size 1 --type lvm test_multi_backend
```

考虑到前述 cinder.conf 配置示例，调度服务选择基于 lvmdriver-1 或 lvmdriver-2 来创建卷。下面这个命令则选择在 lvmdriver-3 上创建卷。

```
openstack volume create --size 1 --type lvm_gold test_multi_backend
```

也可以在 Dashboard 图形界面中管理卷类型及其扩展规格。以管理员身份登录之后，依次单击“管理员”“卷”和“卷类型”，可以查看卷类型列表，如图 9-5 所示，再执行“查看扩展规格”命令弹出图 9-6 所示的对话框，可发现例中将 lvm 作为后端名称。

可以根据需要创建卷类型，并通过创建扩展规格来为该类型指定卷后端名称。

### 4. 卷连接到虚拟机

存储节点和计算节点往往是不同的物理节点，位于存储节点的卷与位于计算节点的虚拟机实例之间一般通过 iSCSI 协议进行连接。

在 OpenStack 中，cinder-volume 创建的卷可以以 iSCS 目标方式提供给 Nova，cinder-volume 服务通过 iSCSI 协议将该卷连接到计算节点上，供虚拟机实例使用，如图 9-7 所示。

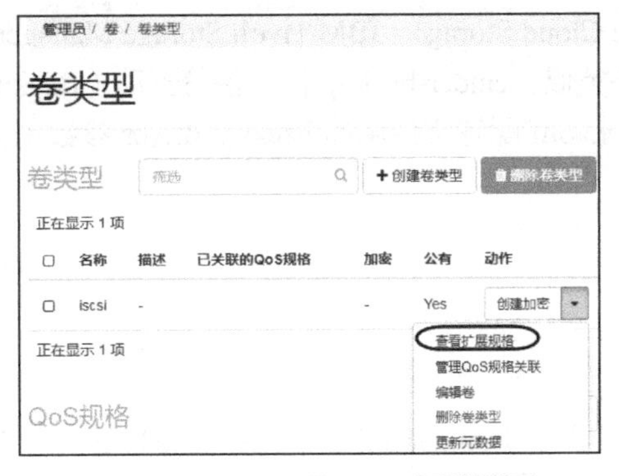


图 9-5　查看卷类型

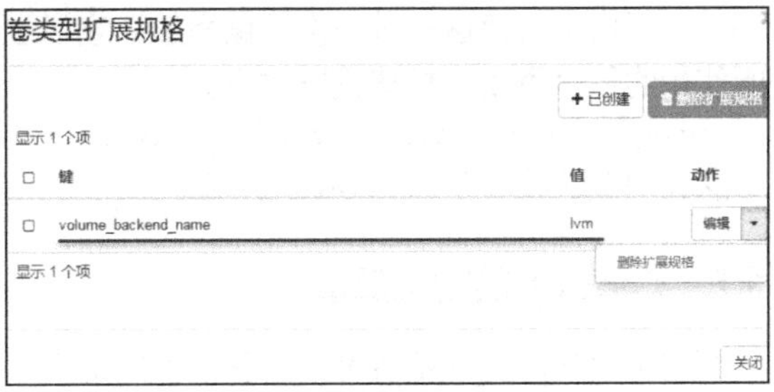

图 9-6　查看卷类型扩展规格

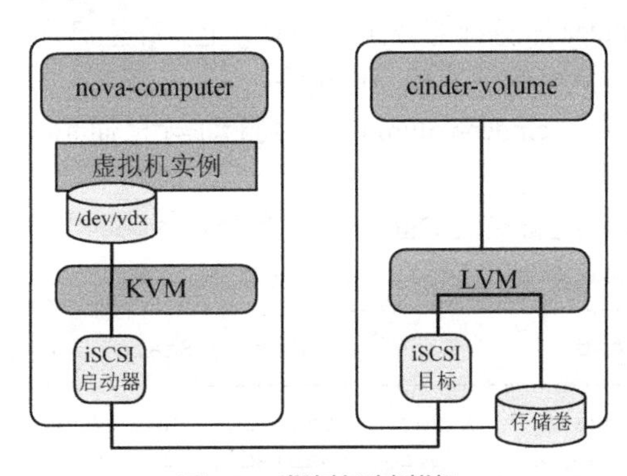


图 9-7　卷连接到虚拟机

Cinder 支持多种提供 iSCSI 目标的方法，如 IET、LIO、TGT 等。可以在/etc/cinder/cinder.conf 文件中使用 iscsi_helper 参数进行配置，可选的值有 tgtadm、lioadm、scstadmin、iscsictl、ietadm 和 fake，OpenStack 默认值为 tgtadm。例中在[lvm]节配置的值为 lioadm。

```
iscsi_helper = lioadm
```

这说明存储节点上的 cinder-volume 使用 LIO 软件来管理和监控 iSCSI 目标，不过在计算节点上 nova-compute 默认使用 iscsiadm 执行 iSCSI 启动器的相关操作（在/etc/nova/nova.conf 中配置）。

连接卷的工作流程如下。

（1）向 cinder-api 发送 attach（连接）请求。

（2）cinder-api 发送消息。

（3）cinder-volume 初始化卷的连接。

（4）nova-compute 将卷连接到实例。

5. cinder-volume 定期报告存储节点状态

cinder-scheduler 会用 CapacityFilter 和 CapacityWeigher 基于剩余容量来过滤存储节点。存储节点的空闲容量信息则由 cinder-volume 提供，cinder-volume 会定期向 Cinder 报告当前存储节点的资源使用情况。

## 9.1.7　cinder-backup 服务

cinder-backup 为卷提供备份和恢复功能，实现了基于块的容灾。从 OpenStack 的 Kilo 版本开始，Cinder 引入了增量备份功能，相对全量备份需要复制和传输整个数据卷，增量备份只需要传输变化的部分，大大节省了传输开销和存储开销。

cinder-backup 支持块存储卷备份到 OpenStack 对象存储，目前支持的备份存储系统有 Ceph、

GlusterFS、NFS、POSIX 文件系统，以及 Swift、Google Cloud Storage、IBM Tivoli Storage Manager。与 cinder-volume 通过卷驱动架构支持多种后端存储设备类似，cinder-backup 使用备份驱动（Backup Drivers）架构来支持这几种备份存储系统。它通过 cinder.conf 配置文件中的 backup_driver 参数来指定所使用的备份驱动，默认设置如下。

```
backup_driver = cinder.backup.drivers.swift
```

这表明默认将卷备份到 Swift 存储。

### 9.1.8 Cinder 的物理部署

Cinder 的组件或子服务可以部署在控制节点和存储节点上。cinder-api 和 cinder-scheduler 部署在控制节点上，而 cinder-volume 部署在存储节点上。相关的 RabbitMQ 和 MySQL 通常部署在控制节点上。当然也可以将所有的 Cinder 服务都部署在同一节点上。在生产环境中通常要将 OpenStack 服务部署在多台物理机上，以获得更好的性能和高可用性。

卷提供者是独立部署的。cinder-volume 使用驱动与它通信并协调工作，所以将驱动与 cinder-volume 放到一起就可以。

下面使用命令 cinder service-list 查看 Cinder 子服务分布在哪些节点上。

```
[root@node-a ~(keystone_admin)]# cinder service-list
+------------------+------------+------+---------+-------+----------------------------+
| Binary           | Host       | Zone | Status  | State | Updated_at                 |
+------------------+------------+------+---------+-------+----------------------------+
| cinder-backup    | node-a     | nova | enabled | up    | 2018-08-04T03:13:01.000000 |
| cinder-scheduler | node-a     | nova | enabled | up    | 2018-08-04T03:13:01.000000 |
| cinder-volume    | node-a@lvm | nova | enabled | down  | 2018-07-10T13:37:18.000000 |
```

## 9.2 Cinder 的配置与管理

本节在 RDO 一体化 OpenStack 平台上示范 Cinder 的配置与管理操作。

### 9.2.1 图形界面的卷操作

普通云用户可以执行卷本身的各种操作，而管理员除了卷操作外，还可管理卷类型。这里介绍在 Dashboard 界面中进行卷的基本操作。

1. 查看卷

以普通用户身份登录之后，依次展开“项目”→“计算”→“卷”节点，单击“卷类型”（Volume Type），列出当前已定义的卷，如图 9-8 所示。通过创建虚拟机实例产生的卷的名称默认与该卷的 ID 相同。

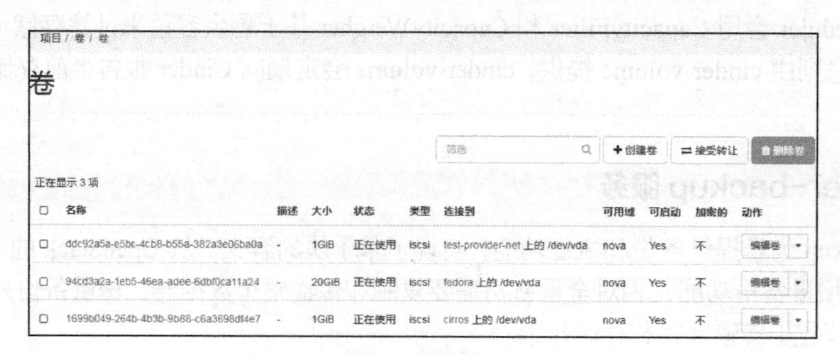


图 9-8　卷列表

单击列表中某卷的名称，将显示该卷的详细信息，如图 9-9 所示。其中“规格”部分显示卷的大小、类型、是否可启动、是否加密，以及创建时间。

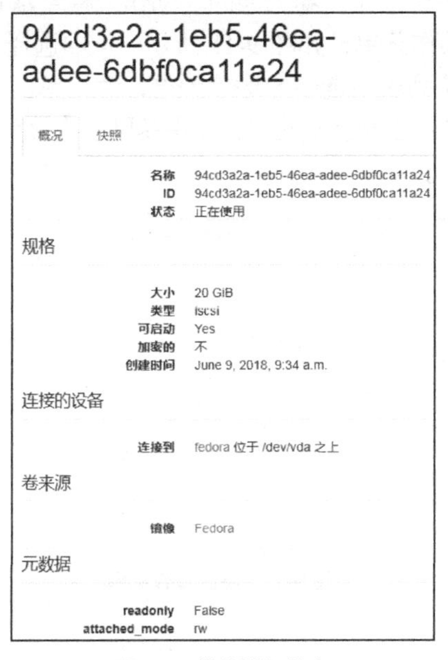


图 9-9 卷的详细信息

2. 创建与删除卷

在“卷”界面中单击“创建卷”按钮，弹出图 9-10 所示的对话框，在其中可定义卷的名称、来源、类型、大小和可用域。其中卷来源（Volume Source）默认是没有源，这样会创建一个空白的卷，也可以设置为快照、镜像或卷，这样就可以基于已有的快照、镜像或其他卷来创建新的卷。卷类型决定了卷的后端存储。另外，创建虚拟机实例时选择新建卷则会自动创建一个新的可启动卷。

创建卷
卷名称
Testvol
描述
卷来源
没有源，空白卷。
类型
iscsi
大小(GiB) *
2
可用域
nova
说明：
卷是可被连接到实例的块设备。
卷类型描述:
iscsi
没有可用的描述。
卷限度
总大小（GB）
卷数量
取消
创建卷

图 9-10 创建卷

创建卷的过程中比较典型的错误是后端存储剩余空间不足。容量过滤器 CapacityFilter 会检查容量，查看 cinder.scheduler 日志文件（/var/log/cinder/scheduler.log），这类错误会记录“Insufficient free space for volume creation on host ...” 这样的信息，系统也会提示没有足够的空闲空间用于创建卷。对于发生错误的卷，只能将其删除。

对于已有的卷，可以执行多种操作。卷列表的“动作”栏会默认显示“编辑卷”命令，单击该下拉菜单，会弹出针对该卷的操作菜单，如图 9-11 所示。从中选择“删除卷”命令，将删除相应的卷。如果要同时删除多个卷，从列表中选中要删除的卷，然后单击“删除卷”命令即可。注意，只有状态为“可用”（Available）的卷才能够被删除。如果卷已经连接到实例，状态会变为“正在使用”，需要先分离后才能执行删除操作。

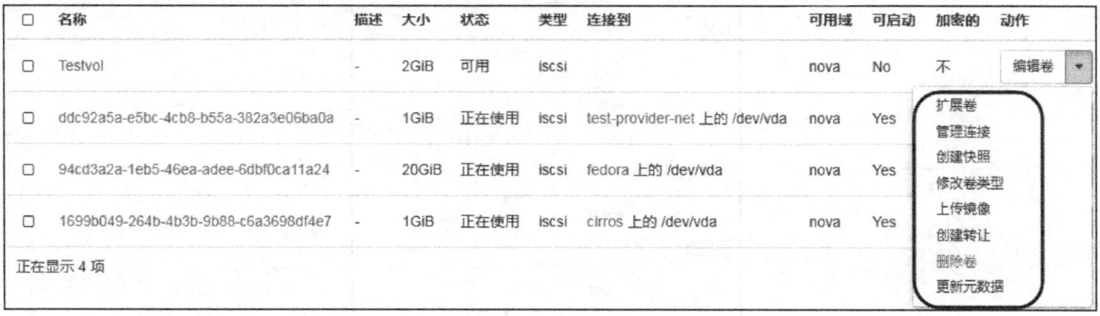

| ☐ | 名称 | 描述 | 大小 | 状态 | 类型 | 连接到 | 可用域 | 可启动 | 加密的 | 动作 |
|---|---|---|---|---|---|---|---|---|---|---|
| ☐ | Testvol | - | 2GiB | 可用 | iscsi |  | nova | No | 不 | 编辑卷 |
| ☐ | ddc92a5a-e5bc-4cb8-b55a-382a3e06ba0a | - | 1GiB | 正在使用 | iscsi | test-provider-net 上的 /dev/vda | nova | Yes |  |  |
| ☐ | 94cd3a2a-1eb5-46ea-adee-6dbf0ca11a24 | - | 20GiB | 正在使用 | iscsi | fedora 上的 /dev/vda | nova | Yes |  |  |
| ☐ | 1699b049-264b-4b3b-9b88-c6a3698df4e7 | - | 1GiB | 正在使用 | iscsi | cirros 上的 /dev/vda | nova | Yes |  |  |

正在显示 4 项

扩展卷
管理连接
创建快照
修改卷类型
上传镜像
创建转让
删除卷
更新元数据

图 9-11　卷的操作菜单

### 3. 连接与分离卷

卷是可被连接到实例的块设备。创建的卷要连接（Attach）到虚拟机实例，才能为虚拟机所用。初始化卷的连接后，计算节点将卷连接到指定的实例，完成连接操作，在这个过程中，连接的具体实现主要由 nova-compute 完成，前面已经介绍过。

从列表中打开某卷的操作菜单，从中选择“管理连接”命令，打开对话框，如图 9-12 所示，从下拉列表中选择一个要连接的实例，单击“连接卷”按钮即可将该卷连接到所选实例上，将该卷挂载到虚拟机上，这样该虚拟机就能使用该卷了。

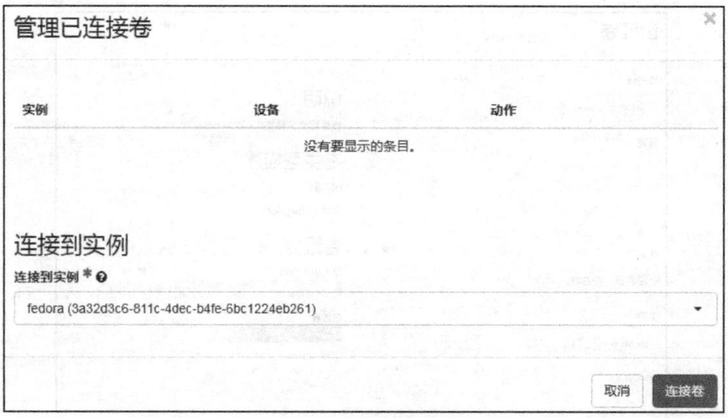

管理已连接卷

| 实例 | 设备 | 动作 |
|---|---|---|
| 没有要显示的条目。 | | |

连接到实例

连接到实例 *

fedora (3a32d3c6-811c-4dec-b4fe-6bc1224eb261)

取消　连接卷

图 9-12　管理卷的连接

例中将新建的卷连接到 fedora 实例上，会显示该卷在实例上对应的设备名称，而且状态变为“正在使用”。

对于已经连接到实例的卷，可通过“管理连接”命令打开相应的对话框，如图 9-13 所示，单击“分离卷”按钮将其与虚拟机实例分离（Detach），将该卷从虚拟机上卸载下来，这样该虚拟机就不能使用该卷了，该卷的状态也会变为“可用”。注意不要对可启动卷直接执行分离操作。

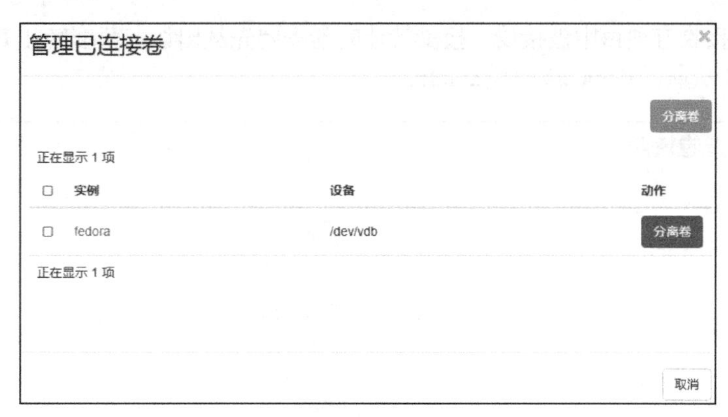


图 9-13　卷的分离

4. 扩展卷

为了保护现有数据，Cinder 不允许缩小卷，但可以扩展（Extend）卷，即扩大卷的容量。只有状态为“可用”（Available）的卷才能够被扩展。如果卷已经连接到实例，需要先分离后才能执行扩展操作。

从卷列表中打开某卷的操作菜单，从中选择“扩展卷”命令，打开对话框，如图 9-14 所示，设置卷新的大小即可。

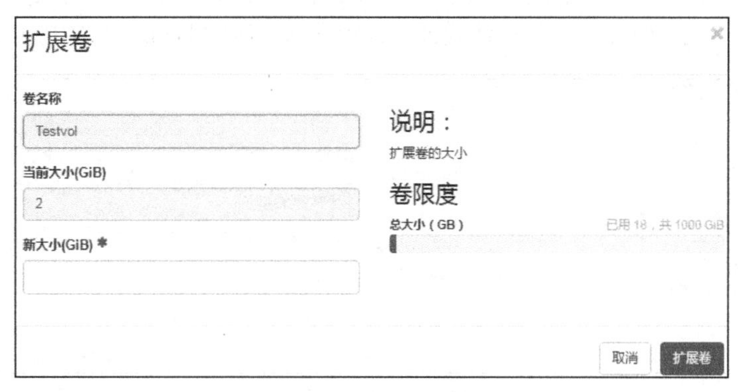


图 9-14　卷的扩展

5. 创建卷快照

可以为卷创建快照，快照中保存了卷当前的状态。从卷列表中打开某卷的操作菜单，从中选择“创建快照”命令，打开“创建卷快照”对话框，如图 9-15 所示，设置快照的名称和描述信息，单击“创建卷快照”按钮即可。这样，在卷的“快照”列表中列出已创建的快照，可以根据需要对卷快照进行管理操作，如编辑、删除快照。

从已连接到实例的卷上创建快照可能会导致快照出现问题，如数据不一致。为稳妥起见，可以先暂停实例，或者确认当前实例没有大量的磁盘读写操作，处于相对稳定的状态，则可以强制创建快照。否则，建议先分离卷，再创建快照。

Cinder 的卷快照不能直接恢复（回滚），但可以基于快照创建一个新的卷。如果一个卷存在快照，则该卷是无法删除的，这是因为快照必须依赖于卷，无法独立存在。一旦快照关联的卷出现故障，卷快照也是不可用的。

6. 转让卷

可以将卷的所有权从一个项目转让（Transfer）到另一个项目。一旦出让方项目中对某个卷创建卷转让，它就能在接收方项目中被接受。接受转让的卷需要先从出让方获取转让 ID 和认证密钥。这里示范将卷 Testvol 从项目 demo 转让到 admin。

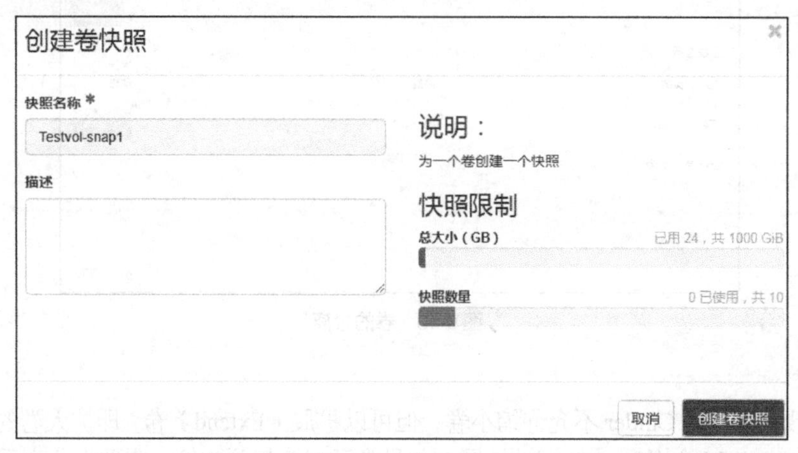


图 9-15 卷快照

（1）从卷列表中打开该卷的操作菜单，从中选择“创建转让”命令，打开“创建卷转让”对话框，设置转让名称，单击“创建卷转让”命令。

（2）出现图 9-16 所示的界面，显示卷转让详情，提供转让 ID 和认证密钥。这两项构成转让凭证，用户可下载该凭证，也可通过“下载转让凭证”链接获取相应的 URL，从中可发现这两项的值。

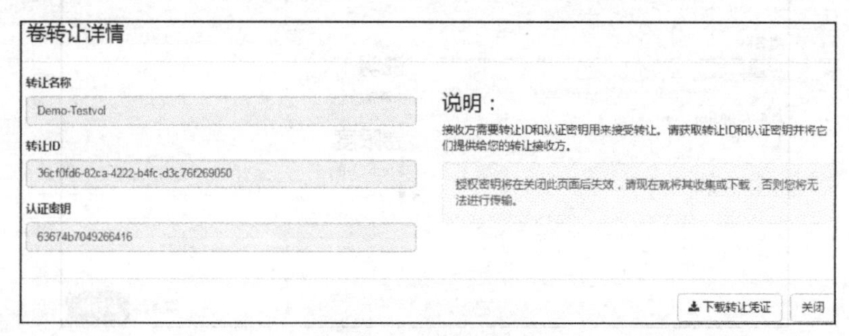


图 9-16 卷转让详情

（3）打开另一个浏览器，以 admin 身份登录，依次展开“项目”→“计算”→“卷”节点，单击“接受转让”按钮，弹出图 9-17 所示的对话框，分别输入上述转让 ID 和认证密钥，单击“接受卷转让”按钮。

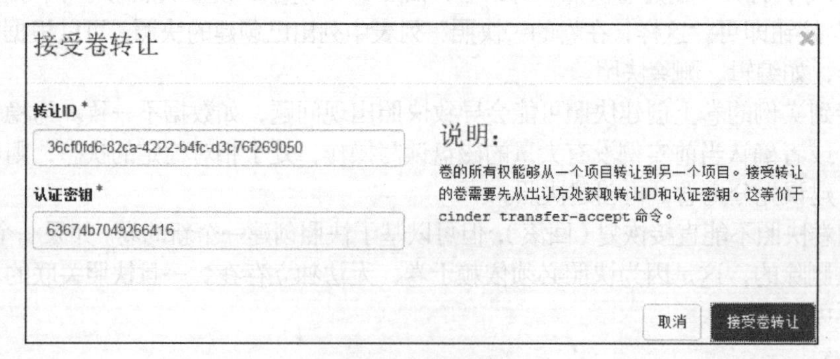


图 9-17 接受卷转让

显示成功转让的提示信息，此时卷 Testvol 已经从项目 demo 转让到 admin。例中再次将该卷从项目 admin 转让到 demo，用于后续实验操作。

另外，对于还没有被其他项目接受的卷转让，可以执行“取消转让”操作。

7. 可启动卷

对于虚拟机实例来说，卷既可以用作数据磁盘，也可以用作启动盘。用作启动盘的就是可启动卷，这在卷的列表和详细信息中会显示出来。

从卷列表中打开该卷的操作菜单，选择“编辑卷”命令，打开“编辑”对话框，选中或清除“可启动”复选框，可以设置该卷是否可启动。

在创建虚拟机实例时，如果源选择卷、卷快照或镜像，并选择创建新卷，则创建实例的同时创建的卷为可启动卷，该卷连接到实例并作为其启动盘/dev/vda。

8. 修改卷类型

卷类型可以用作绑定后端存储等功能，可以通过修改卷类型来更改所用的后端存储，9.1.6 节中已经介绍过。注意，卷类型只有管理员才能创建。

从一个已有卷创建卷时，新卷会继承已有卷的卷类型。从快照创建一个卷时，新卷的卷类型会继承快照的源卷的卷类型。创建镜像时，可以在镜像的元数据中设置关键字 cinder_img_volume_type 来设置卷类型。从这个镜像创建卷时，创建的卷会采用这个卷类型。

卷的卷类型可以修改。从卷列表中打开该卷的操作菜单，选择“修改卷类型”命令，打开相应的对话框，选择另一个卷类型，单击“修改卷类型”按钮。

### 9.2.2 命令行的卷操作

有些卷操作只能在命令行中操作，如备份和恢复。在执行命令之前，需要设置用户身份环境变量，之后才能根据授权执行相关操作。这里仍以普通用户登录 OpenStack 操作。

1. 创建和管理卷

可以使用 openstack 客户端命令来创建和管理卷。这里列出部分基本操作。

（1）查看卷

命令行操作往往要使用卷 ID，使用以下命令列出卷的信息很有必要。

```
openstack volume list
```

查看某卷的详细信息。

```
openstack volume show 54d0daec-578d-4b08-9d12-cd9b7fe62472
```

（2）创建卷

例如，基于一个镜像创建卷 my-new-volume，并指定可用域、卷大小（8GB）。

```
openstack volume create --image 620b31ce-cc4a-47ca-96df-d14f506f7368 \
  --size 8 --availability-zone nova my-new-volume
```

Glance 镜像可以设置 cinder_img_volume_type 属性，Cinder 基于该镜像创建卷时可以利用参数来指定卷类型。例如执行以下命令设置 cinder_img_volume_type。

```
glance image-update 620b31ce-cc4a-47ca-96df-d14f506f7368 --property cinder_img_volume_type=iscsi
```

创建一个卷，可以通过选项--type 明确指定卷类型。如果没有指定卷类型，将使用 cinder.conf 中配置的默认卷类型。

（3）删除卷

```
openstack volume delete my-new-volume
```

（4）将卷连接到实例

这种操作需要指定实例的 ID 和卷的 ID。

```
openstack server add volume 84c6e57d-a6b1-44b6-81eb-fcb36afd31b5 \
  573e024d-5235-49ce-8332-be1576d323f8 --device /dev/vdb
```

（5）扩展卷

扩展卷需要提供卷 ID 和新的大小。

```
openstack volume set 573e024d-5235-49ce-8332-be1576d323f8 --size 10
```

（6）转让卷

首先创建转让卷。

```
openstack volume transfer request create a1cdace0-08e4-4dc7-b9dc-457e9bcfe25f
```

输出信息包括转让 ID（Transfer ID）和认证密钥（Authorization Key）。

可以执行以下命令查看挂起的卷转让列表，提供转让 ID 和认证密钥。

```
openstack volume transfer request list
+--------------------------------------+--------------------------------------+------+
|                  ID                  |               Volume                 | Name |
+--------------------------------------+--------------------------------------+------+
| 6e4e9aa4-bed5-4f94-8f76-df43232f44dc | a1cdace0-08e4-4dc7-b9dc-457e9bcfe25f | None |
```

最后切换到另一个项目中接受转换。

```
openstack volume transfer request accept 6e4e9aa4-bed5-4f94-8f76-df43232f44dc
b2c8e585cbc68a80
```

2. 备份和恢复卷

快照和备份都是最为常见的数据保护技术，都可以保存卷的当前状态，以备以后恢复。它们在 Cinder 中还是有明显区别的，具体体现在以下两个方面。

- 快照依赖于卷，不能独立存在；而备份不依赖卷，源卷丢失了，也可以恢复。
- 快照与卷通常存放在一起，都由同一个后端存储管理；而备份存放在独立的备份设备中，有自己的备份方案和实现，与卷的后端存储没有关系。这说明备份具有容灾功能。

本书 RDO 一体化 OpenStack 平台示例中，默认启用的是 Swift 备份存储。

```
backup_driver = cinder.backup.drivers.swift
```

还定义了另外两个选项，分别指定 Swift 端点的 URL 地址和默认的 Swift 容器。

```
backup_swift_url = http://192.168.199.21:8080/v1/AUTH_
backup_swift_container = volumes_backup
```

如果要备份到其他存储系统，请参考相关文档配置备份驱动选项。

创建备份的命令语法如下。

```
openstack volume backup create [--incremental] [--force]  VOLUME
```

参数 VOLUME 可以是卷的名称或 ID。

选项--incremental 表示增量备份，不带该选项则为全量备份。

--force 表示强制备份。默认不允许对连接到实例的卷直接备份操作，使用该选项强制执行备份操作，为化解可能带来的数据不一致的风险，Cinder在创建备份前先基于该数据卷快照创建临时数据卷，然后基于临时数据卷执行后续备份操作。

例如，执行以下命令对卷 Testvol 创建一个备份。

```
[root@controllera ~(keystone_demo)]# openstack volume backup create Testvol
+-------+--------------------------------------+
| Field | Value                                |
+-------+--------------------------------------+
| id    | 04124e72-35b2-486e-a105-84e3d1725dfa |
| name  | None                                 |
```

备份创建完毕时将生成一个备份 ID。可以执行以下命令输出当前的备份列表，列出备份的 ID、名称、描述信息、状态和大小。

```
[root@controllera ~(keystone_demo)]#openstack volume backup list
+--------------------+-----+---------+----------+------+
| ID                                   | Name | Description | Status    | Size |
+--------------------+-----+---------+----------+------+
| 04124e72-35b2-486e-a105-84e3d1725dfa | None | None        | available |    2 |
```

要查看某备份对应的卷，需要查看该备份的详细信息。

```
openstack volume backup show 04124e72-35b2-486e-a105-84e3d1725dfa
```

恢复备份的命令语法如下。

```
openstack volume backup restore BACKUP_ID VOLUME_ID
```

BACKUP_ID 和 VOLUME_ID 分别是备份 ID 和卷 ID。

### 9.2.3 配置存储后端

OpenStack 默认使用的后端存储是本地逻辑卷管理（Logical Volume Manager，LVM），为便于读者进一步理解存储后端，掌握存储后端配置，这里以便于实验的 NFS 后端存储进行配置示范，在保留默认 LVM 的基础上，还可以实现多存储后端部署。

1. 准备 NFS 共享目录

OpenStack 单节点主机运行 CentOS 7，这里在同一计算机上部署网络文件系统（Network File System，NFS）共享。CentOS 7 默认安装 NFS，只是没有启动该服务。首先创建一个目录，用于提供 NFS 共享。

```
mkdir -p /home/nfs-storage
```

然后通过编辑/etc/exports 文件配置 NFS 共享目录及其访问权限。

```
/home/nfs-storage  *(rw,no_all_squash)
```

rw 表示目录可读写；no_all_squash 表示访问用户先与本机用户匹配，匹配失败后再映射为匿名用户或用户组；*表示访问该共享目录的任何客户端。

完成之后重启 NFS 服务。

```
systemctl restart rpcbind
systemctl restart nfs
```

2. 配置 Cinder 使用 NFS 存储后端

配置 Cinder 使用 NFS 存储后端的具体步骤如下。

（1）编辑/etc/cinder/cinder.conf 配置文件，添加 NFS 后端配置。

例中涉及多存储后端配置，增加一个配置组，将其命名为 nfs。在 enabled_backends 选项定义中增加 nfs。

```
enabled_backends = lvm,nfs
```

再增加 nfs 配置组的特定配置。

```
[nfs]
volume_backend_name=nfs                                #指定卷后端名称
volume_driver=cinder.volume.drivers.nfs.NfsDriver      #让 Cinder 使用 NFS 卷驱动
nfs_mount_point_base = $state_path/mnt                 #指定 NFS 共享挂载点的基目录
nfs_shares_config = /etc/cinder/nfs_shares.conf        #指定 NFS 共享配置文件
```

选项 nfs_mount_point_base 定义一个目录，用于 cinder-volume 挂载由选项 nfs_shares_config 所指定文本文件中定义的 NFS 共享，默认值$state_path/mnt 指向目录/var/lib/cinder/mnf。

（2）创建 NFS 共享配置文件定义用于 Cinder 后端存储的 NFS 共享。

在/etc/cinder 目录下创建一个名为 nfs_shares.conf 的文本文件，在该文件中采用 HOST:SHARE 格式定义作为 Cinder 后端存储的 NFS 共享。HOST 是 NFS 服务器的 IP 地址或主机名，SHARE 是可访问的 NFS 共享的绝对路径。

```
192.168.199.21:/home/nfs-storage
```

更改/etc/cinder/nfs_shares.conf 的所有者为 root 用户和 cinder 组。

```
chown root:cinder /etc/cinder/nfs_shares.conf
```

设置 cinder 组成员能够读取/etc/cinder/nfs_shares.conf 文件。

```
chmod 0640 /etc/cinder/nfs_shares.conf
```

如果希望有多个 NFS 共享目录存放卷，可以将它们以 HOST:SHARE 格式添加到该文件中，每个 NFS 目录占一行。

（3）重新启动块存储卷服务。

```
systemctl restart openstack-cinder-volume.service
```

（4）执行 mount 命令查看已挂载的卷，例中发现有一个与 Cinder 有关的新挂载项，这说明 NFS 后端存储配置成功。

```
192.168.199.21:/home/nfs-storage on /var/lib/cinder/mnt/acbd060f988c19a42bdf8e858f896e0c
type  nfs4  (rw,relatime,vers=4.1,rsize=1048576,wsize=1048576,namlen=255,hard,proto=tcp,
port=0,timeo=600,retrans=2,sec=sys,clientaddr=192.168.199.21,local_lock=none,addr=192.16
8.199.21)
```

（5）加载 admin 的认证凭据，执行命令 cinder service-list 进一步查看 cinder-volume 服务，结果如图 9-18 所示。Cinder 会为每一个后端启动一个 cinder-volume 服务。

```
[root@node-a ~(keystone_admin)]#  cinder service-list
+------------------+--------------+------+---------+-------+----------------------------+-----------------+
| Binary           | Host         | Zone | Status  | State | Updated_at                 | Disabled Reason |
+------------------+--------------+------+---------+-------+----------------------------+-----------------+
| cinder-backup    | node-a       | nova | enabled | up    | 2018-08-21T08:33:34.000000 | -               |
| cinder-scheduler | node-a       | nova | enabled | up    | 2018-08-21T08:33:34.000000 | -               |
| cinder-volume    | node-a@lvm   | nova | enabled | up    | 2018-08-21T08:33:30.000000 | -               |
| cinder-volume    | node-a@nfs   | nova | enabled | up    | 2018-08-21T08:33:35.000000 | -               |
+------------------+--------------+------+---------+-------+----------------------------+-----------------+
```

图 9-18　cinder-volume 服务列表

### 3. 针对 NFS 存储后端创建卷类型

卷类型及其扩展规则决定卷可用的存储后端，例中定义的卷后端名称为 nfs。这里通过以下命令创建一个名为 nfs（也可以选择其他名称）的卷类型。

```
openstack --os-username admin --os-tenant-name admin volume type create nfs
```

接着创建一个扩展规格将卷类型连接到后端名称，例中后端名称必须为 nfs。

```
openstack --os-username admin --os-tenant-name admin volume type set nfs --property
volume_backend_name=nfs
```

当然也可以使用 Dashboard 图形界面来创建卷类型及其扩展规格。接下来可以使用此卷类型来创建卷。

### 4. 基于 NFS 存储后端创建卷

创建这种卷只需要选择前面定义的 nfs 卷类型，如图 9-19 所示，由该卷类型自动关联到 NFS 存储后端。创建成功后可查看该卷的详细信息，如图 9-20 所示。

可以到 NFS 服务器上用于 NFS 存储后端的目录中查看已创建卷的文件。

```
[root@node-a ~]# ls -l /home/nfs-storage
total 0
-rw-rw-rw-  1  root  root  1073741824  Aug  21  16:45  volume-faa35708-e9b2-4536-bf97-
fec40682c325
```

这说明该卷使用的是 NFS 存储后端。

图 9-19 创建卷类型为 nfs 的卷

图 9-20 查看新建卷的详细信息

## 9.2.4 管理块存储服务配额

为防止系统资源耗尽，OpenStack 可设置配额。对块存储服务 Cinder 来说，可以针对项目来设置配额，常用的配额项有 gigabytes（每个项目允许的卷容量）、snapshots（每个项目允许的卷快照数量）和 volumes（每个项目允许的卷数量）。

### 1. 查看块存储服务配额

管理员或普通用户都可以查看某个项目的块存储服务配额。首先要获取项目 ID，可以使用以下格式的命令根据项目名（参数 PROJECT_NAME）获取项目 ID。

```
openstack project show -f value -c id  PROJECT_NAME
```

然后执行以下格式的命令根据项目 ID（参数 PROJECT_ID）查看该项目的配额。

```
openstack quota show  PROJECT_ID
```

使用项目 ID 作为参数可以获取该项目的当前配额使用情况，如图 9-21 所示。其中，Limit 栏表示配额值，值-1 表示不受限制。

对于云管理员来说，可以直接使用项目名称来查看配额。

```
[root@node-a ~(keystone_admin)]# cinder quota-usage demo
```

```
[root@node-a ~(keystone_demo)]# cinder quota-usage 640be57f32f2435da1b0adc6c39ca79f
+----------------------+--------+----------+-------+-----------+
| Type                 | In_use | Reserved | Limit | Allocated |
+----------------------+--------+----------+-------+-----------+
| backup_gigabytes     | 0      | 0        | 1000  |           |
| backups              | 0      | 0        | 10    |           |
| gigabytes            | 27     | 0        | 1000  |           |
| gigabytes_iscsi      | 26     | 0        | -1    |           |
| gigabytes_nfs        | 1      | 0        | -1    |           |
| groups               | 0      | 0        | 10    |           |
| per_volume_gigabytes | 0      | 0        | -1    |           |
| snapshots            | 1      | 0        | 10    |           |
| snapshots_iscsi      | 1      | 0        | -1    |           |
| snapshots_nfs        | 0      | 0        | -1    |           |
| volumes              | 5      | 0        | 10    |           |
| volumes_iscsi        | 4      | 0        | -1    |           |
| volumes_nfs          | 1      | 0        | -1    |           |
+----------------------+--------+----------+-------+-----------+
```

图 9-21 获取该项目的当前配额使用情况

2. 编辑和更改块存储服务配额

只有管理员用户可以编辑和更改块存储服务配额。

（1）更改新项目的块存储服务配额默认设置

只需更改/etc/cinder/cinder.conf 配置文件中 quota 相关的选项设置。

```
quota_volumes = 10
quota_snapshots = 10
quota_gigabytes = 1000
```

（2）更改已有项目的块存储服务配额

执行以下格式的命令。

```
openstack quota set --QUOTA_NAME QUOTA_VALUE PROJECT_ID
```

其中 QUOTA_NAME 是要更改的配额项名，QUOTA_VALUE 是该项新的值，PROJECT_ID 则是项目 ID。例如，将某项目的卷配额数改为 15。

```
openstack quota set --volumes 15 b9d11a6ed55c4b0490b5f4124a6588f9
```

（3）清除某项目的所有配额限制

```
cinder quota-delete  PROJECT_ID
```

# 9.3 手动安装和部署 Cinder

块存储 API（cinder-api）和调度服务（cinder-scheduler）通常部署在控制节点上。根据所用的存储驱动，卷服务（cinder-volume）可以部署在控制节点、计算节点或者专门的存储节点上。这里以 CentOS 7 平台为例示范将 Cinder 加入现有的 OpenStack 环境中。整个过程中以 Linux 管理员身份操作。

## 9.3.1 安装和配置存储节点

1. 准备工作

安装和配置块存储服务之前，必须准备好存储设备。

（1）安装支持工具包。

安装 LVM 包。

```
yum install lvm2 device-mapper-persistent-data
```

启动 LVM 元数据服务并将其配置为开机自动启动。

```
systemctl enable lvm2-lvmetad.service
systemctl start lvm2-lvmetad.service
```

（2）创建 LVM 物理卷/dev/sdb。

```
pvcreate /dev/sdb
```

（3）创建 LVM 卷组 cinder-volumes。

```
vgcreate cinder-volumes /dev/sdb
```

块存储服务在这个卷组中创建逻辑卷。

（4）只有实例能够访问块存储卷。但是，底层的操作系统管理与卷关联的设备。在默认情况下，LVM 卷扫描工具扫描/dev 目录获取那些包括卷的块存储设备。如果项目在其卷上使用 LVM，扫描工具探测这些卷并试图缓存它们，这会导致底层操作系统和项目卷的多种问题。因此，必须重新配置 LVM，使其仅扫描包括卷组的设备。编辑/etc/lvm/lvm.conf 文件，在“devices”段添加一个过滤器来接受/dev/sdb device 并拒绝所有其他设备。

```
devices {
...
```

```
filter = [ "a/sdb/", "r/.*/"]
```

过滤器中的每项以 a 开头表示接受（accept），以 r 开头表示拒绝（reject），设备名使用正则表达式。数组必须以 r/.*/结尾表示拒绝任何其余的设备。

2. 安装和配置组件

（1）安装包。

```
yum install openstack-cinder targetcli python-keystone
```

（2）编辑/etc/cinder/cinder.conf 文件并完成以下设置。

① 在[database]节中配置数据库访问（替换块存储数据库密码 CINDER_DBPASS）。

```
connection = mysql+pymysql://cinder:CINDER_DBPASS@controller/cinder
```

② 在[DEFAULT]节中配置 RabbitMQ 消息队列访问（替换 RabbitMQ 的 openstack 账户密码 RABBIT_PASS）。

```
transport_url = rabbit://openstack:RABBIT_PASS@controller
```

③ 在[DEFAULT]和[keystone_authtoken]节中配置身份服务访问（替换身份服务中的 cinder 用户密码 CINDER_PASS）。

```
[DEFAULT]
# ...
auth_strategy = keystone
[keystone_authtoken]
# ...
auth_uri = http://controller:5000
auth_url = http://controller:35357
memcached_servers = controller:11211
auth_type = password
project_domain_id = default
user_domain_id = default
project_name = service
username = cinder
password = CINDER_PASS
```

④ 在[DEFAULT]节中配置 my_ip 选项（其值为存储节点上管理网络接口的 IP 地址）。

```
my_ip = MANAGEMENT_INTERFACE_IP_ADDRESS
```

⑤ 在[lvm]节中配置 LVM 后端，包括 LVM 驱动、cinder-volumes 卷组、iSCSI 协议和适当的 iSCSI 服务。如果[lvm]节不存在，则需要添加该节。

```
volume_driver = cinder.volume.drivers.lvm.LVMVolumeDriver
volume_group = cinder-volumes
iscsi_protocol = iscsi
iscsi_helper = lioadm
```

⑥ 在[DEFAULT]节中启用 LVM 后端。

```
enabled_backends = lvm
```

后端名可随意命令，此例中使用驱动名称作为后端的名称。

⑦ 在[DEFAULT]节中配置镜像服务 API 的位置。

```
glance_api_servers = http://controller:9292
```

⑧ 在[oslo_concurrency]节中配置锁定路径。

```
lock_path = /var/lib/cinder/tmp
```

3. 完成安装

启动块存储卷服务及其依赖组件，并配置它们开机自动启动。

```
systemctl enable openstack-cinder-volume.service target.service
systemctl start openstack-cinder-volume.service target.service
```

### 9.3.2 安装和配置控制节点

在控制节点上安装的块存储服务要求只有一个存储节点为实例提供卷。

1. 准备工作

安装和配置网络服务之前，必须创建数据库、服务凭证和API端点。

（1）创建cinder数据库。

确认安装MariaDB，以root用户身份使数据库访问客户端连接到数据库服务器。

```
mysql -u root -p
```

依次执行以下命令创建数据库并设置访问权限，完成之后退出数据库访问客户端。使用自己的密码替换CINDER_DBPASS。

```
MariaDB [(none)]> CREATE DATABASE cinder;
MariaDB [(none)]> GRANT ALL PRIVILEGES ON cinder.* TO 'cinder'@'localhost' \
  IDENTIFIED BY 'CINDER_DBPASS';
MariaDB [(none)]> GRANT ALL PRIVILEGES ON cinder.* TO 'cinder'@'%' \
  IDENTIFIED BY 'CINDER_DBPASS';
```

（2）加载admin凭据的环境变量。后续命令行操作需要云管理员身份。

（3）创建cinder服务凭证。依次执行以下命令创建cinder用户，将管理员角色授予该用户，并创建cinderv2和cinderv3的服务实体。

```
openstack user create --domain default --password-prompt neutron
openstack user create --domain default --password-prompt cinder
openstack role add --project service --user cinder admin
openstack service create --name cinderv2  --description "OpenStack Block Storage" volumev2
openstack service create --name cinderv3  --description "OpenStack Block Storage" volumev3
```

（4）创建块存储服务的API端点（应为每个服务实体创建一个端点）。

```
openstack endpoint create --region RegionOne \
  volumev2 public http://controller:8776/v2/%\(project_id\)s
openstack endpoint create --region RegionOne \
  volumev2 internal http://controller:8776/v2/%\(project_id\)s
openstack endpoint create --region RegionOne \
  volumev2 admin http://controller:8776/v2/%\(project_id\)s
openstack endpoint create --region RegionOne \
  volumev3 public http://controller:8776/v3/%\(project_id\)s
openstack endpoint create --region RegionOne \
  volumev3 internal http://controller:8776/v3/%\(project_id\)s
openstack endpoint create --region RegionOne \
  volumev3 admin http://controller:8776/v3/%\(project_id\)s
```

2. 安装和配置组件

（1）安装包。

```
yum install openstack-cinder
```

（2）编辑/etc/cinder/cinder.conf文件，完成相关设置。

这些设置与9.3.1节中安装和配置组件部分基本相同，只是不需要设置LVM后端和镜像服务API位置（该小节中的⑤、⑥、⑦项）。

（3）初始化块存储数据库。

```
su -s /bin/sh -c "cinder-manage db sync" cinder
```

3. 配置计算服务使用块存储服务

编辑/etc/nova/nova.conf配置文件，在[cinder]节中添加以下设置。

```
os_region_name = RegionOne
```

**4. 完成安装**

（1）重启计算 API 服务。

```
systemctl restart openstack-nova-api.service
```

（2）启动块存储服务并将其配置为开机自动启动。

```
systemctl enable openstack-cinder-api.service openstack-cinder-scheduler.service
systemctl start openstack-cinder-api.service openstack-cinder-scheduler.service
```

### 9.3.3 安装和配置备份服务

备份服务是可选的。为简单起见，例中配置使用块存储节点和对象存储（Swift）驱动，因此需要对象服务的支持。在安装和配置备份服务之前，必须先安装和配置好存储节点。

**1. 在块存储节点上安装和配置组件**

（1）安装包。

```
yum install openstack-cinder
```

（2）编辑/etc/cinder/cinder.conf 文件，在[DEFAULT]节中配置备份选项。

```
backup_driver = cinder.backup.drivers.swift
backup_swift_url = SWIFT_URL
```

将 SWIFT_URL 替换为对象存储服务的 URL。该 URL 可以通过以下命令来获取。

```
openstack catalog show object-store
```

**2. 完成安装**

启动块存储备份服务并将其配置为开机自动启动。

```
systemctl enable openstack-cinder-backup.service
systemctl start openstack-cinder-backup.service
```

## 9.4 Swift 对象存储系统

Swift 对象存储系统提供高可用性、分布式、最终一致性的对象存储，可高效、安全和廉价地存储大量数据。

### 9.4.1 Swift 概述

Swift 对象存储适合存储静态数据，所谓静态数据，是指长期不会发生更新，或者一定时期内更新频率较低的数据，在云中主要有虚拟机镜像、多媒体数据，以及数据的备份。对于需要实时更新的数据，Cinder 块存储是更好的选择。Swift 通过使用标准化的服务器集群来存储 PB 数量级的数据。它是海量静态数据的长期存储系统，可以检索和更新这些数据。

Swift 对象存储使用分布式架构，没有中央控制节点，可提供更高的可扩展性、冗余性和性能。对象写入多个硬件设备，OpenStack 软件负责保证集群中的数据复制和完整性。可通过添加新的节点来扩展存储集群。当节点失效时，OpenStack 将从其他正常运行的节点复制内容。由于 OpenStack 使用软件逻辑来确保在不同的设备之间的数据复制和分布，所以可用廉价的硬盘和服务器来代替昂贵的存储设备。

对象存储是高性价比、可扩展存储的理想解决方案，提供一个完全分布式、API 可访问的平台，可以直接与应用集成，或者用于备份、存档和数据保存。Swift 适用于许多应用场景。最典型的应用是作为网盘类产品的存储引擎。在 OpenStack 中还可以与镜像服务 Glance 结合，为其存储镜像文件。另外，由于 Swift 的无限扩展能力，也非常适合存储日志文件和数据备份仓库。

与文件系统不同，对象存储系统所存储的逻辑单元是对象，而不是传统的文件。对象包括了内容和元数据两个部分。与其他 OpenStack 项目一样，Swift 提供了 REST API 作为公共访问入口，每个对象都是一个 RESTful 资源，拥有一个唯一的 URL，可以通过它请求对象，如图 9-22 所示。可以直接通过 Swift API，或者使用主流编程语言的函数库来操作对象存储。不过，对象最终以二进制文件的形式保存在物理存储节点上。

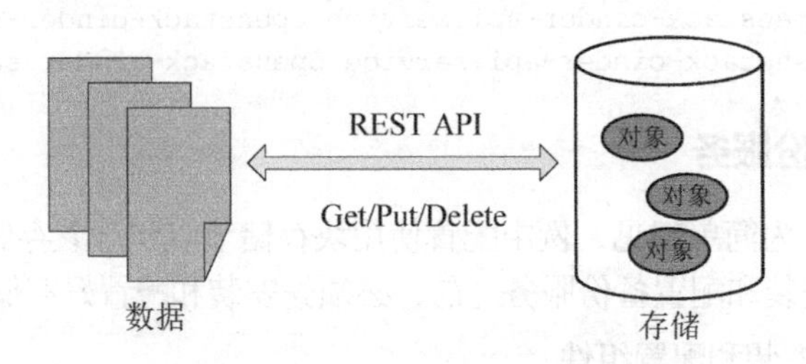


图 9-22 通过 REST API 与存储系统交互

## 9.4.2 对象的层次数据模型

Swift 将抽象的对象与实际的具体文件联系起来，这就需要一定方法来描述对象。Swift 采用的是层次数据模型，存储的对象在逻辑上分为 3 个层次：账户（Account）、容器（Container）和对象（Object），如图 9-23 所示。每一层所包含的节点数没有限制，可以任意扩展。

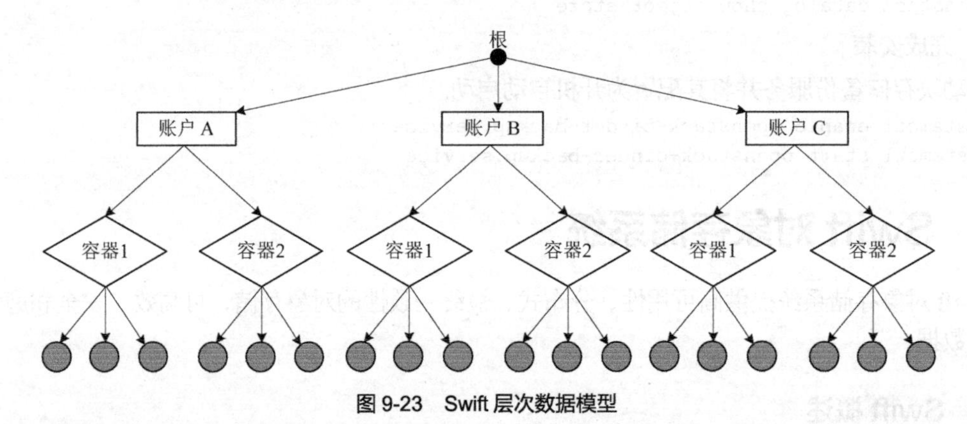


图 9-23 Swift 层次数据模型

### 1. 账户

账户在对象存储过程中用于实现顶层的隔离。它并非个人账户，而是指项目（或租户），可以被多个用户账户共同使用。账户由服务提供者创建，用户在该账户中拥有全部资源。账户为容器定义一个名称空间。Swift 要求对象必须位于容器中，因此一个账户应当至少拥有一个容器来存储对象。

### 2. 容器

容器表示封装的一组对象，与文件夹或目录类似，不过容器不能嵌套，不能再包含下一级容器。容器为对象定义名称空间，两个不同容器中同一名称的对象代表两个不同的对象。除了包含对象外，也可以通过访问控制列表（ACL）使用容器来控制对象的访问。在容器层级还可以配置和控制许多其他特性，如对象版本。

### 3. 对象

对象位于最底一层，是“叶子”节点，具体的对象由元数据和内容两个部分组成。对象存储诸如文档、图像这样的数据内容，可以为一个对象保存定制的元数据。Swift 对于单个上传对象有体积的限制，默认是 5GB。不过由于使用了分割的概念，单个对象的下载大小几乎是没有限制的。

**4. 对象层级结构与对象存储 API 的交互**

账户、容器和对象层级结构影响与对象存储 API 交互的方式，尤其是资源路径反映这个层次结构。资源路径具有以下格式。

```
/v1/{account}/{container}/{object}
```

例如，对于账户 1234567890 的容器 images 中的对象 flowers/rose.jpg，资源路径如下。

```
/v1/12345678912345/images/flowers/rose.jpg
```

注意，对象名包含字符/，该字符并不表示对象存储有一个子级结构，因为容器不存储在实际子文件夹中的对象中。但是，在对象命中包括类似的字符可以创建一个伪层级的文件夹和目录。例如，如果对象存储为 objects.mycloud.com，则返回的 URL 是 https://objects.mycloud.com/v1/1234567890。

要访问容器，将容器名添加到资源路径。要访问对象，将容器名和对象名添加到资源路径。如果有大量的容器或对象，可以使用查询参数对容器或对象的列表进行分页。使用 marker、limit 和 end_marker 查询参数来控制要返回的条目数，以及列表起始处。

```
/v1/{account}/{container}/?marker=a&end_marker=d
```

如果需要逆序，可使用查询参数 reverse，注意 marker 和 end_markers 应当交换位置，以返回一个逆序列表。

```
/v1/{account}/{container}/?marker=d&end_marker=a&reverse=on
```

## 9.4.3　对象存储的组件

Swift 使用代理服务器（Proxy Servers）、环（Rings）、区域（Zones）、账户（Accounts）、容器（Containers）、对象（Objects）、分区（Partitions）等组件来实现高可用性、高持久性和高并发性，部分组件如图 9-24 所示。

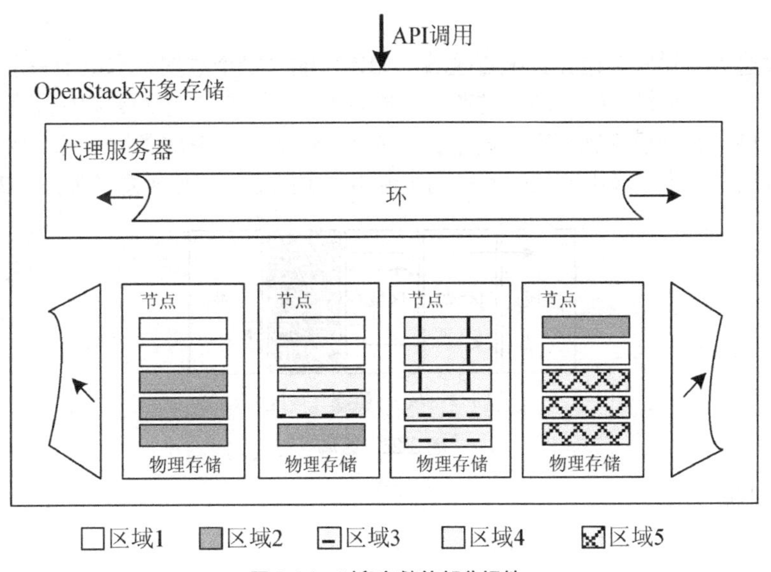


图 9-24　对象存储的部分组件

**1. 代理服务器**

代理服务器是对象存储的公共接口，用于处理所有传入的请求。一旦代理服务器收到一个请求，它就根据对象 URL 决定存储节点。代理服务器也负责协调响应，处理故障和标记时间戳（Timestamp）。

代理服务器使用无共享架构，能够根据预期的负载按需扩展。一个单独管理的负载平衡集群中最少部署两台代理服务器。如果其中一台出现故障，则由其他代理服务器接管。

2. 环

环表示集群中保存的实体名称与磁盘上物理位置之间的映射，将数据的逻辑名称映射到特定磁盘的具体位置。账户、容器和对象都有各自的环。系统组件需要对对象、容器或账户执行任何操作时，都需要与相应的环进行交互，以确定其在集群中的合适位置。

环使用区域（Zone）、设备（Device）、分区（Partition）和副本（Replicas）来维护这种映射信息。每个分区在环中都有副本，默认在集群中有 3 个副本，存储在映射中的分区的位置由环来维护，如图 9-25 所示。环也负责决定发生故障时使用哪个设备接收请求。

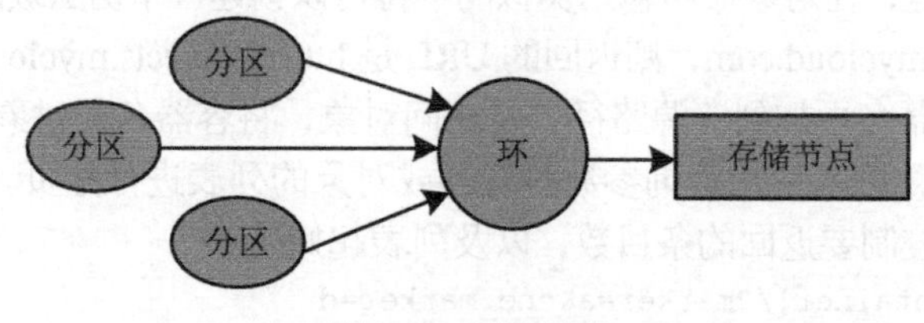


图 9-25　环与分区

环中的数据被隔离到区域。每个分区的副本设备都存储到不同的区域。区域可以是一个驱动器、一台服务器、一个机柜、一台交换机，甚至是一个数据中心。在对象存储安装过程中，环的分区会均衡地分配到所有的设备中。当分区需要移动时（如新设备被加入集群），环会确保一次移动最少数量的分区数，并且一次只移动一个分区的一个副本。

权重可以用来平衡集群中分区在驱动器上的分布。例如，当不同大小的驱动器被用于集群中时就显得非常有用。

环由代理服务器和一些后台进程使用（如复制进程）。

3. 区域

为隔离故障边界，对象存储允许配置区域。如果可能，每个数据副本位于一个独立的区域。最小级别的区域可以是一个单独的驱动器或者一组驱动器。如果有 5 个对象存储服务器，每个服务器将代表自己的区域。大规模部署将有一整个机架或多个机架的对象服务器，每个代表一个区域。由于数据跨区域复制，一个区域中的故障不影响集群中其余区域。区域示意图如图 9-26 所示。

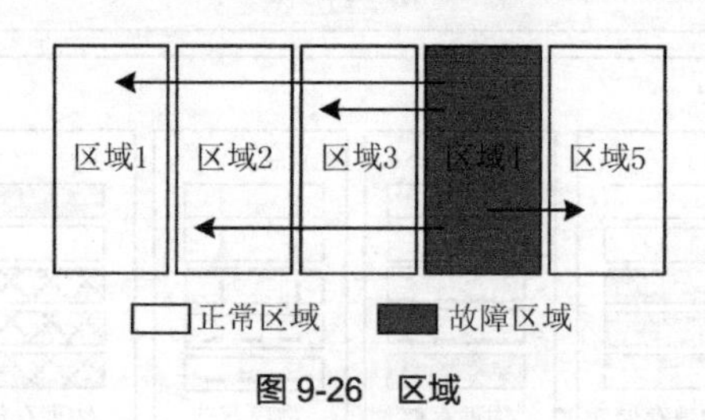


图 9-26　区域

4. 账户和容器

每个账户和容器都是一个独立的 SQLite 数据库，这些数据库在集群中采用分布式部署。账户数据库包括该账户中的容器列表，容器数据库包含该容器中的对象列表。账户和容器的关系如图 9-27 所示。为跟踪对象数据位置，系统中的每个账户有一个数据库，它引用其全部容器，每个容器数据库引用每个对象。

5. 分区

分区是存储的数据的一个集合，包括账户数据库、容器数据库和对象，有助于管理数据在集群中的位置，如图 9-28 所示。对于复制系统来说，分区是核心。

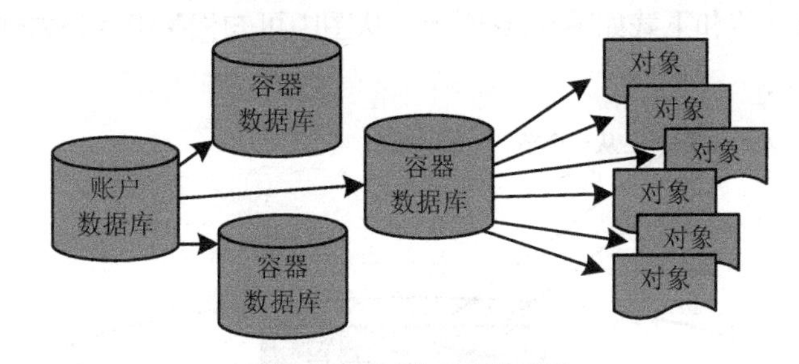


图 9-27 账户与容器的关系

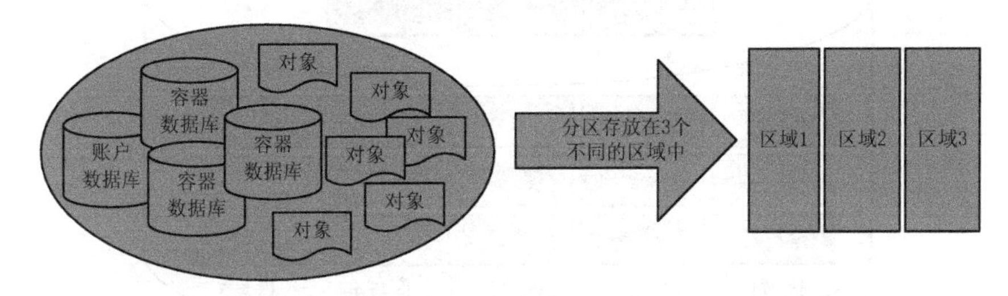


图 9-28 分区

可以将分区看作是在整个中心仓库中移动的箱子。个别的订单投进箱子，系统将该箱子作为一个紧密结合的整体在系统中移动。这个箱子比许多小物件更容易处理，有利于在整个系统中较少地移动组成部分。

系统复制和对象/下载都是在分区上操作的。当系统扩展时，其行为是可以预测的，因为分区数量是固定的。

分区的实现概念很简单，一个分区就是位于磁盘上的一个目录，拥有它所包含的内容的相应的哈希表。

### 6. 复制器

为确保始终存在 3 个数据副本，复制器（Replicators）会持续检查每个分区。对于每个本地分区，复制器将它与其他区域中的副本进行比较，确认是否发生变化。复制器如图 9-29 所示。

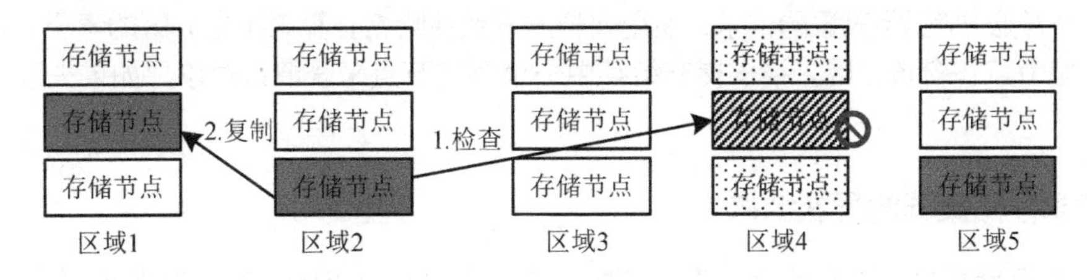


图 9-29 复制器

复制器通过检查哈希表来确认是否需要进行复制。每个分区都会产生一个哈希文件，该文件包含该分区中每个目录的哈希值。对于一个给定的分区，它的每个副本的哈希文件都会进行比较。哈希值不同，则需复制，需要复制的目录也要复制。

这就是分区的用处。在系统中使用较少的工作，传输更多的数据块，一致性比较强。

集群具有最终一致性行为，旧的数据由错过更新的分区提供，但是复制会导致所有的分区向最新数据聚集。

如果一个分区出现故障，一个包含副本的节点会发出通知，并主动将数据复制到接管的节点上。

7. 对象存储组件的协同工作

对象存储中的对象上传和下载如图 9-30 所示，从图中可知相关组件是如何协同工作的。

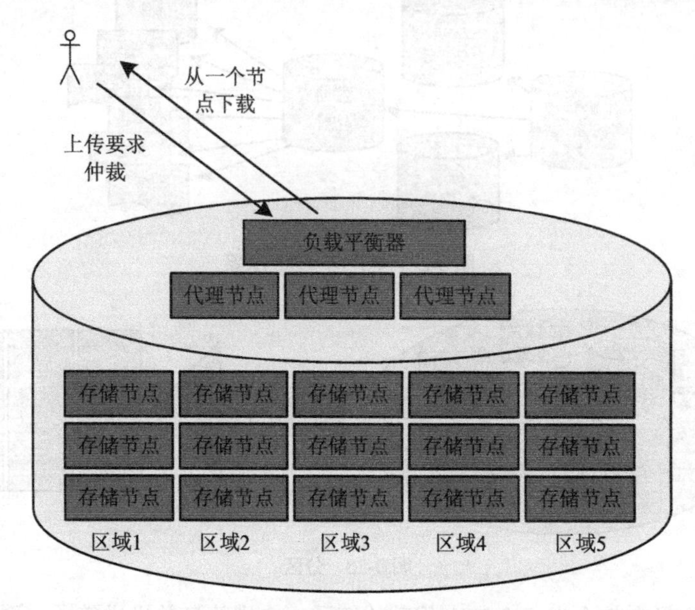


图 9-30 对象存储中的对象上传与下载

（1）对象上传

客户使用 REST API 构造一个 HTTP 请求，要将一个对象上传到一个已有的容器中。集群收到请求，首先系统必须解决将该数据存放到哪里的问题。为此，账户名称、容器名称和对象名称都用来决定该对象的存放位置。

然后环中的一个查询明确使用哪个存储节点来容纳该分区。

数据被发送到要存放该分区的每个存储节点。在客户收到上传成功通告之前，必须至少有三分之二的写入是成功的。

接下来容器数据库异步更新，反映已加入的新对象。

（2）对象下载

收到一个对账户/容器/对象的请求，使用同样的一致性哈希计算来决定分区的索引。环中的查询获知哪个存储节点包含该分区。请求提交给其中一个存储节点来获取该对象，如果失败，则请求转给其他节点。

## 9.4.4 对象存储集群的层次结构

Swift 对象存储集群可以大致分为两个层次：访问层（Access Tier）和存储节点，如图 9-31 所示。

1. 访问层

大规模部署需要划分出一个访问层，将其作为对象存储系统的中央控制器。访问层接收来自客户的传入 API 请求，管理系统中数据的进出。该层包括前端负载平衡器、SSL 终结前端（ssl-terminator）和认证服务。它运行对象存储系统的中枢——代理服务器进程。

由于访问服务器集中在自己所在的层，可以扩展读写访问，而与存储容量无关。例如，如果一个集群位于 Internet，要求 SSL 终结前端，而且对数据访问要求高，那么可以置备许多访问服务器。不过，集群位于内部网络且主要用于档案目的，则只需少量访问服务器。

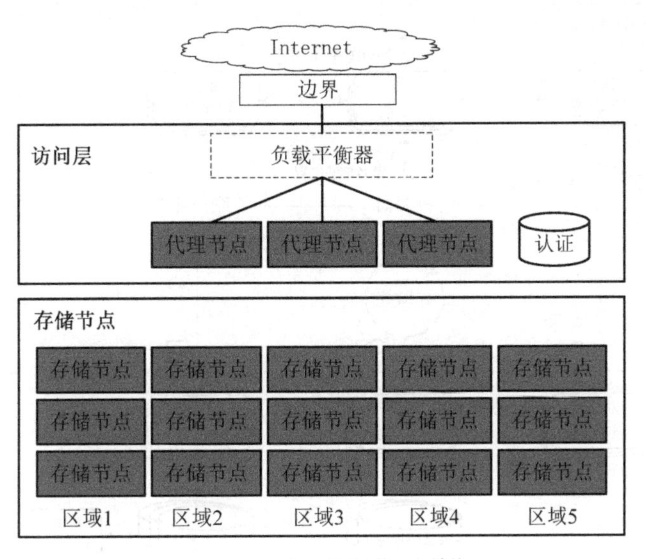


图 9-31 对象存储集群层次结构

既然这是一个 HTTP 可访问的存储服务，便可以将一个负载平衡器并入访问层。典型的访问层包括 1U 服务器的集合。这些机器使用适度数量的内存，网络 I/O 能力很强。这些系统接到每个传入的 API 请求，应当配置两个高带宽（10GbE）的接口，一个用于传入的前端请求，另一个用于对象存储节点的后端访问以提交或获取数据。

对于大多数面向公共的部署和大的企业网络的私有部署来说，必须使用 SSL 来加密到客户的流量。通过 SSL 建立客户之间的会话会大大增加处理负载。这就是不得不在访问层置备更多能力的原因。在可信网络中没有必要部署 SSL。

2. 存储节点

在多数配置中，5 个区域中每个区域应当有相同的存储容量。存储节点使用合适的内存和 CPU，需要方便地获取元数据以快速返回对象。对象存储运行服务，不仅接收来自访问层的传入请求，而且还运行复制器、审计器（Auditor）和收割器（Reaper）。置备存储节点可以使用单个 1Gb 或 10Gb 的网络接口，这取决于预期的负载和性能。

目前，一块 2TB 或 3TB SATA 硬盘具有很好的性价比。如果在数据中心有远程操作，可以使用桌面级驱动器，否则使用企业级驱动器。

应当考虑单线程请求所希望的 I/O 性能，此系统不用磁盘阵列（Redundant Arrays of Independent Drivers，RAID），所以单个硬盘处理一个对象的每个请求。硬盘性能影响单线程响应速度。

要显著获得较高流量，对象存储系统要设计能处理并发的上传和下载。网络 I/O 能力（1GbE、绑定的 1GbE 组或 10GbE）应当满足读写所需的并发流量。

## 9.4.5 Swift 架构

Swift 采用完全对称、面向资源的分布式架构设计，所有组件均可扩展，避免因单点故障扩散而影响整个系统的运行。完全对称意味着 Swift 中各节点可以完全对等，能极大地降低系统维护成本。扩展性包括两个方面，一方面是数据存储容量无限可扩展，另一方面是 Swift 性能（如吞吐量等）可线性提升。因为 Swift 是完全对称的架构，扩容只需简单地新增机器，系统会自动完成数据迁移等工作，使各存储节点重新达到平衡状态。

Swift 的整个架构如图 9-32 所示。

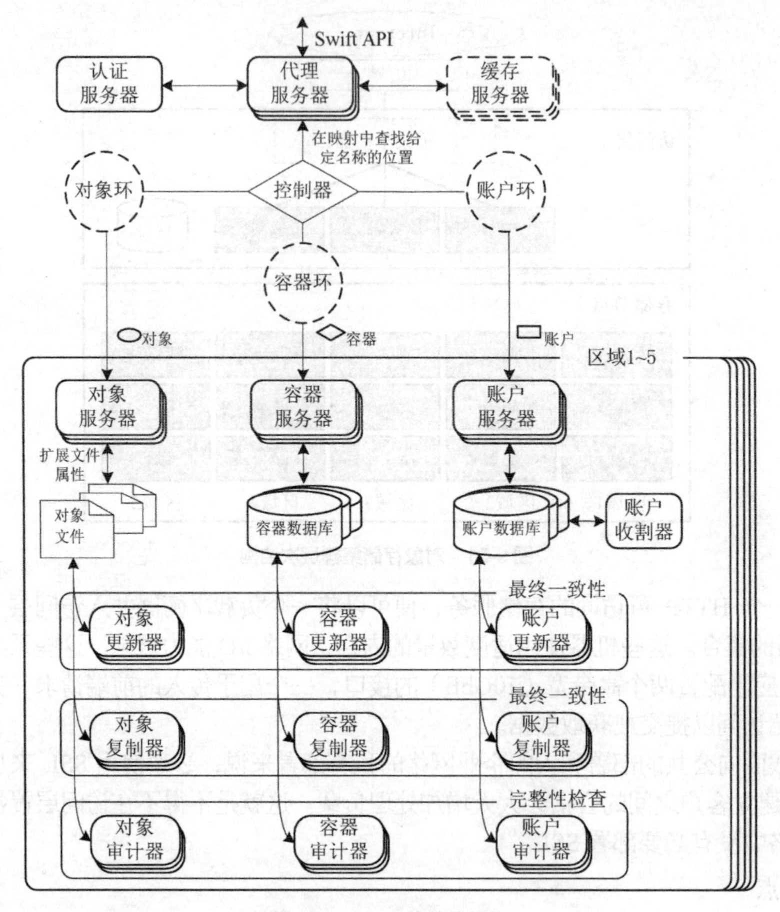


图 9-32 Swift 的整体架构

代理服务器为 Swift 其他组件提供一个统一的接口，它接收创建容器、上传对象或修改元数据的请求，还可以提供容器或者展示存储的文件。当收到请求时，代理服务器会确定账户、容器或对象在环中的位置，并且将请求转发到相关的服务器。

对象服务器上传、修改或检索存储在它所管理的设备上的对象（通常为文件）。容器服务器则会处理特定容器的对象分配，并根据请求提供容器列表，还可以跨集群复制该列表。账户服务器通过使用对象存储服务来管理账户，操作类似容器服务器。

复制、审计和更新内部管理流程用于管理数据存储。其中复制服务最为关键，用于确保整个集群的一致性和可用性。

# 9.5 Swift 的配置与管理

与 Cinder 块存储系统不同，Swift 对象存储不能由普通用户直接操作。只有云管理员在后端进行配置与管理操作，涉及配置文件和命令行操作。这里结合前面描述的 Swift 架构，在进一步分析相应服务和组件的基础上，讲解其配置与管理。

## 9.5.1 代理服务及其配置

代理服务（Proxy Service）涉及代理服务器、认证服务器和缓存服务器。

1. 代理服务器（Proxy Server）

代理服务器负责将 Swift 架构的其余部分连接在一起，提供 Swift API 的服务器进程，负责 Swift 其他组件之间的相互通信。

对每个请求，它将在环中查询账户、容器或对象的位置，并且相应地转发请求。对于 Erasure Code（纠删码，一种前向错误纠正技术）类型策略，代理服务器也负责对对象数据进行编码和解码。对外公开的 API 也通过代理服务器对外提供。它提供的 REST API 符合标准的 HTTP 规范，这使得开发者可以快捷构建定制的客户端，与 Swift 进行交互。由于采用无状态的 REST 请求协议，可以进行横向扩展来均衡负载。

代理服务器也会处理大量的故障。例如，如果一个服务器对一个对象的 PUT 操作不可用，它会向环请求一台替代服务器，并进行转发。

对象以流的形式流进或流出对象服务器，它们直接通过代理服务器流进或流出用户，代理服务器并不缓存它们。

代理服务器承担了类似 nova-api 的角色，负责接收并转发客户的 HTTP 请求。针对 3 个层次的对象，也可以分为针对账户、容器和对象的操作。主要操作见表 9-1。

**表 9-1　Swift 所支持的基本操作**

| 资源类型 | 资源路径 | GET | PUT | POST | DELETE | HEAD |
| --- | --- | --- | --- | --- | --- | --- |
| 账户 | /account/ | 获取容器列表 | | | | 获取账户元数据 |
| 容器 | /account/container | 获取对象列表 | 创建容器 | 更新容器元数据 | 删除容器 | 获取容器元数据 |
| 对象 | /account/container/object | 获取对象内容和元数据 | 创建、更新或复制对象 | 更新对象元数据 | 删除对象 | 获取对象元数据 |

代理服务器通常部署在控制节点上，也可以安装在能够连接存储节点的其他任何节点上。其配置文件为/etc/swift/proxy-server.conf 文件，其中[DEFAULT]节是最基本的设置，例中 RDO 一体化 OpenStack 平台中设置如下。

```
bind_port = 8080
workers = 4          #表示工作进程数,推荐配置是跟 CPU 核心数保持一致
user = swift
bind_ip=192.168.199.21
log_name=proxy-server
log_facility=LOG_LOCAL2
log_level=INFO
log_headers=False
log_address=/dev/log
```

2. 认证服务器（Authentication Server）

Swift 通过代理服务器接收用户请求时，首先需要通过认证服务器对用户的身份进行验证，只有验证通过后，代理服务器才会处理用户请求并作出响应。

Swift 支持外部和内部两种认证方式，前者是指通过 Keystone 服务器进行认证，后者是指通过 Swift 的 WSGI 中间件 TempAuth 进行认证。无论哪种方式，用户都要向认证服务器提交自己的凭证，认证系统返回一个令牌和 URL。令牌在一定的时间内会一直有效，可以缓存下来直至过期。在有效期内，用户在请求头部加上令牌来访问 Swift 服务。

对于 Keystone 来说，令牌使用 X-Auth-Token 头部，URL 在服务目录中定义；对于 TempAuth 来说，令牌使用 X-Storage-Token 头部，URL 在 X-Storage-Url 响应头部中提供。具体使用哪种认证服务器，在/etc/swift/proxy-server.conf 配置文件进行设置。例中在[pipeline:main]节启用相应模块，默认设

置如下。

```
pipeline = catch_errors bulk healthcheck cache crossdomain ratelimit authtoken keystone formpost staticweb tempurl slo account_quotas container_quotas ceilometer proxy-server
```

其中 authtoken keystone 说明使用的是 Keystone 认证。

在[filter:keystone]节中设置操作用户角色。

```
use = egg:swift#keystoneauth
operator_roles = admin, SwiftOperator, _member_
cache = swift.cache
reseller_prefix=AUTH_
```

在[filter:authtoken]节中配置 Keystone 服务访问。

```
paste.filter_factory = keystonemiddleware.auth_token:filter_factory
admin_tenant_name = %SERVICE_TENANT_NAME%
admin_user = %SERVICE_USER%
admin_password = %SERVICE_PASSWORD%
auth_host = 127.0.0.1
auth_port = 35357
auth_protocol = http
signing_dir = /var/cache/swift
log_name=swift
www_authenticate_uri=http://192.168.199.21:5000/v3
auth_url=http://192.168.199.21:35357
auth_plugin=password
project_domain_id=default
user_domain_id=default
project_name=services
username=swift
password=1814e778f9614984
delay_auth_decision=1
cache=swift.cache
include_service_catalog=False
```

3. 缓存服务器（Cache Server）

缓存的内容包括对象服务令牌、账户和容器的存在信息，但不会缓存对象本身的数据。缓存服务可采用 Memcached 集群，Swift 会使用一致性哈希算法来分配缓存地址。例中在/etc/swift/proxy-server.conf 配置文件设置如下。

```
[filter:cache]
use = egg:swift#memcache
memcache_servers = 127.0.0.1:11211
```

## 9.5.2 存储服务及其配置

存储服务是基于磁盘设备提供的，分为 3 种类型，分别是账户服务、容器服务和对象服务，它们与代理服务一起成为 Swift 的 4 个主要服务。一般将存储服务部署在专门的存储节点上，与对象层次数据模型对应，具体由以下 3 种服务器提供相应的服务。

1. 账户服务器

账户服务器（Account Server）提供与账户相关的服务，包括所含容器的列表和账户的元数据。账户信息存储在 SQLite 数据库中。其配置文件为/etc/swift/account-server.conf，其中[DEFAULT]节是最基本的设置，例中设置如下。

```
devices = /srv/node       #挂载点目录
bind_ip = 192.168.199.21      #绑定 IP 地址
```

```
bind_port = 6002          #绑定端口
mount_check = true
user = swift
workers = 2
log_name = account-server
log_facility = LOG_LOCAL2
log_level = INFO
log_address = /dev/log
```

2. 容器服务器

容器服务器（Container Server）提供与容器相关的服务，包括所含对象的列表和容器的元数据。它管理的是从容器到对象的单一映射关系，并不知道对象存放在哪个容器，只知道特定容器中存储哪些对象。对象列表以 sqlite 数据库文件形式存储，可以跨集群复制。容器服务器也会跟踪统计对象总数和该容器总的存储用量等统计信息。其配置文件为/etc/swift/container-server.conf，其中[DEFAULT]节是基本设置，例中设置如下。

```
devices = /srv/node
bind_ip = 192.168.199.21
bind_port = 6001
mount_check = true
user = swift
log_name = container-server
log_facility = LOG_LOCAL2
log_level = INFO
log_address = /dev/log
workers = 2
allowed_sync_hosts = 127.0.0.1
```

3. 对象服务器

对象服务器（Object Server）提供对象的存取和元数据服务。它是一个非常简单的二进制对象（blob）存储服务器，可以存储、检索和删除存储在本地设备上的对象。对象以二进制文件的形式存储在文件系统上，而其元数据作为文件系统的扩展属性（Xattrs）来存储。这就要求底层文件系统选择支持文件扩展属性的对象服务器。有些文件系统，如 ext3 默认关闭 xattrs。

每个对象的存储所用路径来自该对象名的哈希（Hash）值和操作的时间戳（Timestamp）。最后一次写入总是胜出，从而确保对象版本最新。被删除的对象也被作为该文件的一个特殊版本（一个以.ts 为扩展名的 0 字节文件），这可以确保被删除的文件能被正确复制，旧版本不再因为故障重新出现。

其配置文件为/etc/swift/object-server.conf，其中[DEFAULT]节是基本设置，例中设置如下。

```
bind_ip = 192.168.199.21
bind_port = 6000
mount_check = true
user = swift
log_name = object-server
log_facility = LOG_LOCAL2
log_level = INFO
log_address = /dev/log
```

### 9.5.3　一致性服务及其配置

在实际的云环境中，存储服务还要能够自动处理故障。Swift 通过多个副本确保不会因为软硬件故障导致数据丢失，并通过存储策略来降低多个副本带来的存储资源消耗，但是同一数据在不同副本之间还存在不一致性的问题。为此，Swift 通过审计器（Auditor）、更新器（Updater）和复制器（Replicator）3 个服务器程序来提供一致性（Consistency）服务，查找并解决由数据损坏和硬件故障引起的错误，从而解决数据的一致性问题。

1. 审计器

审计器（Auditors）负责数据的审计，在本地服务器上持续扫描磁盘，检测账户、容器和对象的完整性。如果发现数据损坏（如发生位衰减），该文件就会被隔离，然后由复制器（Replicator）从其他节点获取对应的完好副本来替代损坏的文件。如果出现其他错误（比如在任何一个容器服务器中都找不到所需的对象列表），则记录到日志中。

账户的审计器在账户服务器配置文件/etc/swift/account-server.conf中的[account-auditor]节中设置；容器的审计器在容器服务器配置文件/etc/swift/container-server.conf 中的[container-auditor]节中设置；对象的审计器在对象服务器配置文件/etc/swift/object-server.conf 中的[object-auditor]节中设置。例中没有配置任何审计器。

2. 更新器

更新器（Updaters）运行更新服务，负责处理那些失败的账户或容器更新操作。在发生故障或系统高负荷的情况下，容器或账户中的数据不会被立即更新。如果更新失败，该次更新在本地文件系统上会被加入队列，然后由更新器继续处理这些失败了的更新工作。由账户更新器（Account Updater）和容器更新器（Container Updater）分别负责账户列表和对象列表的更新。最终一致性窗口将会起作用。例如，假设一个容器服务器处于负载状态，此时一个新的对象加入系统。代理服务器一成功地响应客户的请求，这个对象就立即变为可读的。但是容器服务器并没有更新对象列表，这样此次更新将进入队列等待延后的更新。因此，容器列表不可能立即包含这个新对象。

在实际使用中，一致性窗口的大小和更新器的运行频率一致，因为代理服务器会将列表请求转送给第一个响应的容器服务器，所以可能不会被注意到。当然，处于负载状态的服务器未必再去响应后续的列表请求，其他两个副本中有一个可能会处理这些列表请求。

与审计器一样，账户、容器和对象的更新器分别在对应的账户、容器和对象服务器配置文件中的[account-updater]、[container-updater]和[object-updater]节中设置。例中账户更新器未设置，而容器和对象的更新器设置如下。

```
concurrency = 1
```

这表示并发性为 1。

3. 复制器

复制器（Replicator）运行复制（Replication）进程，负责检测各节点上数据及其副本是否一致，当发现不一致时会将过时的副本更新为最新版本，并且负责将标记为删除的数据从物理介质上删除。复制的设计目的是面临像网络中断或者驱动器故障等临时性错误情况时可以保持系统的一致性状态。

复制进程将本地数据与每个远程副本进行比较，以确保它们都包含最新的版本。对象复制使用一个哈希列表来快速地比较每个分区的分段，容器和账户的复制组合使用哈希值和共享的高级水印（High Water Mark）算法进行版本比较。

与审计器一样，账户、容器和对象的复制器分别在对应的账户、容器和对象服务器配置文件中的[account-replicator]、[container-replicator]和[object-replicator]节中设置。例中账户、容器和对象的复制器设置相同，内容如下。

```
concurrency = 1
```

这表示并发性为 1。

复制更新基于推模式。对于对象的复制，更新只是使用 rsync 同步文件到对等节点。账户和容器的复制通过 HTTP 推送丢失的记录，或者通过 rsync 同步整个数据库文件。rsync 是类 UNIX 系统下的文件备份同步工具，支持远程同步和本地复制。因此，要支持复制服务，存储节点上要安装

rsync 包并对它进行配置，以支持账户、容器和对象的复制。例中 rsync 的配置文件/etc/rsyncd.conf 中设置如下。

```
[ account ]
path              = /srv/node
read only          = false
write only          = no
list              = yes
uid               = swift
gid               = swift
incoming chmod      = Du=rwx,g=rx,o=rx,Fu=rw,g=r,o=r
outgoing chmod      = Du=rwx,g=rx,o=rx,Fu=rw,g=r,o=r
max connections     = 25
timeout            = 0
lock file           = /var/lock/account.lock
[ container ]
path              = /srv/node
read only          = false
write only          = no
list              = yes
uid               = swift
gid               = swift
incoming chmod      = Du=rwx,g=rx,o=rx,Fu=rw,g=r,o=r
outgoing chmod      = Du=rwx,g=rx,o=rx,Fu=rw,g=r,o=r
max connections     = 25
timeout            = 0
lock file           = /var/lock/container.lock
[ object ]
path              = /srv/node
read only          = false
write only          = no
list              = yes
uid               = swift
gid               = swift
incoming chmod      = Du=rwx,g=rx,o=rx,Fu=rw,g=r,o=r
outgoing chmod      = Du=rwx,g=rx,o=rx,Fu=rw,g=r,o=r
max connections     = 25
timeout            = 0
lock file           = /var/lock/object.lock
```

### 9.5.4 环的创建和管理

对象最终都要以文件的形式存储到存储节点上，但是 Swift 没有传统文件系统中的路径、目录或文件夹这样的概念，而是使用环的概念来解决对象与真正的物理存储位置的映射或关联。

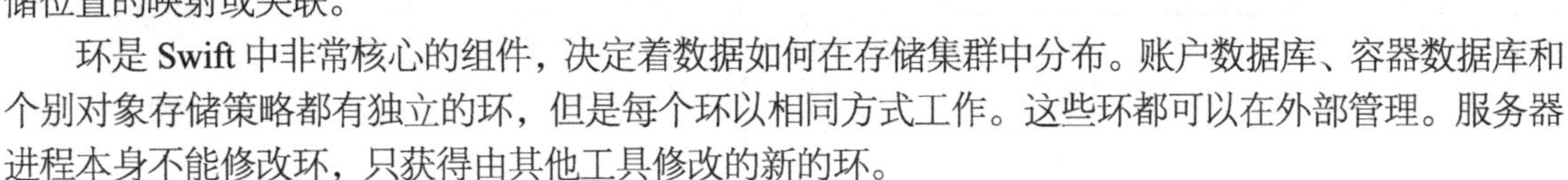

环是 Swift 中非常核心的组件，决定着数据如何在存储集群中分布。账户数据库、容器数据库和个别对象存储策略都有独立的环，但是每个环以相同方式工作。这些环都可以在外部管理。服务器进程本身不能修改环，只获得由其他工具修改的新的环。

#### 1. 环的实现原理

要解决某个对象存储在哪个节点的问题，最常规的做法是采用哈希（Hash）算法。如果存储节点固定，普通的哈希算法即可满足要求。Swift 需要通过增减存储节点来实现可扩展性，节点数量会发生变化，此时所有哈希值都会改变，普通哈希算法无法满足要求。为此，Swift 引入环这个概念，利用一致性哈希算法构建环，来解决海量对象在无限节点上存放的寻址问题。

为减少增减节点所带来的数据迁移，Swift 在对象和存储节点的映射之间增加了分区（Partition）的概念，使得对象到存储节点之间的映射变成了对象到分区再到存储节点的两种映射。分区的数量一旦确定，在整个运行过程中都不会改变，因此对象到分区的映射关系不会改变。增加或减少节点时，只需通过改变分区到存储节点之间的映射关系，即可实现数据迁移。相对于实际存储数据的物理节点，分区相当于虚拟存储节点，因此也有人将 Swift 的术语 Partition 译为虚拟节点。

所有的分区（虚拟节点）平衡地构成一个平面的环状结构，Swift 采用一致性哈希算法，通过计算可以将对象均匀分布到每个分区上。分区的数量采用 2 的 $n$ 次幂表示，便于进行高效的位移计算。由哈希函数和二进制位移操作实现对象对分区的映射，基本步骤如下。

（1）计算每个对象名称的哈希值并将它们均匀分布到一个虚拟空间上，该虚拟空间大小用 $2^{32}$ 表示。

（2）如果有 $2^m$ 个分区（虚拟节点），则将虚拟空间均分成 $2^m$ 等份，每一份长度为 $2^{(32-m)}$。

（3）如果一个对象名称哈希值是 $n$，则该对象对应的分区为 $n/2^{(32-m)}$，将其转换为二进制进行位移操作，就是将哈希值向右位移 32−$m$ 位。

至于再将分区映射到实际的物理存储节点，则是通过独特的环数据结构来实现的。

**2. 环的数据结构**

环的数据结构由以下 3 个顶层域组成。

- 在集群中设备的列表。
- 设备 ID 列表的列表，表示分区到设备的指派。
- 一个表示 MD5 哈希值（用于对分区进行哈希计算）位移操作的位数。

**3. ring 文件**

Swift 存储中使用的 ring 文件用于各个存储节点记录存储对象与实际物理位置的映射关系。客户对 Swift 存储数据进行操作时，均通过 ring 文件来定位实际的物理位置。账户服务器、容器服务器和对象服务器都有各自的 ring 文件。

构建环的过程中会生成一个.builder 文件和一个相应的.ring.gz 文件。这些文件默认位于/etc/swift 文件夹中，如图 9-33 所示。

在生成新的 ring 文件之前，会将原来的.builder 文件和.ring.gz 文件备份到 backups 文件夹中，如图 9-34 所示。

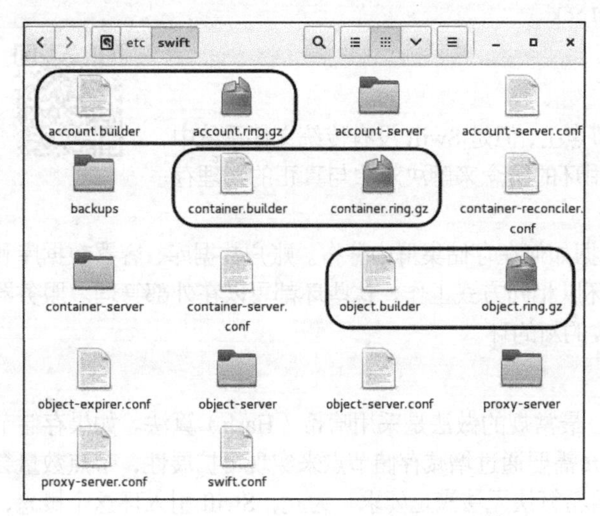


图 9-33 .builder 文件和.ring.gz 文件

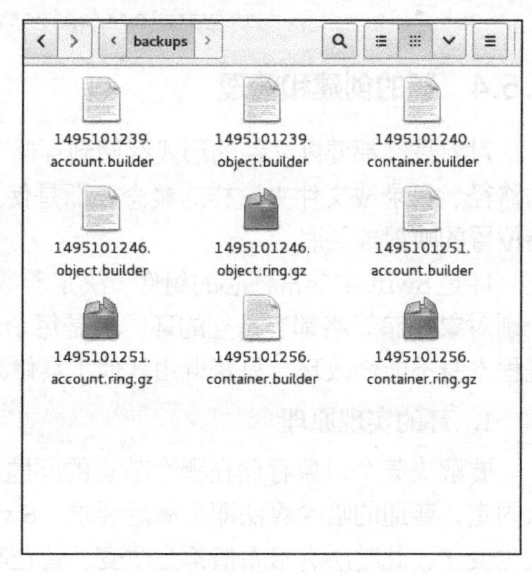


图 9-34 备份的.builder 文件和.ring.gz 文件

对.builder 文件的保存非常重要，因此需要存储 ring 创建文件的多个副本。因为一旦 ring 创建文件完全丢失，就意味着需要完全从头重新创建一个 ring，这样几乎所有的分区都会被分配到新的不同的设备上，因此数据副本也都会被移动到新的位置，造成大量数据迁移，导致系统在一段时间内不可用。

4. 使用 swift–ring–builder 工具创建和管理环

构建环是 Swift 初始化必须经历的过程。环是通过 swift-ring-builder 工具手动创建的，该工具将分区与设备关联，并将该数据写入一个优化过的 Python 数据结构，经压缩、序列化后写入磁盘，以使环创建的数据可以被导入服务器中。更新环的机制非常简单，服务器通过检查创建环的文件的最后更新日期来判断它和自己内存中的版本哪一个更新，从而决定是否需要重新载入环创建数据。

该工具的基本语法格式如下。

```
swift-ring-builder  <builder_file>  <action>  [params]
```

其中 builder_file 指定 ring 文件路径和名称，生成一个.builder 文件和一个.ring.gz 文件。

Action 是要执行的操作（子命令），如 add（添加设备）、create（创建环）、list_parts（列出分区）、rebalance（重新平衡）、remove（删除环）、set_weight（设置权重）、set_replicas（设置副本）等。可以通过直接运行 swift-ring-builder 命令获得帮助文档。这里介绍几个常用的操作。

（1）显示环及其设备相关信息

基本用法如下。

```
swift-ring-builder <builder_file>
```

这里给出本书 RDO 实例中的环及其设备信息。先来看账户服务器的环：

```
[root@controllera ~(keystone_admin)]# swift-ring-builder /etc/swift/account.builder
/etc/swift/account.builder, build version 2
262144 partitions, 1.000000 replicas, 1 regions, 1 zones, 1 devices, 0.00 balance, 0.00 dispersion
The minimum number of hours before a partition can be reassigned is 1 (0:00:00 remaining)
The overload factor is 0.00% (0.000000)
Ring file /etc/swift/account.ring.gz is up-to-date
Devices: id region zone  ip address:port  replication ip:port  name     weight partitions balance flags meta
     0  1    1 192.168.199.21:6002 192.168.199.21:6002 swiftloopback 10.00  262144  0.00
```

其中.builder 文件必须指明路径，否则切换到服务器所在目录下操作。

再来看容器服务器的环，其中端口号不同。

```
[root@controllera ~(keystone_admin)]# swift-ring-builder /etc/swift/container.builder
/etc/swift/container.builder, build version 2
262144 partitions, 1.000000 replicas, 1 regions, 1 zones, 1 devices, 0.00 balance, 0.00 dispersion
The minimum number of hours before a partition can be reassigned is 1 (0:00:00 remaining)
The overload factor is 0.00% (0.000000)
Ring file /etc/swift/container.ring.gz is up-to-date
Devices: id region zone  ip address:port   replication ip:port  name    weight partitions balance flags meta
     0  1    1  192.168.199.21:6001 192.168.199.21:6001 swiftloopback 10.00 262144   0.00
```

最后来看对象服务器的环，其中也是端口号不同。

```
[root@controllera ~(keystone_admin)]# swift-ring-builder /etc/swift/object.builder
/etc/swift/object.builder, build version 2
262144 partitions, 1.000000 replicas, 1 regions, 1 zones, 1 devices, 0.00 balance, 0.00 dispersion
The minimum number of hours before a partition can be reassigned is 1 (0:00:00 remaining)
The overload factor is 0.00% (0.000000)
Ring file /etc/swift/object.ring.gz is up-to-date
```

```
Devices: id region zone  ip address:port   replication ip:port   name    weight partitions balance flags meta
  0 1 1 192.168.199.21:6000 192.168.199.21:6000  swiftloopback 10.00  262144  0.00
```

（2）创建环

基本用法如下。

```
swift-ring-builder <builder_file> create <part_power> <replicas> <min_part_hours>
```

其中，part_power 表示创建 2 的 part_power 次方个分区，replicas 是副本数，表明有多少分区-设备分配组成一个单独的环。min_part_hour 表示一个分区被连续移动两次之间的最小时间间隔。

例如，执行以下命令创建一个账户服务器的 ring 文件，总的分区数目是 1024（$2^{10}$），分区有 3 个副本，分区之间的数据每小时至少移动一次。

```
swift-ring-builder account.builder create 10 3 1
```

（3）向环中添加设备

基本用法如下。

```
swift-ring-builder <builder_file> add
  r<region>z<zone>-<ip>:<port>/<device_name>_<meta> <weight>
  [r<region>z<zone>-<ip>:<port>/<device_name>_<meta> <weight>] ...
```

其中，region 和 zone 分别表示地区和区域编号，ip 和 port 表示该设备所在节点的 IP 地址和对外服务的端口号，device_name 是该设备在节点上的名称，meta 是该设备元数据（字符串结构表示），weight 是该设备的权重值。

例如，以下命令将 192.168.1.191 上的设备 sdb1 添加到账户服务器的环中。

```
swift-ring-builder account.builder add r1z1-<192.168.1.191>:6202/sdb1 1
```

（4）重新平衡环

基本用法如下。

```
swift-ring-builder <builder_file> rebalance
```

该命令尝试通过重新分配最近没有被重新分配的分区来重新平衡环。

前面的 add 操作不会分配分区到新的设备上，只有运行了 rebalance 命令后才会进行分区的分配。这种机制便于一次添加多个设备，并只执行一次 rebalance 来实现对这些设备的分区分配。

5. 分发 ring 文件

完成重新平衡环的操作后，需要将生成的 ring 文件复制到所有运行存储服务（账户服务器、容器服务器和对象服务器）的节点上，然后重新启动这些存储服务。

至此，创建环的基本步骤总结如下。

（1）创建环。

（2）添加设备到环中。

（3）重新平衡环。

（4）分发 ring 文件，并重启相关服务。

### 9.5.5 存储策略管理

Swift 通过创建多个副本实现冗余来提高数据的持久性，但是这要牺牲更多的存储空间，必须尽可能减少存储空间的占用，为此 Swift 采用 Erasure Code 技术。Erasure Code 简称 EC，可译为纠删码，它将数据分块，再对每一块加以编码以减少对空间的需求，而且还可以在某块数据损坏的情况下根据其他块的数据将其恢复，实际上通过消耗更多的计算资源和网络带宽来降低对存储的消耗。存储策略（Storage Policies）就是要解决 EC 技术和副本的共存问题。

**1. 存储策略的概念**

存储策略提供一种方法，让对象存储提供者区分 Swift 部署的服务层次、特性和行为。Swift 中配置的每个存储策略通过一个抽象名称提供给客户。系统中每个设备被分配给一个或多个存储策略。这通过使用多个对象环来实现，每个存储策略有自己的对象环，对象环可能包括一个硬件子集以实现特定的区分。

Swift 对采用不同存储策略的对象采用不同的存储方式。例如，一个对象存储部署可能有两个存储策略，一个要求有 3 个副本，另一个只要求 2 个副本，显然后者服务级别较低。还可以在一个存储策略中包含 SSD（固态硬盘），应用该策略的用户都能获得较高的存储效率。还有可能使用 Erasure Coding 来定义一个冷存储层（Cold Storage Tier）。

**2. 配置存储策略**

使用存储策略的关键问题是如何确定一个对象的存储策略。Swift 要求存储策略基于每个容器定义，每个容器在创建时可指定一个特定存储策略，在该容器生命周期内都有效。当然多个容器也可以关联到到同一个存储策略，这种关联必须在创建容器时确立，而且不可改变。一旦创建的容器有特定策略，存储在其中的所有对象就都要遵从该策略。

配置存储策略需要以下 3 个步骤。

（1）编辑/etc/swift/swift.conf 文件来定义新的策略。

（2）创建相应策略的对象 ring 文件。

（3）创建特定策略的代理服务器配置设置，这一步是可选的。

**3. 定义存储策略**

每个策略由/etc/swift/swift.conf 文件中一个节定义，节名必须采用[storage-policy:<N>]这样的格式，其中<N> 是策略索引（编号），还要遵守以下规则。

如果没有声明索引为 0 的策略且未定义其他策略，Swift 将创建一个索引为 0 的默认策略。

策略索引必须为非负整数，必须唯一。这里给出一个简单的示例。

```
[storage-policy:0]              #索引为 0 的策略
name = gold                     #索引名称
policy_type = replication       #策略类型
default = yes                   #表示该策略为默认策略
[storage-policy:1]              #索引为 1 的策略
name = silver
policy_type = replication
deprecated = yes                #表示不能此策略创建新的容器
```

policy_type 定义策略类型，默认值 replication 表示副本，如果使用 EC 技术，则将该值设为 erasure_coding。

**4. 创建一个环**

定义新的策略后，必须创建一个新的环。存储策略和对象环之间的映射是通过索引号来建立的，索引为 0 的策略对应的.builder 文件名为 object. Builder；索引为 1 的策略对应的.builder 文件名为 object-1. Builder；依此类推。例如，为索引为 1 的策略创建环的命令如下。

```
swift-ring-builder object-1.builder create 10 3 1
```

**5. 使用策略**

只有在容器的初始创建过程中才能使用存储策略。下面给出不使用任何策略创建一个容器的示例。

```
curl -v -X PUT -H 'X-Auth-Token: <your auth token>'  http://127.0.0.1:8080/v1/
AUTH_test/myCont0
```

再给出一个例子，使用名称为 gold 的策略创建一个容器。

```
curl -v -X PUT -H 'X-Auth-Token: <your auth token>' -H 'X-Storage-Policy: gold' http://127.0.0.1:8080/v1/AUTH_test/myCont0
```

# 9.6 手动安装和部署 Swift

Swift 的各种服务共同工作，通过 REST API 提供对象存储和检索。这里以 CentOS 7 平台为例示范将 Swift 加入现有的 OpenStack 环境中。整个过程以 Linux 管理员身份进行操作。

## 9.6.1 配置网络

在开始部署对象存储服务之前，为两个额外的存储节点配置网络。两个节点的管理网络接口 IP 地址分别为 10.0.0.51/24 和 10.0.0.52/24，默认网关为 10.0.0.1。主机名配置文件/etc/hosts 内容如下。

```
# controller
10.0.0.11       controller
# compute1
10.0.0.31       compute1
# block1
10.0.0.41       block1
# object1
10.0.0.51       object1
# object2
10.0.0.52       object2
```

## 9.6.2 安装和配置控制节点

代理服务处理对存储节点上运行的账户、容器和对象服务提出的请求。为简单起见，仅讲解在控制节点上安装和配置代理服务的操作。实际上，代理服务可以部署在能够连接存储节点的任意节点上。为提高性能冗余度，可以在多个节点上安装和配置代理服务。

1．准备工作

代理服务依赖身份服务的认证和授权机制。与其他服务不同，代理服务也提供内部机制，不依赖其他 OpenStack 服务独立运行。配置对象服务之前，必须创建服务凭证和 API 端点。对象服务在控制节点上没有使用 SQL 数据库，而是使用各个存储节点上的分布式 SQLite 数据库。

（1）加载 admin 凭据的环境变量。后续命令行操作需要云管理员身份。

（2）创建身份服务凭证。依次执行以下命令创建 Swift 用户，将管理员角色授予该用户，并创建 Swift 的服务实体。

```
openstack user create --domain default --password-prompt swift
openstack role add --project service --user swift admin
openstack service create --name swift --description "OpenStack Object Storage" object-store
```

（3）创建对象存储服务的 API 端点。

```
openstack endpoint create --region RegionOne \
  object-store public http://controller:8080/v1/AUTH_%\(project_id\)s
openstack endpoint create --region RegionOne \
  object-store internal http://controller:8080/v1/AUTH_%\(project_id\)s
openstack endpoint create --region RegionOne \
  object-store admin http://controller:8080/v1
```

2. 安装和配置组件

（1）安装包。

```
yum install openstack-swift-proxy python-swiftclient \
  python-keystoneclient python-keystonemiddleware  memcached
```

（2）从对象存储源仓库获取代理服务配置文件。

```
curl -o /etc/swift/proxy-server.conf https://git.openstack.org/cgit/openstack/swift/plain/etc/proxy-server.conf-sample?h=stable/queens
```

（3）编辑/etc/swift/proxy-server.conf 文件并完成以下设置。

① 在[DEFAULT]节中配置绑定端口、用户和配置目录。

```
bind_port = 8080
user = swift
swift_dir = /etc/swift
```

② 在[pipeline:main]节中删除 tempurl 和 tempauth 模块，添加 authtoken 和 keystoneauth 模块。

```
pipeline = catch_errors gatekeeper healthcheck proxy-logging cache container_sync bulk ratelimit authtoken keystoneauth container-quotas account-quotas slo dlo versioned_writes proxy-logging proxy-server
```

③ 在[app:proxy-server]节中启用账户自动创建功能。

```
use = egg:swift#proxy
...
account_autocreate = True
```

④ 在[filter:keystoneauth]节中配置操作员角色。

```
use = egg:swift#keystoneauth
...
operator_roles = admin,user
```

⑤ 在[filter:authtoken]节中配置身份服务访问（使用 Keystone 服务中的 swift 用户的密码替换 SWIFT_PASS）。

```
paste.filter_factory = keystonemiddleware.auth_token:filter_factory
...
www_authenticate_uri = http://controller:5000
auth_url = http://controller:35357
memcached_servers = controller:11211
auth_type = password
project_domain_id = default
user_domain_id = default
project_name = service
username = swift
password = SWIFT_PASS
delay_auth_decision = True
```

⑥ 在[filter:cache]节中配置缓存位置。

```
use = egg:swift#memcache
...
memcache_servers = controller:11211
```

### 9.6.3 安装和配置存储节点

存储节点上运行账户服务、容器服务和对象服务。为简单起见，这里仅配置两个存储节点，每个节点包含两个空的本地块存储设备，例中分别使用/dev/sdb 和/dev/sdc。对象存储虽然支持各种文件系统，但是考虑到性能和可靠性，应选择 XFS 文件系统。

1. 准备工作

在存储节点上安装和配置对象存储服务时必须准备存储设备。在每个存储节点上执行以下步骤。

（1）安装支撑工具包。

```
yum install xfsprogs rsync
```

（2）将/dev/sdb 和/dev/sdc 两个设备格式化为 XFS 格式。

```
mkfs.xfs /dev/sdb
mkfs.xfs /dev/sdc
```

（3）创建挂载点目录结构。

```
mkdir -p /srv/node/sdb
mkdir -p /srv/node/sdc
```

（4）编辑/etc/fstab 配置文件，添加以下设置。

```
/dev/sdb /srv/node/sdb xfs noatime,nodiratime,nobarrier,logbufs=8 0 2
/dev/sdc /srv/node/sdc xfs noatime,nodiratime,nobarrier,logbufs=8 0 2
```

（5）挂载设备。

```
mount /srv/node/sdb
mount /srv/node/sdc
```

（6）创建或编辑/etc/rsyncd.conf 配置文件，包括以下设置。

```
uid = swift
gid = swift
log file = /var/log/rsyncd.log
pid file = /var/run/rsyncd.pid
address = MANAGEMENT_INTERFACE_IP_ADDRESS
[account]
max connections = 2
path = /srv/node/
read only = False
lock file = /var/lock/account.lock
[container]
max connections = 2
path = /srv/node/
read only = False
lock file = /var/lock/container.lock
[object]
max connections = 2
path = /srv/node/
read only = False
lock file = /var/lock/object.lock
```

使用存储节点上的管理网络接口 IP 地址替换 MANAGEMENT_INTERFACE_IP_ADDRESS。

注意，rsync 服务不要求认证，因而在生产环境中应考虑在内部网络中运行它。

（7）启动 rsyncd 服务并将其配置为开机自动启动。

```
systemctl enable rsyncd.service
systemctl start rsyncd.service
```

2. 安装和配置组件

（1）安装包。

```
yum install openstack-swift-account openstack-swift-container \
  openstack-swift-object
```

（2）从对象存储源仓库获取账户、容器和对象服务配置文件。

```
curl -o /etc/swift/account-server.conf https://git.openstack.org/cgit/openstack/swift/
plain/etc/account-server.conf-sample?h=stable/queens
curl  -o  /etc/swift/container-server.conf  https://git.openstack.org/cgit/openstack/
```

```
swift/plain/etc/container-server.conf-sample?h=stable/queens
  curl   -o   /etc/swift/object-server.conf   https://git.openstack.org/cgit/openstack/
swift/plain/etc/object-server.conf-sample?h=stable/queens
```

（3）编辑/etc/swift/account-server.conf 文件并完成以下设置。

① 在[DEFAULT]节中配置绑定 IP 地址、绑定端口、用户和配置目录和挂载点目录。

```
bind_ip = MANAGEMENT_INTERFACE_IP_ADDRESS
bind_port = 6202
user = swift
swift_dir = /etc/swift
devices = /srv/node
mount_check = True
```

② 在[pipeline:main]节中启用合适的模块。

```
pipeline = healthcheck recon account-server
```

③ 在[filter:recon]节中配置探测（计量）缓存目录。

```
use = egg:swift#recon
...
recon_cache_path = /var/cache/swift
```

（4）编辑/etc/swift/container-server.conf 文件并完成以下设置。

在[DEFAULT]节中配置绑定 IP 地址、绑定端口、用户和配置目录和挂载点目录，除了 bind_port 值为 6201 外，这些设置与/etc/swift/account-server.conf 文件相同。

在[pipeline:main]和[filter:recon]节中的设置与/etc/swift/account-server.conf 文件相同。

（5）编辑/etc/swift/object-server.conf 文件并完成以下设置。

在[DEFAULT]节中的设置除了 bind_port 值为 6201 外，与/etc/swift/account-server.conf 文件相同。[pipeline:main]节中的设置与/etc/swift/account-server.conf 文件相同。[filter:recon]节中的设置需要在/etc/swift/account-server.conf 文件相应设置的基础上添加探测（计量）锁定目录定义。

```
recon_lock_path = /var/lockt
```

（6）为挂载点目录结构设置适当的所有权。

```
chown -R swift:swift /srv/node
```

（7）创建 recon 目录并授予适当的所有权。

```
mkdir -p /var/cache/swift
chown -R root:swift /var/cache/swift
chmod -R 775 /var/cache/swift
```

### 9.6.4　创建和分发初始环

在启动对象存储服务之前，必须创建初始的账户、容器和对象环。环创建工具在每个节点上产生配置文件用于确定和部署存储架构。为简单起见，这里使用一个地区（Region）和两个区域（Zone），最多有 $2^{10}$（1024）个分区（Partition），每个对象有 3 个副本，1 小时内移动分区不会超过一次。对于对象存储，分区指的是块存储设备上的一个目录，而不是传统的分区表。

#### 1. 创建账户环

账户服务器使用账户环来维护容器列表。

（1）切换到/etc/swift 目录。

（2）创建基本 account.builder 文件。

```
swift-ring-builder account.builder create 10 3 1
```

（3）将每个存储节点添加到该环。

```
swift-ring-builder account.builder \
add --region 1 --zone 1 --ip STORAGE_NODE_MANAGEMENT_INTERFACE_IP_ADDRESS --port 6202\
```

```
--device DEVICE_NAME --weight DEVICE_WEIGHT
```

使用存储节点上的管理网络IP地址替换参数STORAGE_NODE_MANAGEMENT_INTERFACE_IP_ADDRESS；使用同一节点上存储设备名替换DEVICE_NAME参数。例如，对于第一个存储节点，使用存储设备/dev/sdb和权重值100配置它。

```
swift-ring-builder account.builder add \
  --region 1 --zone 1 --ip 10.0.0.51 --port 6202 --device sdb --weight 100
```

对每个存储节点上的每个存储设备执行该命令，例中要执行4次。

```
swift-ring-builder account.builder add \
  --region 1 --zone 1 --ip 10.0.0.51 --port 6202 --device sdb --weight 100
swift-ring-builder account.builder add \
  --region 1 --zone 1 --ip 10.0.0.51 --port 6202 --device sdc --weight 100
swift-ring-builder account.builder add \
  --region 1 --zone 2 --ip 10.0.0.52 --port 6202 --device sdb --weight 100
swift-ring-builder account.builder add \
  --region 1 --zone 2 --ip 10.0.0.52 --port 6202 --device sdc --weight 100
```

（4）执行以下命令验证该环的内容。

```
swift-ring-builder account.builder
```

（5）重新平衡该环。

```
swift-ring-builder account.builder rebalance
```

**2. 创建容器环**

容器服务器使用容器环来维护对象列表，不过它不跟踪对象位置。

（1）切换到/etc/swift目录。

（2）创建基本container.builder文件。

```
swift-ring-builder container.builder create 10 3 1
```

（3）将每个存储节点添加到该环。

```
swift-ring-builder container.builder \
add --region 1 --zone 1 --ip STORAGE_NODE_MANAGEMENT_INTERFACE_IP_ADDRESS --port 6201\
--device DEVICE_NAME --weight DEVICE_WEIGHT
```

参照创建账户环的步骤替换参数。对于第一个存储节点，使用存储设备/dev/sdb和权重值100配置它。

```
swift-ring-builder container.builder add \
  --region 1 --zone 1 --ip 10.0.0.51 --port 6201 --device sdb --weight 100
```

对每个存储节点上的每个存储设备执行该命令，例中要执行4次。

```
swift-ring-builder container.builder add \
  --region 1 --zone 1 --ip 10.0.0.51 --port 6201 --device sdb --weight 100
swift-ring-builder container.builder add \
  --region 1 --zone 1 --ip 10.0.0.51 --port 6201 --device sdc --weight 100
swift-ring-builder container.builder add \
  --region 1 --zone 2 --ip 10.0.0.52 --port 6201 --device sdb --weight 100
swift-ring-builder container.builder add \
  --region 1 --zone 2 --ip 10.0.0.52 --port 6201 --device sdc --weight 100
```

（4）执行以下命令验证该环的内容。

```
swift-ring-builder container.builder
```

（5）重新平衡该环。

```
swift-ring-builder container.builder rebalance
```

**3. 创建对象环**

对象服务器使用对象环来维护本地设备上的对象位置列表。操作步骤同创建账户环和容器环，只需要将操作的.builder文件替换为object.builder，将端口选项--port的参数改为6201，其他相同。

4. 分发环配置文件

将控制节点上/etc/swift 目录下的 account.ring.gz、container.ring.gz 和 object.ring.gz 文件复制到每个存储节点和运行代理服务的其他节点上的/etc/swift 目录中。

### 9.6.5 完成安装

（1）在控制节点上从对象存储源仓库获取/etc/swift/swift.conf 配置文件。

```
curl -o /etc/swift/swift.conf \
https://git.openstack.org/cgit/openstack/swift/plain/etc/swift.conf-sample?h=stable/queens
```

（2）编辑/etc/swift/swift.conf 文件并完成以下设置。

在[swift-hash]节中根据当前环境配置哈希路径前缀和后缀。

```
swift_hash_path_suffix = HASH_PATH_SUFFIX
swift_hash_path_prefix = HASH_PATH_PREFIX
```

使用随机唯一的字符串替换 HASH_PATH_PREFIX 和 HASH_PATH_SUFFIX 参数。这两个值应当保密，保管好，不要改动或丢失。

在[storage-policy:0]节中配置默认的存储策略：

```
name = Policy-0
default = yes
```

（3）将控制节点上/etc/swift 目录下的 swift.conf 文件复制到每个存储节点和运行代理服务的其他节点上的/etc/swift 目录中。

（4）在所有节点上确认该配置目录的所有权正确。

```
chown -R root:swift /etc/swift
```

（5）在控制节点和运行代理服务的其他节点上启动对象存储代理服务及其相关服务，并将它们配置为开机自动启动。

```
systemctl enable openstack-swift-proxy.service memcached.service
systemctl start openstack-swift-proxy.service memcached.service
```

（6）在存储节点上启动对象存储服务，并将其配置为开机自动启动。

```
systemctl enable openstack-swift-account.service openstack-swift-account-auditor.service \
  openstack-swift-account-reaper.service openstack-swift-account-replicator.service
systemctl start openstack-swift-account.service openstack-swift-account-auditor.service \
  openstack-swift-account-reaper.service openstack-swift-account-replicator.service
systemctl enable openstack-swift-container.service \
  openstack-swift-container-auditor.service openstack-swift-container-replicator.service \
  openstack-swift-container-updater.service
systemctl start openstack-swift-container.service \
  openstack-swift-container-auditor.service openstack-swift-container-replicator.service \
  openstack-swift-container-updater.service
systemctl enable openstack-swift-object.service openstack-swift-object-auditor.service \
  openstack-swift-object-replicator.service openstack-swift-object-updater.service
systemctl start openstack-swift-object.service openstack-swift-object-auditor.service \
  openstack-swift-object-replicator.service openstack-swift-object-updater.service
```

## 9.7 习题

1. 简述 Cinder 的主要功能。

2. Cinder 与 Nova 是如何交互的？
3. Cinder 由哪些组件构成？
4. Cinder 是如何实现调度的？
5. cinder-volume 服务有什么用？它与 cinder-scheduler 服务之间有什么关系？
6. 简述 Cinder 的物理部署的一般原则。
7. 按照 9.2.1 节的详细示范，完成图形界面的卷操作。
8. 按照 9.2.3 节的详细示范，配置一个基于 NFS 的存储后端并进行测试。
9. Cinder 和 Swift 分别适合存储什么样的数据？
10. Swift 对象存储中的对象指的是什么？
11. 简述对象的层次数据模型。
12. Swift 对象存储中的环指的是什么？
13. Swift 对象存储集群具有什么样的层次结构？
14. 简述 Swift 的架构。
15. 对象存储包含哪些组件？
16. 参照 9.5.4 节的讲解，熟悉环的创建和管理操作。

# 10 第10章 OpenStack计量与监控

OpenStack 作为一个开源的 IaaS 平台，发展迅速，越来越多的企业基于 OpenStack 建立了自己的公有云平台，而计量和监控则是必不可少的基础服务。OpenStack 起初并不提供这两种服务，需要企业自行开发，为满足这种需求，OpenStack 通过 Telemetry 项目来支持计量服务。Telemetry 项目的初衷是支持 OpenStack 云资源的付费系统，仅仅涉及付费所需的计量数据，这是由 Ceilometer 子项目来实现的。除了系统计量外，Telemetry 项目也可获取在 OpenStack 系统中执行各种操作所触发的事件（Events）消息，这是由 Aodh 子项目支持的。以前计量数据和事件是一起保存的，现在采用专门的解决方案，即使用 Gnocchi 和 Panko。Gnocchi 是多项目（租户）的时间序列化、度量、资源数据库。Panko 的目标是提供元数据索引、事件存储服务。

OpenStack 的性能监控和计量计费，目前成熟度还不高，OpenStack 每个版本的相关架构和代码都略有变化。Ceilometer 的主要作用是收集 OpenStack 的性能数据和事件，对 OpenStack 运维非常重要，本章重点讲解 Ceilometer。Gnocchi 是与 Ceilometer 配套的存储系统，Aodh 负责监控警告，本章对两个服务也做了讲解。由于 Panko 目前使用不多，本章对它不做讲解。

## 10.1 Telemetry 服务概述

在 OpenStack 中，用于计量和监控服务的项目名称为 Telemetry（有人将其译为“遥测”，似乎不太准确），可以将其看作是负责 Telemetry 服务开发团队的名称。Telemetry 服务致力于可靠地收集云中物理和虚拟资源使用的数据，并将这些数据加以保存以便后续查找和分析，当数据满足定义的条件时还会触发相应的处置措施。

### 10.1.1 Telemetry 服务的子项目

Telemetry 服务最早从 OpenStack 的 Havana 版本开始，只有一个子项目 Ceilometer。Ceilometer 最初的目标很简单，就是提供一个架构，收集所需的关于 OpenStack 项目的计量数据来支持对用户收费，通过定价引擎使用单一源将事件转换为可计费项目，这可称为“metering”（计量）。随着项目的发展，OpenStack 社区发现很多项目都需要获取多种不同类型且不断增长的测量数据，Ceilometer 项目又增加了第二个目标，即成为 OpenStack 系统计量的标准方式。不管数据的来源，也不管数据的用途，所有数据采集都可以按照 Ceilometer 的设计来实现。后来由于 Heat 编排项目的需求，Ceilometer 又增加了利用获取的计量数据进行警告的功能。

起初 Ceilometer 各类资源的计量数据存储在 SQL 数据库中，随着时间的推移，云环境中计量数据的种类不断增加，数据量增长所带来的性能开销非常大，为此引入了 Gnocchi 解决计量数据的存储问题，Gnocchi 为 Ceilometer 数据提供更有效的存储和统计分析，以解决 Ceilometer 在将标准数据库用作计量数据的存储后端时遇到的性能问题。Gnocchi 是一个 Non-OpenStack 项目。

OpenStack 发布 Mitaka 版本时，Ceilometer 的监控警告功能被独立出来作为一个单独的项目 Aodh，目的是让 Ceilometer 专注于数据收集。

Ceilometer 不仅要收集计量项（Meter）数据，而且要收集事件（Event）数据，到 OpenStack 发布 Newton 版本时，将这两类数据分开处理，由另一个项目 Panko 提供事件存储服务。

Panko 作为 Telemetry 项目的一个组成部分，提供事件存储服务，存储和查询由 Ceilometer 产生的事件数据。

Panko 的目标是提供元数据索引、事件存储服务，让用户能够获取特定时间的 OpenStack 资源的状况信息。它为审计和系统调试等用途提供短期和长期数据的可伸缩存储方式。Panko 还包括一种机制，让开发者和系统管理员能够产生关于 Panko 运行状态的报告，这种报告称为 Guru Meditation Report（GMR）。

## 10.1.2 Telemetry 服务的架构

目前，Telemetry 项目被分为 4 个子项目或组件，Ceilometer 负责采集计量数据并进行加工处理；Gnocchi 主要用来提供资源索引和存储时间序列计量数据；Aodh 主要提供预警和计量通知服务；Panko 主要提供事件存储服务。Telemetry 服务的逻辑架构如图 10-1 所示。

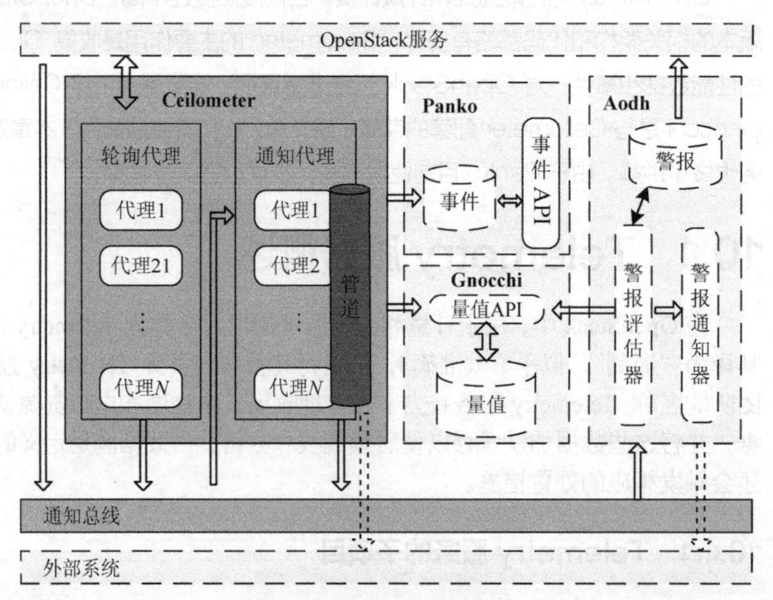


图 10-1 Telemetry 逻辑架构

由 Ceilometer 收集和规范化的数据可以发送到不同目标。Gnocchi 用于按时间序列格式获取测量数据，优化存储和查询。Gnocchi 要替换现有的计量数据库接口。另外，Aodh 作为警告服务，当违反用户定义规则时发出警告。最后 Panko 作为事件存储服务，用来获取像日志和系统事件行为这样的面向文档的数据。

## 10.2 Ceilometer 数据收集服务

计量对于云平台的运维是至关重要的，公有云的计费也基于计量数据。Ceilometer 项目专注于数据收集服务，能够对当前所有 OpenStack 核心组件的数据进行规范化处理并传输。Ceilometer 目前正致力于支持未来的 OpenStack 组件。作为 Telemetry 的组件，Ceilometer 收集的数据可以为所有的 OpenStack 核心组件提供用户计费、资源跟踪和警告服务。

### 10.2.1 Ceilometer 的主要功能

Ceilometer 的主要功能如下。

- 有效轮询 OpenStack 服务相关的计量数据。
- 通过监测发自服务的通知来收集事件和计量数据。
- 将收集到的数据发布到多个目标，包括数据存储和消息队列。

### 10.2.2 数据类型计量项和事件

首先了解 Ceilometer 收集的两大类数据：计量项（Meter）和事件（Event）。

1. **计量项**

所谓计量项就是要测量的具体资源属性或项目，又称度量指标（Metric）。例如，CPU 运行时间就是一个计量项，磁盘读取字节数也是计量项。

样值（Sample）就是采样数据，是某资源某时刻某计量项的值。它表示一个计量项的一个可随时间而变化的数值数据点。例如，CPU 运行时间在某一时刻的值就是一个样值。样值是一次性的，单个样值价值较小，丢失一个样值数据点影响不大，而且样值变化可能非常快。某区间样值的聚合值称为统计值（Statistics），该值满足给定条件后会产生警告（Alarm）。计量项的值除了被称为样值外，还被称为测量值（Measurement）或计量值。

Telemetry 将计量项分为以下 3 种类型。

- Cumulative：累计值，随时间不断增加，如实例使用时数。
- Delta：变化值，随时间改变，如网络带宽。
- Gauge：离散值（如浮动 IP、镜像上载）或者波动值（如磁盘 I/O）。

OpenStack 核心服务都提供自己的计量项集，这些计量项的值可以由 Telemetry 服务轮询获取，也可以直接由 OpenStack 服务发出的通知获取。作为示范，表 10-1 给出了 Nova 服务的部分计量项。

**表 10-1　Nova 计算服务的部分计量项**

| 名称 | 类型 | 单位 | 资源 | 来源 | 虚拟化技术支持 | 说明 |
|---|---|---|---|---|---|---|
| memory | Gauge | MB | 实例 ID | 通知 | Libvirt、Hyper-V | 分配给某实例的内存数量 |
| memory.usage | Gauge | MB | 实例 ID | 轮询插件 | Libvirt、Hyper-V、vSphere、XenAPI | 某实例从其被分配的内存总量中所使用的内存数量 |
| cpu | Cumulative | ns | 实例 ID | 轮询插件 | Libvirt、Hyper-V | CPU 使用时间 |
| cpu.delta | Delta | ns | 实例 ID | 轮询插件 | Libvirt、Hyper-V | 自前一数据点以来的 CPU 使用时间 |
| disk.device.read.requests.rate | Gauge | request/s | 磁盘 ID | 轮询插件 | Libvirt、Hyper-V、vSphere | 读请求的平均速率 |
| network.incoming.bytes | Cumulative | B | 网卡 ID | 轮询插件 | Libvirt、Hyper-V | 传入的字节数 |

不同的 OpenStack 版本，其服务支持的计量项也不同，一般新版本会支持更多的计量项。

2. 事件

事件表示 OpenStack 服务中的一个对象在某一时刻的状态，主要包括非数值数据，如一个实例的实例模型或网络地址。一般情况下，事件让用户知道 OpenStack 系统中的一个对象发生了什么改变，如重置虚拟机实例大小、创建一个镜像等。事件价值大，信息量多，应当持续收集处理，不要丢失一个事件。

由 Telemetry 服务抓取的事件包括以下 5 个关键属性。

- event_type（事件类型）：形式为由圆点分隔的字符串，如 compute.instance.resize.start。
- message_id（消息 ID）：该事件的 UUID。
- generated（发生时间）：系统中事件发生时的时间戳。
- traits（特征）：描述事件的键值对的平面映射。事件的特征包括该事件的大多数细节。特征可以是字符串、整数、浮点数或日期时间类型。
- raw（原始数据）：主要是为了审计、存储（未索引）完整的事件消息以便将来评估。

### 10.2.3 Ceilometer 的架构

Ceilometer 的每项服务都设计成可以水平扩展的，Workers 和节点可以根据所需的负载增加。它通过两个核心的守护进程提供两种数据收集方法。一种是主动发起轮询，由轮询代理（Polling Agent）守护进程轮询 OpenStack 服务并创建计量项；另一种是被动监听消息队列，由通知代理（Notification Agent）守护进程侦听消息队列上的通知，将它们转换为事件（Events）和样值（Samples），并应用管道设置的操作。这两个守护进程是由相应的两个核心组件——轮询代理和通知代理实现的。Ceilometer 使用基于代理的逻辑架构，收集、规范化和重定向数据，用于计量和监测，如图 10-2 所示。这些代理之间通过 OpenStack 消息总线进行通信。

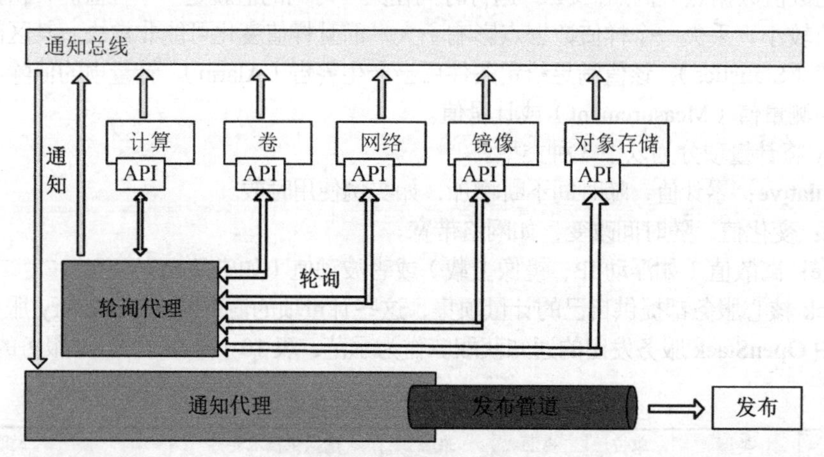


图 10-2 Ceilometer 逻辑架构

> **提示** 在以前的 OpenStack 版本中，Ceilometer 项目还提供收集器（ceilometer-collector）和 API 服务器（ceilometer-api）组件作为存储和 API 解决方案。收集器负责接收数据的持久化存储，这个功能可由通知代理替代；API 服务器提供从数据存储的数据访问。从 OpenStack 的 Newton 版本开始，官方不再建议使用 Ceilometer，而是推荐使用 Gnocchi 更有效地完成数据的存储和统计分析工作。

1. 轮询代理：请求数据

Ceilometer 轮询代理主动向 OpenStack 服务请求数据。需要获取的是计量项数据，比如虚拟机实例的 CPU 的运行时间、CPU 的使用率等。它定期调用一些 API 或其他工具来收集 OpenStack 服务的计量信息，如图 10-3 所示。这种代理可以配置为轮询本地的 Hypervisor 或远程 API。轮询频率可通过轮询配置来控制。代理框架将产生的样值传递到通知代理进行处理。

这种轮询机制的消耗比较大，可能对 API 服务影响较大，因而仅用于优化的端点。另外，这也会带来浪费，例如收集的数据可能含有大量重复无用的信息。

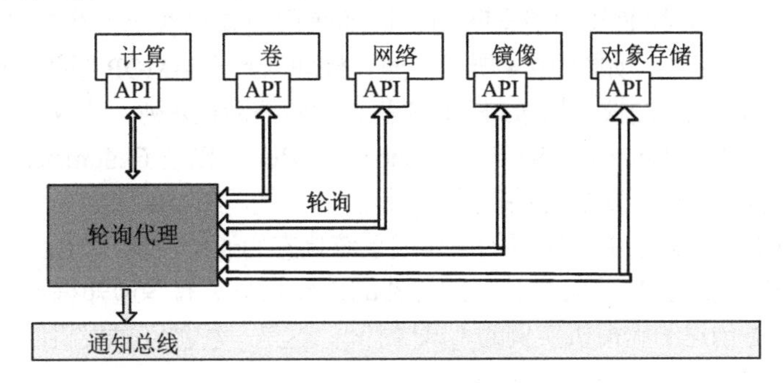


图 10-3 轮询代理：请求数据

Ceilometer 轮询代理通过使用在不同名称空间中注册的轮询插件（Pollster）来获取不同种类的计量数据，为不同名称空间提供单一的轮询接口，针对任何名称空间提供轮询支持，目前支持计算代理、中心代理和 IMPI 代理这 3 种轮询机制，并分别使用相应的轮询插件。在后台轮询代理的所有类型都是同一个 ceilometer-polling 代理，只是它们从不同名称空间加载不同的轮询插件来收集数据。可以配置轮询代理守护进程运行一个或多个轮询插件，使用 ceilometer.poll.compute、ceilometer.poll.central 和 ceilometer.poll.ipmi 名称空间的任意组合。单一代理可以在一体化（All-in-One）部署中承担两种角色。反之，可以部署一个代理的多个实例以分担负载。

（1）计算代理（compute-agent）

在每个计算节点中部署，主要通过与 Hypervisor 的接口调用定期获取资源的使用状态。该代理负责收集计算节点上的虚拟机实例的资源使用数据。这种机制要求与 Hypervisor 密切交互，因而一个独立的代理类型完成相关计量项的收集，它部署在物理主机上，可以在本地检索这些信息。

计算代理必须在每个计算节点上安装。目前支持的 Hypervisor 有 Libvirt 支持的 Hypervisor（KVM 和 QEMU）、Hyper-V、XEN 和 VMware vSphere。

计算代理使用计算节点上安装的 Hypervisor 的 API，因此每个虚拟化后端所支持的计量项都不相同，每个检查工具提供一组不同的计量项。

（2）中心代理（central-agent）

运行在中心管理服务器（控制节点上）上，主要通过 OpenStack API 获取非计算资源的使用统计信息。可启动多个这样的代理以水平扩展它的服务。该代理负责轮询公共 REST API 来检索未能由通知提供的 OpenStack 资源的额外信息，也通过 SNMP 轮询硬件资源。

该代理可以轮询的服务包括 OpenStack 网络（Networking）、OpenStack 对象存储（Object Storage）、OpenStack 块存储（Block Storage）和通过简单网络管理协议（Simple Network Management Protocol，SNMP）的硬件资源。

（3）IMPI 代理（ipmi-agent）

IPMI 是智能平台管理接口（Intelligent Platform Management Interface）的英文缩写，是管理基于 Intel 结构的企业系统中所使用的外围设备采用的一种工业标准。IMPI 代理负责收集计算节点上的

IPMI 传感器数据和 Intel 节点管理器（Node Manager）数据。它要求安装 ipmitool 工具的 IPMI 兼容的节点，通常用于对多种 Linux 发行版的 IPMI 控制。

IPMI 代理实例可以安装在每个支持 IPMI 的计算节点上，节点由裸机服务（Bare Metal Service）管理且在裸机服务中启用 conductor.send_sensor_data 选项。在不支持 IPMI 传感器或 Intel 节点管理器的计算节点上安装此代理并无大碍，因为该代理检查硬件，如果得不到任何数据将返回空数据。不过出于性能考虑，没有必要这样做。注意，不要在同一个计算节点上同时部署 IPMI 代理和裸机服务。

2. 通知代理：侦听数据

Ceilometer 通知代理监控通知的消息队列，被动获取通知总线上产生的消息，并将其转换为 Ceilometer 的样值或事件数据，如图 10-4 所示。通知代理依赖于 AMQP 服务，使用来自 OpenStack 服务和内部通信的通知。系统的核心是通知守护进程，它监控消息队列，获取由其他 OpenStack 组件（如 Nova、Glance、Cinder、Neutron、Swift、Keystone 和 Heat，以及 Ceilometer 内部通信）发送的数据，并对这些数据进行规范化，发布到所配置的目标。通知代理应当部署在一个或多个控制节点上。

所有的 OpenStack 服务发送关于执行的操作或系统状态的通知消息，比如创建和删除虚拟机实例时会发出对应的通知消息，这些信息是计量或计费的重要依据。有些通知携带可测量的信息，例如由 OpenStack 计算服务创建的虚拟机实例的 CPU 时间。这是一种被动触发机制，比主动轮询方式开销小得多。

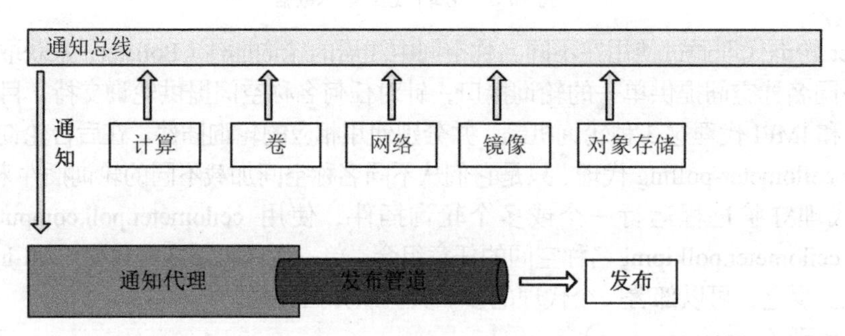


图 10-4 通知代理：侦听数据

通知守护进程加载一个或多个侦听器插件，使用名称空间 ceilometer.notification。每个插件可以侦听任何主题，但是默认将侦听 notifications.info、notifications.sample 和 notifications.error。侦听器收集所配置主题的消息，并将其重新分发到适当的插件（端点）来处理事件和样值。

面向样值的插件列出感兴趣的事件类型，通过一个回调处理相应消息。回调的注册名称启用或禁用它，通过使用通知守护进程的管道。传入的消息被过滤，基于其事件类型值，在传递给该回调之前，插件仅能接收有兴趣查看的事件。

### 10.2.4 数据处理和管道

在不同场合进行数据测量，采样要求可能会有不同。例如，用于计费的数据采样频率会比较低，可能按 10 分钟计；而用于监控的数据采样频率可能很高，达到秒级。不同场合的计量数据发布方式也可能不同，如计费数据要保证完好性和不可否认，而监控数据就没有这个必要。为解决这些问题，Ceilometer 引入了管道（Pipeline）的概念。

1. 管道

管道是数据处理机制，在数据源头和相应目标（sink，原意为“水池”）之间转换和发布数据。Ceilometer 中同时可以有多条管道，每条管道都是由源和目标组成的。

源是样值和事件数据的生产者，源中会定义测量哪些数据、在哪些端点采集数据以及采样频率等。源实际上是一套通知处理程序。每个源配置封装匹配并映射到一个或多个发布目标的名称。

目标是数据消费者，提供转换，发布来自相关源的数据的逻辑。目标定义收到的数据最终交付给哪些发布器（Publisher）。

Ceilometer 管道由发布器组件组成（之前版本的转换器已被弃用），如图 10-5 所示。Ceilometer 能够获取由代理收集的数据，对它进行处理，然后通过管道以不同的组合发布。这个功能由通知代理实现。

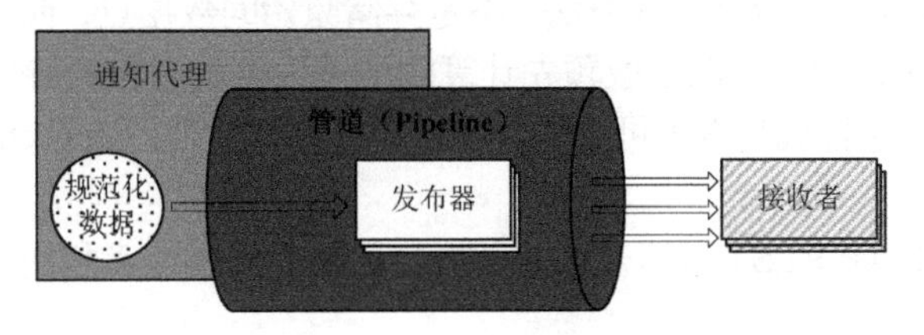


图 10-5　Ceilometer 管道（Pipeline）

2. 发布器

Telemetry 服务提供几种传输方法将收集的数据传送到外部系统。数据消费者差异大，就像监控系统一样，数据丢失是可以接受的，而计费系统要求数据的可靠传输。Telemetry 提供相应的方法来满足不同类型系统的要求。

发布器组件通过消息总线（Message Bus）将数据保存到永久性存储，或者发送给一个或多个外部消费者。一个链可以包括多个发布器。可以为每个数据点配置多发布器，让同一量值或事件多次发布到多个目标，每个可能使用不同的传输系统，如图 10-6 所示。

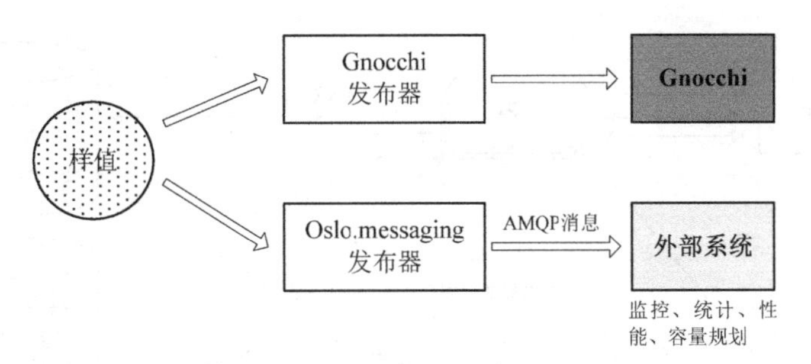


图 10-6　一个样值数据发布到多个目的地

### 10.2.5　存储和访问数据

Ceilometer 只用于产生和规范化云数据。由 Ceilometer 产生的数据可以使用发布器推送到任意数量的目标。推荐使用的工作流是将数据推送到 Gnocchi，这样可以实现有效率的时间序列存储和资源生命周期跟踪。接下来介绍 Gnocchi。

## 10.3　Gnocchi 资源索引和计量存储服务

Gnocchi 的目标是提供时间序列资源索引和计量存储服务，让用户获取与自己关联的 OpenStack 资源和计量数据。使用由用户定义的存档策略所设置的滚动聚合（Rolling Aggregation），Gnocchi 提供短期和长期数据的可伸缩存储方式，并基于 Ceilometer 收集的数据提供统计视图。Gnocchi 项目于 2014 年开始推出，作为 Ceilometer 项目的分支，解决 Ceilometer 在将标准数据库用作计量数据的存储后端时所遇到的性能问题。

## 10.3.1 Gnocchi 简介

Gnocchi 是 OpenStack 项目的一部分，支持 OpenStack，但也能完全独立运行。

Gnocchi 是开源的时间序列（Time Series）数据库，用于大规模的时间序列数据及资源的存储和索引。这对云平台尤其有用，因为云平台是多项目（租户）的，不仅体量大，而且动态变化。Gnocchi 的设计就充分考虑了这些特点。

Gnocchi 对时间序列存储采取独特的方法，不是存储原始的数据点，而是在存储之前进行聚合计算，这样获取数据非常快，因为只需读取预先计算的结果。这种内置的特性不同于大多数其他时间序列数据库，它们通常将这种机制作为可选的，在查询时计算聚合。Gnocchi 还具备高性能、可扩展和可容错等特性。

Gnocchi 对外提供 HTTP REST 接口来创建和操作数据，向操作者和用户提供对计量数据和资源信息的访问。

Gnocchi 专门用于存储时间序列及其相关联的资源元数据。因此，它主要的应用场合有计费系统的存储、警告触发、监控系统和数据的统计使用。

## 10.3.2 Gnocchi 的基本架构

Gnocchi 的基本架构如图 10-7 所示。Gnocchi 的组件包括 HTTP REST API、Metricd 服务和可选的 Statsd 服务，对应的守护进程分别是 gnocchi-api、gnocchi-metricd 和 gnocchi-statsd。Gnocchi 通过 HTTP REST API 或 Statsd 服务接收数据。Metricd 服务在后台对接收到的数据进行统计计算（Statistics Computing）、计量项清理（Metric Cleanup）等操作。

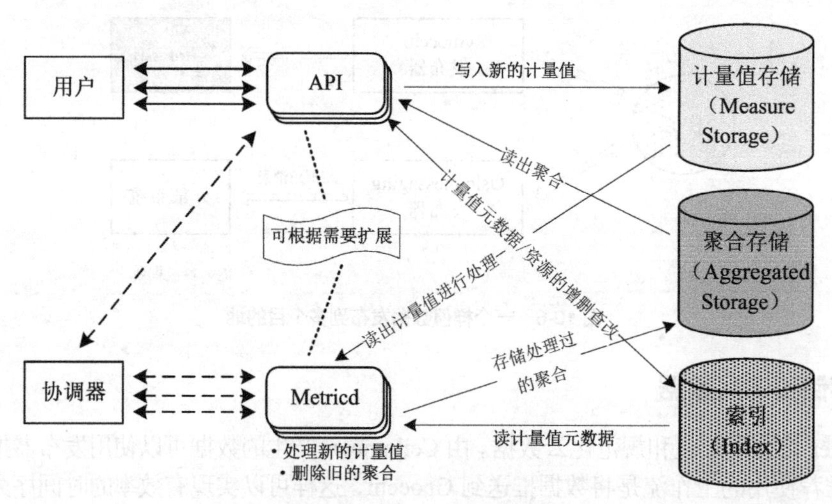


图 10-7　Gnocchi 的基本架构

Gnocchi 的所有服务都是无状态的，并且是可以水平扩展的。与许多时间序列数据库相反，可以运行的 Metricd 服务或 API 端点的数量没有限制。如果负载开始增加，只需运行更多的服务（守护进程）来处理新的请求流。如果遇到高可用性场合，也可以采用同样的办法，只需在独立的服务器上启动更多的 Gnocchi 进程。

Gnocchi 正常运转还需要 3 个外部组件，分别是计量存储（Measure Storage）、聚合存储（Aggregated Storage）和索引（Index）。这 3 个部件由驱动提供，Gnocchi 以插件方式工作，为这些服务提供不同的选择。

### 10.3.3　Gnocchi 的后端存储

Gnocchi 使用 3 种不同的后端存储数据：用于存储新的即将到来的计量值的传入驱动（Incoming Driver）、用于存储时间序列的存储驱动（Storage Driver）和用于检索数据的索引器驱动（Indexer Driver）。它们分别用于提供计量存储、聚合存储和索引。

**1. 传入驱动和存储驱动**

传入驱动负责存储传入的计量项的新的计量值。存储驱动负责存储创建的计量项的计量值，接收时间戳（Timestamp）和计量值，并且根据定义的归档策略预先计算聚合值。传入驱动默认与存储驱动采用的是同一个驱动。

Gnocchi 可以利用不同的后端存储系统解决传入计量和聚合计量值的存储。目前支持的存储系统有文件（默认）、Ceph（首选）、OpenStack Swift、Amazon S3 和 Redis。

根据体系结构的规模，使用文件驱动并将数据存储在磁盘上可能就已足够。如果需要使用文件驱动程序扩展服务器数量，则可以通过 NFS 在所有 Gnocchi 进程中导出和共享数据。当然 S3、Ceph 和 Swift 驱动更具伸缩性。Ceph 还提供更好的一致性，因此是推荐的驱动。对于大中等规模的部署，典型的方案是使用 Redis 传入量值存储，而将 Ceph 用于聚合存储。

**2. 索引器驱动**

索引器驱动负责存储所有资源的索引、归档策略和度量指标，以及它们的定义、类型和属性。索引器还负责连接资源与度量指标，以及资源间的关系。

Gnocchi 要处理的资源和计量值的索引也需要数据库存储，目前支持 PostgreSQL 和 MySQL（版本不低于 5.6.4）这两种数据库驱动。PostgreSQL 具有更高的性能并且有一些额外的特性，如资源持续时长计算，因而是首选的数据库驱动。

### 10.3.4　Gnocchi 的归档策略

Gnocchi 支持多种聚合方法，如最小值、最大值、平均值、百分比、标准偏差等。

**1. 归档策略概述**

归档策略（Archive Policies）定义计量值如何聚合，存储多长时间。每个归档策略定义表示为一个时间跨度（Timespan）的点数。

如果归档策略定义一个 10 个点的策略，粒度为 1 秒，则时间序列档案将保持 10 秒，每个点代表一个 1 秒的聚合。这意味着时间序列会最多保留更近点和最早点之间的 10 秒数据。这并不意味着它是连续的 10 秒，如果数据被不规则地提供，中间可能会存在间隙。

相对于当前时间戳，数据不会过期。数据只根据时间跨度确定是否过期。

每个存档策略也定义要使用的聚合方法。default_aggregation_methods 参数指定默认的方法，该参数默认设置为 mean、min、max、sum、std 和 count，使用默认存档策略（在 default_aggregation_methods 中列出，即平均值、最小值、最大值、总和、标准值、计数）。

因此，存档策略和粒度完全取决于用户的使用场合。根据数据的使用情况，可以定义多个归档策略。例如，典型的低粒度使用案例如下。

1440 点，粒度为 1 分钟= 24 小时（1440 points with a granularity of 1 minute = 24 hours）。

存储压缩的数据点最坏的情况是每点 8.04 字节，最好的情况是每点可以压缩到 0.05 字节。为了规划数据存储容量，尽可能按最坏的情况来计算存储空间。

采用一个 1440 点的归档策略，每种聚合方法需要 1440 点 × 8.04 字节 = 11.3 KiB。如果使用 6 种标准聚合方法，每个度量指标（计量项）将占用 6 × 11.3 KiB = 67.8 KiB 的磁盘空间。

一个归档策略设置的定义越多，CPU 的开销越大。因此，创建一个拥有两个定义的归档策略（例如 1 秒粒度 1 天和 1 分钟粒度 1 个月），CPU 的开销可能只有一个定义（例如 1 天 1 秒的粒度）的两倍。

2. 默认的归档策略

默认情况下，Gnocchi 创建了 4 个归档策略：low、medium、high 和 bool。这些名称描述了所需的存储空间和 CPU 消耗。

（1）low

- 粒度为 5 分钟，时间跨度为 30 天。
- 所用的聚合方法：由 default_aggregation_methods 参数定义。
- 每个度量指标的最大存储空间：406 KiB。

（2）medium

- 粒度为 1 分钟，时间跨度为 7 天。
- 粒度为 1 小时，时间跨度为 365 天。
- 所用的聚合方法：由 default_aggregation_methods 参数定义。
- 每个度量指标的最大存储空间：887 KiB。

（3）high

- 粒度为 1 秒，时间跨度为 1 小时。
- 粒度为 1 分，时间跨度为 1 周。
- 粒度为 1 小时，时间跨度为 1 年。
- 所用的聚合方法：由 default_aggregation_methods 定义。
- 每个度量指标的最大存储空间：1057 KiB。

（4）bool

- 粒度为 1 秒，时间跨度为 1 年。
- 所用的聚合方法：last。
- 每个度量指标最优的最大存储空间：1539 KiB。
- 每个度量指标最差的最大存储空间：277 172KiB。

归档策略 bool 设计用来仅存储逻辑值（0 和 1）。它每秒仅存储一个数据点（使用 last 聚合方法），有一年的保留期。乐观情况的最大存储大小只以 0 和 1 作为计量值的假定进行估计。如果有其他值要发送，应将其计入存储空间。

## 10.3.5 规划 Gnocchi 的存储

Gnocchi 使用基于 Carbonara 库的自定义文件格式。在 Gnocchi 中，时间序列是点的集合，其中点是在时间序列的有效期内给定的聚合值或样值。存储格式使用各种技术进行压缩，因此可以基于其最差情况使用以下公式来计算时间序列大小。

点数× 8 字节=以字节为单位的时间序列大小

要保留的点数通常由以下公式确定。

点数=时间跨度÷粒度

例如，如果想保留一年的数据，一分钟的分辨率。

点数=（365 天×24 小时×60 分钟）÷1 分钟=525 600

字节大小=525 600 点数×8 字节=4 204 800 字节=4 106 KiB

这只是单个聚合时间序列。如果归档策略使用 6 个默认聚合方法（mean、min、max、sum、std、

count），具有同样的“一年、一分钟聚合”的分辨率，则使用的空间最多增加到 6×4.1 MiB = 24.6 MiB。

### 10.3.6　Metricd

Metricd 守护进程根据归档策略，处理计量值，周期性地计算其聚合，并将其保存到聚合存储中。它也执行其他清理任务，如清除标记为要删除的度量指标。

Metricd 在 Gnocchi 中的 CPU 使用率和 I/O 工作量是最多的。每个度量指标的归档策略都影响其执行的速度。

为处理新的度量指标，Metricd 时常检查传入存储中的新的度量指标。每次检查的间隔时间都可以通过[metricd]节中的 metric_processing_delay 选项配置。

有些传入驱动（目前仅支持 Redis）能够通知 Metricd 可用的新度量指标。这种情况下，Metricd 忽略 metric_processing_delay 参数值，立即开始处理新度量指标。这种行为可以由[metricd]节中的 greedy 选项关闭。

### 10.3.7　Statsd

Statsd 是一个网络守护进程，侦听使用 TCP 或 UDP 通过网络发送的统计信息，然后将聚合发送到其他后端。

要启用 Gnocchi 中的 Statsd 支持，需要在配置文件中配置[statsd]选项组。需要提供一个资源 ID（用作主要通用资源，附加所有度量指标），一个用户和项目 ID（与资源和防毒度量指标关联），一个归档策略名称（用于创建度量指标）。所有度量指标自动创建，因为度量指标被发送到 gnocchi-statsd，附加所提供的名称到所配置的资源 ID。

### 10.3.8　API

Gnocchi 的 API 通过索引器驱动和存储驱动，提供操作归档策略（ArchivePolicy）、资源（Resource）、度量指标（Metric）和计量值（Measure）的接口。

## 10.4　配置和管理计量和监控服务

这里以 RDO 一体化 OpenStack 平台为例讲解计量和监控服务的配置与管理。除了对 Telemetry 服务本身进行配置外，对于要计量的 OpenStack 服务也需要进行相应的配置，使其能够使用 Telemetry 服务。

### 10.4.1　数据收集配置

Telemetry 项目的主要职责是收集关于系统的信息，供计费系统或分析工具使用。Ceilometer 以前提供 RESTful API，不过在 Ocata 版本时被弃用了，现在改用 Gnocchi 提供的 API。

#### 1. 通知配置

所有的 OpenStack 服务均发送关于执行的操作或系统状态的通知消息。通知代理负责消费（利用）通知，将来自消息总线的通知转换为事件和计量样值。

默认情况下，通知代理配置为创建事件和样值。要启用选定的数据模型，在配置文件 /etc/ceilometer/ceilometer.conf 的[notification]节中使用 pipelines 选项设置需要的管道。

```
pipelines = meter
```

```
pipelines = event
```

另外，通知代理也负责将数据发送到所支持的发布器目标，如 Gnocchi 或 Panko，由这些服务将数据保存在所配置的数据库中。

不同的 OpenStack 服务发出多种类型的事件通知，但并不是所有的通知都被 Telemetry 服务所利用，它只是采集可结算的事件和通知，用于监控或统计分析。要处理的通知包含在 ceilometer.sample.endpoint 名称空间中。

Telemetry 服务通过过滤由其他 OpenStack 服务发送的通知来收集计量数据。计量项定义由单独的配置文件 meters.yaml（RDO 安装中为/etc/ceilometer/meters.d/meters.yaml）提供，操作员或管理员可以通过修改该文件来添加新的计量项，无须修改代码。修改 meters.yaml 文件应非常谨慎，除非必要，否则不要删除已有的计量项定义。

标准的计量项定义格式如下。

```
metric:
  - name: '计量项名称'
    event_type: '事件名称'
    type: '计量值类型，如gauge、cumulative或delta'
    unit: '单位名称，如MB'
    volume: '测量值的路径，如$.payload.size'
    resource_id: '资源ID的路径，如$.payload.id'
    project_id: '项目ID的路径，如$.payload.owner'
    metadata: '其他描述资源的键值数据'
```

以上是一个简单的例子，包括必需的字段 name（名称）、event_type（事件类型）、type（计量值类型）、unit（单位）和 volume（容量）。如果没有事件类型，该项会产生样值。其中计量值类型有 3 种，cumulative 表示累计值，delta 表示变化值，gauge 表示离散或者波动值。

文件 meters.yaml 包括 Telemetry 要从通知中收集的所有计量项的样值定义。每个字段的值使用 JSON 路径定义，便于从通知消息中查找合适的值。要正确定义字段，需注意要使用的通知的格式。需要在通知消息中查找的值使用以符号$开头的 JSON 路径，例如，需要负载的大小信息，可以将其定义为$.payload.size。

一个通知消息可能包括多个计量项。可以在计量项定义中使用符号*来获取所有的计量项并产生相应的样值。下面给出一个使用通配符的例子。

```
name: $.payload.measurements.[*].metric.[*].name
```

字段 name 使用一个 JSON 路径匹配在通知消息定义中的计量项名称列表。

可以在 JSON 路径中使用复杂的运算。下例中，字段 volume 和 resource_id 执行算术运算和字符串连接。

```
volume: payload.metrics[?(@.name='cpu.idle.percent')].value * 100
resource_id: $.payload.host + "_" + $.payload.nodename
```

RDO 一体化 OpenStack 平台中的 meters.yaml 的内容如下，可用来验证通知配置。

```
---
metric:
  # Image
  - name: "image.size"
    event_type:
      - "image.upload"
      - "image.delete"
      - "image.update"
    type: "gauge"
```

```
    unit: B
    volume: $.payload.size
    resource_id: $.payload.id
    project_id: $.payload.owner

  - name: "image.download"
    event_type: "image.send"
    type: "delta"
    unit: "B"
    volume: $.payload.bytes_sent
    resource_id: $.payload.image_id
    user_id: $.payload.receiver_user_id
    project_id: $.payload.receiver_tenant_id
```

2. 轮询配置

Telemetry 服务要存储基础设施的复杂数据。这个目标需要除了每个服务发出的事件和通知之外的其他信息，像虚拟机实例的资源使用这样的信息就不会由服务直接发出。这需要使用另一种方法，通过轮询包括不同 OpenStack 服务的 API 和 Hypervisor 的基础设施来收集数据。Telemetry 使用基于代理的架构来完成数据采集。

轮询规则由/etc/ceilometer/polling.yaml 文件定义，它定义要启用的轮询插件（Pollster）和轮询时间间隔。每个源配置文件包括计量项名称匹配，匹配轮询插件的入口点（Entry Point），还包括轮询间隔定义、可选的资源枚举或发现。所有由轮询产生的样值会发送到队列中，由通知代理加载的管道配置进行处理。轮询定义格式如下。

```
sources:
  - name: '源名称'
    interval: '样值产生的时间间隔，单位是秒'
    meters:
      - '计量过滤器'
    resources:
      - '资源的 URL 列表'
    discovery:
      - '发现者列表'
```

根据每个 sources 节的参数 meters 所匹配轮询插件的计量项名称（Meter Name）来调用相应的轮询插件。其匹配逻辑与管道过滤相同。

可选的 resources 参数可以配置一个静态的资源 URL 列表。所有静态定义的资源组合列表可以传递到个别轮询插件进行轮询。

可选的 discovery 参数包含一个发现者（Discoverer）列表，这些发现者能用于动态发现由轮询插件轮询的资源。

如果设置 resources 和 discovery 这两个参数，最后传递到轮询插件的资源将是由发现者返回的动态资源和在 resources 参数中定义的静态资源的组合。

例中，/etc/ceilometer/polling.yam

```
---
sources:
    - name: some_pollsters
      interval: 300
      meters:
        - cpu
        - cpu_l3_cache
        - memory.usage
        - network.incoming.bytes
```

```
        - network.incoming.packets
        - network.outgoing.bytes
        - network.outgoing.packets
        - disk.device.read.bytes
        - disk.device.read.requests
        - disk.device.write.bytes
        - disk.device.write.requests
        - hardware.cpu.util
        - hardware.memory.used
        - hardware.memory.total
        - hardware.memory.buffer
        - hardware.memory.cached
        - hardware.memory.swap.avail
        - hardware.memory.swap.total
        - hardware.system_stats.io.outgoing.blocks
        - hardware.system_stats.io.incoming.blocks
        - hardware.network.ip.incoming.datagrams
        - hardware.network.ip.outgoing.datagrams
```

### 10.4.2 管道配置

计量项管道和事件管道的配置默认分别存储在/etc/ceilometer/目录下的 pipeline.yaml 和 event_pipeline.yaml 文件中。这两个配置文件可以通过/etc/ceilometer/ceilometer.conf 中的 pipeline_cfg_file 和 event_pipeline_cfg_file 选项设置。一个管道配置文件可以定义多个管道。

计量项管道定义的基本格式如下。

```
---
sources:
  - name: '源名称'
    meters:
      - '计量项过滤器'
    sinks:
      - '目标名称'
sinks:
  - name: '目标名称'
    publishers:
      - '发布器的列表'
```

有几种方式为管道源定义计量项列表。有可能定义所有的计量项，还有可能包括或排除部分计量项，这种情况应作如下处理。

- 要包括所有计量项，使用通配符*。建议避免采用这种方式，以免收集无用的数据。
- 要定义计量项列表，有两种方法。一种是定义包括的计量项，使用“meter_name”语法格式；另一种是定义排除的计量项，使用“!meter_name”语法格式。

注意，Telemetry 服务不会在管道之间检查重复情况，如果将一个计量项添加到多个管道，则被认为故意重复，可能会根据指定的目标存储多次。

至少要有一个上述变量包括在“meters”节中。在同一计量项中包含的和排除的计量项不能共存，通配符与包含的计量项也不能共存。

事件管道定义与计量项管道定义类似，只是要将“sources”部分的“meters”替换为“events”，用于设置事件过滤器。

### 10.4.3 发布器配置

发布器组件通过消息总线可将数据保存到持久性存储中，或者将数据发送给一个或多个外部消费者。一个链可包括多个发布器。在 Telemetry 服务中，可为每个数据点配置多个发布器，这样能让同一计量项或事件多次发布到多个目的地，每个发布器使用不同的传输。

在 pipeline.yaml 和 event_pipeline.yaml 文件中“sinks”部分的“publishers”节中为每个管道定义发布器，下面是一个典型的示例。

```
publishers:
    - gnocchi://
    - panko://
    - udp://10.0.0.2:1234
    - notifier://?policy=drop&max_queue_length=512&topic=custom_target
```

目前支持的发布器类型说明如下。

（1）gnocchi

gnocchi 是默认的发布器。启用该发布器，测量和资源信息被推送到 gnocchi 进行时间序列优化存储。Gnocchi 必须在 Identity 服务中注册，因为 Ceilometer 要通过 Identity 服务发现精确的路径。

（2）prometheus

可以采用以下定义将计量数据发送到 Prometheus 的发布网关。

```
prometheus://pushgateway-host:9091/metrics/job/openstack-telemetry
```

使用该发布器，时间戳不会被发送到 Prometheus。所有的时间戳在从发布网关获得计量项时被设置，而不是向 OpenStack 服务轮询计量项时被设置。为在 Prometheus 中获得时间序列，发布网关的 scrape_interval（获取间隔）必须较低，是 Ceilometer 轮询间隔的多倍。

（3）panko

Ceilometer 中的事件数据可以存储在 panko，它提供一个 HTTP REST 接口来查询 OpenStack 中的系统事件。要将数据发布到 panko，发布器设置如下。

```
panko://
```

（4）notifier

基于发布器的通知将数据推送到消息队列，由外部系统消费。该发布器设置格式如下。

```
notifier://?option1=value1&option2=value2
```

它使用 oslo.messaging 通过 AMQP 发出数据。任何消费者可以订阅发布主题来进行额外的处理。

（5）udp

通过 UDP 包发布数据，按照以下格式定义发布器。

```
udp://<host>:<port>/
```

（6）file

将计量数据记录到文件，使用指定名称和路径来定义该发布器，格式如下。

```
file://path?option1=value1&option2=value2
```

（7）http

将样值不经修改地发送到外部 HTTP 目标。要设置此选项作为通知代理的目标，在管道定义文件中将“http://”设置为发布器端点。HTTP 目标应当与发布器一起设置，格式如下。

```
http://localhost:80/?option1=value1&option2=value2。
```

### 10.4.4 配置和管理 Gnocchi

Gnocchi 的配置较为简单，主要工作是编辑配置文件/etc/gnocchi/gnocchi.conf，请参见 10.5.1 节的相关讲解。Gnocchi 的管理可以使用命令行，也可以使用它提供的 REST API。管理员通常使用 Gnocchi 命令行。该工具在命令行下与 Gnocchi 交互，并且完全支持 Gnocchi API。如果没有安装该工具，可执行以下命令安装它。

```
pip install gnocchiclient
```

1. Gnocchi 的认证

使用该命令需要提供认证方法和针对 Gnocchi 的服务凭证。在 OpenStack 环境中要使用 Keystone 认证，通常可使用 export 命令导入认证用的环境变量。一定要明确指定“password”（密码认证）方法。

```
export OS_AUTH_TYPE=password
```

例中参照/etc/gnocchi/gnocchi.conf 配置文件的[keystone_authtoken]节中的配置，为 gnocchi 用户创建一个环境变量文件 keystonerc_gnocchi，内容如下。

```
unset OS_SERVICE_TOKEN
export OS_AUTH_TYPE=password
export OS_USERNAME=gnocchi
export OS_PASSWORD='bcca0aaa85cd4ab3'
export PS1='[\u@\h \W(keystone_gnocchi)]\$ '
export OS_AUTH_URL=http://192.168.199.21:35357
export OS_PROJECT_NAME=services
export OS_USER_DOMAIN_NAME=Default
export OS_PROJECT_DOMAIN_NAME=Default
export OS_IDENTITY_API_VERSION=3
```

使用 source 命令导入该文件即可加载 gnocchi 用户的认证环境，这样就能正常执行 gnocchi 命令了。也可以在其他用户的认证环境中加上“export OS_AUTH_TYPE=password”语句，这样也可以使用 gnocchi 命令行。当然还可以在 gnocchi 命令行中通过选项指定认证方法和凭证。

2. 归档策略的管理

（1）列出归档策略

执行命令 gnocchi archive-policy list 可列出当前的归档策略，例中结果如图 10-8 所示。

```
[root@node-a ~(keystone_gnocchi)]# gnocchi archive-policy list
+----------------------+-------------+-----------------------------------------------------------------------+------------------------------------+
| name                 | back_window | definition                                                            | aggregation_methods                |
+----------------------+-------------+-----------------------------------------------------------------------+------------------------------------+
| bool                 |        3600 | - points: 31536000, granularity: 0:00:01, timespan: 365 days, 0:00:00 | last                               |
| ceilometer-low       |           0 | - points: 8640, granularity: 0:05:00, timespan: 30 days, 0:00:00      | mean                               |
| ceilometer-low-rate  |           0 | - points: 8640, granularity: 0:05:00, timespan: 30 days, 0:00:00      | rate:mean, mean                    |
| high                 |           0 | - points: 3600, granularity: 0:00:01, timespan: 1:00:00               | std, count, min, max, sum, mean    |
|                      |             | - points: 10080, granularity: 0:01:00, timespan: 7 days, 0:00:00      |                                    |
|                      |             | - points: 8760, granularity: 1:00:00, timespan: 365 days, 0:00:00     |                                    |
| low                  |           0 | - points: 8640, granularity: 0:05:00, timespan: 30 days, 0:00:00      | std, count, min, max, sum, mean    |
| medium               |           0 | - points: 10080, granularity: 0:01:00, timespan: 7 days, 0:00:00      | std, count, min, max, sum, mean    |
|                      |             | - points: 8760, granularity: 1:00:00, timespan: 365 days, 0:00:00     |                                    |
+----------------------+-------------+-----------------------------------------------------------------------+------------------------------------+
```

图 10-8 显示归档策略列表

可以对照 10.3.4 节的讲解来解读各个策略。

（2）查看归档策略详细情况

```
gnocchi archive-policy show 策略名称
```

（3）创建归档策略

```
gnocchi archive-policy create -d <定义> [-b BACK_WINDOW] [-m 聚合方法] 策略名称
```

策略的定义部分可包括多个属性定义，每个属性表示形式为“名称:值”，多个属性之间使用逗号分隔。

这里重点解释 BACK_WINDOW 的含义。默认情况下，只有在以后的或上一次聚合时间段部分有时间戳的测量数据才被处理。上一次聚合时间段的大小由归档策略中所定义的最大粒度确定。为了允许处理比该时间段更旧的测量数据，使用 BACK_WINDOW 表示要保持的粗粒度时间段的数量。这样就可以处理比上一时间戳期间界限更久的策略数据。例如，如果归档策略定义 1 小时的粗粒度聚合，而上一次处理的数据点有一个 14:34 的时间戳，如果 BACK_WINDOW 值为 0，则可以处理 14:00 的测量数据；如果 BACK_WINDOW 值为 2，则可以处理 12:00 的数据（14:00−2×1 小时）。

（4）删除归档策略

```
gnocchi archive-policy delete 策略名称
```

（5）更改归档策略

主要是修改策略的定义部分。

```
gnocchi archive-policy update -d <定义>  策略名称
```

### 3. 归档策略规则的管理

归档策略规则定义了计量项与归档策略之间的映射。这可以让用户预定义规则，让归档策略根据匹配的模式被指派给计量项。归档策略规则属性包括规则名称、归档策略名称和计量项模式（用于匹配计量项名称）。

例如，一条归档策略规则可以将默认中度的归档策略映射到使用匹配“volume.*”的任意卷计量项。当一个样值数据被以 volume.size 名称提交时，会匹配该模式，该规则将起作用并将归档策略设置为中度。如果多条规则匹配，将采用最长的匹配规则。例如，有两条规则匹配“*”和“disk.*”，disk.io.rate 计量项将匹配“disk.*”规则而非“*”规则。

与归档策略类似，归档策略规则的管理操作包括创建、删除、更改、列表、查看等。例如，执行以下命令显示当前的归档策略规则列表。

```
[root@node-a ~(keystone_gnocchi)]# gnocchi archive-policy-rule list
+---------+---------------------+----------------+
| name    | archive_policy_name | metric_pattern |
+---------+---------------------+----------------+
| default | low                 | *              |
+---------+---------------------+----------------+
```

创建归档策略规则的基本用法如下。

```
gnocchi archive-policy-rule create -a 归档策略名称 -m 计量项模式  规则名称
```

## 10.4.5 通过 Gnocchi API 管理和使用计量服务

建议将量值数据存到 Gnocchi，事件数据存到 Panko。收集的数据可以存到一个或多个数据库后端。强烈建议不要直接访问这些数据库，读出或修改其中的任何数据。API 层隐藏实际数据库模式的所有变化，提供标准的接口来呈现样值、警告等。Telemetry API 已经逐步被弃用，计量服务应当改用 Gnocchi 的 API 来管理。

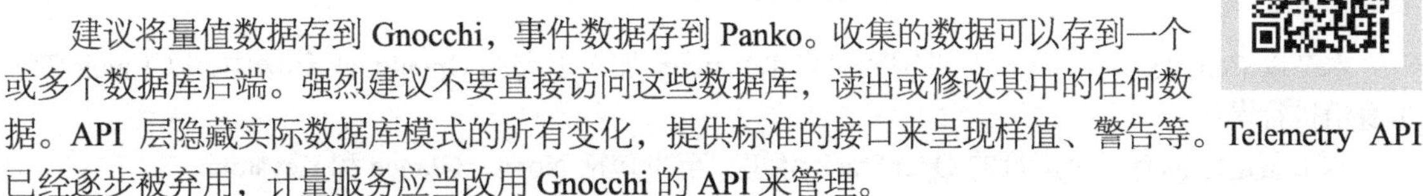

Gnocchi 的 REST API 与 OpenStack 的 API 的使用一样，必须首先发出认证请求，该请求中含有向 OpenStack 认证服务获取验证令牌（Authentication Token）的凭证。默认使用基本认证模式，凭证通常是用户名和密码的组合。这里以 curl 命令为例进行示范，首先运行命令 curl 请求一个令牌，然后将 OS_TOKEN 环境变量设置为该令牌 ID，接着再进行具体的 API 操作。具体使用方法参见第 4 章有关内容。

### 1. 管理资源和资源类型

计量服务中涉及资源和资源类型的管理。可以使用以下命令获取资源列表。

```
curl -s -H "X-Auth-Token: $OS_TOKEN"  http://192.168.199.21:8041/v1/resource/generic |
python -m json.tool
```

对应的命令如下。

```
gnocchi resource list
```

使用以下命令获取资源类型列表。

```
curl -s -H "X-Auth-Token: $OS_TOKEN"  http://192.168.199.21:8041/v1/resource_type/
```

```
generic | python -m json.tool
```

对应的命令如下。

```
gnocchi resource-type list
```

至于资源和资源类型的其他管理操作，不再一一示范。

2. 管理计量项

使用以下命令获取计量项列表。

```
curl -s -H "X-Auth-Token: $OS_TOKEN"  http://192.168.199.21:8041/v1/metric  | python -m json.tool
```

对应的命令如下。

```
gnocchi metric list
```

3. 将样值发送到 Telemetry

通过 API 推送样值已经在 Ocata 版本中被弃用，计量数据应当直接推送到 Gnocchi 的 API。这里给出一个示例。

```
curl -X POST -H "X-Auth-Token:$OS_TOKEN" -H "Content-Type:application/json" -d '{ "timestamp": "2014-10-06T14:33:57", "value": 43.1 }' http://192.168.199.21:8041/v1/metric/000a12a7-b078-43bf-808b-4b16895160d3/measures -v
```

对应的命令如下。

```
gnocchi --debug measures add -m 2016-04-16T14:33:58@43.1 000a12a7-b078-43bf-808b-4b16895160d3
```

查看该数据。

```
curl -s -H "X-Auth-Token: $OS_TOKEN"  http://192.168.199.21:8041/v1/metric/000a12a7-b078-43bf-808b-4b16895160d3/measures | python -m json.tool
```

4. 管理归档策略和归档策略规则

这里给出一个创建归档策略规则的例子。

```
curl -X POST -H "X-Auth-Token:$OS_TOKEN" -H "Content-Type:application/json" -d '{ "archive_policy_name": "low", "metric_pattern": "disk.io.*", "name": "test_rule"}' http://192.168.199.21:8041/v1/archive_policy_rule -v
```

## 10.5 手动安装计量和监控服务

本节以 CentOS 7 平台为例，讲解如何将 Telemetry 加入现有的 OpenStack 环境中，以 Linux 管理员身份进行操作。

本节假定已拥有一个运行的 OpenStack 环境，至少包括 Nova、Glance 和 Keystone。

### 10.5.1 安装和配置 Telemetry 服务

下面讲解在控制节点上如何安装和配置 Telemetry 服务，也就是 Ceilometer。

1. 准备

安装和配置 Telemetry 服务之前，必须配置一个计量数据发送的目标，推荐使用 Gnocchi。

（1）加载 admin 凭据的环境变量。后续命令行操作需要使用管理员身份。

（2）创建服务凭证。依次执行以下命令创建 ceilometer 用户，将管理员角色授予该用户。

```
openstack user create --domain default --password-prompt ceilometer
openstack role add --project service --user ceilometer admin
```

（3）在 Keystone 中注册 Gnocchi 服务。依次执行以下命令创建 gnocchi 用户，创建 gnocchi 的服务条目，并将管理员角色授予该用户。

```
openstack user create --domain default --password-prompt gnocchi
```

```
openstack service create --name gnocchi  --description "Metric Service" metric
openstack role add --project service --user gnocchi admin
```

再依次执行以下命令创建 Gnocchi 的 Metric 服务的 API 端点。

```
openstack endpoint create --region RegionOne  metric public http://controller:8041
openstack endpoint create --region RegionOne  metric internal http://controller:8041
openstack endpoint create --region RegionOne  metric admin http://controller:8041
```

2. 安装 Gnocchi

（1）安装 Gnocchi 包。

```
yum install openstack-gnocchi-api openstack-gnocchi-metricd  python-gnocchiclient
```

（2）为 Gnocchi 的索引器创建 gnocchi 数据库。

确认安装有 Mariadb，以 root 用户身份使数据库访问客户端连接到数据库服务器。

```
mysql -u root -p
```

然后依次执行以下命令创建数据库并设置访问权限，完成之后退出数据库访问客户端。使用自己的密码替换 GNOCCHI_DBPASS。

```
MariaDB [(none)]> CREATE DATABASE gnocchi;
MariaDB [(none)]> GRANT ALL PRIVILEGES ON gnocchi.* TO 'gnocchi'@'localhost' \
  IDENTIFIED BY 'GNOCCHI_DBPASS';
MariaDB [(none)]> GRANT ALL PRIVILEGES ON gnocchi.* TO 'gnocchi'@'%'  IDENTIFIED BY
'GNOCCHI_DBPASS';
```

（3）编辑/etc/gnocchi/gnocchi.conf 文件添加 Keystone 选项。

① 在[api]节中配置 gnocchi 使用 keystone。

```
auth_mode = keystone
```

② 在[keystone_authtoken]节中配置 keystone 认证（使用身份管理服务中的 gnocchi 用户密码替换 GNOCCHI_PASS）。

```
auth_type = password
auth_url = http://controller:5000/v3
project_domain_name = Default
user_domain_name = Default
project_name = service
username = gnocchi
password = GNOCCHI_PASS
interface = internalURL
region_name = RegionOne
```

③ 在[indexer]节中配置数据库访问（使用 Gnocchi 索引器数据库密码替换 GNOCCHI_DBPASS）。

```
url = mysql+pymysql://gnocchi:GNOCCHI_DBPASS@controller/gnocchi
```

④ 在[storage]节中配置存储计量数据的位置。这里使用本地文件系统。

```
coordination_url = redis://controller:6379
file_basepath = /var/lib/gnocchi
driver = file
```

（4）初始化 Gnocchi。

```
gnocchi-upgrade
```

3. 完成 Gnocchi 安装

启动 Gnocchi 服务并将其配置为随系统启动。

```
systemctl enable openstack-gnocchi-api.service  openstack-gnocchi-metricd.service
systemctl start openstack-gnocchi-api.service   openstack-gnocchi-metricd.service
```

4. 安装和配置 Ceilometer 组件

（1）安装 Ceilometer 包。

```
yum install openstack-ceilometer-notification  openstack-ceilometer-central
```

（2）编辑/etc/ceilometer/pipeline.yaml 文件，配置 Gnocchi 连接。

```
publishers:
    - gnocchi://?filter_project=service&archive_policy=low
```

（3）编辑/etc/ceilometer/ceilometer.conf 文件并完成以下设置。

① 在[DEFAULT]节中配置 RabbitMQ 消息队列访问（替换 RabbitMQ 的 openstack 账户密码 RABBIT_PASS）。

```
transport_url = rabbit://openstack:RABBIT_PASS@controller
```

② 在[service_credentials]节中配置服务凭证（CEILOMETER_PASS 是身份管理服务中的 ceilometer 用户的密码）。

```
auth_type = password
auth_url = http://controller:5000/v3
project_domain_id = default
user_domain_id = default
project_name = service
username = ceilometer
password = CEILOMETER_PASS
interface = internalURL
region_name = RegionOne
```

（4）在 Gnocchi 中创建 Ceilometer 资源。

```
ceilometer-upgrade
```

5. 完成 Ceilometer 安装

启动 Telemetry 服务并将其配置为随系统启动。

```
systemctl enable openstack-ceilometer-notification.service \
  openstack-ceilometer-central.service
systemctl start openstack-ceilometer-notification.service \
  openstack-ceilometer-central.service
```

### 10.5.2 启用计算服务计量

Telemetry 组合使用通知和代理收集计算服务（Nova）数据。在每个计算节点上执行以下操作。

1. 安装和配置组件

（1）安装软件包，其中 openstack-ceilometer-ipmi 是可选的。

```
yum install openstack-ceilometer-compute
yum install openstack-ceilometer-ipmi
```

（2）编辑/etc/ceilometer/ceilometer.conf 文件并完成以下设置。

① 在[DEFAULT]节中配置 RabbitMQ 消息队列访问。

```
transport_url = rabbit://openstack:RABBIT_PASS@controller
```

② 在[service_credentials]节中配置服务凭证（CEILOMETER_PASS 是身份管理服务中 ceilometer 用户的密码）。

```
auth_url = http://controller:5000
project_domain_id = default
user_domain_id = default
auth_type = password
username = ceilometer
project_name = service
password = CEILOMETER_PASS
interface = internalURL
region_name = RegionOne
```

2. 配置计算服务使用 Telemetry

主要是编辑/etc/nova/nova.conf 配置文件。

（1）在[DEFAULT]节中配置通知基本选项。

instance_usage_audit 选项用于启用周期性的 compute.instance.exists 通知，每个计算节点必须启用它来产生系统使用数据。

```
instance_usage_audit=True
```

instance_usage_audit_period 选项定义产生实例使用数据的时间周期，常用的有 hour、day、month 和 year。例中设置为 hour。

```
instance_usage_audit_period=hour
```

也可以使用@符号来指定时间偏移量，如"month@15"是指从每月的 15 日开始审计。

（2）在[notifications]节中设置具体的通知选项。

notify_on_state_change 选项设置在实例状态改变时发送 compute.instance.update 通知，有 3 个可选值。"vm_state"表示以虚拟机状态转换信息发送通知，"vm_and_task_state"表示以虚拟机和任务状态信息发送通知。也可以设置为"None"，不发送任何通知。例中设置如下。

```
notify_on_state_change=vm_and_task_state
```

（3）在[oslo_messaging_notifications]节中设置使用 oslo.messaging 发送通知。

driver 选项用于设置处理发送通知的驱动，可选值有 messagingv2、routing、log、test 和 noop，可以同时使用多个值。例中设置如下。

```
driver=messagingv2
```

3. 配置计算服务轮询 IPMI 计量项

要启用 IPMI 计量项，确认已安装 IPMITool 且主机支持 Intel 节点管理。

（1）编辑/etc/sudoers 文件，加入以下内容。

```
ceilometer ALL = (root) NOPASSWD: /usr/bin/ceilometer-rootwrap /etc/ceilometer/
rootwrap.conf *
```

（2）编辑/etc/ceilometer/polling.yaml 文件，包括所需的计量项。

```
- name: ipmi
  interval: 300
  meters:
    - hardware.ipmi.temperature
```

4. 完成设置

（1）启动 ceilometer 代理并将其配置为随系统启动。

```
systemctl enable openstack-ceilometer-compute.service
systemctl start openstack-ceilometer-compute.service
systemctl enable openstack-ceilometer-ipmi.service
systemctl start openstack-ceilometer-ipmi.service
```

（2）重启计算服务。

```
systemctl restart openstack-nova-compute.service
```

### 10.5.3 启用块存储计量

Telemetry 使用通知收集块存储（Cinder）计量数据。在控制节点和块存储节点上执行以下操作。

1. 配置 Cinder 使用 Telemetry

（1）编辑/etc/cinder/cinder.conf 文件，在[oslo_messaging_notifications]节中配置通知。

```
driver = messagingv2
```

（2）启用与块存储相关的周期性使用统计。必须按以下格式执行该命令。

```
cinder-volume-usage-audit  --start_time='YYYY-MM-DD HH:MM:SS' \
```

```
--end_time='YYYY-MM-DD HH:MM:SS' --send_actions
```

这个脚本将输出在给定时间段里创建过、删除过或现存的卷或快照，以及关于这些卷和实例的一些信息。通过 cron 服务使用该脚本可以周期性地获得通知，例如每 5 分钟一次。

```
*/5 * * * * /path/to/cinder-volume-usage-audit --send_actions
```

2. 完成设置

（1）在控制节点上重启块存储服务。

```
systemctl restart openstack-cinder-api.service openstack-cinder-scheduler.service
```

（2）在存储节点上重启块存储服务。

```
systemctl restart openstack-cinder-volume.service
```

### 10.5.4 启用对象存储计量

Telemetry 组合使用轮询和通知来收集对象存储（Swift）计量数据。这里要求环境中必须包括 Swift 对象存储服务。

1. 准备

Telemetry 服务要求使用 ResellerAdmin 角色访问对象存储服务。在控制节点上执行以下步骤。

（1）加载 admin 凭据的环境变量。进行后续命令行的操作需要使用管理员的身份。

（2）创建 ResellerAdmin 角色。

```
openstack role create ResellerAdmin
```

（3）将 ResellerAdmin 角色授予 ceilometer 用户。

2. 在控制节点上安装软件包

```
yum install python-ceilometermiddleware
```

3. 配置对象存储使用 Telemetry

在控制节点上和运行对象存储代理服务的其他节点上编辑/etc/swift/proxy-server.conf 文件，完成以下设置。

（1）在[filter:keystoneauth]节中添加 ResellerAdmin 角色。

```
operator_roles = admin, user, ResellerAdmin
```

（2）在[pipeline:main]节中添加 ceilometer。

```
pipeline = catch_errors gatekeeper healthcheck proxy-logging cache container_sync bulk
ratelimit authtoken keystoneauth container-quotas account-quotas slo dlo versioned_writes
proxy-logging ceilometer proxy-server
```

（3）在[filter:ceilometer]节中配置通知。

```
paste.filter_factory = ceilometermiddleware.swift:filter_factory
...
control_exchange = swift
url = rabbit://openstack:RABBIT_PASS@controller:5672/
driver = messagingv2
topic = notifications
log_level = WARN
```

4. 完成设置

重启对象存储代理服务。

```
systemctl restart openstack-swift-proxy.service
```

### 10.5.5 启用其他 OpenStack 服务计量

Telemetry 通知收集 Heat 编排服务、Neutron 网络服务和 Glance 镜像服务的计量信息，都是在控制节点上配置的。

Heat 和 Neutron 服务要在其主配置文件的[oslo_messaging_notifications]节中配置通知。

```
driver = messagingv2
```

Glance 在/etc/glance/glance-api.conf 和/etc/glance/glance-registry.conf 文件中除了在[oslo_messaging_notifications]节中设置 driver 选项外，还要在[DEFAULT]节中配置 RabbitMQ 消息代理访问。

```
transport_url = rabbit://openstack:RABBIT_PASS@controller
```

## 10.6　Aodh 警告服务

Aodh 的目标是针对 Ceilometer 收集的数据根据定义的规则触发警告。Aodh 是从 Ceilometer 中独立出来的 Telemetry 子项目，仅负责警告服务。Aodh 也支持基于 Gnocchi 统计数据的警告设置。Aodh 向更上层的应用提供 REST API，让更上层的应用可以通过这些 API 来创建警告策略，以便对云环境中的资源进行实时监控。周期性警告评估保证了监控的颗粒度，警告评估的结果必然是“数据不足”“警告”“正常”三种状态中的一种，策略中还可以定义每种状态触发后采取的下一步动作，比如监控云服务器，当 CPU 利用率达到 95%时，给指定的 URL 发送请求，可以发送邮件通知、短信通知等。

### 10.6.1　Aodh 的组件

Aodh 中包含以下组件。

（1）API 服务器（aodh-api）：运行于一个或多个中心管理服务器上，提供对存储在数据中心的警告信息的 API 访问接口。

（2）警告评估器（aodh-evaluator）：运行在一个或多个中心管理服务器上，警告评估器周期性地检查警告系统状态，将警告信息通过 RPC 或消息队列 Quene 发送到通知监听器（aodh-notifier）。多个警告评估器需要利用 tooz 协调。

（3）通知监听器（aodh-listener）：运行在一个中心管理服务器上，侦听事件，根据收到的事件发出警告。针对数据收集服务的通知代理捕获的事件，依据预先定义的规则产生相应的警告。

（4）警告通知器（aodh-notifier）：运行在一个或多个中心管理服务器上，允许根据样值收集的阈值评估来设置警告。它通过 RPC 或消息队列接收警告信息，执行相应的操作。

这些服务之间使用 OpenStack 消息总线来通信，共同协作实现警告服务。

### 10.6.2　Aodh 的系统架构

Aodh 的每项服务都设计成可以水平扩展，可以根据所需的负载扩展，提供守护进程基于定义的警告规则进行评估和通告。

1. **警告服务**（Alarming Service）

Aodh 的警告组件最早是在 Havana 版本随同 Ceilometer 服务一起发布的，到 Liberty 版本时分离出来作为独立的项目，用来基于样值或事件收集的阈值评估设置警告。警告可以针对单个量值或多个量值组合进行设置。例如，当一个给定的实例上内存消耗达到 70%，如果这种情况超过 10 分钟，则触发警告。要设置警告，可以调用 Aodh 的 API 服务器来定义警告的条件和要采取的措施。当然如果不是云管理员，则只能设置自己组件的警告。警告处置措施有多种形式，但目前只实现以下 3 种。

- HTTP 回调：当警告被触发时提供一个供调用的 URL 地址。请求的载荷中包括触发警告的原因的详细信息。

- 日志（Log）：将警告存储在日志文件中，这对调试很有用。
- Zaqar：通过 Zaqar API 将通知发送到消息服务。Zaqar 是 OpenStack 内的多项目（租户）云消息服务组件，是一个完全的 RESTful API，使用生产者/消费者、发布者/订阅者等模式来传输消息。

2. 警告规则（Alarm Rules）

- 复合型警告规则：使用字典类型来预设这种规则。
- 警告事件规则：描述何时基于一个事件触发警告。
- gnocchi_aggregation_by_metrics_threshold。
- gnocchi_aggregation_by_resources_threshold。
- gnocchi_resources_threshold。

后面 3 种都是阈值型规则，定义基于计算统计信息触发警告。

3. 警告评估器（Alarm Evaluators）

与警告规则对应，包括复合型（Composite）、gnocchi_aggregation_by_metrics_threshold、gnocchi_aggregation_by_resources_threshold、gnocchi_resources_threshold。

阈值评估器的触发条件只能针对一个值，当用户需要根据两个或多个值警告时，可采用组合型评估器。

4. 警告通知器（Alarm Notifiers）

设置警告动作或措施，包括以下类型。

- http：REST 架构，发送 HTTP 请求到指定的 URL。
- https：REST 架构，发送 HTTPS 请求到指定的 URL。
- log：日志警告通知器。
- test：测试警告通知器。
- trust+http：支持 Keystone 信任验证的通知器，用于调用使用 Keystone 认证的端点。它使用 Aodh 服务用户来认证通过提供的信任 ID。URL 格式必须为：trust+http://host/action。
- trust+https：与上一种基本相同。URL 格式必须为：trust+https://host/action。
- trust+zaqar：使用 Keystone 信任提交给用户定义的队列的 Zaqar 通知器。URL 格式必须为：trust+zaqar://?queue_name=example。
- zaqar：Zaqar 通知器。将警告通知提交给 Zaqar 订阅器或已有的 Zaqar 队列，通过预签 pre-signed URL。

要创建新的订阅，使用通知 URL 的格式。

```
zaqar://?topic=example&subscriber=mailto%3A//test%40example.com&ttl=3600
```

5. 警告存储（Alarm Storage）

- log：将数据记入日志。
- mysql：将数据放入 SQLAlchemy 数据库。
- mysql+pymysql：将数据放入 SQLAlchemy 数据库。SQLAlchemy 本身无法操作数据库，这种存储依赖第三方插件 pymysql。
- postgresql：将数据放入 SQLAlchemy 数据库。SQLAlchemy 本身无法操作数据库，这种存储依赖第三方插件 postgresql。
- sqlite ：将数据放入 SQLAlchemy 数据库。SQLAlchemy 本身无法操作数据库，这种存储依赖第三方插件 sqlite。

### 10.6.3　管理和使用 Aodh 警告

Aodh 针对 OpenStack 上运行的资源提供面向用户的监控即服务（Monitoring-as-a-Service）。监控类型让用户通过编排（Orchestration）服务自动缩小或扩展一组虚拟机实例，也可以将警告用于云资源健康感知。

Aodh 的警告使用三态模型，其含义解释如下。

- ok（正常）：管理警告的规则被评估为非触发（False）状态，触发条件不足。
- alarm（警告）：管理警告的规则被评估为触发（True）状态，触发条件已满足。
- insufficient data（数据不足）：在评估期间没有足够的数据点（样值）来判断警告触发状态。

下面讲解警告定义和警告评估。

**1. 警告定义**

警告的定义提供管理规则，以及当状态转换发生时应采取的相应动作。这些规则的类型取决于警告类型。

（1）阈值型规则警告

对于常规的面向阈值的警告，状态转换由以下条件决定。

- 带有比较运算符（如大于或小于）的静态阈值。
- 用于聚合数据的统计值选择。
- 滑动时间窗口，用于指示多长时间返回到要查看的最近时间。

（2）复合型规则警告

定义一个含有多个触发条件的警告，可使用“and”和“or”关系运算符连接。

**2. 警告评估**

警告由 alarm-evaluator 定期评估，默认每分钟一次。由/etc/aodh/aodh.conf 配置文件中的 evaluation_interval 选项决定评估频率。

（1）警告动作

每个警告的任何状态转换可能都有一个或多个关联动作。这些动作向消费者（使用者）发送一个信号，状态转换发生时，提供一些附加的内容，包括新的状态和以前的状态、某些原因依据（描述关于阈值的情形）、所涉及的数据点数量等。状态转换由 alarm-evaluator 检测，alarm-notifier 产生实际的通知动作。

动作 Webhook 是由 Telemetry 警告使用的实际上的通知类型，简单调用一个 HTTP POST 请求（发送到一个端点），使用包括以 JSON 片段编码的状态转换描述信息的请求体。

动作 Log（日志）是替代 Webhooks 的轻量级方案，状态转换简单地由 alarm-notifier 计入日志，主要用于测试目的。

（2）工作负载分区（Workload partitioning）

警告评估过程使用与中心和计算代理相同的工作负载分区机制。Tooz 库提供服务实例组的协调。要使用这种分区解决方案，可将 evaluation_service option 选项设置为“default”。

### 10.6.4　使用警告

本小节在 RDO 一体化 OpenStack 平台上示范操作。直接执行相关操作会提示“Table 'aodh.alarm' doesn't exist”这样的错误信息，这是因为默认安装时并没有初始化 aodh 数据库，需要先执行以下命令初始化警告数据库。

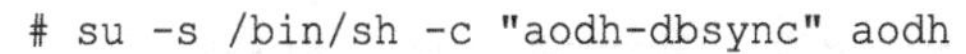

```
# su -s /bin/sh -c "aodh-dbsync" aodh
```

下面以管理员身份进行操作。

1. 警告创建

（1）基于阈值的警告

下面的示例是创建一个 Gnocchi 面向阈值的警告，阈值是一个虚拟机实例的 CPU 使用率的上限。

```
aodh alarm create \
  --name cpu_hi \
  --type gnocchi_resources_threshold \
  --description 'instance running hot' \
  --metric cpu_util \
  --threshold 70.0 \
  --comparison-operator gt \
  --aggregation-method mean \
  --granularity 600 \
  --evaluation-periods 3 \
  --alarm-action 'log://' \
  --resource-id INSTANCE_ID \
  --resource-type instance
```

这个警告表示，当一个虚拟机实例在 3 次 10 分钟的连续时间内 CPU 平均使用率超过 70%时触发警告。例中通知简单地记入日志，因此不使用 webhook URL。

一个项目内的警告名称必须唯一。管理员可以限制 3 个不同状态的动作数量，禁用普通用户创建 log://和 test://的通知器，以防止不必要的磁盘和内存消耗。

例中滑动时间窗口是 30 分钟。这个窗口不是执行时间边界，而是定位每个评估周期的当前时间，随着每个评估周期的向前滚动，默认每分钟 1 次。

警告的粒度（granularity）必须与 Gnocchi 中配置的计量项的粒度相匹配。

另外，警告会试图在“insufficient data”（数据不足）状态进进出出，这是由于计量存储中的数据点实际频率与用于比较警告阈值的统计查询之间的不匹配。如果需要缩短警告期限，相应的时间间隔应当在 pipeline.yaml 配置文件中调整。

在创建或后续更新时设置的其他重要警告属性如下。

- state：初始警告状态（默认为“insufficient data”）。
- description：警告的描述信息（默认为“警告规则的摘要”）。
- enabled：是否启用警告的评估和动作（默认为“True”）。
- repeat-actions：警告保持目标状态时是否重复通知动作（默认为“False”）。
- ok-action：警告状态转换为“ok”时要采取的动作。
- insufficient-data-action：警告状态转换为“insufficient data”时要采取的动作。
- time-constraint：用于限制警告的评估，一天的次数或一周的天数。

（2）复合型警告

下面例子是基于两条基本规则的组合创建一个复合型警告。

```
aodh alarm create \
  --name meta \
  --type composite \
  --composite-rule '{"or": [{"threshold": 0.8, "metric": "cpu_util", \
   "type": "gnocchi_resources_threshold", "resource_id": INSTANCE_ID1, \
   "resource_type": "instance", "aggregation_method": "last"}, \
   {"threshold": 0.8, "metric": "cpu_util", \
   "type": "gnocchi_resources_threshold", "resource_id": INSTANCE_ID2, \
   "resource_type": "instance", "aggregation_method": "last"}]}' \
  --alarm-action 'http://example.org/notify'
```

例中，当两条基本规则中的任何一条满足条件时触发警告。例中的通知是 webhook 调用。可以组合任意数量的警告，还可以包含嵌套的条件。

（3）基于事件的警告

下面的例子是基于实例的电源状态创建一个事件警告。

```
$ aodh alarm create \
  --type event \
  --name instance_off \
  --description 'Instance powered OFF' \
  --event-type "compute.instance.power_off.*" \
  --enable True \
  --query "traits.instance_id=string::INSTANCE_ID" \
  --alarm-action 'log://' \
  --ok-action 'log://' \
  --insufficient-data-action 'log://'
```

配置文件/etc/ceilometer/event_definitions.yaml 提供有 event-type 和 traits（特征值）的列表。--query 也可包括 trait 的组合。

**2. 警告检索**

执行以下命令列出当前所有的警告。

```
aodh alarm list
```

要进一步查看某个警告的详细信息，可执行以下命令。

```
aodh alarm show 警告ID
```

**3. 警告更改**

如果觉得阈值 70%太低，可以更改阈值到 75%。

```
aodh alarm update 警告ID --threshold 75
```

这个更改将从下一个评估周期开始起作用，默认每分钟评估一次。

大多数警告属性可以以这种方式修改，但是获取或设置警告状态还有更便捷的方式。

```
openstack alarm state get 警告ID
openstack alarm state set --state ok 警告ID
```

例如，执行 openstack alarm state get c9bbba13-3bfb-4fe8-8b24-aef90e655de7 命令显示如下。

```
+-------+-------------------+
| Field | Value             |
+-------+-------------------+
| state | insufficient data |
+-------+-------------------+
```

**4. 警告删除**

对于不再需要的警告，可以临时禁用它。

```
aodh alarm update --enabled False 警告ID
```

或者直接永久性删除。

```
aodh alarm delete 警告ID
```

**5. 调试警告**

创建或更改警告时，添加调试标志--debug 比较好。

```
aodh --debug alarm create <其他参数>
```

可以在/var/log/aodh/listener.log 文件中查找事件触发时的状态转换。

### 10.6.5 手动安装 Aodh 警告服务

本节以 CentOS 7 平台为例示范将 Aodh 加入现有的 OpenStack 环境中，以 Linux 管理员身份操作。

这里假定已经拥有一个运行的 OpenStack 环境，至少包括 Nova、Glance 和 Keystone。

1. 准备

安装和配置 Telemetry 警告服务之前，必须创建数据库、服务凭证和 API 端点。

（1）创建 aodh 数据库。

确认安装 MariaDB，以 root 用户身份使数据库访问客户端连接到数据库服务器。

```
mysql -u root -p
```

然后依次执行以下命令创建数据库并设置访问权限，完成之后退出数据库访问客户端。使用自己的密码替换 AODH_DBPASS。

```
MariaDB [(none)]> CREATE DATABASE aodh;
MariaDB [(none)]> GRANT ALL PRIVILEGES ON aodh.* TO 'aodh'@'localhost' IDENTIFIED BY
'AODH_DBPASS';
MariaDB [(none)]> GRANT ALL PRIVILEGES ON aodh.* TO 'aodh'@'%' IDENTIFIED BY
'AODH_DBPASS';
```

（2）加载 admin 凭据的环境变量。后续的命令行操作需要使用管理员身份。

（3）创建 aodh 服务凭证。依次执行以下命令创建 aodh 用户，将管理员角色授予该用户，并创建 aodh 的服务条目。

```
openstack user create --domain default  --password-prompt aodh
openstack role add --project service --user aodh admin
openstack service create --name aodh  --description "Telemetry" alarming
```

（4）创建警告服务的 API 端点（应为每个服务条目创建一个端点）。

```
openstack endpoint create --region RegionOne  alarming public http://controller:8042
openstack endpoint create --region RegionOne  alarming internal http://controller:8042
openstack endpoint create --region RegionOne  alarming admin http://controller:8042
```

2. 安装和配置组件

（1）安装包。

```
zypper install openstack-aodh-api
  openstack-aodh-evaluator openstack-aodh-notifier \
  openstack-aodh-listener openstack-aodh-expirer  python-aodhclient
```

（2）编辑/etc/aodh/aodh.conf 文件并完成以下设置。

① 在[database]节中配置数据库访问（替换块存储数据库密码 AODH_DBPASS）。

```
connection = mysql+pymysql://aodh:AODH_DBPASS@controller/aodh
```

② 在[DEFAULT]节中配置 RabbitMQ 消息队列访问（替换 RabbitMQ 的 openstack 账户密码 RABBIT_PASS）。

```
transport_url = rabbit://openstack:RABBIT_PASS@controller
```

③ 在[DEFAULT]和[keystone_authtoken]节中配置身份管理服务访问（替换身份管理服务中的 aodh 用户密码 AODH_PASS）。

```
[DEFAULT]
...
auth_strategy = keystone
[keystone_authtoken]
...
www_authenticate_uri = http://controller:5000
auth_url = http://controller:5000
memcached_servers = controller:11211
auth_type = password
project_domain_id = default
user_domain_id = default
```

```
project_name = service
username = aodh
password = AODH_PASS
```

④ 在[service_credentials]节中配置服务凭证。

```
auth_type = password
auth_url = http://controller:5000/v3
project_domain_id = default
user_domain_id = default
project_name = service
username = aodh
password = AODH_PASS
interface = internalURL
region_name = RegionOne
```

（3）初始化 aodh 警告数据库。

```
# su -s /bin/sh -c "aodh-dbsync" aodh
```

### 3. 完成安装

启动 Telemetry 警告服务并将其配置为随系统启动。

```
systemctl enable openstack-aodh-api.service  openstack-aodh-evaluator.service \
  openstack-aodh-notifier.service  openstack-aodh-listener.service
systemctl start openstack-aodh-api.service  openstack-aodh-evaluator.service \
  openstack-aodh-notifier.service  openstack-aodh-listener.service
```

## 10.7　习题

1. Telemetry 包括哪些子项目？各子项目有什么作用？
2. 简述 Telemetry 服务的整体架构。
3. Ceilometer 主要有哪些功能？
4. Ceilometer 收集哪两大类数据？每类数据有什么特点？
5. 简述 Ceilometer 的架构。
6. Ceilometer 引入的管道是什么？管道是如何运行的？
7. 简述 Gnocchi 的基本架构。
8. 简述 Gnocchi 的后端存储。
9. 简述 Gnocchi 的归档策略。
10. Aodh 包含哪些组件？
11. 简述 Aodh 的系统架构。
12. 参照 10.4.1 至 10.4.3 节的有关讲解，熟悉 Ceilometer 数据收集配置、管道配置和发布器配置。
13. 参照 10.4.4 节的讲解，熟悉 Gnocchi 的配置与管理操作。
14. 参照 10.4.5 节的讲解，熟悉通过 Gnocchi API 管理和使用计量服务的操作。
15. 参照 10.6.4 节的讲解，熟悉 Aodh 警告的使用操作。

# 11 第11章 OpenStack 编排服务

OpenStack 本身提供了命令行和 Horizon 供用户管理资源，用户也可编写程序通过 REST API 来管理云资源。这些方式适合简单少量的资源管理和单一任务。对于大量资源的管理和复杂的云部署任务，需要使用编排（Orchestration）服务来提高效率。OpenStack 的编排服务的项目代号为 Heat。Heat 是一个通过 OpenStack 原生 REST API 基于模板来编排复合云应用的服务。Heat 提供一个云业务流程平台，可以让用户使用模板实现资源的自动化部署，更轻松地配置 OpenStack 云体系。本章主要介绍 Heat 架构和模板，讲解如何使用编排业务，以及 Heat 的安装和配置。

## 11.1 Heat 编排服务基础

作为一个编排引擎，Heat 可以通过基于文本文件形式的模板启动多个复合云应用程序，为 OpenStack 用户提供了一种自动创建云应用的方法。Heat 可以兼容 AWS CloudFormation 模板，许多 AWS CloudFormation 模板可以直接在 OpenStack 环境中运行。

### 11.1.1 什么是编排服务

Orchestration 的本意是"管弦乐编曲"，这个术语移植到云计算领域，通常译为"编排"。所谓编排，就是按照一定的目的依次排列。在 OpenStack 环境中，可使用编排服务来集中管理整个云架构、服务和应用的生命周期。编排可以通过预先设定来协调配置同一节点或不同节点的部署资源和部署顺序。

用户将对各种资源的需求写入模板文件中，Heat 基于模板文件自动调用相关服务的接口来配置资源，从而实现自动化的云部署。

在编排服务中，资源（Resource）特指编排期间创建或修改的对象，可以是网络、路由器、子网、实例、卷、浮动 IP、安全组等。

模板以文本文件的形式描述了云应用的基础设施，主要是需要被创建的资源的细节。Heat 模板的使用简化了复杂的基础设施、服务和应用的定义和部署。模板支持丰富的资源类型，不仅覆盖了常用的基础架构，如计算、网络、存储、镜像，而且还覆盖了如 Ceilometer 的警告、Sahara 的集群、Trove 的实例等高级资源。同时，模板还可以定义这些资源之间的依赖关系。Heat

读取模板后，自动分析不同资源之间的依赖关系，按照先后顺序依次调用 OpenStack 不同服务或组件的 REST API 来创建资源并部署运行环境，实现相应的业务功能。

Heat 主动调用各 OpenStack 组件的 REST API 创建资源，如图 11-1 所示。每次调用模板都会创建一个栈（Stack）。一个栈往往对应一个应用程序或一个业务项目。在 Heat 项目提供的示例中，WordPress 就是一个 Web 应用，用它的配置文件可以创建一个栈实例。栈也是云框架中管理一组资源的基本单位。一个栈可以拥有很多资源。

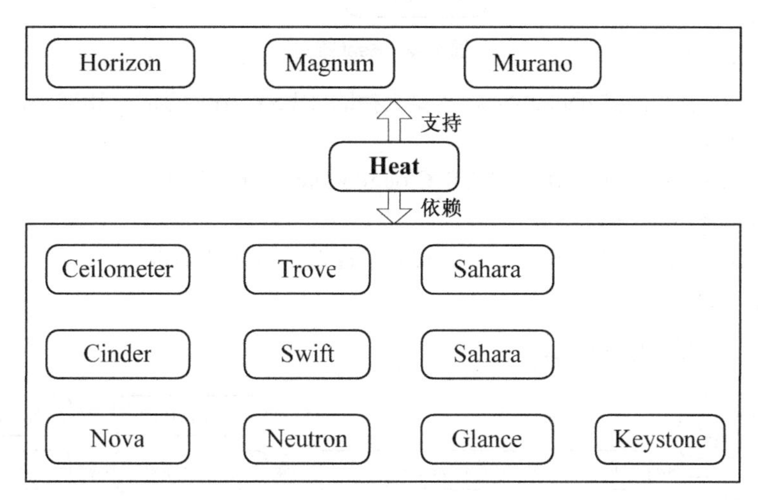


图 11-1　Heat 与 OpenStack 其他组件之间的关系

## 11.1.2　Heat 的目的和任务

Heat 的目的和任务如下。

（1）Heat 提供一个基于模板的编排以描述云应用，通过执行适当的 OpenStack API 调用来创建运行的云应用。

（2）Heat 模板以文本文件的形式描述云应用的基础设施，可以由版本控制工具管理。

（3）Heat 模板定义资源之间的关系，如某卷连接到某服务器。这使得 Heat 调用 OpenStack API 来创建所有基础设施，按正确的顺序创建全部应用。

（4）Heat 与 OpenStack 其他组件整合。模板允许创建大多数 OpenStack 资源类型（如实例、浮动 IP、卷、安全组、用户等），还具有更高级的功能，如实例高可用性、实例动态扩容（Instance Autoscaling）和嵌套堆栈（Nested Stack）。

（5）Heat 主要管理基础设施，但是模板也能够与 Puppet 和 Ansible 这样的软件配置工具很好地整合。

（6）操作员可以通过安装插件定制 Heat 的功能。

## 11.1.3　Heat 架构

Heat 的基本架构如图 11-2 所示。

### 1. Heat 的重要组件

Heat 的重要组件如下。

（1）heat：命令行工具，用于与 heat-api 通信以执行 AWS CloudFormation API。终端开发人员也可以直接使用 heat 的 REST API。

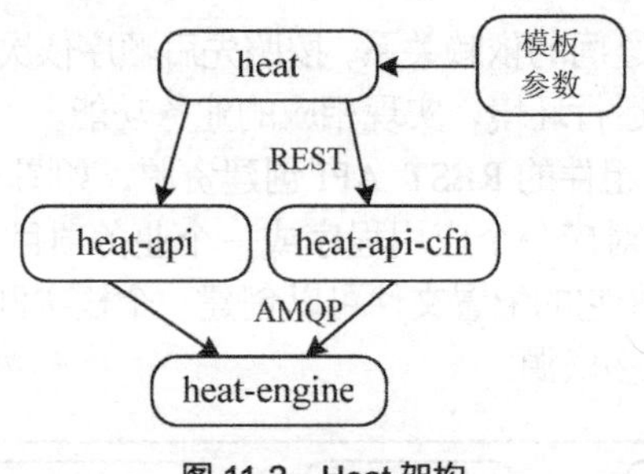


图 11-2　Heat 架构

（2）heat-api：该组件提供 OpenStack 本身支持的 REST API，通过 RPC 将 API 请求发送给 heat-engine 进行处理。

（3）heat-api-cfn：该组件提供兼容 AWS CloudFormation 的 AWS Query API，通过 RPC 将 API 请求发送给 heat-engine 进行处理。

（4）heat-engine：主要负责编排模板，并提供事件返回给 API 请求者。

2. Heat 的工作机制

Heat 的工作机制如图 11-3 所示。

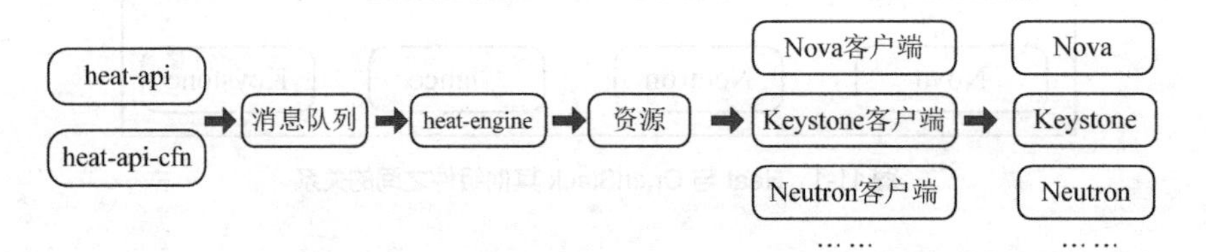


图 11-3　Heat 工作机制

用户在 Horizon（Dashboard 图形界面）中或者命令行中提交包含模板和参数输入的请求，Horizon 或者命令行工具会将请求转化为 REST 格式的 API 调用，然后调用 heat-api 或 heat-api-cfn。heat-api 和 heat-api-cfn 会验证模板的有效性，然后通过 AMQP 异步传递给 heat-engine 来处理请求。

核心组件 heat-engine 提供 Heat 最主要的协作功能。当 heat-engine 收到请求后，会将请求解析为各种类型的资源，每种资源都对应 OpenStack 其他服务的客户端，然后发送 REST 请求给其他服务。通过解析和协作，heat-engine 最终完成请求的处理。

组件 heat-engine 的作用可分为三个层面。第一个层面处理 Heat 层面的请求，就是根据模板和输入参数创建栈，这里的栈由各种资源组合而成。第二个层面解析栈中各种资源的依赖关系，以及栈和嵌套栈的关系。第三个层面就是根据解析出来的次序、依赖关系和嵌套关系，依次调用各种服务客户端来创建各种资源。

# 11.2　Heat 编排模板

Heat 采用了模板方式来设计和定义编排，用户只需使用文本编辑器编写包含若干节、键值对（Key-Value Pair）代码的模板文件，就能够方便地得到所需的编排。Heat 目前支持两种模板格式，一种是基于 YAML 格式的 HOT 模板，HOT 是 Heat 编排模板（Heat Orchestration Template）的英文简称；另一种是基于 JSON 格式的 CFN 模板，CFN 是 CloudFormation-compatible 的简称，CFN 主要是为了兼容 AWS。HOT 模板是 Heat 自有的模板格式，资源类型更加丰富，更能体现出 Heat 的特点，比 CFN 更好。本节主要讲解 HOT。

### 11.2.1　模板结构

先来看一个相对完整的模板示例。

```
heat_template_version: 2015-04-30
description: Simple template to deploy a single compute instance
parameters:
  key_name:
    type: string
    label: Key Name
    description: Name of key-pair to be used for compute instance
  image_id:
    type: string
    label: Image ID
    description: Image to be used for compute instance
  instance_type:
    type: string
    label: Instance Type
default: m1.small
    description: Type of instance (flavor) to be used
    constraints:
      - allowed_values: [m1.small,m1.medium, m1.large ]
        description: Value must be one of m1.small,m1.medium or  m1.large.
resources:
  my_instance:
    type: OS::Nova::Server
    properties:
      key_name: { get_param: key_name }
      image: { get_param: image_id }
      flavor: { get_param: instance_type }
outputs:
  instance_ip:
    description: The IP address of the deployed instance
    value: { get_attr: [my_instance, first_address] }
```

每个 HOT 模板必须提供一个 heat_template_version 字段，定义有效版本。资源（resources）节是必需的，至少要包括一个资源定义。例中定义一个计算实例，使用“key_name”“image”和“flavor”等属性，这些属性就是一个密钥对、镜像和实例类型给定的值，必须在使用模板的 OpenStack 环境中已经存在。

“parameters”节定义了 3 个输入参数，部署时由用户提供。每个资源属性的值都可引用相应的参数来替换（通过 get_param 函数获取）。可以为输入参数定义默认值，这样在部署时就不必提供各自的参数。例中为 instance_type 参数提供“m1.small”实例类型作为默认值。也可以限制用户提供的输入参数的值。例中限制 instance_type 参数，有一个“constraints”节定义，只允许输入 3 个值中的一个。

除了通过输入参数定制模板外，也可以通过输出参数将在栈部署过程中创建的资源的有关信息提供给用户，例中提供的是资源 my_instance 的 IP 地址（通过 get_arr 函数获取）。

基于 YAML 格式的 HOT 模板的总体结构如下。

```
heat_template_version: 2016-10-14      #版本
description:
  # 模板的描述信息
parameter_groups:
  # 输入参数组和排序
parameters:
```

```
  # 输入参数
resources:
  # 模板资源
outputs:
  # 输出参数
conditions:
  # 条件
```

### 11.2.2 模板版本与描述信息

模板版本由 heat_template_version 字段定义，指定该 YAML 所对应的 HOT 模板版本。这个字段是必需的。

Heat 通过版本不仅可以获知模板格式，而且可以确定有效的和可支持的语法或函数。从 Newton 发行版开始，该字段值既可以是 Heat 发行日期，也可以是 Heat 发行的代码。最早的版本为 2013-05-23，它对应的版本是 Icehouse 发行版。

目前其较新的版本是 2017-09-01，也可以用 pike 表示。这个版本增加了多个内置函数，如 make_url（组配 URL）、list_concat（组合多个列表）、list_concat_unique function（组合多个列表并排除重复项）、string_replace_vstrict（报出丢失或空白参数的错误）等。

“description”节是可选的，提供了关于该模板的说明信息。如果说明信息较长，可以使用多行文本。

```
description: >
 This is how you can provide a longer description
 of your template that goes over several lines.
```

### 11.2.3 参数组

在“parameter_groups”节中定义了输入参数的分组和在该组中提供参数的顺序。这些组通常用来描述针对下游用户接口的行为。

参数组以列表形式定义，每组包括所关联的参数的列表。列表用于指定参数顺序。每个参数应当关联一个特定的组，使用参数名将它绑定到“parameters”节中的一个已定义的参数。参数组的语法格式如下。

```
parameter_groups:
- label: <定义关联参数组的可读标签>
  description: <参数组描述信息>
  parameters:
  - <parameters 节中已定义的参数名>
  - <parameters 节中已定义的参数名>
```

### 11.2.4 输入参数

在“parameters”节中定义了实例化模板（创建栈）时要提供的输入参数（Input Parameters）。这些参数通常用来定制每个部署（如设置自定义的用户名或密码），或者绑定到特定的环境（如某个镜像）。输入参数的来源有 3 个：模板文件、环境变量和命令行参数。

#### 1. 输入参数的语法格式

每个参数作为一个独立的嵌套块定义，第一行是参数名，像 type（类型）或 default（默认值）这样的属性则作为嵌套的元素定义。参数的语法格式如下。

```
parameters:
```

```
<参数名>:
  type: <string | number | json | comma_delimited_list | boolean>  #类型
  label: <参数标签>
  description: <参数的描述信息>
  default: <参数默认值>
  hidden: <true | false>  #是否隐藏
  constraints:            #参数约束列表
    <参数约束>
  immutable: <true | false>     #参数是否可更新
  tags: <参数类目列表>
```

除了 type（类型），其他属性都是可选的。目前 Heat 支持的参数类型有 String、Number、CommaDelimitedList、Json 等。

2. 参数约束

参数约束（Parameter Constraints）用于检验实例化模板中由用户提供的参数值的有效性。在参数定义中使用专门的“constraints”块来定义，约束定义的语法格式如下。

```
constraints:
  - <约束类型>: <约束定义>
    description: <约束描述信息>
```

约束主要由约束类型和约束定义来表示，后者根据前者来实现实际的约束。目前支持的约束类型有 length（长度）、range（范围）、modulo（模数）、allowed_values（允许值）、allowed_pattern（允许表达式，应用到字符串的正则表达式）、custom_constraint（自定义约束）。下面讲解部分约束类型。

length 应用到字符串、逗号分隔的列表和 JSON 等类型的参数的长度限制，它定义参数值长度的上下限。

```
length: { min: <最低值>, max: <最高值> }
```

modulo 约束应用到数值类型的参数，语法如下。

```
modulo: { step: <步进值>, offset: <初始值> }
```

表示从初始值开始，如果参数值偏移步进值的倍数，就是有效的。例如，下例表示参数值只有是单数（从 1 开始，偏移 2 的倍数）才有效。

```
modulo: { step: 2, offset: 1 }
```

custom_constraint 添加额外的验证步骤，通常用于检查后端是否存在指定资源。自定义约束由插件实现，能提供任何所需的高级验证逻辑。例如 cinder.volume 约束由 heat.engine.clients.os.cinder:VolumeConstraint 插件实现。

3. 伪参数

除了由模板制作者定义的参数，Heat 还为每个栈创建 3 个参数，以允许参考访问栈名称、栈 ID 和项目 ID。这些参数名分别为 OS::stack_name、OS::stack_id 和 OS::project_id。这些值可通过内置函数 get_param 访问，就像用户定义的参数一样，因此称为伪参数（Pseudo Parameters）。

4. 输入参数示例

下面是一个输入参数定义的示例，定义两个参数，其中有一个参数带有两项约束。

```
parameters:
  user_name:
    type: string
    label: User Name
    description: User name to be configured for the application
    constraints:
```

```
    - length: { min: 6, max: 8 }
    - allowed_pattern: "[A-Z]+[a-zA-Z0-9]*"
      description: User name must start with an uppercase character
  port_number:
    type: number
    label: Port Number
    description: Port number to be configured for the web server
```

描述信息（description）和标签（label）是可选的，但是定义这些属性可以对用户提供非常有用的信息，是一个好的习惯。参数的约束定义也可以提供描述信息。

## 11.2.5 资源

在“resources”节中定义通过该模板部署的栈所包含的实际资源（Resources），维护栈中所有的资源对象。

### 1. 资源的语法格式

每个资源作为一个独立的嵌套块定义，语法格式如下。

```
resources:
  <资源 ID>:
    type: <资源类型>
    properties:
      <属性名>: <属性值>
    metadata:
      <资源特定的元数据>
    depends_on: <资源 ID 或资源 ID 列表>
    update_policy: <更新策略>
    deletion_policy: <删除策略>
    external_id: <外部资源 ID>
    condition: <条件名、表达式或逻辑值>
```

其中，资源 ID 在模板中必须具有唯一性。资源类型是必需的，例如 OS::Nova::Server、OS::Neutron::Port。条件（condition）决定是否创建资源。根据资源类型，资源块可以包括更多特定资源数据。CFN 模板中可用的资源类型在 HOT 模板中都是可用的。下面的示例定义一个简单的计算资源。

```
resources:
  my_instance:
    type: OS::Nova::Server
    properties:
      flavor: m1.small
      image: F18-x86_64-cfntools
```

### 2. 资源依赖

depends_on 属性定义该资源与一个或多个其他资源之间的依赖关系。如果一个资源只是依赖另一个资源，只需在 depends_on 属性中定义另一个资源的 ID。如果一个资源依赖更多的其他资源，应在 depends_on 属性中给出它们的 ID 列表。

```
resources:
  server1:
    type: OS::Nova::Server
    depends_on: [ server2, server3 ]
  server2:
    type: OS::Nova::Server
  server3:
    type: OS::Nova::Server
```

### 11.2.6　输出参数

在“outputs”节定义一个栈创建之后对该用户可用的输出参数（Output Parameter）。例如，像部署实例的 IP 地址这样的参数，或者作为一个栈的部分部署的 Web 应用的 URL。另外，输出参数也可以用来作为输入参数提供给其他栈。

每个输出参数都可作为一个独立的嵌套块定义，语法格式如下。

```
outputs:
  <参数名>:
    description: <描述信息>
    value: <参数值>
    condition: <条件名、表达式或逻辑值>
```

参数值通常由内置函数解析，这是必需的属性。

下面的示例定义一个计算资源的 IP 地址作为一个输出参数。

```
outputs:
  instance_ip:
    description: IP address of the deployed compute instance
    value: { get_attr: [my_instance, first_address] }
```

### 11.2.7　条件

在“conditions”节中定义一个或多个条件（Conditions），根据用户创建或更改一个栈时提供的输入参数值评估这些条件。条件可以与资源、资源属性和输出相关联。例如，依据条件的结果，用户可以有条件地创建资源，设置不同的属性值，或者给出栈的输出参数。语法格式如下。

```
conditions:
  <条件名 1>: {表达式 1}
  <条件名 2>: {表达式 2}
```

条件名在模板的 conditions 节中必须具有唯一性。表达式最终返回 True 或 False。条件函数 equals、get_param、not、and、or、yaql 可以用来定义条件的表达式。

注意在条件函数中，可以引用输入参数的值，但是不能引用资源及其属性。支持在条件函数中引用其他条件（通过条件名）。

下例示范如何将条件关联到资源。

```
parameters:
  env_type:
    default: test
    type: string
conditions:
  create_prod_res: {equals : [{get_param: env_type}, "prod"]}
resources:
  volume:
    type: OS::Cinder::Volume
    condition: create_prod_res
    properties:
      size: 1
```

### 11.2.8　内置函数

HOT 提供一套内置函数（Intrinsic Functions），用于模板中执行特定任务，如获取某资源属性运行时的值。注意这些函数仅能用于模板中的“outputs”节，或者是每个资源的“properties”节。

内置函数比较多，而且不同的 OpenStack 发行版所支持的函数不尽相同，新版本往往支持更多的函数。这里介绍两个常用的内置函数。

get_attr 函数用于引用某资源的某属性。在使用通过特定资源定义创建的资源实例的运行时解析属性值。语法格式如下。

```
get_attr:
  - <资源名>
  - <属性名>
  - <键/索引 1> (可选)
  - <键/索引 2> (可选)
  - ...
```

资源名指定要解析的属性所属的资源，必须先在模板的 resources 节定义。如果属性返回列表或 Map（键值对的集合）这样的复杂数据结构，应当定义键或索引。这些额外的参数用于遍历数据结构以返回所需的值。

下面给出一个使用该函数的示例。

```
resources:
 my_instance:
   type: OS::Nova::Server
   # ...

outputs:
  instance_ip:
    description: IP address of the deployed compute instance
    value: { get_attr: [my_instance, first_address] }
  instance_private_ip:
    description: Private IP address of the deployed compute instance
    value: { get_attr: [my_instance, networks, private, 0] }
```

例中，如果 networks 属性包括以下数据：

```
{"public": ["2001:0db8:0000:0000:0000:ff00:0042:8329", "1.2.3.4"],
 "private": ["10.0.0.1"]}
```

函数 get_attr 将返回 10.0.0.1，这是 Map 对象“networks”中的“private”条目的首项。

get_param 函数获取模板的一个输入参数，解析运行时提供给输入参数的值。语法格式如下。

```
get_param:
 - <参数名>
 - <键/索引 1> (可选)
 - <键/索引 2> (可选)
 - ...
```

下面是一个示例。

```
resources:
  my_instance:
    type: OS::Nova::Server
    properties:
      flavor: { get_param: instance_type}
      metadata: { get_param: [ server_data, metadata ] }
      key_name: { get_param: [ server_data, keys, 0 ] }
```

此例中，如果 instance_type 和 server_data 输入参数包括以下数据。

```
{"instance_type": "m1.tiny",
{"server_data": {"metadata": {"foo": "bar"},
                "keys": ["a_key","other_key"]}}}
```

那么 flavor 属性值将被解析为 m1.tiny，metadata 属性值将被解析为{"foo": "bar"}，key_name 属

性值将被解析为 a_key。

# 11.3 管理和使用 Heat 编排

使用 Heat 模板做好编排工作之后，要使编排生效，就需要创建相应的栈，也就是实例化模板，由栈来完成模板定义的编排任务。但 RDO 一体化 OpenStack 平台默认并没有安装 Heat 服务，最省事的办法就是使用 packstack 命令补充安装它。

## 11.3.1 使用 packstack 命令安装 Heat 服务

如果使用 packstack --allinone 命令安装之后，没有做大的改动，特别是没有修改网络，可以直接运行以下命令补充安装 Heat 服务。

```
packstack  --os-heat-install=y
```

由于 OpenStack 不断升级更新，在执行 packstack 命令之前应当重新准备一下所需的软件库并升级所有包，可参见第 2 章 2.1.2 节的操作。

如果使用 packstack --allinone 命令安装之后，进行较多的操作，特别是修改过网络，可以考虑通过应答文件来升级安装 Heat 服务。对之前使用 packstack--allinone 命令安装完成后生成的应答文件（位于 root 主目录下，文件名为 packstack-answer-$date-$time.txt，其中$date 和$time 分别表示生成的日期和时间）进行修改。这里修改两处，一处是启用安装 Heat，将 CONFIG_HEAT_INSTALL 值由“n”改为“y”。

```
# Specify 'y' to install OpenStack Orchestration (heat). ['y', 'n']
CONFIG_HEAT_INSTALL=y
```

另一处是将 DEMO 项目的浮动地址范围 CONFIG_PROVISION_DEMO_FLOATRANGE 的默认值由“172.24.4.0/24”改为当前所用的网络地址，例中为“192.168.199.0/24”。

```
# CIDR network address for the floating IP subnet.
CONFIG_PROVISION_DEMO_FLOATRANGE=192.168.199.0/24
```

否则使用应答文件安装过程中会报出“Property cidr does not support being updated”这样的错误信息，导致安装失败。

修改完成之后可以将应答文件更名或另存为其他文件，这里另存为 packstack-answers-addheat.txt。接着执行以下命令通过应答文件安装。

```
packstack --answer-file=packstack-answers-addheat.txt
```

笔者发现使用 packstack 命令升级安装时，如果现有云中的镜像有中文名，会出现错误，从而导致安装失败。笔者遇到的错误提示为：

```
    Error: Failed to apply catalog: Execution of '/usr/bin/openstack image show --format shell 6550305f-5d16-43db-b125-d65e573716b1' returned 1: 'ascii' codec can't encode characters in position 42-55: ordinal not in range(128)
    You will find full trace in log /var/tmp/packstack/20180904-165255-ngEI8b/manifests/192.168.199.21_controller.pp.log
```

这表明执行 openstack image show 命令获取某镜像详情时出现了编码错误。根据提示进一步跟踪日志文件 var/tmp/packstack/20180904-165255-ngEI8b/manifests/192.168.199.21_controller.pp.log，发现该错误的详细日志如下。

```
    [1;31mError: Failed to apply catalog: Execution of '/usr/bin/openstack image show --format shell 6550305f-5d16-43db-b125-d65e573716b1' returned 1: 'ascii' codec can't encode characters in position 42-55: ordinal not in range(128)
    checksum="184cbb40f3616f94b4413fece8e39e0d"
    container_format="bare"
    created_at="2018-06-08T09:32:06Z"
```

```
disk_format="qcow2"
file="/v2/images/6550305f-5d16-43db-b125-d65e573716b1/file"
id="6550305f-5d16-43db-b125-d65e573716b1"
min_disk="0"
min_ram="0"
name="Fedora"
owner="640be57f32f2435da1b0adc6c39ca79f" (tried 35, for a total of 170 seconds)←[0m
```

经解读得知，获取 ID 为 6550305f-5d16-43db-b125-d65e573716b1 的详细信息时出现了 ASCII 编码错误。执行以下命令可显示该镜像的详细信息。

```
openstack image show 6550305f-5d16-43db-b125-d65e573716b1
```

结果如图 11-4 所示。可以发现，镜像描述信息中存在中文，可能导致 ASCII 编码错误。

| Field | Value |
|---|---|
| checksum | 184cbb40f3616f94b4413fece8e39e0d |
| container_format | bare |
| created_at | 2018-06-08T09:32:06Z |
| disk_format | qcow2 |
| file | /v2/images/6550305f-5d16-43db-b125-d65e573716b1/file |
| id | 6550305f-5d16-43db-b125-d65e573716b1 |
| min_disk | 0 |
| min_ram | 0 |
| name | Fedora |
| owner | 640be57f32f2435da1b0adc6c39ca79f |
| properties | description='Fedora Cloud Base镜像用于创建通用用途的虚拟机', os_hash_algo='None', os_hash_value='None', os_hidden='False' |
| protected | False |
| schema | /v2/schemas/image |
| size | 262144000 |
| status | active |
| tags | |
| updated_at | 2018-06-08T09:32:10Z |
| virtual_size | None |
| visibility | private |

图 11-4　显示镜像的详细信息

可以直接修改该描述信息，执行以下命令将其描述信息改为空白。

```
openstack image set --property description="" 6550305f-5d16-43db-b125-d65e573716b1
```

或者直接删除描述信息字段。

```
openstack image unset --property descciption 6550305f-5d16-43db-b125-d65e573716b1
```

然后再次执行命令 packstack，通过应答文件安装，则安装成功。可以执行以下命令检测 Heat 编排服务是否正常运行。

```
systemctl status openstack-heat-api.service
```

这种安装方式在原来的基础上将 Heat 安装好，不过用户密码会被设置为应答文件中指定的，就是还原为之前使用 packstack --allinone 命令安装自动生成的用户密码，除非在应答文件中修改 CONFIG_KEYSTONE_ADMIN_PW 和 CONFIG_KEYSTONE_DEMO_PW 的值，这两个参数分别用于设置云管理员 admin 和普通用户 demo 的初始密码。

### 11.3.2　创建栈完成编排任务

本小节演示创建一个栈，通过编排服务创建一个虚拟机实例的过程。

#### 1. 准备编排服务所需的资源

对于创建实例的栈，主要需要准备镜像、实例类型和密钥对等基本资源。

例如执行 openstack image create 和 openstack image list 命令创建镜像和查看镜像，执行 openstack flavor list 命令查看已有的实例类型。

通常，允许用户通过 SSH 访问由 Heat 创建的实例。可以利用现有的密钥对，也可以再创建一个新的密钥对。

```
$ openstack keypair create heat_key > heat_key.priv
$ chmod 600 heat_key.priv
```

#### 2. 创建模板

编排服务使用模板来描述栈。这里创建一个用于创建虚拟机实例的简单模板，保存在 root 主目录的模板文件 demo-template.yaml 中，只需提供一个网络 ID（NetID）输入参数，镜像、实例类型和密钥对则由资源直接定义，内容如下。

```
heat_template_version: 2015-10-15
description: Launch a basic instance with CirrOS image using the
          "m1.tiny" flavor, " demo-key" key,  and one network.
parameters:
  NetID:
    type: string
    description: Network ID to use for the instance.
resources:
  server:
    type: OS::Nova::Server
    properties:
      image: cirros
      flavor: m1.tiny
      key_name: demo-key
      networks:
      - network: { get_param: NetID }
outputs:
  instance_name:
    description: Name of the instance.
    value: { get_attr: [ server, name ] }
  instance_ip:
    description: IP address of the instance.
    value: { get_attr: [ server, first_address ] }
```

#### 3. 创建栈

使用上述模板文件创建一个栈，使用的是 openstack stack create 命令。

（1）加载 demo 凭据的环境变量。后续操作针对的是一个非管理员的普通项目。

```
.keystonerc_demo
```

（2）确定可用的网络。直接使用 openstack network list 命令查看当前可用的网络列表，例中有两个网络，名称分别为 private（自服务网络）和 public（提供者网络）。这里选择使用前者。

（3）设置环境变量 NET_ID，使其指向可用的网络 ID。例如，这里使用 private 网络。其中 awk 是一个强大的文本分析工具，这里用于格式化输出。

```
export NET_ID=$(openstack network list | awk '/ private / { print $2 }')
```

（4）使用该模板创建一个名为 test-stack 的栈，用于创建使用 private 网络的 Cirros 实例。

```
openstack stack create -t demo-template.yaml --parameter "NetID=$NET_ID" test-stack
```

选项-t 用于指定模板文件，--parameter 用于提供输入参数。例中输出的信息如图 11-5 所示，这是成功创建的栈的基本信息。

```
[root@node-a ~(keystone_demo)]# openstack stack create -t demo-template.yaml --parameter "NetID=$NET_ID" test-stack
+---------------------+----------------------------------------------------------------------------------------+
| Field               | Value                                                                                  |
+---------------------+----------------------------------------------------------------------------------------+
| id                  | 5cfc995c-9784-47c3-aee3-adf7ae410a7c                                                   |
| stack_name          | test-stack                                                                             |
| description         | Launch a basic instance with CirrOS image using the  "m1.tiny"  flavor,  "demo-key"  key,  and one network. |
| creation_time       | 2018-09-04T13:20:29Z                                                                   |
| updated_time        | None                                                                                   |
| stack_status        | CREATE_IN_PROGRESS                                                                     |
| stack_status_reason | Stack CREATE started                                                                   |
+---------------------+----------------------------------------------------------------------------------------+
```

图 11-5　创建栈

（5）稍等片刻，验证该栈是否成功创建，结果如图 11-6 所示，说明栈创建成功。

```
[root@node-a ~(keystone_demo)]# openstack stack list
+--------------------------------------+------------+-----------------+----------------------+--------------+
| ID                                   | Stack Name | Stack Status    | Creation Time        | Updated Time |
+--------------------------------------+------------+-----------------+----------------------+--------------+
| 5cfc995c-9784-47c3-aee3-adf7ae410a7c | test-stack | CREATE_COMPLETE | 2018-09-04T13:20:29Z | None         |
+--------------------------------------+------------+-----------------+----------------------+--------------+
```

图 11-6 显示栈列表

（6）显示该实例的名称和 IP 地址（执行 openstack stack output show --all test-stack 命令），并与 OpenStack 客户端的输出（执行 openstack server list 命令）进行比较。结果如图 11-7 所示，这表明通过创建栈实现了实例的创建。

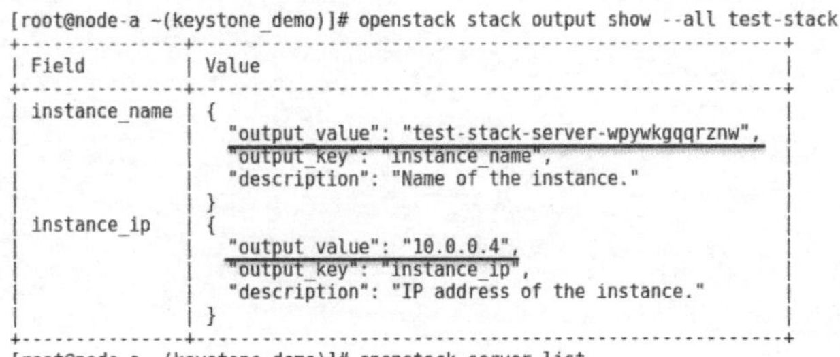

```
[root@node-a ~(keystone_demo)]# openstack stack output show --all test-stack
+---------------+-----------------------------------------------------+
| Field         | Value                                               |
+---------------+-----------------------------------------------------+
| instance_name | {                                                   |
|               |   "output_value": "test-stack-server-wpywkgqqrznw", |
|               |   "output_key": "instance_name",                    |
|               |   "description": "Name of the instance."            |
|               | }                                                   |
| instance_ip   | {                                                   |
|               |   "output_value": "10.0.0.4",                       |
|               |   "output_key": "instance_ip",                      |
|               |   "description": "IP address of the instance."      |
|               | }                                                   |
+---------------+-----------------------------------------------------+
```

```
[root@node-a ~(keystone_demo)]# openstack server list
+--------------------------------------+-------------------------------+---------+------------------------------------+--------+----------+
| ID                                   | Name                          | Status  | Networks                           | Image  | Flavor   |
+--------------------------------------+-------------------------------+---------+------------------------------------+--------+----------+
| 59126162-4321-4363-9720-a2aa6b8d9d0f | test-stack-server-wpywkgqqrznw | ACTIVE  | private=10.0.0.4                   | cirros | m1.tiny  |
| dc11cc21-f6c1-4727-a9d4-cea270252f12 | test                          | SHUTOFF | private=10.0.0.14                  | cirros | m1.tiny  |
| 91341956-a6ff-48e3-9fab-8a97bfb8814d | cirros2                       | SHUTOFF | public=192.168.199.55              | cirros | m1.tiny  |
| 5565d429-e1fb-40d0-a363-443c9a0f0956 | test-provider-net             | SHUTOFF | public=192.168.199.57              |        | m1.tiny  |
| 3a32d3c6-811c-4dec-b4fe-6bc1224eb261 | fedora                        | SHUTOFF | private=10.0.0.10, 192.168.199.58  |        | m1.small |
| abdff88a-153b-4085-84d4-5afd04517e05 | cirros                        | SHUTOFF | private=10.0.0.9, 192.168.199.54   |        | m1.tiny  |
+--------------------------------------+-------------------------------+---------+------------------------------------+--------+----------+
```

图 11-7 查看通过编排服务创建的实例的名称和 IP 地址

还可以到图形界面中查看通过编排服务创建的实例的信息。

（7）可以执行以下命令查看与该栈相关的事件来进一步验证，结果如图 11-8 所示。

```
openstack stack event list test-stack
```

```
[root@node-a ~(keystone_demo)]# openstack stack event list test-stack
2018-09-04 13:20:30Z [test-stack]: CREATE_IN_PROGRESS  Stack CREATE started
2018-09-04 13:20:30Z [test-stack.server]: CREATE_IN_PROGRESS  state changed
2018-09-04 13:20:41Z [test-stack.server]: CREATE_COMPLETE  state changed
2018-09-04 13:20:41Z [test-stack]: CREATE_COMPLETE  Stack CREATE completed successfully
```

图 11-8 查看与栈相关的事件

**4. 删除栈**

删除现有的栈也将同时移除由该栈实现的编排功能，例中为移除创建的实例。

```
$ openstack stack delete --yes test-stack
```

查看与该栈相关的事件来进一步验证，以下结果表明栈已不存在。

```
[root@node-b ~(keystone_demo)]# openstack stack event list stack
ERROR: The Stack (stack) could not be found.
```

执行 openstack server list 命令显示实例列表，也会发现前面由栈创建的实例也没有了。

Heat 命令很多，用户可以访问官方网站来查看 Heat 命令集。

### 11.3.3 创建模板定制编排任务

Heat 管理和使用最重要的工作就是创建模板，模板决定了具体的编排功能和目标，而且模板很容易重用。对于不同的资源，Heat 都提供了对应的资源类型。为了方便用户的使用，Heat 项目还提供了大量的模板例子，大多数时候用户可以参考使用。

**1. 对基础设施的编排**

对基础设施的编排是最基本的编排功能，通过 OpenStack 自己提供的基础设施资源（如计算、网络和存储等）创建最基本的虚拟机实例。Heat 能够启动应用、创建虚拟机并自动处理整个流程。

（1）管理虚拟机实例

对于实例创建，需要通过模板预定义虚拟机创建时所使用的资源，为此 Heat 提供了资源类型 OS::Nova::Server。OS::Nova::Server 的主要属性有 key、image、flavor 等，这些属性可以直接指定，可以由客户在创建栈时以输入参数的形式提供，还可以由上下文其他属性获得。在部署一个由多台虚拟机组成的业务集群时，还可以定义虚拟机创建时的依赖关系。

创建安全组应使用资源类型 OS::Neutron::SecurityGroup。将安全组关联到一个实例应定义资源类型 OS::Neutron::Port 的 security_groups 属性，将安全组关联到一个端口，再将该端口关联到实例。下面的例子创建一个允许端口 80 的传入连接的安全组，并将其连接到一个实例端口。

```
resources:
  web_secgroup:
    type: OS::Neutron::SecurityGroup
    properties:
      rules:
        - protocol: tcp
          remote_ip_prefix: 0.0.0.0/0
          port_range_min: 80
          port_range_max: 80
  instance_port:
    type: OS::Neutron::Port
    properties:
      network: private
      security_groups:
        - default
        - { get_resource: web_secgroup }
      fixed_ips:
        - subnet_id: private-subnet
  instance:
    type: OS::Nova::Server
    properties:
      flavor: m1.small
      image: ubuntu-trusty-x86_64
      networks:
        - port: { get_resource: instance_port }
```

对于浮动 IP 及其关联的实例，可以使用 OS::Nova::FloatingIP 资源创建一个浮动 IP，再使用 OS::Nova::FloatingIPAssociation 资源将其关联到实例，也可以使用 OS::Neutron::FloatingIP 创建一个浮动 IP，再使用 OS::Neutron::FloatingIPAssociation 资源将其关联到实例。

（2）管理网络

使用 OS::Neutron::Net 资源创建网络，使用 OS::Neutron::Subnet 资源创建网络的子网。下面是一个简单的示例。

```
resources:
  new_net:
    type: OS::Neutron::Net
  new_subnet:
    type: OS::Neutron::Subnet
    properties:
      network_id: { get_resource: new_net }
```

```
    cidr: "10.8.1.0/24"
    dns_nameservers: [ "8.8.8.8", "8.8.4.4" ]
    ip_version: 4
```

使用 OS::Neutron::Router 资源创建路由器，可以通过 external_gateway_info 属性为路由器定义网关。

（3）管理卷存储

使用 OS::Cinder::Volume 资源创建一个块存储卷，再使用 OS::Cinder::VolumeAttachment 将卷连接到实例。

```
resources:
  new_volume:
    type: OS::Cinder::Volume
    properties:
      size: 1
  new_instance:
    type: OS::Nova::Server
    properties:
      flavor: m1.small
      image: ubuntu-trusty-x86_64
  volume_attachment:
    type: OS::Cinder::VolumeAttachment
    properties:
      volume_id: { get_resource: new_volume }
      instance_uuid: { get_resource: new_instance }
```

如果要从一个卷启动实例，可使用 OS::Nova::Server 资源的 block_device_mapping 属性来定义要用样式启动该实例的卷。

**2. 对软件配置的编排**

Heat 提供多种资源类型来支持对软件配置部署的编排，例如 OS::Heat::CloudConfig 用于实例引导程序启动时的配置，由 OS::Nova::Server 引用；OS::Heat::SoftwareConfig 用于描述软件配置；OS::Heat::SoftwareDeployment 用于执行软件部署；OS::Heat::SoftwareDeploymentGroup 用于对一组实例执行软件部署。

软件配置大致分为以下 3 种类型。

（1）定制构建的镜像

使用定制构建的镜像启动实例很有必要，如需要考虑启动速度、启动稳定性、测试验证和配置依赖。这通常使用软件工具来实现，如 diskimage-builder、imagefactory 等。

（2）用户数据（user-data）启动脚本和 cloud-init

启动实例时可定义传递给该实例的用户数据，用户数据可通过配置驱动器（config-drive）或元数据服务获得。如何使用用户数据取决于用来启动的镜像，但是云镜像通常使用 cloud-init 工具。不论是否能使用 cloud-init，都可以使用 user_data 属性定义实例启动时执行的脚本。

```
resources:
  the_server:
    type: OS::Nova::Server
    properties:
      # flavor, image etc
      user_data: |
        #!/bin/bash
        echo "Running boot script"
        # ...
```

启动配置脚本也可以作为自身的资源来管理，允许一次定义配置，在多个服务器资源中运行。

这些 software-config 资源通过专用的 Orchestration API 调用来存储和检索。资源 OS::Heat::SoftwareConfig 用于存储由脚本提供的配置。

```
resources:
  boot_script:
    type: OS::Heat::SoftwareConfig
    properties:
      group: ungrouped
      config: |
        #!/bin/bash
        echo "Running boot script"
        # ...
  server_with_boot_script:
    type: OS::Nova::Server
    properties:
      # flavor, image etc
      user_data_format: SOFTWARE_CONFIG
      user_data: {get_resource: boot_script}
```

（3）软件部署资源

OS::Heat::SoftwareDeployment 资源可在一个实例的生命周期内添加或删除任意数量的软件配置。

OS::Heat::SoftwareConfig 资源用于存储软件配置，而 OS::Heat::SoftwareDeployment 将一个配置资源关联到实例。OS::Heat::SoftwareConfig 的 group 属性指定要使用配置内容的工具。

配置输入可以映射到 Shell 环境变量，脚本可以通过写入名为$heat_outputs_path.output 的文件与输出进行通信。下面的脚本示例输入 foo 和 bar，产生一个输出 result。

```
resources:
  config:
    type: OS::Heat::SoftwareConfig
    properties:
      group: script
      inputs:
      - name: foo
      - name: bar
      outputs:
      - name: result
      config: |
        #!/bin/sh -x
        echo "Writing to /tmp/$bar"
        echo $foo > /tmp/$bar
        echo -n "The file /tmp/$bar contains `cat /tmp/$bar` for server $deploy_server_id
during $deploy_action" > $heat_outputs_path.result
        echo "Written to /tmp/$bar"
        echo "Output to stderr" 1>&2

  deployment:
    type: OS::Heat::SoftwareDeployment
    properties:
      config:
        get_resource: config
      server:
        get_resource: server
      input_values:
        foo: fooooo
        bar: baaaaa
```

```
    server:
      type: OS::Nova::Server
      properties:
        # flavor, image etc
        user_data_format: SOFTWARE_CONFIG

outputs:
  result:
    value:
      get_attr: [deployment, result]
  stdout:
    value:
      get_attr: [deployment, deploy_stdout]
  stderr:
    value:
      get_attr: [deployment, deploy_stderr]
  status_code:
    value:
      get_attr: [deployment, deploy_status_code]
```

一项配置资源能与多项部署资源相关联，每个部署都可为 server 和 input_values 属性定义相同的或不同的值。在以上模板的“outputs”节，“result”配置输出值可以来自“deployment”资源的一个属性。同样地，捕获的 stdout、stderr 和 status_code 也可以作为属性获得。

Heat 在基于 OS::Heat::SoftwareConfig 和 OS::Heat::SoftwareDeployment 的协同使用的基础上，提供了对 Chef、Puppet 和 Ansible 等配置管理工具的支持。

# 11.4 安装和配置 Heat

本节以 CentOS 7 平台为例示范如何将 Heat 加入 OpenStack 环境中。假设已经拥有一个基本的 OpenStack 环境，至少包括 Nova、Glance 和 Keystone。整个过程以系统管理员身份操作。

## 11.4.1 准备

安装和配置编排服务之前，必须创建数据库、服务凭证和 API 端点。编排服务还需要身份服务的额外信息。

（1）创建 heat 数据库。

确认安装 MariaDB，以 root 用户身份使数据库访问客户端连接到数据库服务器。

```
mysql -u root -p
```

然后依次执行以下命令创建数据库并设置访问权限，完成之后退出数据库访问客户端。使用自己的密码替换 HEAT_DBPASS。

```
MariaDB [(none)]> CREATE DATABASE heat;
MariaDB [(none)]> GRANT ALL PRIVILEGES ON heat.* TO 'heat'@'localhost' IDENTIFIED BY 
'HEAT_DBPASS';
MariaDB [(none)]> GRANT ALL PRIVILEGES ON heat.* TO 'heat'@'%' IDENTIFIED BY 'HEAT_DBPASS';
```

（2）加载 admin 凭据的环境变量。后续命令行操作需要管理员身份。

（3）创建 heat 服务凭证。依次执行以下命令创建 heat 用户，将 admin 角色赋予该用户，并创建 heat 和 heat-cfn 的服务实体。

```
openstack user create --domain default --password-prompt heat
openstack role add --project services --user heat admin
openstack service create --name heat  --description "Orchestration" orchestration
openstack service create --name heat-cfn --description "Orchestration"  cloudformation
```

（4）创建警告服务的 API 端点（应为每个服务实体创建一个端点）。

```
openstack endpoint create --region RegionOne \
  orchestration public http://controller:8004/v1/%\(tenant_id\)s
openstack endpoint create --region RegionOne \
  orchestration internal http://controller:8004/v1/%\(tenant_id\)s
openstack endpoint create --region RegionOne \
  orchestration admin http://controller:8004/v1/%\(tenant_id\)s
openstack endpoint create --region RegionOne \
  cloudformation public http://controller:8000/v1
openstack endpoint create --region RegionOne \
  cloudformation internal http://controller:8000/v1
openstack endpoint create --region RegionOne \
  cloudformation admin http://controller:8000/v1
```

（5）编排服务需要在身份服务中提供额外的信息来管理栈。

创建包含用于栈的项目和用户的 heat 域。

```
openstack domain create --description "Stack projects and users" heat
```

创建管理 heat 域中的项目和用户的 heat_domain_admin 用户。

```
openstack user create --domain heat --password-prompt heat_domain_admin
```

将 admin 角色赋予 heat 域中的 heat_domain_admin 用户，让 heat_domain_admin 用户管理栈特权。

```
openstack role add --domain heat --user-domain heat --user heat_domain_admin admin
```

创建 heat_stack_owner 角色。

```
openstack role create heat_stack_owner
```

将 heat_stack_owner 角色赋予 demo 项目和用户，让 demo 用户能够管理栈。必须将 heat_stack_owner 角色赋予管理栈的每个用户。

```
openstack role add --project demo --user demo heat_stack_owner
```

创建 heat_stack_user 角色。

```
openstack role create heat_stack_user
```

编排服务自动将 heat_stack_user 角色赋予栈部署期间创建的用户。默认情况下，该角色 API 操作，为避免冲突，不要将该角色再赋予具备 heat_stack_owner 的用户。

### 11.4.2 安装和配置组件

（1）安装包。

```
yum install openstack-heat-api openstack-heat-api-cfn  openstack-heat-engine
```

（2）编辑/etc/heat/heat.conf 文件并完成以下设置。

① 在[database]节中配置数据库访问（替换编排数据库密码 HEAT_DBPASS）。

```
connection = mysql+pymysql://heat:HEAT_DBPASS@controller/heat
```

② 在[DEFAULT]节中配置 RabbitMQ 消息队列访问（替换 RabbitMQ 的 openstack 账户密码 RABBIT_PASS）。

```
transport_url = rabbit://openstack:RABBIT_PASS@controller
```

③ 在[keystone_authtoken]、[trustee]和[clients_keystone]节中配置身份服务访问（替换身份管理服务中的 heat 用户密码 HEAT_PASS）。

```
[keystone_authtoken]
...
auth_uri = http://controller:5000
auth_url = http://controller:35357
memcached_servers = controller:11211
auth_type = password
project_domain_name = default
```

```
user_domain_name = default
project_name = service
username = heat
password = HEAT_PASS

[trustee]
...
auth_type = password
auth_url = http://controller:35357
username = heat
password = HEAT_PASS
user_domain_name = default

[clients_keystone]
...
auth_uri = http://controller:5000
```

④ 在[DEFAULT]节中配置元数据和等待条件（wait condition）的 URL 地址。

```
heat_metadata_server_url = http://controller:8000
heat_waitcondition_server_url = http://controller:8000/v1/waitcondition
```

⑤ 在[DEFAULT]节中配置栈域和管理凭证（使用身份服务中的 heat_domain_admin 用户密码替换 HEAT_DOMAIN_PASS）。

```
stack_domain_admin = heat_domain_admin
stack_domain_admin_password = HEAT_DOMAIN_PASS
stack_user_domain_name = heat
```

（3）初始化编排数据库。

```
# su -s /bin/sh -c "heat-manage db_sync" heat
```

### 11.4.3 完成安装

启动编排服务并将其配置为随系统启动。

```
systemctl enable openstack-heat-api.service \
  openstack-heat-api-cfn.service openstack-heat-engine.service
systemctl start openstack-heat-api.service \
  openstack-heat-api-cfn.service openstack-heat-engine.service
```

## 11.5 习题

1. 什么是编排？
2. 解释 Heat 中的术语资源、栈和模板。
3. 简述 Heat 的目的和任务。
4. Heat 采用什么样的架构？
5. 简述 Heat 的工作机制。
6. 简述 Heat 编排模板的结构。
7. 输入参数有哪几个来源？
8. 按照 11.3.2 节的详细示范，通过创建栈来创建一个虚拟机实例。
9. 查找参考资料，尝试编写一个创建浮动 IP 地址并将其关联到实例的模板。
10. 了解 Heat 的安装过程。

# 12 第12章 多节点OpenStack云平台

在前面的内容中，除了手动安装 OpenStack 服务之外，各服务主要的操作示范都是在单节点的 RDO 一体化 OpenStack 云平台上进行的。实际应用中 OpenStack 采用的都是多节点部署。为便于读者熟悉多节点 OpenStack 云平台，本章构建一个双节点的实验环境，在单节点一体化平台的基础上进行扩展，再添加一个计算节点，然后基于双计算节点讲解虚拟机实例的迁移操作。最后对部署多节点 OpenStack 进行一个总体说明。

## 12.1 增加一个计算节点

为便于 OpenStack 多节点部署实验，较为简单的方法是在单节点上部署的 RDO 一体化 OpenStack 云平台的基础上进行扩展，使用 Packstack 安装器再添加一个计算节点。

### 12.1.1 准备安装

本书第 2 章已经通过 RDO 的 Packstack 安装器在一个主机节点 node-a（192.168.199.21/24）上完成了单节点“All-in-One”方式的安装，这是一个一体化节点，同时兼作控制节点、计算节点、网络节点和存储节点。这里需要添加一个计算主机节点 node-b（192.168.199.22/24）。如果要隔离 Neutron 项目网络流量，两个主机节点至少需要安装两个网卡，其中一个专门用于管理，另一个用于连接外部物理网络。为简化操作，这里各节点仍然使用单网卡。

可以参照 2.1.1 节的介绍为第二个主机节点准备环境。硬件配置可以低一些，笔者实验中为它配备 8GB 内存。注意，安装好 CentOS 7 系统后，更改主机名为 node-b，将新的主机名追加到/etc/hosts 配置文件中，并将第一主机节点名的解析添加进来。

```
127.0.0.1   localhost localhost.localdomain localhost4 localhost4.localdomain4 node-b
::1         localhost localhost.localdomain localhost6 localhost6.localdomain6 node-b
192.168.199.22   node-b node-b.localdomain
192.168.199.21   node-a node-a.localdomain
```

与此同时，将第二主机节点名的解析也添加到第一主机节点的/etc/hosts 配置文件中。

还要注意设置时间同步。前面已经基于 Windows 物理机搭建好时间服务器（192.168.199.201），第二个主机节点也与第一个主机节点一样配置 Chrony，使其与物理机的时间同步。这样就能保证两个主机节点的时间同步。

参照 2.1.2 节和 2.1.3 节的讲解，在第二个主机节点上准备所需的软件库，并安装 Packstack 安装器。需要注意的是，如果不是完成第一个主机节点的 RDO 安装之后接着在第二个主机节点上部署，那么在第一个主机节点上进行同样的操作，需要更新软件库和升级所有包。

### 12.1.2 编辑应答文件

将第一个主机节点的 RDO 安装之后生成的应答文件（文件名为 packstack-answer-$date-$time.txt，其中$date 和$time 分别表示生成的日期和时间）复制到第二个主机节点上，默认都放在 root 的主目录中。例中将其更名为 packstack-answers-computer.txt。编辑该文件，修改以下设置。

**1. 调整网卡名称**

将 CONFIG_NEUTRON_OVS_TUNNEL_IF 值设置为第二个网卡所用的名称。这个网卡由 Open vSwitch 代理用来与物理网络打交道，处理虚拟机实例的流量。此步骤不是必需的，但是有助于通过一个独立的网络接口隔离隧道流量。第二个网卡可能有不同的名称，可以执行以下命令查看当前已有的设备名称。

```
ip l | grep '^\S' | cut -d: -f2
```

例中保持默认设置，没有调整网卡名称。

**2. 修改计算节点 IP 配置**

如果要将新增节点作为唯一的计算节点，需将 CONFIG_COMPUTE_HOSTS 的值从第一个主机节点的 IP 地址改为第二个主机节点的 IP 地址。应答文件中已将该值设置为第一个主机节点的 IP 地址，这里要将两个节点都作为计算节点，将第二个主机节点的 IP 地址添加进来，并以逗号分隔。

```
# List the servers on which to install the Compute service.
CONFIG_COMPUTE_HOSTS=192.168.199.21,192.168.199.22
```

**3. 在现有服务器上跳过安装**

如果不打算对已配置的主机节点应用修改，则将以下参数添加到应答文件中。

```
EXCLUDE_SERVERS=<serverIP>,<serverIP>,...
```

例中将第一个节点仍然作为一个计算节点，就不能排除该节点服务器，因为计算节点之间的实时迁移需要为每一个计算节点添加 SSH 密钥。因此，这里将该参数值设置为空。

**4. 根据第一节点的实际配置修改相关设置**

因为没有跳过第一个主机节点，所以安装过程中根据应答文件会在第一个主机节点重新部署并更新。例中在第一个节点部署完成之后，后续的实验过程中已经修改了默认的浮动 IP 子网网络地址。RDO 一体化 OpenStack 平台默认将 demo 项目的浮动地址范围 CONFIG_PROVISION_DEMO_FLOATRANGE 的值设置为 172.24.4.0/24，之后根据实验环境修改了提供者网络地址，相应的 demo 项目网络的浮动 IP 也会跟着改变，为此在应答文件中修改相应的设置如下。

```
# CIDR network address for the floating IP subnet.
CONFIG_PROVISION_DEMO_FLOATRANGE=192.168.199.0/24
```

默认 tempest 项目没有启用，如果启用也要更改 TEMPEST 的浮动 IP 地址范围。

```
# CIDR network address for the floating IP subnet.
CONFIG_PROVISION_TEMPEST_FLOATRANGE=192.168.199.0/24
```

否则，使用应答文件安装过程中会报出“Property cidr does not support being updated”这样的错

误信息，导致安装不成功。

至此，例中应答文件只修改了两处，原来设置如下。

```
CONFIG_COMPUTE_HOSTS=192.168.199.21
CONFIG_PROVISION_DEMO_FLOATRANGE=172.24.4.0/24
```

现在修改如下。

```
CONFIG_COMPUTE_HOSTS=192.168.199.21,192.168.199.22
CONFIG_PROVISION_DEMO_FLOATRANGE=192.168.199.0/24
```

### 12.1.3 运行 Packstack 安装

确认两个主机节点已经启动并正常运行，在任一主机节点上使用修改过的应答文件运行 Packstack 安装 OpenStack 多节点系统，例中安装过程如下。

```
[root@node-b ~]# packstack --answer-file=packstack-answers-computer.txt
Welcome to the Packstack setup utility
The installation log file is available at: /var/tmp/packstack/20180726-172012-MrgYtl/openstack-setup.log
Installing:
Clean Up                                             [ DONE ]
Discovering ip protocol version                      [ DONE ]
Discovering ip protocol version                      [ DONE ]
root@192.168.199.22's password:
root@192.168.199.21's password:
Setting up ssh keys                                  [ DONE ]
Preparing servers                                    [ DONE ]
Pre installing Puppet and discovering hosts' details [ DONE ]
Preparing pre-install entries                        [ DONE ]
Setting up CACERT                                    [ DONE ]
Preparing AMQP entries                               [ DONE ]
Preparing MariaDB entries                            [ DONE ]
Fixing Keystone LDAP config parameters to be undef if empty[ DONE ]
Preparing Keystone entries                           [ DONE ]
Preparing Glance entries                             [ DONE ]
Checking if the Cinder server has a cinder-volumes vg[ DONE ]
Preparing Cinder entries                             [ DONE ]
Preparing Nova API entries                           [ DONE ]
Creating ssh keys for Nova migration                 [ DONE ]
Gathering ssh host keys for Nova migration           [ DONE ]
Preparing Nova Compute entries                       [ DONE ]
Preparing Nova Scheduler entries                     [ DONE ]
Preparing Nova VNC Proxy entries                     [ DONE ]
Preparing OpenStack Network-related Nova entries     [ DONE ]
Preparing Nova Common entries                        [ DONE ]
Preparing Neutron LBaaS Agent entries                [ DONE ]
Preparing Neutron API entries                        [ DONE ]
Preparing Neutron L3 entries                         [ DONE ]
Preparing Neutron L2 Agent entries                   [ DONE ]
Preparing Neutron DHCP Agent entries                 [ DONE ]
Preparing Neutron Metering Agent entries             [ DONE ]
Checking if NetworkManager is enabled and running    [ DONE ]
Preparing OpenStack Client entries                   [ DONE ]
Preparing Horizon entries                            [ DONE ]
Preparing Swift builder entries                      [ DONE ]
Preparing Swift proxy entries                        [ DONE ]
Preparing Swift storage entries                      [ DONE ]
```

```
Preparing Heat entries                              [ DONE ]
Preparing Heat CloudFormation API entries              [ DONE ]
Preparing Gnocchi entries                            [ DONE ]
Preparing Redis entries                             [ DONE ]
Preparing Ceilometer entries                          [ DONE ]
Preparing Aodh entries                              [ DONE ]
Preparing Puppet manifests                           [ DONE ]
Copying Puppet modules and manifests                    [ DONE ]
Applying 192.168.199.21_controller.pp
192.168.199.21_controller.pp:                          [ DONE ]
Applying 192.168.199.21_network.pp
192.168.199.21_network.pp:                           [ DONE ]
Applying 192.168.199.22_compute.pp
Applying 192.168.199.21_compute.pp
192.168.199.21_compute.pp:                           [ DONE ]
192.168.199.22_compute.pp:                           [ DONE ]
Applying Puppet manifests                            [ DONE ]
Finalizing                                        [ DONE ]

 **** Installation completed successfully ******

Additional information:
 * Time synchronization installation was skipped. Please note that unsynchronized time
on server instances might be problem for some OpenStack components.
 * File /root/keystonerc_admin has been created on OpenStack client host 192.168.199.21.
To use the command line tools you need to source the file.
 * To access the OpenStack Dashboard browse to http://192.168.199.21/dashboard .
Please, find your login credentials stored in the keystonerc_admin in your home directory.
 *   The   installation   log   file   is   available   at:   /var/tmp/packstack/
20180828-095217-YxUVTp/openstack-setup.log
 *   The   generated   manifests   are   available   at:   /var/tmp/packstack/
20180828-095217-YxUVTp/manifests
```

Packstack 将提示输入每个节点的 root 密码。在第一个主机节点（192.168.199.21）上会应用控制节点（Applying 192.168.199.21_controller.pp）、网络节点（Applying 192.168.199.21_network.pp）和计算节点（Applying 192.168.199.21_compute.pp），而在第二个主机节点（192.168.199.22）上仅应用计算节点（Applying 192.168.199.22_compute.pp）。

这种安装方式会保留第一个主机节点的已有云部署和配置，如网络设置、创建的实例和卷，不过用户密码会被设置为应答文件中指定的。

### 12.1.4 验证双节点部署

完成上述安装过程后，新的计算节点开始运行。不过 OpenStack 都是通过控制节点来管理和使用。第一个节点兼作控制节点，仍然需要访问它（例中访问 http://192.168.199.21/dashboard），以云管理员 admin 身份登录 Dashboard 图形界面。

依次单击“管理员”“计算”“虚拟机管理器”节点，显示当前的虚拟机管理器列表，如图 12-1 所示。从中可以发现，虚拟机管理器列表中增加了 node-b 主机。切换到“计算主机”选项卡，可以发现计算主机有两个，分别是 node-a 和 node-b。

依次单击“管理员”节点下的“系统”和“系统信息”，切换到“计算服务”选项卡，可以发现 node-b 主机上运行 nova-compute 服务，如图 12-2 所示。切换到“网络代理”选项卡，可以发现 node-b 主机上运行 neutron-openvswitch-agent 服务，如图 12-3 所示。计算节点上必须安装一个 Linux Bridge 代理或 Open vSwitch 代理，来为实例完成虚拟网络配置。

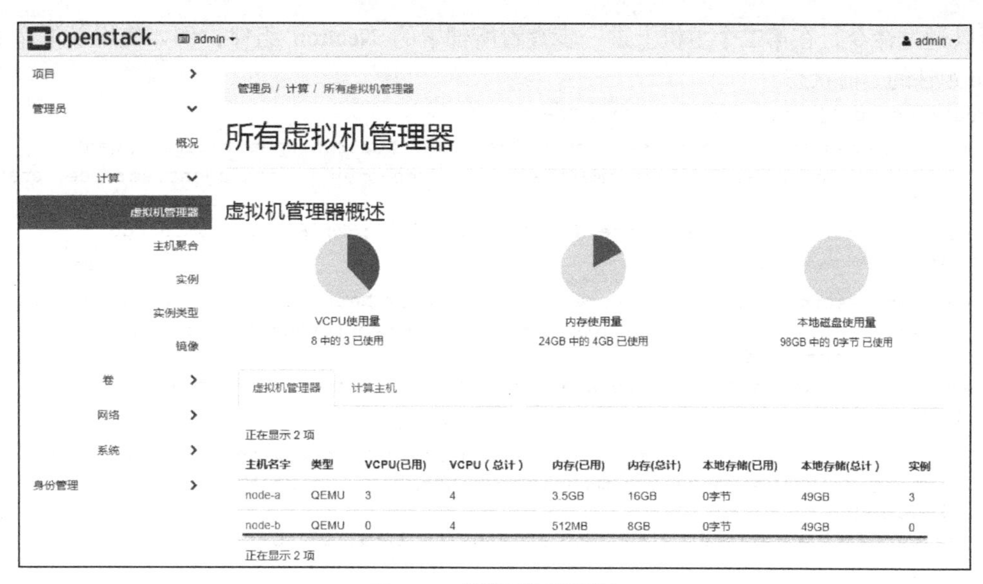


图 12-1 虚拟机管理器列表

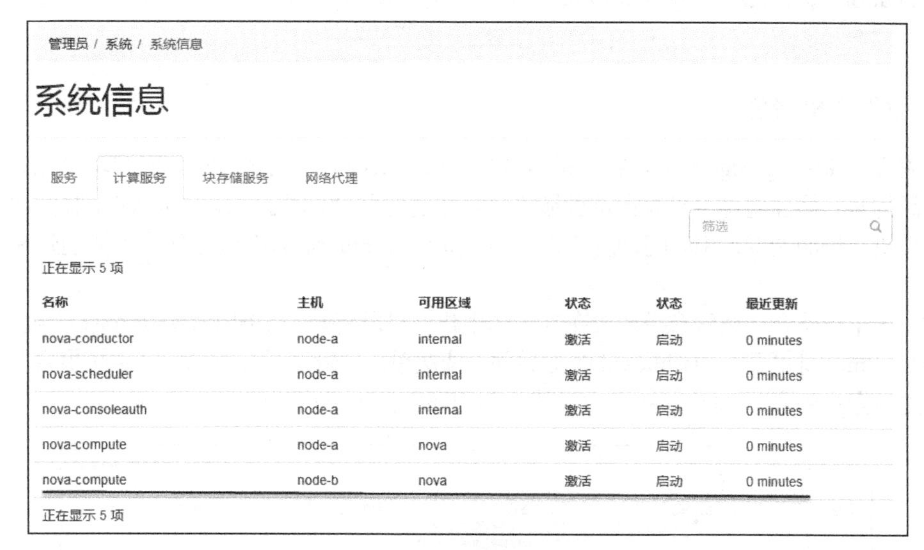


图 12-2 计算服务列表

服务　计算服务　块存储服务　网络代理

筛选

正在显示 6 项

| 类型 | 名称 | 主机 | 可用区域 | 状态 | 状态 | 最近更新 | 动作 |
|---|---|---|---|---|---|---|---|
| DHCP agent | neutron-dhcp-agent | node-a | nova | 激活 | 启动 | 0 minutes | |
| Open vSwitch agent | neutron-openvswitch-agent | node-b | - | 激活 | 启动 | 0 minutes | |
| Metadata agent | neutron-metadata-agent | node-a | - | 激活 | 启动 | 0 minutes | |
| Metering agent | neutron-metering-agent | node-a | - | 激活 | 启动 | 0 minutes | |
| L3 agent | neutron-l3-agent | node-a | nova | 激活 | 启动 | 0 minutes | 查看路由器 |
| Open vSwitch agent | neutron-openvswitch-agent | node-a | - | 激活 | 启动 | 0 minutes | |

图 12-3 网络列表

可以通过命令行在第二个主机上进一步查看所部署的 Neutron 组件，例如使用以下命令查看 Neutron 组件的当前状态。

```
[root@node-b ~]# systemctl status *neutron*
● neutron-openvswitch-agent.service - OpenStack Neutron Open vSwitch Agent
   Loaded: loaded (/usr/lib/systemd/system/neutron-openvswitch-agent.service; enabled; vendor preset: disabled)
   Active: active (running) since Wed 2018-09-05 21:52:48 CST; 23min ago
#以下省略
● neutron-destroy-patch-ports.service - OpenStack Neutron Destroy Patch Ports
   Loaded:  loaded  (/usr/lib/systemd/system/neutron-destroy-patch-ports.service; enabled; vendor preset: disabled)
   Active: active (exited) since Wed 2018-09-05 21:52:48 CST; 23min ago
#以下省略
● neutron-ovs-cleanup.service - OpenStack Neutron Open vSwitch Cleanup Utility
   Loaded: loaded (/usr/lib/systemd/system/neutron-ovs-cleanup.service; enabled; vendor preset: disabled)
   Active: active (exited) since Wed 2018-09-05 21:52:48 CST; 23min ago
#以下省略
```

其中 neutron-openvswitch-agent.service 是最主要的，另外两个是与 Open vSwitch 代理配套的管理服务。

### 12.1.5 管理主机聚合

主机聚合（Host Agreegates）是将主机组合到一起，从而将可用区域划分成逻辑单元。管理员根据硬件资源的某一属性通过主机聚合这种形式对硬件进行划分，便于 nova-scheduler 服务通过主机聚合实现虚拟机实例的调度，相应的调度器为 AggregateCoreFilter。只有云管理员才能创建和管理主机聚合。

创建一个主机聚合，然后选择要放在其中的主机。可以将同一主机节点添加到多个主机聚合中。以云管理员 admin 身份登录 Dashboard 图形界面，依次单击“管理员”“计算”“主机聚合”节点，显示当前的主机聚合列表，如图 12-4 所示，该界面中还包括了可用域列表。

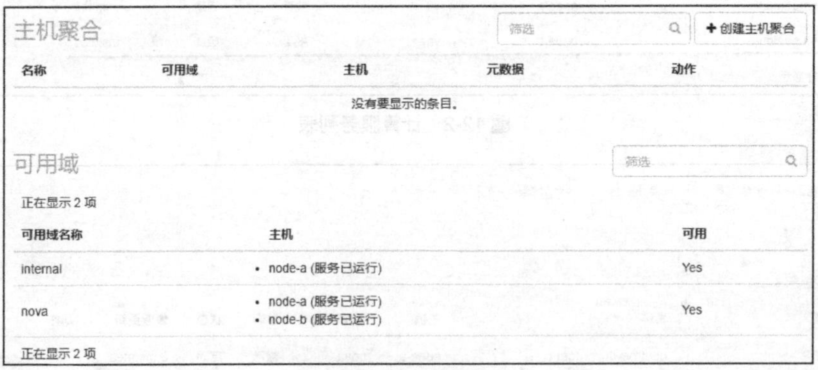

主机聚合　　筛选　　+ 创建主机聚合

| 名称 | 可用域 | 主机 | 元数据 | 动作 |
|---|---|---|---|---|
| 没有要显示的条目。 | | | | |

可用域　　筛选

正在显示 2 项

| 可用域名称 | 主机 | 可用 |
|---|---|---|
| internal | • node-a (服务已运行) | Yes |
| nova | • node-a (服务已运行)<br>• node-b (服务已运行) | Yes |

正在显示 2 项

图 12-4　主机聚合列表

单击“创建主机聚合”按钮，弹出相应的对话框，如图 12-5 所示，首先设置主机聚合的基本信息，包括为主机聚合命名和可用域。单击“管理聚合内的主机”，切换到图 12-6 所示的界面，向主机聚合中添加可用的主机。确认设置之后，单击“创建主机聚合”按钮完成主机聚合的创建，新创建的主机聚合出现在主机聚合列表中，如图 12-7 所示，其中列出了主机聚合名称、可用域、主机，以及可用域的元数据。

图 12-5　设置主机聚合信息

图 12-6　往聚合中添加可用的主机

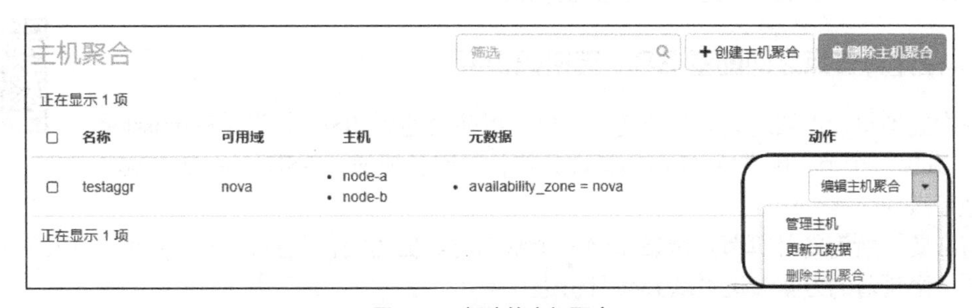


图 12-7　新建的主机聚合

通过主机聚合列表中的操作菜单可以进一步管理主机聚合，参见图 12-7。

可以通过命令行创建和管理主机聚合，只能在控制节点上操作，可以从其他主机上通过 SSH 登录控制节点。加载云管理员 admin 凭据的环境变量，执行命令 openstack aggregate 来管理主机聚合。例如查看当前的主机聚合列表。

```
[root@node-a ~(keystone_admin)]# openstack aggregate list
+----+----------+-------------------+
| ID | Name     | Availability Zone |
+----+----------+-------------------+
|  1 | testaggr | nova              |
+----+----------+-------------------+
```

根据主机聚合 ID 或名称显示某主机聚合的详细信息。

```
[root@node-a ~(keystone_admin)]# openstack aggregate show 1
+-------------------+----------------------------+
| Field             | Value                      |
```

```
+-------------------+----------------------------+
| availability_zone | nova                       |
| created_at        | 2018-09-05T14:06:16.000000 |
| deleted           | False                      |
| deleted_at        | None                       |
| hosts             | [u'node-a', u'node-b']     |
| id                | 1                          |
| name              | testaggr                   |
| properties        |                            |
| updated_at        | None                       |
+-------------------+----------------------------+
```

创建主机聚合命令的语法格式如下。

```
openstack aggregate create
    [--zone <可用域>]
    [--property <键=值> [...] ]
    <主机聚合名称>
```

将主机添加到主机聚合命令的语法格式如下。

```
openstack aggregate add host
    <主机聚合名称或 ID>
    <主机名>
```

## 12.2 虚拟机实例的迁移

实例迁移是将实例从当前的计算节点迁移到其他节点上。迁移可分为冷迁移和热迁移（实时迁移）两种类型。只有具有两个或两个以上计算节点时，才能进行实例迁移。这里在前面搭建的双节点 OpenSatck 平台上示范实例迁移的配置与操作。

### 12.2.1 在计算节点之间配置 SSH 无密码访问

如果在虚拟机管理器之间调整或迁移实例，可能会遇到 SSH 错误（Permission Denied）。确保每个节点配置 SSH 密钥认证，让计算服务能通过 SSH 将磁盘数据转移到其他节点。

没有必要让所有的计算节点都使用同一个密钥对。但为简化配置，下面的示范中采用了计算节点共享同一密钥对的方案。这里以 root 身份进行操作。

（1）在第一个主机节点上获取一个密钥对。这里直接使用现成的私钥/root/.ssh/id_rsa 和公钥/root/.ssh/id_rsa.pub。当然也可以使用 ssh-keygen 生成密钥对。

（2）执行命令 setenforce 0 将 SELinux 设置为许可（Permissive）模式。

（3）执行以下命令，让 nova 用户可以登录。

```
usermod -s /bin/bash nova
```

执行以下命令可以切换账户。

```
su - nova
```

（4）RDO 一体化平台默认已经为 nova 用户在/var/lib/nova/.ssh 目录中预装了相应的 SSH 密钥对及其配置文件。将上述私钥复制到该目录，将公钥以覆盖方式添加到 authorized_keys 文件中。具体需要执行下列命令。

```
cp /root/.ssh/id_rsa  /var/lib/nova/.ssh/id_rsa
echo -e 'StrictHostKeyChecking no' >> /var/lib/nova/.ssh/config
cat /root/.ssh/id_rsa.pub >> /var/lib/nova/.ssh/authorized_keys
```

（5）将/var/lib/nova/.ssh 整个目录复制到其他主机节点上，这里复制到计算节点。

```
scp -r /var/lib/nova/.ssh node-b:/var/lib/nova/
```

（6）在第二个主机节点上执行步骤（2）～步骤（3）的操作。

（7）确认 nova 用户可以不用密码就登录每个主机节点。下面是在第一个节点上通过 SSH 无密码访问第二个节点的测试过程。

```
[root@node-a ~]# su - nova
Last login: Sun Aug 26 16:22:09 CST 2018 on pts/0
-bash-4.2$ ssh node-b
Last login: Sun Aug 26 15:49:49 2018 from node-a
-bash-4.2$ exit
logout
Connection to node-b closed.
-bash-4.2$ exit
Logout
[root@node-a ~]#
```

（8）以 root 身份在各个节点上重新启动 Libvirt 和计算服务。

```
systemctl restart libvirtd.service
systemctl restart openstack-nova-compute.service
```

至此，就完成了计算节点之间 SSH 无密码访问的配置。

### 12.2.2 虚拟机实例的冷迁移

冷迁移是一种非在线的迁移方式，主要用于重新均衡节点的计算资源，或者主机节点停机维护等场合。在迁移过程中，由调度器基于设置选择迁移的目的计算节点上的实例会被关闭，然后在另一个节点上启动，相当于实例执行了一次特殊的重启操作。冷迁移不要求源和目的节点必须共享存储，但必须满足在计算节点间配置 nova 用户的无密码 SSH 访问。默认只有管理员角色能够执行实例迁移操作，如果让非管理员用户也能执行实例迁移，需要修改 /ect/nova/policy.json 文件。

#### 1. 图形界面迁移操作

较为直观的方式是使用图形界面执行迁移操作。以云管理员 admin 身份登录 Dashboard，依次单击“管理员”“计算”和“实例”节点显示实例列表，如图 12-8 所示，在实例列表中定位要执行迁移的实例，从操作菜单中选择“迁移实例”命令，弹出图 12-9 所示的对话框，单击“迁移实例”按钮。

图 12-8 从操作菜单中选择“迁移实例”命令

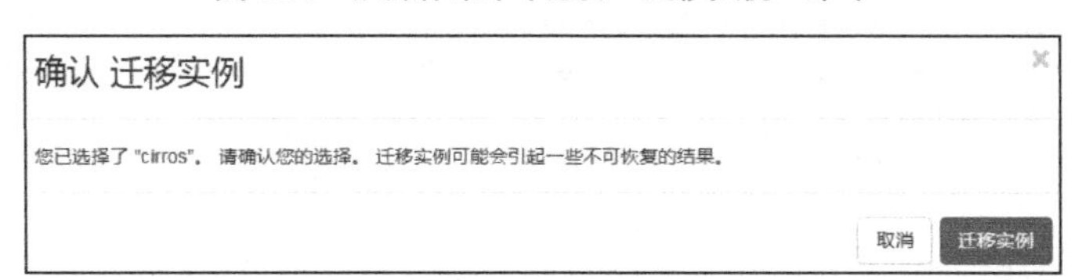


图 12-9 确认迁移实例

接着会弹出“成功：已调度迁移（待确认）实例”的提示信息，之后实例列表中该实例“状态”会显示“确认或放弃调整大小/迁移”，需要用户确认或者回退当前的迁移操作，实际上给了用户一个反悔的机会，这时可以根据需要从操作菜单中选择相应的命令，如图 12-10 所示。

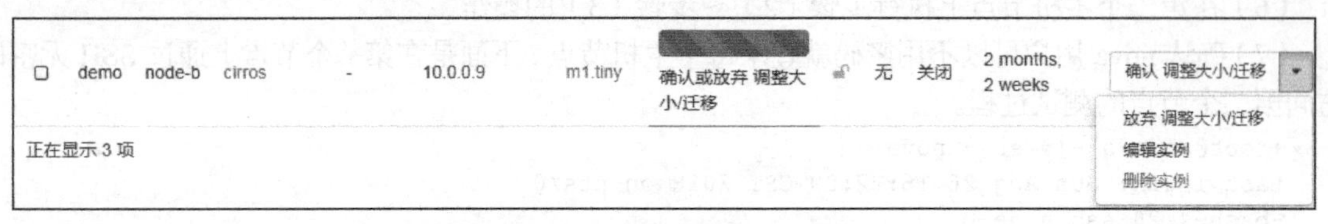


图 12-10　确认或放弃调整大小/迁移

确认迁移之后，稍等片刻，刷新页面，会出现图 12-11 所示的结果，实例迁移到主机 node-b 上，说明迁移成功。

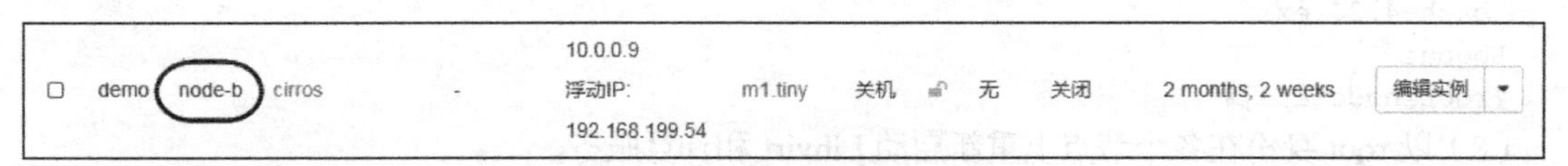


图 12-11　迁移成功

迁移之后的实例将从新的主机上启动，但是会保留原来的配置，包括实例 ID、实例名称、IP 地址、所有元数据定义，以及其他属性。

**2. 命令行迁移操作**

可以先列出虚拟机实例，获取要迁移的实例的 ID。

```
openstack server list --project demo
```

再执行 openstack server migrate 命令迁移虚拟机实例。

```
openstack server migrate VM_INSTANCE
```

其中 VM_INSTANCE 用实例 ID 表示，例如如下命令。

```
openstack server migrate abdff88a-153b-4085-84d4-5afd04517e05
```

执行迁移命令之后，也需要用户确认，才能最终完成迁移。

可以使用以下脚本来迁移实例，并在迁移过程中观察状态。

```
#!/bin/bash
# Provide usage
usage() {
    echo "Usage: $0 VM_ID"
    exit 1
}
[[ $# -eq 0 ]] && usage
VM_ID=$1

# Show the details for the VM
echo "Instance details:"
openstack server show ${VM_ID}

# Migrate the VM to an alternate hypervisor
echo -n "Migrating instance to alternate host "
openstack server migrate ${VM_ID}
while [[ "$(openstack server show ${VM_ID} -f value -c status)" != "VERIFY_RESIZE" ]];
do
    echo -n "."
    sleep 2
done
openstack server resize --confirm ${VM_ID}
echo " instance migrated and resized."
```

```
# Show the details for the migrated VM
echo "Migrated instance details:"
openstack server show ${VM_ID}

# Pause to allow users to examine VM details
read -p "Pausing, press <enter> to exit."
```

将上述脚本保存到一个脚本文件，例如将其命名为 coldmigrate.sh，然后执行该脚本，并加上要迁移的虚拟机实例 ID 作为参数。

```
bash coldmigrate.sh abdff88a-153b-4085-84d4-5afd04517e05
```

### 12.2.3　虚拟机实例的实时迁移

实时迁移是一种在线的迁移方式，在迁移过程中实例不会关闭，它会始终保持运行状态，保证持续的磁盘访问，维持网络连接，可以对外提供正常的服务，这对不允许停机的业务系统尤其有用。实际上迁移过程中会有非常短暂的中断，不过毫秒级时间几乎不影响用户的体验。

**1. 实时迁移类型**

根据实例存储处理的方式可以将实时迁移分为以下 3 种类型。

（1）基于共享存储的实时迁移。实例拥有在源和目的主机之间可共享的临时性磁盘。实例位于共享存储上，迁移时不用移动临时性磁盘。直接基于镜像创建实例时，不提供启动卷，实例本身将存储于临时性磁盘上。

（2）块实时迁移或简单块迁移。实例拥有在源和目的主机之间不共享的临时性磁盘。块迁移与 CD-ROM 和配置驱动器（config_drive）这样的只读设备不兼容。

（3）基于卷的实时迁移。实例使用卷设备（持久性存储）而不是临时性存储，由这个卷保存实例本身，并作为启动卷。卷设备由 Cinder 服务提供，实例迁移时不用移动卷设备。

块实时迁移要求将磁盘从源复制到目的主机，这样比较耗时而且增加了网络负载。基于共享存储和卷的实时迁移则不需要复制磁盘。

在多 Cell 的云中，实例可以实时迁移到同一 Cell 内部的不同主机，但不能跨 Cell 实时迁移。

**2. 实时迁移命令行**

实时迁移命令 openstack server migrate 的完整语法格式如下。

```
openstack server migrate
    [--live <目的主机>]
    [--shared-migration | --block-migration]
    [--disk-overcommit | --no-disk-overcommit]
    [--wait]
    <实例名或 ID>
```

其中，选项--live 用于明确指定目的主机。--shared-migration 执行共享的实时迁移，包括基于共享存储和基于卷的实时迁移（默认设置）。--block-migration 表示执行块实时迁移。--disk-overcommit 表示允许磁盘超量。

对于自动选择目的主机的情况，目前还要使用传统的 nova 命令。

```
nova live-migration [--block-migrate]  [--disk_over_commit] <实例 ID>
```

--block-migrate 表示执行块实时迁移，--disk_over_commit 表示允许磁盘超量。

**3. 实时迁移的通用配置**

OpenStack 目前支持使用 KVM 和 XenServer 两种虚拟机管理器的主机进行实时迁移。进行实时迁移之前需要进行配置，这里仅介绍较为常用的 KVM 主机的实时

迁移配置。要支持各类实时迁移，应对计算节点进行以下配置。

（1）在每个计算主机节点上的 nova.conf 文件中设置相关参数。

① 设置 server_listen。

```
server_listen=0.0.0.0
```

不能让 VNC 服务器侦听它所在计算节点的 IP 地址，因为实例迁移时地址会改变。

② 在每个计算节点上将 instances_path（实例路径）参数设置为相同的值，默认为/var/lib/nova/instances。

要使上述设置生效，在每个计算节点上执行以下命令重启 Nova。

```
systemctl restart openstack-nova*
```

（2）确认在每个计算节点上具有相同的名称解析配置，以便它们能通过主机名互相访问。如果启用 SELinux，则应保证/etc/hosts 有正确的 SELinux 上下文。

```
# restorecon /etc/hosts
```

（3）启用免密码 SSH 功能，让 root 账户从一台计算主机不使用密码登录另一台计算主机。

这是因为 libvirtd 守护进程以 root 身份运行，使用 SSH 协议将实例复制到目标主机，而不会知道所有计算主机的密码。

前面在计算节点之间配置 SSH 无密码访问时是针对 nova 用户的，这里要为 root 用户配置，将所有计算主机上的 root 的 SSH 公钥加入 authorized_keys 文件，然后将 authorized_keys 文件部署到计算主机上。每个节点上都内置 root 的 SSH 文件。

例中只有两个节点，操作比较简单。

① 在第一个节点上将 root 的 SSH 公钥加入 authorized_keys 文件。

```
[root@node-a ~]# cat /root/.ssh/id_rsa.pub >> /root/.ssh/authorized_keys
```

② 在第一个节点上将 authorized_keys 文件复制到第二个主机节点上。

```
scp -r /root/.ssh/authorized_keys node-b: /root/.ssh/
```

③ 在第二个节点上将 root 的 SSH 公钥追加到 authorized_keys 文件。

```
[root@node-b ~]# cat /root/.ssh/id_rsa.pub >> /root/.ssh/authorized_keys
```

这样 authorized_keys 文件就包含了两个节点上各自 root 的公钥。

④ 在第二个节点上将 authorized_keys 文件复制回第一个主机节点上。这样两个计算节点都使用各自的密钥对。

⑤ 以 root 身份在各个节点上重新启动 Libvirt 和计算服务。

```
systemctl restart libvirtd.service
systemctl restart openstack-nova-compute.service
```

（4）如果启用防火墙，则应允许计算节点之间的 Libvirt 通信。默认 Libvirt 使用 TCP 端口范围 49152~49261 来复制内存和磁盘内容，计算节点必须允许这个范围的连接。

**提示** 块迁移、基于卷的实时迁移，只需通用配置即可。要注意块迁移会增加网络和存储子系统的负载。而共享存储还需进一步配置。

#### 4. 共享存储的专门配置

对于计算节点来说，有许多共享存储选项可供选择，如 NFS、共享磁盘阵列 LUNs、Ceph 或 GlusterFS。这里以 NFS 为例，即实例位于 NFS 共享存储上。这就需要部署一个 NFS 服务器，有条件的话最好单独配置一台 NFS 服务器。为简化实验部署，这里让第一个节点兼作 NFS 服务器，例中部署架构如图 12-12 所示。两个节点上的计算服务的实例路径参数 instances_path 设置为 NFS 服务器上的/var/lib/nova/instances 共享目录。

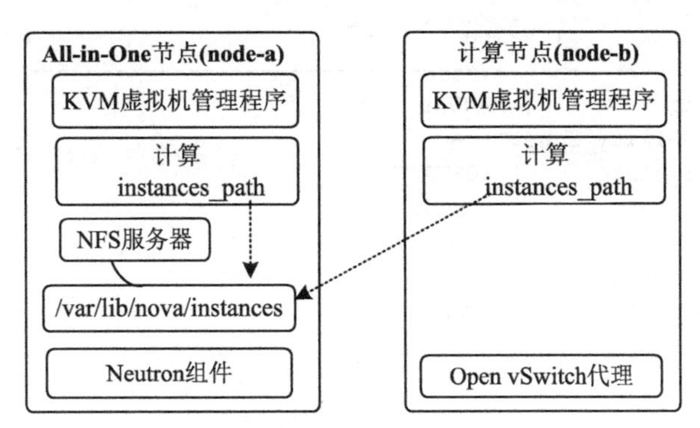


图 12-12　共享存储的部署架构

首先讲解如何将第一个主机节点配置为实时迁移的 NFS v4 服务器。

（1）确保计算节点和 NFS 服务器上 nova 用户账户的 UID 和 GID 相同。

（2）为云中所有实例创建一个拥有足够磁盘空间的目录，该目录所有者为 nova。例中假定这个目录为/var/lib/nova/instances。例中默认已创建。

（3）为这个目录设置执行和搜索（execute/search）权限。

```
$ chmod o+x /var/lib/nova/instances
```

完成此步将允许 qemu 访问实例目录树。

（4）将/var/lib/nova/instances 导出到每个计算节点。例如在/etc/exports 文件中添加以下定义。

```
/var/lib/nova/instances *(rw,sync,fsid=0,no_root_squash)
```

通配符*表示允许任何 NFS 客户端访问。选项 fsid=0 表示将这个实例目录作为 NFS 根。

（5）重启 NFS 服务器。

```
systemctl restart rpcbind
systemctl restart nfs
```

根据需要设置 NFS 服务开机自动启动。

```
systemctl enable rpcbind
systemctl enable nfs
```

设置好 NFS 服务器后，接下来在每个计算节点上装载 NFS 文件系统。

（1）装载 NFS 根。例中 NFS 服务器（第一个节点）主机名为 node-a，可以在两个节点上都执行以下命令。

```
mount -t nfs4 -o defaults node-a:/ /var/lib/nova/instances
```

实际应用中一般要自动装载，还要在/etc/fstab 文件中添加以下定义以装载 NFS 根。

```
node-a:/ /var/lib/nova/instances nfs4 defaults 0 0
```

**提示**　例中受实验条件限制，第一节点兼作 NFS 服务器，在自动装载 NFS 根时 NFS 服务器还未启动，就会造成冲突。因此，这里不使用自动装载。

（2）通过装载目录测试 NFS，并检查 nova 用户的访问许可。

```
ls -ld /var/lib/nova/instances/
```

5. 实时迁移基于共享配置的虚拟机实例

下面示范将一个正在运行的实例实时迁移到指定的目的主机，在第一个主机节点上执行操作。

（1）为便于实验，首先以 demo 身份创建一个用于实验的虚拟机实例。

```
[root@node-a ~(keystone_demo)]# openstack server create --flavor m1.tiny  --image cirros
--nic net-id=public --security-group default  --key-name demo-key cirros2
+------------------------------+----------------------------------------------+
```

```
| Field                | Value                                              |
+----------------------+----------------------------------------------------+
| OS-DCF:diskConfig    | MANUAL                                             |
| OS-EXT-AZ:availability_zone |                                             |
| OS-EXT-STS:power_state | NOSTATE                                          |
| OS-EXT-STS:task_state | scheduling                                        |
| OS-EXT-STS:vm_state  | building                                           |
| OS-SRV-USG:launched_at | None                                             |
| OS-SRV-USG:terminated_at | None                                           |
| accessIPv4           |                                                    |
| accessIPv6           |                                                    |
| addresses            |                                                    |
| adminPass            | 9NMSjMKtwq4j                                       |
| config_drive         |                                                    |
| created              | 2018-09-05T01:18:32Z                               |
| flavor               | m1.tiny (1)                                        |
| hostId               |                                                    |
| id                   | bf9db362-adf6-442e-89e7-1ad7940defcc               |
| image                | cirros (9b93878c-d421-4ae7-a210-bdc5901f333c)      |
| key_name             | demo-key                                           |
| name                 | cirros2                                            |
| progress             | 0                                                  |
| project_id           | 640be57f32f2435da1b0adc6c39ca79f                   |
| properties           |                                                    |
| security_groups      | name='a2d61bd1-23ee-49c3-a58c-bea361f7b4f7'        |
| status               | BUILD                                              |
| updated              | 2018-09-05T01:18:32Z                               |
| user_id              | 3a005c78fc2148cabe763fdcc17f3d28                   |
| volumes_attached     |                                                    |
+----------------------+----------------------------------------------------+
```

这个虚拟机实例没有连接卷，将在 NFS 共享目录/var/lib/nova/instances/中拥有一个临时性磁盘用于存储实例本身。

实例迁移默认需要管理员权限，继续以 admin 身份执行以下操作。

（2）执行 openstack server list --project demo 命令获取 demo 项目的实例列表，并得知实例的 ID，以及哪些实例正在运行，实时迁移仅针对正在运行的实例。例中要实时迁移的实例 cirros2 的 ID 为 bf9db362-adf6-442e-89e7-1ad7940defcc。

（3）检查目的主机是否有足够的资源供迁移。

```
[root@node-a ~(keystone_admin)]# openstack host show node-b
+--------+----------------------------------+-----+-----------+---------+
| Host   | Project                          | CPU | Memory MB | Disk GB |
+--------+----------------------------------+-----+-----------+---------+
| node-b | (total)                          |   4 |      8191 |      49 |
| node-b | (used_now)                       |   1 |      1024 |       0 |
| node-b | (used_max)                       |   1 |       512 |       1 |
| node-b | 640be57f32f2435da1b0adc6c39ca79f |   1 |       512 |       1 |
```

（4）执行实例实时迁移命令。

```
openstack server migrate bf9db362-adf6-442e-89e7-1ad7940defcc --live node-b
```

（5）查看实例详情，确认实例已经成功迁移。例中迁移成功，如图 12-13 所示。

如果实例还在源节点（node-a）上运行，说明实例迁移失败，可以查看控制节点上的 nova-scheduler 和 nova-conductor 日志，以及源计算节点上的 nova-compute 日志文件来排查错误。例中这些日志都在 node-a 节点上。笔者首次执行实时迁移命令时遇到了问题，报出以下错误提示。

```
Migration pre-check error: Binding failed for port 5e718d10-83b8-4640-b80e-0d2bbbc9b694,
```

```
please check neutron logs for more information. (HTTP 400) (Request-ID:
req-ab51ba36-783f-427a-afc2-922b04aedeae)
```

```
[root@node-a ~(keystone_admin)]# openstack server show bf9db362-adf6-442e-89e7-1ad7940defcc
+--------------------------------------+-----------------------------------------------------------------+
| Field                                | Value                                                           |
+--------------------------------------+-----------------------------------------------------------------+
| OS-DCF:diskConfig                    | MANUAL                                                          |
| OS-EXT-AZ:availability_zone          | nova                                                            |
| OS-EXT-SRV-ATTR:host                 | node-b                                                          |
| OS-EXT-SRV-ATTR:hypervisor_hostname  | node-b                                                          |
| OS-EXT-SRV-ATTR:instance_name        | instance-00000007                                               |
| OS-EXT-STS:power_state               | Running                                                         |
| OS-EXT-STS:task_state                | None                                                            |
| OS-EXT-STS:vm_state                  | active                                                          |
| OS-SRV-USG:launched_at               | 2018-09-05T01:18:43.000000                                      |
| OS-SRV-USG:terminated_at             | None                                                            |
| accessIPv4                           |                                                                 |
| accessIPv6                           |                                                                 |
| addresses                            | public=192.168.199.51                                           |
| config_drive                         |                                                                 |
| created                              | 2018-09-05T01:18:32Z                                            |
| flavor                               | m1.tiny (1)                                                     |
| hostId                               | 9b59f54ffcb69f3450c1b2f851a016a526460e489d4098d9f5160326        |
| id                                   | bf9db362-adf6-442e-89e7-1ad7940defcc                            |
| image                                | cirros (9b93878c-d421-4ae7-a210-bdc5901f333c)                   |
| key_name                             | demo-key                                                        |
| name                                 | cirros2                                                         |
| progress                             | 0                                                               |
| project_id                           | 640be57f32f2435da1b0adc6c39ca79f                                |
| properties                           |                                                                 |
| security_groups                      | name='default'                                                  |
| status                               | ACTIVE                                                          |
| updated                              | 2018-09-05T01:33:33Z                                            |
| user_id                              | 3a005c78fc2148cabe763fdcc17f3d28                                |
| volumes_attached                     |                                                                 |
+--------------------------------------+-----------------------------------------------------------------+
```

图 12-13　实例已经成功迁移到另一个主机

经排查 neutron 日志，得知这是端口绑定问题。使用 Packstack 安装器添加一个计算节点（例中是 node-b）时，该节点上默认安装有 Open vSwitch 代理，但是 Open vSwitch 代理的配置文件/etc/neutron/plugins/ml2/openvswitch_agent.ini 中没有明确定义网桥映射，这里将其设置如下。

```
bridge_mappings =extnet:br-ex
```

这表示将物理网络名 extnet 映射到代理的特定节点 Open vSwitch 的网桥名 br-ex。这里的 OVS 网桥是 br-ex，需要提前创建该网桥，并将物理网卡桥接在 br-ex 上。请参见第 2 章 2.1 节的讲解。默认没有创建 br-ex，在/etc/sysconfig/network-scripts 目录下创建一个名为 ifcfg-br-ex 的配置文件，例中将其内容设置如下。

```
DEVICE=br-ex
DEVICETYPE=ovs
TYPE=OVSBridge
BOOTPROTO=static
IPADDR=192.168.199.22
NETMASK=255.255.255.0
GATEWAY=192.168.199.1
DNS1=114.114.114.114
ONBOOT=yes
```

这里将网络接口 eno16777736 的 IP 配置移到 ifcfg-br-ex 文件中，接着更改/etc/sysconfig/network-scripts/ifcfg-eno16777736 文件的内容如下。

```
DEVICE=eno16777736
TYPE=OVSPort
DEVICETYPE=ovs
OVS_BRIDGE=br-ex
ONBOOT=yes
HWADDR=00:0c:29:72:95:6e
```

这里的 HWADDR 要设置为网络接口 eno16777736 的 MAC 地址。

重启 network 服务，通常执行以下命令或者重启计算机。

如果要自动选择目的主机，则执行实例实时迁移命令 nova live-migration。

```
nova live-migration bf9db362-adf6-442e-89e7-1ad7940defcc
```

在实时迁移过程中，可以通过查看实例的详细信息来检查迁移状态，对于正在迁移的实例，其“status”（状态）会显示为 MIGRATING。

**6. 实时迁移基于卷的虚拟机实例**

这种情况下，实例位于可启动的卷上，不能使用共享存储。

（1）如果配置共享存储，则两个主机节点上应卸载 NFS 共享目录/var/lib/nova/instances。

```
umount /var/lib/nova/instances
```

这样让实例位于本地的/var/lib/nova/instances 目录。

以 admin 身份在第一个主机节点上执行以下操作。

（2）执行 openstack server list --project demo 命令获取 demo 项目的实例列表，例中要实时迁移的基于卷的实例 cirros 的 ID 为 abdff88a-153b-4085-84d4-5afd04517e05。

（3）执行以下命令启动该实例。

```
openstack server start abdff88a-153b-4085-84d4-5afd04517e05
```

（4）执行以下命令查看该实例的详细信息，当前实例在第一个主机的 node-a 上运行，连接一个卷（ID 为 1699b049-264b-4b3b-9b88-c6a3698df4e7）作为启动卷。

```
openstack server show abdff88a-153b-4085-84d4-5afd04517e05
```

（5）执行以下命令迁移该实例，自动选择目的主机。

```
nova live-migration  abdff88a-153b-4085-84d4-5afd04517e05
```

（6）执行该命令之后，可以查看该实例详细信息，结果如图 12-14 所示，目前实例还在主机节点 node-a 上运行，但是正处于迁移状态（MIGRATING）。稍等片刻，再次查看该实例详细信息，结果如图 12-15 所示，实例已经迁移到主机节点 node-b 上运行，并且已经处于活动状态（ACTIVE），即正常运行，仍然连接 ID 为 1699b049-264b-4b3b-9b88-c6a3698df4e7 的卷作为启动卷。

```
[root@node-a ~(keystone_admin)]# openstack server show abdff88a-153b-4085-84d4-5afd04517e05
+-------------------------------------+------------------------------------------------------------------+
| Field                               | Value                                                            |
+-------------------------------------+------------------------------------------------------------------+
| OS-DCF:diskConfig                   | AUTO                                                             |
| OS-EXT-AZ:availability_zone         | nova                                                             |
| OS-EXT-SRV-ATTR:host                | node-a                                                           |
| OS-EXT-SRV-ATTR:hypervisor_hostname | node-a                                                           |
| OS-EXT-SRV-ATTR:instance_name       | instance-00000001                                                |
| OS-EXT-STS:power_state              | Running                                                          |
| OS-EXT-STS:task_state               | migrating                                                        |
| OS-EXT-STS:vm_state                 | active                                                           |
| OS-SRV-USG:launched_at              | 2018-06-08T09:47:20.000000                                       |
| OS-SRV-USG:terminated_at            | None                                                             |
| accessIPv4                          |                                                                  |
| accessIPv6                          |                                                                  |
| addresses                           | private=10.0.0.9, 192.168.199.54                                 |
| config_drive                        |                                                                  |
| created                             | 2018-06-08T09:46:54Z                                             |
| flavor                              | m1.tiny (1)                                                      |
| hostId                              | 7b28b394a453ae7c9d605d720397516ed17906d14a026493a6b2dcaa         |
| id                                  | abdff88a-153b-4085-84d4-5afd04517e05                             |
| image                               |                                                                  |
| key_name                            | demo-key                                                         |
| name                                | cirros                                                           |
| progress                            | 0                                                                |
| project_id                          | 640be57f32f2435da1b0adc6c39ca79f                                 |
| properties                          |                                                                  |
| security_groups                     | name='default'                                                   |
| status                              | MIGRATING                                                        |
| updated                             | 2018-09-05T12:37:54Z                                             |
| user_id                             | 3a005c78fc2148cabe763fdcc17f3d28                                 |
| volumes_attached                    | id='1699b049-264b-4b3b-9b88-c6a3698df4e7'                        |
+-------------------------------------+------------------------------------------------------------------+
```

图 12-14　实例正在迁移

```
[root@node-a ~(keystone_admin)]# openstack server show abdff88a-153b-4085-84d4-5afd04517e05
+-------------------------------------+------------------------------------------------------------------+
| Field                               | Value                                                            |
+-------------------------------------+------------------------------------------------------------------+
| OS-DCF:diskConfig                   | AUTO                                                             |
| OS-EXT-AZ:availability_zone         | nova                                                             |
| OS-EXT-SRV-ATTR:host                | node-b                                                           |
| OS-EXT-SRV-ATTR:hypervisor_hostname | node-b                                                           |
| OS-EXT-SRV-ATTR:instance_name       | instance-00000001                                                |
| OS-EXT-STS:power_state              | Running                                                          |
| OS-EXT-STS:task_state               | None                                                             |
| OS-EXT-STS:vm_state                 | active                                                           |
| OS-SRV-USG:launched_at              | 2018-06-08T09:47:20.000000                                       |
| OS-SRV-USG:terminated_at            | None                                                             |
| accessIPv4                          |                                                                  |
| accessIPv6                          |                                                                  |
| addresses                           | private=10.0.0.9, 192.168.199.54                                 |
| config_drive                        |                                                                  |
| created                             | 2018-06-08T09:46:54Z                                             |
| flavor                              | m1.tiny (1)                                                      |
| hostId                              | 9b59f54ffcb69f3450c1b2f851a016a526460e489d4098d9f5160326         |
| id                                  | abdff88a-153b-4085-84d4-5afd04517e05                             |
| image                               |                                                                  |
| key_name                            | demo-key                                                         |
| name                                | cirros                                                           |
| progress                            | 0                                                                |
| project_id                          | 640be57f32f2435da1b0adc6c39ca79f                                 |
| properties                          |                                                                  |
| security_groups                     | name='default'                                                   |
| status                              | ACTIVE                                                           |
| updated                             | 2018-09-05T12:49:48Z                                             |
| user_id                             | 3a005c78fc2148cabe763fdcc17f3d28                                 |
| volumes_attached                    | id='1699b049-264b-4b3b-9b88-c6a3698df4e7'                        |
+-------------------------------------+------------------------------------------------------------------+
```

图 12-15　实例已经成功迁移

在第二个主机节点上查看本地实例存储路径/var/lib/nova/instances。

```
[root@node-b ~]# ls /var/lib/nova/instances
abdff88a-153b-4085-84d4-5afd04517e05  compute_nodes  locks
```

可以发现该实例已经转移到该目录中，启动卷由 Cinder 服务提供，不受影响。读者也可以以管理员身份登录 Dashboard 图形界面上进一步查看该实例。实验完毕，可以将该实例迁回源主机，以方便后续实验。

7. 实时迁移块设备

这种情况下，实例本身位于临时性磁盘上，但不能使用共享存储，而实例连接的卷（作为单独的块设备）要求迁移。下面进行示范，在第一个主机节点上执行操作。

（1）为便于实验，首先以 demo 身份创建一个用于实验的虚拟机实例。

```
openstack server create --flavor m1.tiny  --image cirros --nic net-id=public
--security-group default  --key-name demo-key cirros3
```

从输出结果中获知该实例 ID 为 3f0768c5-c6eb-4fff-bb94-213544e28adf。

（2）将一个可用的卷连接到该实例。先执行以下命令获取可用的卷列表。

```
[root@node-a ~(keystone_demo)]# openstack volume list --status available
+--------------------------------------+------------+-----------+------+-------------+
| ID                                   | Name       | Status    | Size | Attached to |
+--------------------------------------+------------+-----------+------+-------------+
| faa35708-e9b2-4536-bf97-fec40682c325 | Testnfsvol | available |    1 |             |
| 23a017e6-8a43-4e4c-a7aa-0bde0d9cb72b | Testvol    | available |    2 |             |
```

从中选择第 2 个卷连接到上述实例，相应的命令如下。

```
openstack server add volume 3f0768c5-c6eb-4fff-bb94-213544e28adf23a017e6-8a43-
4e4c-a7aa-0bde0d9cb72b  --device /dev/vdb
```

以 admin 身份执行以下操作。

（3）执行以下命令实时迁移块实例到目的主机 node-b。

```
openstack server migrate --block-migration  3f0768c5-c6eb-4fff-bb94-213544e28adf -live
```

```
node-b
```

选项--block-migration 表示块迁移。

（4）执行该命令之后，稍等片刻，查看该实例的详细信息，结果如图 12-16 所示，实例已经迁移到主机节点 node-b 上运行，并且已经处于活动状态（ACTIVE），卷连接正常。

```
[root@node-a ~(keystone_admin)]# openstack server show 3f0768c5-c6eb-4fff-bb94-213544e28adf
+-------------------------------------+-----------------------------------------------------------+
| Field                               | Value                                                     |
+-------------------------------------+-----------------------------------------------------------+
| OS-DCF:diskConfig                   | MANUAL                                                    |
| OS-EXT-AZ:availability_zone         | nova                                                      |
| OS-EXT-SRV-ATTR:host                | node-b                                                    |
| OS-EXT-SRV-ATTR:hypervisor_hostname | node-b                                                    |
| OS-EXT-SRV-ATTR:instance_name       | instance-00000008                                         |
| OS-EXT-STS:power_state              | Running                                                   |
| OS-EXT-STS:task_state               | None                                                      |
| OS-EXT-STS:vm_state                 | active                                                    |
| OS-SRV-USG:launched_at              | 2018-09-05T13:42:45.000000                                |
| OS-SRV-USG:terminated_at            | None                                                      |
| accessIPv4                          |                                                           |
| accessIPv6                          |                                                           |
| addresses                           | public=192.168.199.51                                     |
| config_drive                        |                                                           |
| created                             | 2018-09-05T13:42:38Z                                      |
| flavor                              | m1.tiny (1)                                               |
| hostId                              | 9b59f54ffcb69f3450c1b2f851a016a526460e489d4098d9f5160326  |
| id                                  | 3f0768c5-c6eb-4fff-bb94-213544e28adf                      |
| image                               | cirros (9b93878c-d421-4ae7-a210-bdc5901f333c)             |
| key_name                            | demo-key                                                  |
| name                                | cirros3                                                   |
| progress                            | 0                                                         |
| project_id                          | 640be57f32f2435da1b0adc6c39ca79f                          |
| properties                          |                                                           |
| security_groups                     | name='default'                                            |
| status                              | ACTIVE                                                    |
| updated                             | 2018-09-05T13:53:21Z                                      |
| user_id                             | 3a005c78fc2148cabe763fdcc17f3d28                          |
| volumes_attached                    | id='23a017e6-8a43-4e4c-a7aa-0bde0d9cb72b'                 |
+-------------------------------------+-----------------------------------------------------------+
```

图 12-16　块设备已经成功迁移

在第二个主机节点上查看本地实例存储路径/var/lib/nova/instances。

```
[root@node-b ~]# ls /var/lib/nova/instances
3f0768c5-c6eb-4fff-bb94-213544e28adf  _base  compute_nodes  locks
```

可以发现并不仅仅是迁移块设备，而是该实例与块设备都转移到该目录中，块设备（也就是卷）由 Cinder 服务提供，但是会在/var/lib/nova/instances 目录的_base 子目录中保留该块设备的信息。

8. 通过图形界面进行进行实时迁移

以云管理员 admin 身份登录 Dashboard，依次单击“管理员”“计算”和“实例”节点，显示实例列表，在实例列表中定位要执行迁移的实例，如图 12-17 所示。从操作菜单中选择“实例热迁移”命令，弹出图 12-18 所示的对话框，可以在“新主机”列表中选择目的主机，默认是自动安排主机；选中“允许磁盘超量”复选框，则可以在目的主机超出实际磁盘空间；如果要迁移块设备，选中“块设备迁移”复选框，完成设置后单击“提交”按钮。

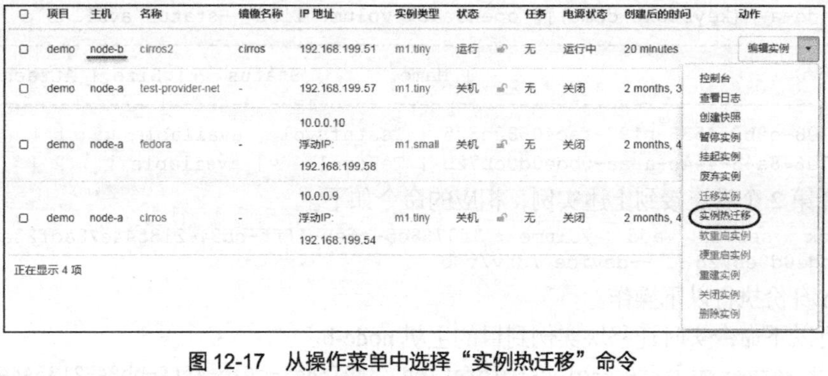

| 项目 | 主机 | 名称 | 镜像名称 | IP 地址 | 实例类型 | 状态 | 任务 | 电源状态 | 创建后的时间 | 动作 |
|---|---|---|---|---|---|---|---|---|---|---|
| demo | node-b | cirros2 | cirros | 192.168.199.51 | m1.tiny | 运行 | 无 | 运行中 | 20 minutes | 编辑实例 |
| demo | node-a | test-provider-net | - | 192.168.199.57 | m1.tiny | 关机 | 无 | 关闭 | 2 months, 3 | |
| demo | node-a | fedora | - | 10.0.0.10 浮动IP: 192.168.199.58 | m1.small | 关机 | 无 | 关闭 | 2 months, 4 | |
| demo | node-a | cirros | - | 10.0.0.9 浮动IP: 192.168.199.54 | m1.tiny | 关机 | 无 | 关闭 | 2 months, 4 | |

正在显示 4 项

控制台
查看日志
创建快照
暂停实例
挂起实例
废弃实例
迁移实例
实例热迁移
软重启实例
硬重启实例
重建实例
关闭实例
删除实例

图 12-17　从操作菜单中选择“实例热迁移”命令

图 12-18　实例热迁移设置

# 12.3　多节点 OpenStack 的部署

无论是实验环境还是生产环境，都涉及多节点 OpenStack 的部署。

## 12.3.1　使用工具部署多节点 OpenStack

前面介绍过在实验环境中使用 RDO 的 Packstack 安装器在单节点“All-in-One”安装的基础上增加计算节点。如果要从头开始部署多节点 OpenStack，最简单的方式就是使用以下选项定义一组主机，多个主机之间用逗号分隔。

```
--install-hosts=INSTALL_HOSTS
```

采用这种方式，第一台主机作为控制节点，其他主机则作为计算节点。如果只提供一台主机，则等同于“All-in-One”安装。

要实现更多种类节点的安装，应通过应答文件来实现。具体步骤如下。

（1）执行以下命令生成应答文件，例中将其命名为 myanswer.conf。

```
packstack --gen-answer-file myanswer.conf
```

（2）修改该应答文件为一个控制节点、多个计算节点或网络节点，相关选项如下。

```
CONFIG_CONTROLLER_HOST=控制节点主机
CONFIG_COMPUTE_HOSTS=计算节点主机列表
CONFIG_NETWORK_HOSTS=网络节点主机列表
```

（3）使用该应答文件进行多节点安装。

```
packstack --answer-file myanswer.conf
```

对于生产环境，可以使用 OpenStack 部署工具来自动部署多节点 OpenStack，可以选择工业级自动化部署工具 Fuel 或 RDO 的 TripleO 产品。如果主机运行 CentOSRed 或 Hat Enterprise Linux，推荐采用 TripleO 部署和管理生产环境的云，安装、升级和运行 OpenStack 云都很高效。

## 12.3.2　手动部署多节点 OpenStack

将前面章节的手动部署部分内容串起来就是一个完整的多节点 OpenStack 的部署过程。虽然本书提供的示例架构比较简单，但也足以说明安装和部署的步骤。这里再将这些步骤汇总一下，具体操作参见相应内容。

（1）设计 OpenStack 云部署的架构。

（2）为各主机节点安装 Linux 操作系统。

（3）设置主机节点网络，重点是网络连接、主机名解析和各节点时钟同步设置。
（4）安装和配置数据库，包括 SQL 数据库和 NoSQL 数据库。
（5）安装和配置消息队列服务。
（6）安装和配置 Keystone 身份服务。
（7）安装和配置 Glance 镜像服务。
（8）安装和配置 Nova 计算服务。
（9）安装和配置 Neutron 网络服务。
（10）安装和配置 Horizon 仪表板服务。
（11）安装和配置 Cinder 块存储服务。
（12）安装和配置 Swift 对象存储服务。
（13）安装和配置 Temetry 计量和监控服务，包括 Ceilometer、Gnochii 和 Aodh。
（14）安装和配置 Heat 编排服务。
（15）根据需要安装和配置其他 OpenStack 服务。

## 12.4 习题

1. 什么是主机聚合？它有什么用途？
2. 什么是冷迁移？它主要用于哪些场合？
3. 什么是实时迁移？它主要用于哪些场合？
4. 实时迁移分为哪几种类型？每种类型各有什么特点？
5. 使用 Packstack 安装器添加一个计算节点，并进行验证。
6. 在计算节点之间配置 SSH 无密码访问。
7. 参照 12.2.2 节的讲解，通过图形界面完成虚拟机实例的冷迁移。
8. 参照 12.2.3 节的讲解，通过命令行工具实现基于共享存储的实例的实时迁移。